ΣBEST
シグマベスト

文英堂

本書のねらい

この問題集は，「最高水準問題集」シリーズの総仕上げ用として編集したものです。特に，国立大附属や有名私立などの難関高校を受験しようとするみなさんのために，最高の実力がつけられるよう，次のように構成し，特色をもたせました。

1 全国の難関高校の入試問題から良問で高水準のものを精選し，実際の入試に即して編集した。

▶入試によく出る問題には 頻出 ，特に難しい問題には 難 のマークをつけた。また，近年出題が増加しているものや，これから出題が増えそうな問題には 新傾向 のマークをつけた。

2 単元別に問題を分類し，学習しやすいように配列して，着実に力をつけられるようにした。

▶各自の学習計画に合わせて，どこからでも学習できる。
▶すべての問題に「内容を示すタイトル」をつけたので，頻出テーマの研究や弱点分野の補強，入試直前の重点演習などに役立てることができる。

3 国立・私立難関高校受験の総仕上げのために，模擬テストを3回設けた。

▶時間と配点を示したので，各自の実力が判定できる。

4 解答は別冊にし，どんな難問でも必ず解けるように，くわしい解説をつけた。

▶類題にも応用できる，くわしくてわかりやすい 解説 をつけるとともに，入試メモ では，出題傾向の分析などの入試情報を載せた。パワーアップ では，中学の範囲外であるが，知っていると入試で役立つ内容を取り上げ，実力アップに役立つようにした。

もくじ

1 数の計算

▶解答→別冊 *p. 1*

頻出 **001** 〈有理数の計算〉

次の計算をしなさい。

(1) $\left(-\frac{2}{3}\right)^2\times6\div(-10)-\frac{2}{5}$ （広島大附高）

(2) $-2^4\div(-3)^2\div\frac{2}{3}-3\div(-2^2)$ （東京・法政大高）

(3) $\{(-2)^3-3\times(-4)\}\div\left(\frac{1}{2}-1\right)^2$ （東京・國學院大久我山高）

(4) $18^2+18\times19+20^2+21\times22+22^2$ （大阪教育大附高池田）

(5) $0.65^2+(-0.25)^2-0.65\times0.25\times2$ （東京・中央大杉並高）

(6) $\dfrac{\frac{3}{4}+\frac{1}{20}}{\frac{7}{12}+\dfrac{1}{1+\frac{1}{2}}}$ （東京・お茶の水女子大附高）

頻出 **002** 〈無理数の計算〉

次の計算をしなさい。

(1) $\left(\frac{10}{\sqrt{5}}-\frac{5}{\sqrt{3}}\right)\left(\frac{2}{\sqrt{3}}+\frac{4}{\sqrt{5}}\right)$ （東京・明治学院高）

(2) $\frac{\sqrt{27}}{2}-3\sqrt{48}-\frac{\sqrt{735}}{\sqrt{20}}+2\sqrt{147}$ （東京・中央大杉並高）

(3) $(1+\sqrt{2}+\sqrt{3})(2+\sqrt{2}-\sqrt{6})-(\sqrt{3}-1)^2$ （鹿児島・ラ・サール高）

(4) $(1+2\sqrt{3})\left(\frac{\sqrt{98}}{7}+\frac{6}{\sqrt{54}}-\frac{\sqrt{3}}{\sqrt{2}}\right)$ （東京・慶應女子高）

(5) $(\sqrt{2}-\sqrt{3}+3-\sqrt{6})^2+(\sqrt{2}+\sqrt{3}-3-\sqrt{6})^2$ （大阪星光学院高）

(6) $\frac{1}{\sqrt{2}-\sqrt{3}+\sqrt{5}}+\frac{1}{\sqrt{2}-\sqrt{3}-\sqrt{5}}$ （奈良・東大寺学園高）

003 〈最大公約数と最小公倍数〉

次の問いに答えなさい。

(1)　$\frac{128}{35}x$，$\frac{100}{21}x$，$\frac{56}{15}x$がすべて正の整数となる分数xのうち，最小のものを求めよ。

（愛知・滝高）

(2)　最小公倍数が420で，最大公約数が5である2つの自然数がある。この2つの自然数の積は［①］で，2つの自然数の組は［②］組ある。（東京・成城高）

難 (3)　2つの正の整数A，$B$$(A>B)$があり，$AB=1920$，$A$，$B$の最小公倍数が240である。このとき，$A$と$B$の和が最小となるのは$A=$［　　］のときである。（東京・明治大付明治高）

004 〈素因数分解〉

（大阪教育大附高池田）

45を素因数分解すると$45=3^2\times5$となる。このとき，素因数3の指数は2であり，素因数5の指数は1である。1から100までのすべての自然数の積をNとする。Nを素因数分解したとき，次の問いに答えなさい。

(1)　Nの素因数の中で次のものを求めよ。

①　指数が1である最大の素因数

②　指数が2である最大の素因数

③　指数が5であるすべての素因数

(2)　素因数3の指数を求めよ。

005 〈互いに素〉

（東京・中央大附高）

2つの自然数aとbの最大公約数が1であるとき，「aとbは互いに素である」という。例えば，1と6，9と14はそれぞれ互いに素である。

次の問いに答えなさい。

(1)　1から21までの自然数で，21と互いに素であるものの個数を求めよ。

(2)　pを素数とするとき，1からpまでの自然数で，pと互いに素であるものの個数を求めよ。

難 (3)　p，qを素数とするとき，1からpqまでの自然数で，pqと互いに素であるものの個数を求めよ。

006 〈適する数を求める〉

次の問いに答えなさい。

(1) n, Nは自然数とする。$N^2 \leqq n < (N+1)^2$を満たすnが11個あるとき，$N=$□となる。

（東京・國學院大久我山高）

(2) $2m-1 \leqq \sqrt{n} \leqq 2m$を満たす自然数$n$が2020個あるとき，自然数$m$の値を求めよ。

（東京・豊島岡女子学園高）

(3) 2つの自然数m, nがある。$2<\sqrt{m}<3$, $5<\sqrt{n}<6$であり，2つの数の積mnは，ある自然数の平方で表される。このような組(m, n)をすべて求めよ。（東京・お茶の水女子大附高）

頻出 007 〈根号を消す〉

次の問いに答えなさい。

(1) $\sqrt{112x}$が自然数となるような整数xの中で，最も小さい数を求めよ。（東京・日本大豊山高）

(2) $\sqrt{\dfrac{1176}{n}}$が整数となるような自然数nをすべて求めよ。（神奈川・法政大女子高）

難 (3) $\sqrt{n^2+29}$が整数となるような自然数nの値を求めよ。（千葉・東邦大付東邦高）

頻出 008 〈整数部分と小数部分〉

次の問いに答えなさい。

(1) $\sqrt{29}$の整数部分をa，小数部分をb（ただし，$0<b<1$）とするとき，$a^2+b(b+10)$の値は□である。（福岡大附大濠高）

(2) $5-\sqrt{3}$の整数部分をa，小数部分をbとするとき，$\dfrac{7a-3b^2}{2a-3b}$の値を求めよ。

（東京・早稲田実業高）

(3) $\dfrac{2}{2-\sqrt{2}}$の整数部分をa，小数部分をbとするとき，次の値を求めよ。

① a　② b　③ $a+\dfrac{2}{b}$（埼玉・慶應志木高）

(4) nを3以上の自然数とする。$\dfrac{4}{\sqrt{n}-\sqrt{2}}$の整数部分が2であるとき，$n$として考えられる値をすべて求めよ。ただし，正の数$x$の整数部分とは，$x$以下の整数のうち最大のものを表す。

（奈良・東大寺学園高）

009 〈n進法〉

次の問いに答えなさい。

(1)　0，1，2の3種類の数字を用いて整数をつくり，次のように小さい順に並べていく。

0，1，2，10，11，12，20，…

次の問いに答えよ。

①　15番目の数を求めよ。

②　2011は何番目の数か答えよ。　（埼玉・立教新座高）

(2)　a，b，c，d，eの値は0か1であり，$A=a\times\frac{1}{2}+b\times\frac{1}{2^2}+c\times\frac{1}{2^3}+d\times\frac{1}{2^4}+e\times\frac{1}{2^5}$のとき，

$A=(a,\ b,\ c,\ d,\ e)$と表す。例えば，$0.4375=0\times\frac{1}{2}+1\times\frac{1}{2^2}+1\times\frac{1}{2^3}+1\times\frac{1}{2^4}+0\times\frac{1}{2^5}$だから，

$0.4375=(0,\ 1,\ 1,\ 1,\ 0)$と表される。

では，0.84375はどのように表されるか。　（東京・早稲田実業高）

010 〈既約分数〉　（東京・新宿高）

aは$\frac{1}{6}$以上$\frac{1}{2}$以下の分数であり，分母と分子はともに自然数で1以外の公約数をもたない。

aの分母が84のとき，aは何個ありますか。

難 011 〈剰余の数①〉　（東京・法政大高）

1から30までのすべての奇数の積を8で割ったときの余りを求めなさい。

012 〈剰余の数②〉　（東京・桐朋高）

a，bを自然数とする。aを13で割ると商がbで余りが10である。また，bを11で割ると余りが7である。aを11で割ったときの余りを求めなさい。

難 **013〈循環小数〉**　　（埼玉・慶應志木高）

次の問いに答えなさい。

(1) 分数$\dfrac{1}{998}$を小数で表したとき，小数第13位から小数第15位までと，小数第28位から小数第30位までの，3桁の数をそれぞれ書け。

新傾向 (2) 分数$\dfrac{5}{99997}$を小数で表したとき，小数点以下で0でない数が初めて5個以上並ぶのは，小数第何位からか。また，そこからの0でない5個の数を順に書け。

014〈整数の和〉　　（東京・中央大附高）

1155を連続する正の整数の和として表すことを考える。例えば，連続する5個の正の整数の和として表すと，$1155=229+230+231+232+233$である。

(1) 1155を連続する7個の正の整数の和として表すとき，7個のうちの真ん中の数を求めよ。

(2) 1155を連続する10個の正の整数の和として表すとき，10個のうちの最大の数と最小の数の和を求めよ。

難 (3) 1155を最大で何個の連続する正の整数の和として表すことができるか。

難 **015〈0の個数〉**　　（東京・筑波大附駒場高）

次の問いに答えなさい。

(1) $1\times2\times3\times\cdots\times2012$のように，1から2012までの整数をすべてかけてできた数は，一の位から0がいくつか連続して並んでいる。0は一の位から何個連続して並ぶか。

(2) 2013から4024までの整数をすべてかけてできた数は，一の位から0がいくつか連続して並んでいる。0は一の位から何個連続して並ぶか。

(3) 1からaまでの整数をすべてかけてできた数は，一の位から0がちょうど2012個連続して並んだ。aの値として考えられるものをすべて答えよ。なお，aは1より大きい正の整数である。

難 **016〈演算規則〉**　　（千葉・東邦大付東邦高）

1から4までの整数m，nについて，演算$m*n$を次のように定める。

$n*1=n$

$m*n=n*m$

1から4までの整数kについて，$m\neq n$のとき　$k*m\neq k*n$

演算$m*n$の値は，1から4までの整数である。

次の問いに答えなさい。

(1) $n*n=1$であるとき，$2*4$の値を求めよ。

(2) $3*4=1$であるとき，$2*3$の値を求めよ。

新傾向 017 〈図形の分割〉

（大阪教育大附高池田）

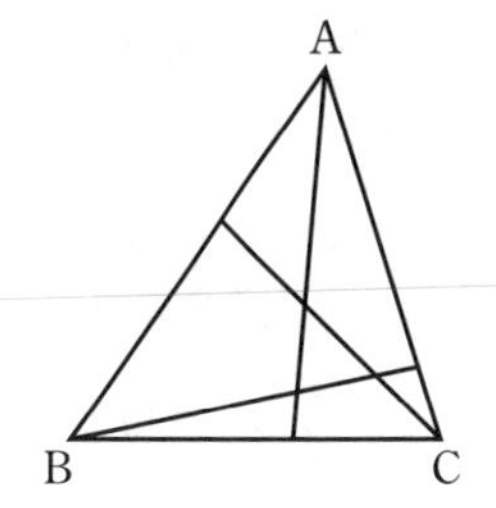

三角形ABCの各頂点から対辺にn本ずつ直線を引く。どの3本の直線も1点で交わらないものとするとき，三角形がいくつの部分に分割されるかを調べよう。

$n=1$のとき，右図のように三角形ABCは7個の部分に分割される。

$n=0$のとき，三角形ABCは1個に分割されると考える。

次の□に適当な数値を入れなさい。

(1)　$n=2$のとき，三角形ABCは□個の部分に分割される。

(2)　一般に，三角形ABCは$an(n+b)+1$個の部分に分割される。定数a，bは$a(b+1)=$□かつ$a(b+2)=$□を満たす。

(3)　$n=$□のとき，三角形ABCは169個の部分に分割される。

(4)　$n=0$，1，2，…，9のとき，三角形ABCが分割される部分の個数の平均値は□個である。

018 〈数の性質①〉

（奈良・東大寺学園高）

3つの整数p，q，rは$1<p<q<r$を満たし，$\dfrac{2p-1}{r}$，$\dfrac{2r-1}{q}$の値はともに整数であるとする。

このとき，次の問いに答えなさい。

(1)　$\dfrac{2p-1}{r}$の値を求めよ。

(2)　$\dfrac{2r-1}{q}$の値を求めよ。

(3)　$\dfrac{2q-1}{p}$の値を3倍すると整数になるとする。このとき，pの値を求めよ。

新傾向 **019 〈数の性質②〉**　（東京・筑波大附駒場高）

4桁の正の整数がある。この整数に以下の操作を行い，5桁の整数にすることを考える。

操作

①　4桁の整数を7で割った余りを求める。
②　7から①で求めた余りを引く。
③　もとの4桁の整数の末尾に②の結果を書き加え，5桁の整数にする。

この操作でできた5桁の整数を《コード》と呼ぶことにする。

例えば，1000を7で割った余りは6なので，末尾に1を書き加え，1000の《コード》は10001である。

また，1001を7で割った余りは0なので，末尾に7を書き加え，1001の《コード》は10017である。

次の問いに答えなさい。

(1)　2020の《コード》を求めよ。

(2)　85214は《コード》ではないが，5桁のうちの1桁だけを別の数字に直すことで，《コード》にできる。このように直して得られる《コード》として，考えられるものは全部で何個あるか。

難 (3)　4桁の正の整数は9000個ある。これらの整数の《コード》9000個のうち，《コード》を9で割った余りがaであるものの個数を$N(a)$とする。なお，$a=0,\ 1,\ 2,\ \cdots,\ 8$である。
$N(a)$が最も小さくなるaの値と，そのときの$N(a)$の値を求めよ。

2 式の計算

▶解答→別冊 *p.8*

頻出 020 〈単項式の計算〉

次の計算をしなさい。

(1) $\left(\frac{3}{2}xy^2\right)^2\div(-3x^2y)^3\times(-12x^4y^2)$ （大阪・近畿大附高）

(2) $\frac{3}{8}x^5\times\left\{\left(\frac{2}{3}xy^2\right)^2\div\frac{1}{6}x^3y\right\}^2$ （東京・日本大二高）

(3) $(-\sqrt{8}x^3y^2)\div\left(-\frac{\sqrt{72}}{5}xy\right)\times(\sqrt{3}y)^2$ （神奈川・横浜翠嵐高）

頻出 021 〈多項式の計算〉

次の計算をしなさい。

(1) $\frac{9-7x}{10}-3(1-2x)-\frac{3x-2}{4}$ （千葉・市川高）

(2) $\frac{x+3y-3z}{3}-\frac{2x-3y}{6}-\frac{3y+2z}{4}$ （東京・青山学院高）

(3) $\frac{11x-7y}{6}-\left(\frac{7x-9y}{8}-\frac{8x-10y}{9}\right)\times12$ （千葉・東邦大東邦高）

頻出 022 〈分数式の計算〉

次の計算をしなさい。

(1) $\left(-\frac{y}{x^2}\right)^3\times\left(\frac{x^4}{y^2}\right)^2\div\left(-\frac{y^2}{3x}\right)^2$ （東京・明治大付中野高）

(2) $x\left(-\frac{x^3}{y}\right)^5\left(\frac{y^2}{x^4}\right)^3\div\left(-\frac{x^2}{2y}\right)^2$ （東京・日本大二高）

(3) $\left(-\frac{1.5ab^2}{c^3}\right)^3\div(4.5a^7b^2c)\times\left(\frac{c^5}{ab}\right)^2$ （兵庫・関西学院高）

頻出 023 〈等式変形〉

次の問いに答えなさい。

(1) $S=\pi r^2+\pi \ell r$ を文字 ℓ について解け。ただし，$r \fallingdotseq 0$ とする。　(京都・立命館高)

(2) $\frac{1}{a}+\frac{1}{b}=\frac{1}{c}$ を b について解け。　(長崎・青雲高)

(3) 等式 $y=\frac{2x-1}{3x-2}$ を x について解け。　(神奈川・慶應高)

頻出 024 〈式の展開〉

次の式を展開しなさい。

(1) $(a+c)(b+1)$　(千葉・渋谷教育学園幕張高)

(2) $(x+4)(x-2)-(x-3)^2$　(神奈川県)

(3) $(a+b+c)(a-b+c)-(a+b-c)(a-b-c)$　(東京・早稲田実業高)

頻出 025 〈因数分解〉

次の式を因数分解しなさい。

(1) $2xy^2-8xy-64x$　(東京・青山高)

(2) $(2x+3)(2x-3)-(x-1)(3x+1)$　(東京・西高)

(3) $x^2-xy-y+x$　(東京・明治学院高)

(4) $a^2-b^2-c^2-2bc$　(東京・法政大高)

(5) $ab-2b+a^2-a-2$　(千葉・東邦大付東邦高)

(6) $(x^2+5x)^2+5(x^2+5x)-6$　(兵庫・関西学院高)

(7) $(x^2+4x+2)(x-2)(x+6)+2x^2+8x-24$　(東京・明治大付中野高)

(8) $(a-1)^2+a+b-(b+1)^2$　(奈良・東大寺学園高)

(9) $9a^2+4b^2-25c^2+12ab+30c-9$　(神奈川・法政大女子高)

(10) $a^3+b^2c-a^2c-ab^2$　(千葉・市川高)

難 **026 〈展開と因数分解〉** （兵庫・灘高）

$(a^2+b^2-c^2)^2$ を展開すると (1) であるから，$a^4+b^4+c^4-2a^2b^2-2b^2c^2-2c^2a^2$ を因数分解すると (2) となる。

頻出 **027 〈式の値①〉**

次の問いに答えなさい。

(1) $a=\sqrt{2}+1$，$b=2\sqrt{2}-1$ のとき，$ab+a-b-1$ の値を求めよ。 （千葉・和洋国府台女子高）

(2) $a=3\sqrt{2}+2\sqrt{3}$，$b=3\sqrt{2}-2\sqrt{3}$ のとき，$ab+\sqrt{2}a+\sqrt{3}b$ の値を求めよ。 （大阪・清風高）

(3) $a=3\sqrt{2}+1$，$b=3\sqrt{2}-1$ のとき，$\dfrac{a^2-4ab+b^2}{a-b}$ の値を求めよ。 （東京・新宿高）

(4) $x=\dfrac{\sqrt{3}}{\sqrt{2}}-\dfrac{\sqrt{2}}{\sqrt{3}}$，$y=\sqrt{6}-\dfrac{1}{\sqrt{6}}$ のとき，x^2-y^2 の値を求めよ。 （東京・日比谷高）

(5) $x=\sqrt{7}+\sqrt{3}$，$y=\sqrt{7}-\sqrt{3}$ のとき，$2x^2-5xy-3y^2-(x+y)(x-4y)$ の値を求めよ。 （奈良・西大和学園高）

(6) $(1+\sqrt{3})x=2$，$(1-\sqrt{3})y=-2$ のとき，$(2+\sqrt{3})x^2+(2-\sqrt{3})y^2$ の値を求めよ。 （福岡・久留米大附設高）

028 〈式の値②〉

次の問いに答えなさい。

(1) a，b は整数で，$(a-2\sqrt{2})(4+3\sqrt{2})=\sqrt{2}b$ となるとき，a，b の値を求めよ。 （東京・法政大高）

(2) $7x+2y=-x-5y$ のとき，$\dfrac{5x-8y}{4x+9y}$ の値を求めよ。 （茨城・江戸川学園取手高）

(3) $3x+y+1=2x+3y+\sqrt{3}$ のとき，$x^2-4xy+4y^2-3x+6y-4$ の値を求めよ。 （東京・明治大付明治高）

(4) $x=\sqrt{3}y-1$，$y=\sqrt{3}x$ のとき，$(\sqrt{3}-y)^2-\dfrac{2}{\sqrt{3}}(\sqrt{3}-y)-(1-x)^2$ の値を求めよ。 （東京・巣鴨高）

(5) $m-n=2$，$mn=4$ のとき，$(n^2+1)m-(m^2+1)n$ の値を求めよ。 （奈良・東大寺学園高）

029 〈因数分解の利用〉

次の問いに答えなさい。

(1) 等式$x^2-9y^2=133$を満たす自然数x, yの組をすべて求めよ。　（埼玉・立教新座高）

(2) $x^2-y^2+2x-2y$を因数分解すると［①］である。また, $x^2-y^2+2x-2y-40=0$を満たす正の整数の組$(x,\ y)$をすべて求めると［②］である。　（愛媛・愛光高）

難 (3) a, bは正の数で, $a^2+b^2=28$, $a^4+b^4=584$のとき,
$ab=$［①］, $a+b=$［②］である。　（兵庫・灘高）

頻出 030 〈式の利用①〉　（長野県）

下の図のように, 1辺の長さが1の正三角形のタイルをすき間なく並べて, 順に1番目, 2番目, 3番目, 4番目, …と, n番目の底辺の長さがnである正三角形をつくる。このとき, 正三角形をつくるのに必要なタイルの枚数を考える。例えば, 4番目の正三角形をつくるのに必要なタイルの枚数は16枚である。

1番目

2番目

3番目

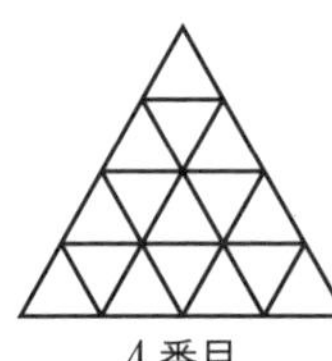
4番目

…

(1) 6番目の正三角形をつくるのに必要なタイルの枚数を求めよ。

(2) n番目の正三角形をつくるのに必要なタイルの枚数に47枚を加えると, $n+1$番目の正三角形をつくるのに必要なタイルの枚数となった。nの値を求めよ。

頻出 031 〈式の利用②〉　（東京・日本大三高）

2以上の偶数と6以上の偶数の積を次の表のように書いていく。例えば, 1行1列目には2と6の積12が, 2行3列目には4と10の積40が書かれている。次の問いに答えなさい。

		1列	2列	3列	4列	
	＼	6	8	10	12	…
1行	2	12	16	20	24	
2行	4	24	32	40	48	
3行	6	36	48	60	72	
4行	8	48	64	80	96	
	⋮					

(1) 10行8列目に入る数を求めよ。

(2) n行n列目に入る数をnを用いて表せ。

(3) n行n列目の数が780となるときのnの値を求めよ。

032 〈式の利用③〉　(鹿児島・ラ・サール高)

ある正の整数Nは正の整数a，b，cを用いて，$N=6a+4b+6c$とも$N=5a+6b+5c$とも表される。

(1)　Nをbだけを用いて表せ。

(2)　Nが170以上，180以下の整数とするとき，$a+b+c$の値を求めよ。

033 〈式の利用④〉　(東京・成蹊高)

百の位の数字がa，十の位の数字がb，一の位の数字がcである3桁の自然数Aがある。Aの百の位の数字と一の位の数字を入れ換えてできる自然数をBとする。次の問いに答えなさい。

(1)　A，Bをそれぞれa，b，cを用いて表せ。

(2)　このA，Bは以下の❶～❹の条件を満たしているとする。

❶　$B-A=297$

❷　Aは奇数である。

❸　Aの各位の数はすべて異なる。

❹　Aの各位の数の和は12である。

①　$c-a$の値を求めよ。

②　Aを求めよ。

難 **034 〈式の利用⑤〉**　(奈良・東大寺学園高)

自然数の逆数を，2つの自然数の逆数の和で表すことを考える。

例えば，$\frac{1}{2}$は$\frac{1}{3}+\frac{1}{6}$，$\frac{1}{4}+\frac{1}{4}$の2通り，$\frac{1}{3}$は$\frac{1}{4}+\frac{1}{12}$，$\frac{1}{6}+\frac{1}{6}$の2通り，$\frac{1}{4}$は$\frac{1}{5}+\frac{1}{20}$，$\frac{1}{6}+\frac{1}{12}$，$\frac{1}{8}+\frac{1}{8}$の3通りの表し方がある。このとき，次の問いに答えなさい。

(1)　自然数nに対して，$\frac{1}{n}=\frac{1}{n+p}+\frac{1}{n+q}$を満たす$p$，$q$の積$pq$を$n$で表せ。

(2)　$\frac{1}{6}$を2つの自然数の逆数の和で表すとき，そのすべての表し方を書け。

(3)　$\frac{1}{216}$を2つの自然数の逆数の和で表すとき，表し方は全部で何通りあるか。

3 1次方程式と連立方程式

▶解答→別冊 p. 14

頻出 **035 〈1次方程式を解く〉**

次の1次方程式を解きなさい。

(1) $x=\frac{1}{2}x-3$ （富山県）

(2) $0.2(13x+16)=0.8x-4$ （滋賀・比叡山高）

(3) $\frac{2x+1}{3}-\frac{x-2}{2}=2$ （神奈川・桐蔭学園高）

(4) $\frac{3x+6}{5}-\frac{7-x}{3}=\frac{4x-1}{6}+\frac{5}{2}$ （東京・日本大二高）

頻出 **036 〈連立方程式を解く〉**

次の連立方程式を解きなさい。

(1) $\begin{cases} 19x+37y=67 \\ 13x+25y=55 \end{cases}$ （鹿児島・ラ・サール高）

(2) $\begin{cases} \frac{3x+2}{2}-\frac{8y+7}{6}=1 \\ 0.3x+0.2(y+1)=\frac{1}{4} \end{cases}$ （愛知・東海高）

(3) $\begin{cases} \frac{3(x+2y)}{10}-\frac{x+y}{5}=1 \\ \frac{4x-9y}{5}-y=-1 \end{cases}$ （京都・同志社高）

(4) $\begin{cases} 9x-8y-7=0 \\ 3x:5=(y+1):2 \end{cases}$ （東京・法政大高）

(5) $\begin{cases} x+\frac{1}{y}=3 \\ 3x+\frac{2}{y}=5 \end{cases}$ （東京・青山学院高）

(6) $\begin{cases} \frac{2}{x+y}+\frac{3}{x-y}=-2 \\ \frac{2}{x+y}-\frac{1}{x-y}=2 \end{cases}$ （東京・中央大杉並高）

(7) $\begin{cases} \frac{1}{3}(x+y)+\frac{1}{2}(x-y)=2x+y+\frac{7}{3} \\ \frac{1}{2}(3x-2y)-\frac{1}{3}(2x+y)=x-y+2 \end{cases}$ （北海道・函館ラ・サール高）

(8) $\begin{cases} \sqrt{3}x+\sqrt{2}y=1 \\ \sqrt{2}x-\sqrt{3}y=1 \end{cases}$ （東京・巣鴨高）

頻出 **037 〈1次方程式の解と係数〉** （大阪桐蔭高）

xの方程式$\frac{ax-1}{3}-\frac{3(x-a)}{2}=1$の解が2であるとき，$a$の値を求めなさい。

頻出 **038 〈連立方程式の解と係数①〉**

次の問いに答えなさい。

(1) 次の2組のx, yの連立方程式の解が同じである。a, bの値を求めよ。

$\begin{cases} 4x+3y=-1 \\ ax-by=13 \end{cases}$ $\begin{cases} bx-ay=7 \\ 3x-y=9 \end{cases}$

(大阪教育大附高平野)

(2) x, yについての2つの連立方程式$\begin{cases} ax+by=8 \\ \dfrac{8}{x}+\dfrac{3}{y}=1 \end{cases}$と$\begin{cases} bx+ay=2 \\ \dfrac{6}{x}+\dfrac{4}{y}=-1 \end{cases}$の解が一致するとき,

a, bの値を求めよ。

(北海道・函館ラ・サール高)

(3) xとyの連立方程式$\begin{cases} ax+by=13 \\ bx+y=9 \end{cases}$を解くところを, $\begin{cases} bx+ay=13 \\ bx+y=9 \end{cases}$を解いてしまったので,

解は$x=\dfrac{5}{3}$, $y=4$となってしまった。このとき, 正しい解を求めよ。

(京都・立命館高)

039 〈連立方程式の解と係数②〉

(愛知・東海高)

x, yについての連立方程式

$\begin{cases} 3ax+\dfrac{1}{2}y=28 \\ \dfrac{2x-3y}{24}-\dfrac{2x-y}{12}=1 \end{cases}$ について,

(1) $a=1$のとき, この連立方程式の解は, $(x, y)=($ (ア) , (イ) $)$である。

(2) この連立方程式の解がともに整数となるような自然数aの値は全部で[ ]個ある。

040 〈連立方程式の解と係数③〉

(神奈川・慶應高)

x, yについての連立方程式を解く問題がノートに書いてある。しかし, 汚れていて読めない係数があるので, それをaとすると, $\begin{cases} 3x-2y=17 \\ ax-4y=45 \end{cases}$ という問題である。係数aは整数で, 解x, yはいずれも正の整数であるというが, この問題を解くと, 解は$x=$ (1) , $y=$ (2) であり, 読めない係数aは (3) だとわかる。

041 〈連立方程式の解と係数④〉　（千葉・東邦大付東邦高）

2個のxとyの連立方程式〔Ⅰ〕と〔Ⅱ〕がある。

〔Ⅰ〕$\begin{cases} ax+by=19 \\ x+y=-3 \end{cases}$

〔Ⅱ〕$\begin{cases} x-y=7 \\ bx-ay=c \end{cases}$

〔Ⅰ〕の解と，〔Ⅱ〕の解は一致している。

次の問いに答えなさい。

(1)　これらの連立方程式の解を求めよ。

(2)　cをaを用いて表せ。

(3)　a，cを2けたの自然数とするとき，cの最大値を求めよ。

難 **042 〈1次方程式の応用・時計算〉**　（東京・城北高）

午前6時前に時計を見て自宅を出た。午後9時過ぎに帰宅して時計を見ると，長針と短針の位置がちょうど入れ替わっていた。次の問いに答えなさい。

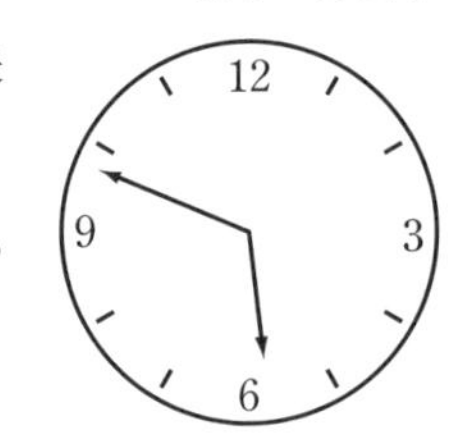

(1)　家を出たのを午前5時x分とすると，帰宅した時間は午後9時［①］分である。［①］をxで表せ。

(2)　(1)の［①］を用いると，xについての方程式は［①］$\times\dfrac{1}{12}=$［②］である。［②］をxで表せ。

(3)　xを求めよ。

043 〈1次方程式の応用・仕事算〉　（東京・豊島岡女子学園高）

ある工場では，毎日同じ量の仕事を機械が行っている。その仕事は機械Aだけで行うと$3a$時間で終わり，機械Bだけで行うと$2a$時間で終わる。昨日，この仕事を機械Aだけではじめの$\dfrac{9}{10}a$時間行い，残りを機械Bだけで行って，1日の仕事が終わった。今日は，最初から最後までをすべて機械Aと機械Bの両方で行ったところ，昨日よりも44分短い時間で1日の仕事が終わった。このとき，次の問いに答えなさい。

(1)　昨日，機械Aが行った仕事の量は昨日の仕事全体の何％か。

(2)　aの値を求めよ。

044 〈1次方程式の応用・値引き算〉　（東京・筑波大附高）

商品Aをまとめて購入すると，1個目は定価の10％引き，2個目は1個目の価格の10％引き，3個目は2個目の価格の10％引きになる。この商品Aを3個まとめて購入した。支払った代金は定価で3個買うより5610円安かった。商品Aの1個の定価を求めなさい。

045〈連立方程式の応用・割合〉　（東京・豊島岡女子学園高）

ある店では毎日A，B2つの商品を仕入れて，販売している。ある1日の売り上げを調べたところ，午前中にAとBを合わせた個数の30％にあたる57個が売れ，この日1日では，Aの90％，Bの96％が売れて，残った商品の個数はA，Bを合わせ16個だった。仕入れたAの個数を求めなさい。

難 **046〈連立方程式の応用・濃度〉**　（愛媛・愛光高）

容器Aには10％の食塩水300g，容器Bには18％の食塩水500gが入っている。Aからxg，Bからygの食塩水を取り出し，Aから取り出した食塩水をBに，Bから取り出した食塩水をAに入れると，Aの食塩水の濃度は14.5％になる。また，Aからyg，Bからxgの食塩水を取り出し，Aから取り出した食塩水をBに，Bから取り出した食塩水をAに入れると，AとBの濃度が一致した。このときのx，yの値を求めなさい。

047〈連立方程式の応用・入館料金〉　（東京・桐朋高）

ある科学館の入館料は1人100円であり，科学館の中にはプラネタリウムと天文台がある。プラネタリウムと天文台の両方に入るには入館料の他に1人400円かかり，プラネタリウムだけに入るには入館料の他に1人300円かかり，天文台だけに入るには入館料の他に1人200円かかる。

250人の団体がこの科学館に入館した。250人のうち，プラネタリウムに入った人が180人，プラネタリウムにも天文台にも入らなかった人が10人であった。この団体が支払った金額が97500円のとき，天文台に何人入りましたか。答えのみでなく求め方も書くこと。

難 **048〈連立方程式の応用・通過算〉**　（千葉・市川高）

A駅とB駅を結ぶ鉄道があり，そのちょうど中間地点にC駅がある。A駅を出発した列車はC駅に1分間停車し，A駅を出発してから9分後にB駅に到着する。B駅を出発した列車はC駅には停車せずに，B駅を出発してから8分後にA駅に到着する。ただし，どの列車も速さは一定であり，列車の長さは考えないものとする。このとき，次の問いに答えなさい。

(1)　A駅を8時5分に出発した列車と，B駅を8時10分に出発した列車がすれちがう時刻を求めよ。

(2)　市川君は自転車でA駅からB駅まで線路に沿った道路を40分で走ることができる。市川君はある時刻にA駅をB駅に向かって出発し，A駅を8時5分に出発した列車にC駅とB駅の間で追い抜かれた。さらに，その100秒後にB駅を8時10分に出発した列車とすれちがった。市川君がA駅を出発した時刻を求めなさい。ただし，市川君は一定の速さで走るものとする。

難 049 〈連立方程式の応用・不定方程式〉 （長崎・青雲高）

ある映画館では，通常大人1人2000円，子ども1人1600円料金がかかるが，1つの団体で大人だけまたは子どもだけで11人以上になる場合，団体割引を使うことができ，10人を超えた人数分の料金がx％引きになる。次の問いに答えなさい。ただし，$0<x<50$とする。

(1)　大人の団体15人で入館したとき，料金の合計は26000円であった。このとき，xの値を求めよ。

(2)　大人と子どもの料金の合計が15600円であったとき，割引はされていなかった。このとき，考えられる大人の人数をすべて求めよ。

(3)　大人だけの団体と子どもだけの団体が入館した。この2つの団体の合計の人数は20人で，大人の団体の料金と子どもの団体の料金のそれぞれの合計は5600円違っていた。このとき，考えられるxの値を求めよ。

050 〈連立方程式の応用・流水算〉 （鹿児島・ラ・サール高）

ある川に沿って2地点A，Bがあり，AB間を船が往復していて，通常は上りが2時間，下りが1時間半である。あるとき川が増水して川の流れが毎時3km速くなったため，上りに24分余計に時間がかかった。船の静水に対する速さは一定であるとして次の問いに答えなさい。ただし，(1)，(2)については，途中の説明，計算も書きなさい。

(1)　通常の川の流れの速さを毎時$x$km，船の静水に対する速さを毎時$y$kmとするとき，yをxの式で表せ。

(2)　AB間の距離を求めよ。

(3)　増水したとき，下りは何分縮まったか。

4 2次方程式

▶解答→別冊 *p.21*

頻出 **051** **〈2次方程式を解く①〉**

次の2次方程式を解きなさい。

(1) $(x+3)^2=6$ （香川県）

(2) $x^2+4x-9=-x+5$ （滋賀県）

(3) $x^2+7x+2=0$ （広島県）

(4) $2x^2-5x+1=0$ （埼玉県）

頻出 **052** **〈2次方程式を解く②〉**

次の2次方程式を解きなさい。

(1) $(x-1)^2-(x-1)-42=0$ （福岡大附大濠高）

(2) $\left(3-\frac{1}{2}x\right)^2=(x-1)(x+4)+1$ （東京・日比谷高）

(3) $0.03\left(\frac{1}{\sqrt{3}}x-2\sqrt{3}\right)^2=\frac{3}{50}-\frac{x-3}{10}$ （兵庫・関西学院高）

難 (4) $x^2+(1-\sqrt{2}-\sqrt{3})x+\sqrt{6}-\sqrt{2}=0$ （神奈川・慶應高）

053 **〈2元2次方程式を解く〉**

次の連立方程式を解きなさい。

(1) $\begin{cases} x+y=x^2+4 \\ x:y=1:3 \end{cases}$ （東京・明治学院高）

(2) $\begin{cases} x^2+7x+4y+7=0 \\ x+4y=2 \end{cases}$ （千葉・東邦大付東邦高）

難 (3) $\begin{cases} x^2+xy+y^2=1 \\ \frac{y}{x}+\frac{x}{y}=3 \end{cases}$ （千葉・渋谷教育学園幕張高）

難 (4) $\begin{cases} (x+y)^2-4(x+y)+4=0 \\ (3x-2y)^2+(3x-2y)=6 \end{cases}$ （神奈川・慶應高）

頻出 **054 〈2次方程式の解と係数①〉**

次の問いに答えなさい。

(1)　xについての2次方程式$x^2+kx+72=0$が2つの正の解をもち，1つの解がもう1つの解の2倍であるとき，定数kの値を求めよ。（東京・豊島岡女子学園高）

(2)　2次方程式$x^2=8x+84$の2つの解のうち，大きい方をa，小さい方をbとするときa^2b-ab^2の値を求めよ。（東京・明治学院高）

(3)　$x^2-2x-1=0$の解のうち大きい方をaとする。a，a^2-2a，a^4-2a^3-a-2の値を順に求めよ。（福岡・久留米大附設高）

055 〈2次方程式の解と係数②〉　（京都・洛南高）

xについての2次方程式$ax^2+bx+c=0$　…①，$bx^2+cx+a=0$　…②，$cx^2+ax+b=0$　…③がある。①の解の1つが$x=1$，②の解の1つが$x=2$である。

(1)　a，cをbの式で表せ。

(2)　③の解をすべて求めよ。

難 **056 〈2次方程式の解と係数③〉**　（東京・早稲田実業高）

$c>0$とする。2次方程式$2x^2+bx+c=0$の2つの解のうち，大きい方をp，小さい方をq，$cx^2+bx+2=0$の2つの解のうち，大きい方をrとすると，$p+q=2$，$r=2p$となった。このとき，$b=$ (1) で，$p=$ (2) である。(1)，(2)にあてはまる数を求めなさい。

難 **057 〈2次方程式の解と係数④〉**　（東京・明治大付明治高）

xについての2つの2次方程式$x^2-(a+4)x-(a+5)=0$　…①，$x^2-ax+2b=0$　…②がある。a，bがともに負の整数のとき，次の問いに答えなさい。

(1)　2次方程式①が，ただ1つの解をもつとき，aの値を求めよ。

(2)　2次方程式①と②の両方を満たす共通の解が1つだけあるとき，a，bの値を求めよ。ただし，$a>b$とする。

058〈2次方程式の応用・整数〉　（大阪・清風高）

自然数A，B，Cがある。これらはすべて2桁の数で，数Aについては，十の位の数の2倍は一の位の数より8大きく，数Bについては，十の位の数を2乗したものに一の位の数を加え，さらに16を加えるともとの数Bに等しくなる。

このとき，次の問いに答えなさい。

(1)　数Aの十の位をx，一の位をyとする。

①　yをxを使って表せ。

②　さらに，数Aの十の位の数と一の位の数を入れかえてできる数は，もとの数Aより18小さくなる。このとき，数Aを求めよ。

(2)　数Bの十の位の数として考えられる数を2つ求めよ。

(3)　数Cについては，一の位の数を7倍したものに50を加えると，もとの数Cの2倍になる。また，数Cに(1)で求めた数Aを加えると，3桁の数になる。このとき，数Cを求めよ。

059〈2次方程式の応用・道幅〉　（兵庫・関西学院高）

縦30m，横60mの長方形の土地がある。右の図のように，長方形の各辺と平行になるように同じ幅の通路を，縦に3本，横に2本つくり，残りの土地に花を植えたい。花を植える土地の面積をもとの土地の面積の78％にするには，通路の幅を何mにすればいいですか。

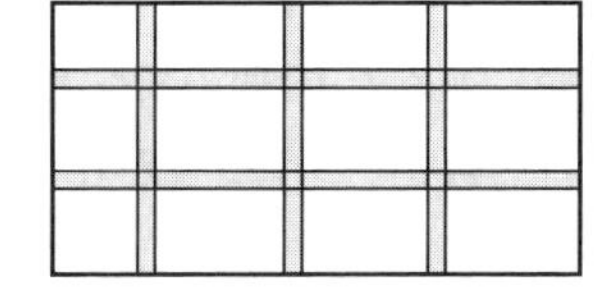

難 **060〈2次方程式の応用・濃度〉**　（神奈川・桐蔭学園高）

濃度6％の食塩水200gが容器A，濃度8％の食塩水120gが容器Bにそれぞれ入っている。このとき，次の［　　］にあてはまる数を求めなさい。

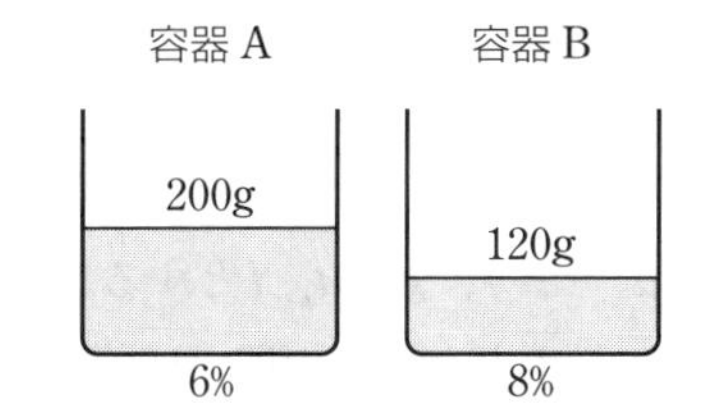

(1)　容器Aから75gの食塩水を取り出し，取り出した食塩水と同じ量の水を容器Aに加えてよく混ぜると，容器Aの食塩水の濃度は［　　］％になる。

(2)　容器Aから60gの食塩水を取り出し，容器Bに加えてよく混ぜる。次に容器Bから60gの食塩水を取り出し容器Aに加えてよく混ぜると，容器Aの食塩水の濃度は［　　］％になる。

(3)　容器Aからxgの食塩水を取り出し，容器Bに加えてよく混ぜる。次に容器Bから$\frac{1}{2}x$gの食塩水を取り出し，$\frac{1}{2}x$gの水とともに容器Aに加えてよく混ぜると，容器Aの食塩水の濃度は5.04％になった。このとき，$x=$［　　］である。

061〈**2次方程式の応用・値引き算**〉　（愛媛・愛光高）

ある品物を1個375円でx個仕入れ，6割の利益を見込んで定価をつけた。1日目は定価で売ったところ，仕入れた個数の2割だけ売れた。2日目は定価のy割引きの価格で売ったところ，売れ残っていた個数の$\frac{3}{8}$だけ売れた。3日目は2日目の売価のさらに$2y$割引きの価格で売ったところ，売れ残っていた75個がすべて売り切れた。このとき，次の問いに答えなさい。

(1)　xの値を求めよ。

難 (2)　3日間で得た利益は4950円であった。yの値を求めよ。

062〈**2次方程式の応用・数の性質**〉　（神奈川・多摩高）

1目もりが縦，横ともに1cmの等しい間隔で線がひかれている1辺の長さが10cmの正方形の方眼紙がある。この方眼紙にかかれている1辺の長さが1cmの正方形をます目ということにする。

この方眼紙の100個のます目には，1から100までの異なる自然数が1つずつ書かれている。右の**図1**のように，方眼紙の一番上の横に並んだ10個のます目には，左から小さい順に1から10までの自然数が1つずつ書かれており，上から2番目の横に並んだ10個のます目には，左から小さい順に11から20までの自然数が1つずつ書かれている。上から3番目の横に並んだ10個のます目以降のます目にも，同様に自然数が1つずつ書かれており，一番下の横に並んだ10個のます目には，左から小さい順に91から100までの自然数が1つずつ書かれている。

また，**図2**のような，1辺の長さが3cmの正方形の枠があり，この枠で**図1**の方眼紙のちょうど9個のます目を囲んだとき，**図3**のように，そのます目に書かれている9つの数を小さい順に，a，b，c，d，e，f，g，h，iとする。

このとき，次の問いに答えなさい。

図1

1	2	3	4	5	6	7	8	9	10
11	12	13	14	15	16	17	18	19	20
21	22	23	24	25	26	27	28	29	30
31	32	33	34	35	36	37	38	39	40
41	42	43	44	45	46	47	48	49	50
51	52	53	54	55	56	57	58	59	60
61	62	63	64	65	66	67	68	69	70
71	72	73	74	75	76	77	78	79	80
81	82	83	84	85	86	87	88	89	90
91	92	93	94	95	96	97	98	99	100

図2　　図3

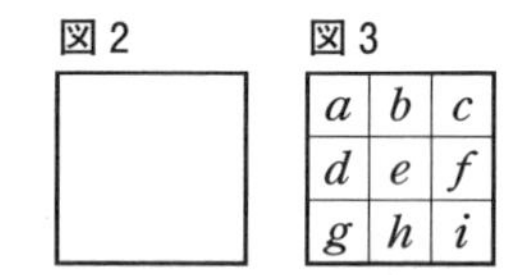

(1)　**図2**の枠で**図1**の方眼紙の9個のます目を囲んだところ，b，d，e，f，hの和が425になった。このとき，eを求めよ。

(2)　**図2**の枠で**図1**の方眼紙の9個のます目を囲んだところ，a，iの積とc，gの積との和がeの100倍より6だけ大きくなった。このとき，eを求めよ。

5 不等式

▶解答→別冊 p.26

不等式を解くことは中学校の学習内容の範囲外ですが，難関高校入試では知っていると有利になることがあるので，この本ではとりあげました。自分の目標に合わせ，必要な人のみ学習してください。

★不等式の解き方

① 基本的に，1次方程式とほぼ同様に解く。

② **両辺に負の数をかけたり，両辺を負の数でわったりするときは，不等号の向きが逆になる。**

063 〈不等式を解く〉

次の不等式を解きなさい。

(1) $3(1-2x)>\dfrac{11-3x}{2}$

(2) $\dfrac{2x-3}{3}-\dfrac{1}{5}x\geqq 1$

(3) $\dfrac{3x-1}{4}-\dfrac{2x-3}{5}>\dfrac{7x-7}{10}-1$

(4) $\dfrac{5-3a}{2}\geqq\dfrac{1}{5}\left(a+\dfrac{3}{2}\right)$

(5) $1.4\left(0.5x+\dfrac{2}{7}\right)-0.6\left(1.5x+\dfrac{1}{3}\right)>1$

064 〈不等式の整数解〉

次の問いに答えなさい。

(1) 不等式 $3(x-4)>5x-3$ を満たすような整数 x のうち，最も大きいものを求めよ。

(2) 不等式 $4x-11<7x-4$ を満たす解のうち，最小の整数を求めよ。

(3) ある素数を3倍したものから2をひいて，5で割ると2より大きく，7より小さくなった。このような素数をすべて求めよ。

(4) ある整数 n を16で割って，小数第1位を四捨五入すると14となる。また n を19で割って小数第1位を四捨五入すると11となるという。このような n をすべて求めよ。

065〈値の範囲と連立不等式の整数解〉

次の問いに答えなさい。

(1)　$-3 \leqq a \leqq 2$，$-2 \leqq b \leqq 4$ のとき，$a^2+\dfrac{3}{2}b$ の値の範囲を求めよ。

(2)　次の不等式を同時に満たす整数 x を求めよ。

$$\begin{cases} 2x+5>5(x-3)+9 \\ -\dfrac{1}{2}x+4<3x-1 \end{cases}$$

難 (3)　$\dfrac{x}{5}+\dfrac{1}{10} \geqq \dfrac{x+1}{2}$，$2x-1>2a$ を同時に満たす整数 x が，ちょうど5個となるように a の範囲を定めよ。

難 **066〈不等式の応用〉**

ある家族が，レンタカーを借りて旅行をした。1日目はレンタカー会社のA営業所からB市までの256kmを，2日目はB市からC市まで，3日目はC市からA営業所まで移動した。A営業所から満タン(ガソリンがタンクに満杯(ぱい)の状態)で出発し，2日目のB市からC市への移動の途中のガソリンスタンドで52L，3日目のA営業所到着時に，A営業所内の給油所で x Lを給油し，いずれも満タンの状態にしたという。

このレンタカーは，ガソリンタンクにガソリンが60L入るとし，1L当たり8km走行するものとする。このとき，次の問いに答えなさい。

(1)　1日目のガソリンの消費量は何Lか。

(2)　2日目の出発時からガソリンスタンドまでの距離を求めよ。

(3)　3日目のガソリンの消費量が，25L以上であったとすると，B市からC市までは，最長で何kmあると考えられるか。

次に，このレンタカーは，走行距離が400kmを超えると1kmごとに30円の追加料金がかかり，また，2か所で給油したガソリンの代金は1Lあたり100円であったという。

(4)　給油したガソリン代と追加料金の総合計が，21660円であったとき，x の値を求めよ。

(5)　(4)のとき，走行距離は2日目が最も長く，1日目は最も短かった。ガソリンスタンドが，C市の手前 y kmの地点にあったとするとき，y の値の範囲を求めよ。

6 比例・反比例

▶解答→別冊 *p.*29

頻出 067 〈比例・反比例の式〉

次の問いに答えなさい。

(1) y は x に比例し，$x=2$ のとき $y=-6$ である。
$x=-3$ のときの y の値を求めよ。 （京都府）

(2) y は x に反比例し，$x=2$ のとき $y=-4$ である。
$x=-1$ のときの y の値を求めよ。 （奈良県）

(3) y は $x-2$ に反比例し，$x=3$ のとき $y=4$ である。
$y=\frac{2}{3}$ のときの x の値を求めよ。 （神奈川・桐蔭学園高）

(4) $y+2$ は $x-2$ に比例し，$z-1$ は $y-1$ に反比例する。
また $x=3$ のとき $y=0$，$z=-2$ である。$z=4$ のときの x の値を求めよ。 （神奈川・法政大二高）

068 〈変域〉

次の問いに答えなさい。

(1) 関数 $y=\frac{12}{x}$ について，x の変域が $a \leqq x \leqq b$ のとき，y の変域が $2 \leqq y \leqq 4$ であるという。
このとき，a，b の値を求めよ。 （大阪・近畿大附高）

(2) 関数 $y=\frac{a}{x}$ について，x の変域が $1 \leqq x \leqq 4$ のとき，y の変域が $b \leqq y \leqq 8$ である。
このとき，a，b の値を求めよ。 （岡山朝日高）

(3) 関数 $y=-\frac{6}{x}$ で，y の変域が $y \geqq 3$ となるような x の変域を求めよ。 （東京・桐朋高）

難 069 〈比例のグラフと図形〉

（東京・明治学院高）

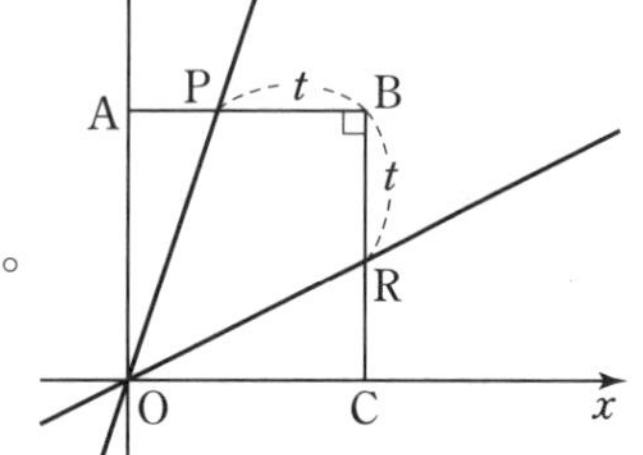

右の図のように，長方形OABCと$y=3x$，$y=\frac{1}{2}x$のグラフがある。

$y=3x$のグラフと辺ABの交点をP，$y=\frac{1}{2}x$のグラフと辺BCの交点をRとする。BP=BR=t，点A(0，a)であるとき，次の問いに答えなさい。ただし，a，tは正の数とし，原点をOとする。

(1) 点Rの座標をaを用いて表せ。

(2) 直線PRとx軸，y軸の交点をそれぞれE，Fとするとき，線分FP，PR，REの長さを最も簡単な整数の比で表せ。

070 〈反比例のグラフと図形①〉

次の問いに答えなさい。

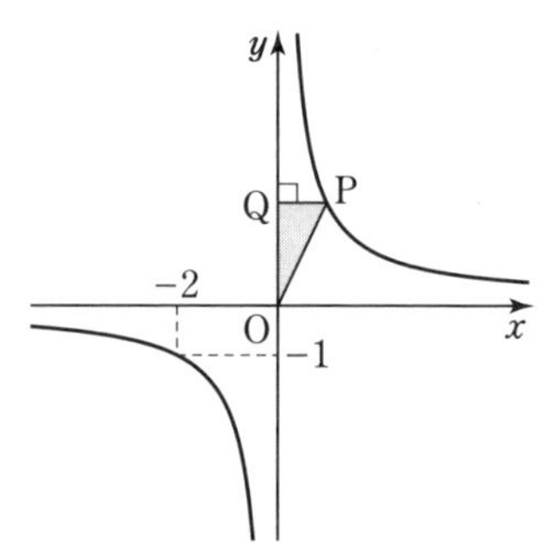

(1) 右の図のように，点(−2，−1)を通る反比例のグラフ$y=\frac{a}{x}$上に点Pをとる。点Pからy軸に垂線をひき，y軸との交点をQとする。原点をOとするとき，三角形OPQの面積を求めよ。

（東京・豊島岡女子学園高）

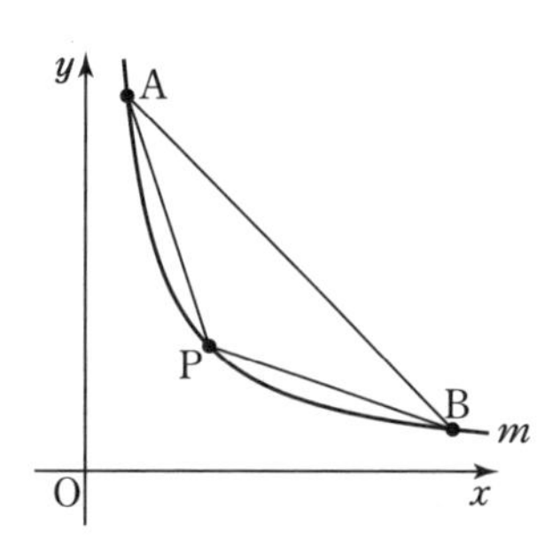

(2) 右の図のようにyがxに反比例する曲線m上に3点A，P，Bがあり，点Aのx座標は1，点Pの座標は(3，3)である。また，△APBは，PA=PBの二等辺三角形である。
このとき，△APBの面積を求めよ。

（奈良・西大和学園高）

071 〈反比例のグラフと図形②〉

（福岡・久留米大附設高）

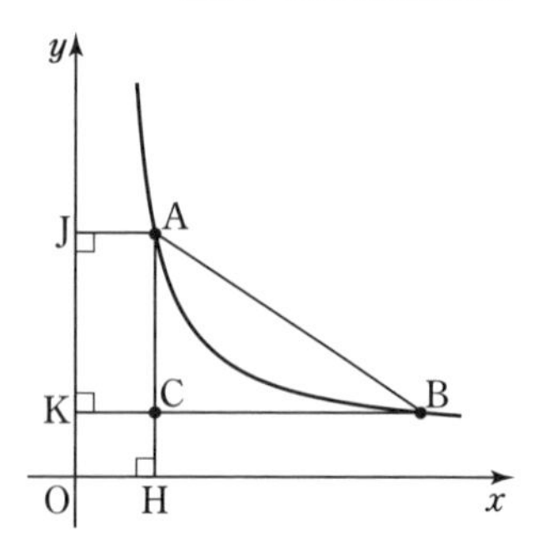

右の図のように，$y=\frac{2}{x}$のグラフ上に2点A，Bがあり，x座標をそれぞれa，bとする。Aからx軸に垂線AHを，Bからy軸に垂線BKをひき，AHとBKの交点をCとすると，四角形OHCKの面積は$\frac{1}{2}$であった。

(1) x座標の比$a:b$を，簡単な整数の比で表せ。

(2) Aからy軸に垂線AJをひくとき，四角形AJKCの面積を求めよ。

(3) △CABの面積，△OABの面積をそれぞれ求めよ。

072 〈比例・反比例のグラフと図形①〉

（東京・日本大豊山高）

右の図は，直線$y=ax$と双曲線$y=\frac{b}{x}$のグラフである。

点Aは2つのグラフの交点で，その座標は$(-4,\ -2)$である。

また，点Bのx座標は1である。

次の問いに答えなさい。

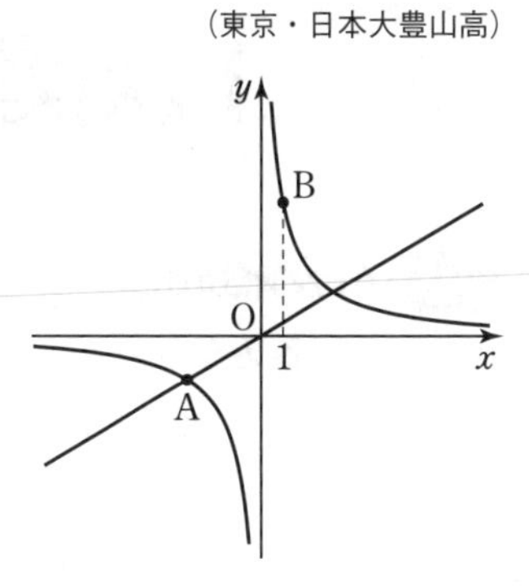

(1) a，bの値をそれぞれ求めよ。

(2) 2点A，Bを通る直線の式を求めよ。

(3) △OABの面積を求めよ。

073 〈比例・反比例のグラフと図形②〉

（東京・明治大付明治高）

右の図において，①は関数$y=x$のグラフであり，

②は関数$y=\frac{m}{x}$$(x>0)$のグラフである。

①上に2点B，D，②上に2点A，Cをとり，辺ADとBCはx軸に平行で，辺ABとDCはy軸に平行である正方形ABCDをつくる。また，辺ABの延長とx軸との交点をE，辺CBの延長とy軸との交点をFとする。①と②の交点のx座標が2のとき，次の問いに答えなさい。

(1) mの値を求めよ。

(2) 点Bのx座標を$t$$(t>0)$とする。正方形ABCDと正方形OEBFの面積が等しくなるとき，tの値を求めよ。

頻出 074 〈比例のグラフと文章題〉

（沖縄県）

1周400mのトラック（図Ⅰ）を，AさんとBさんがそれぞれ一定の速さで走る。出発してx分後までに走った距離をymとする。図ⅡはAさんとBさんそれぞれについて，xとyの関係を表したグラフの一部である。このとき，次の問いに答えなさい。

図Ⅰ

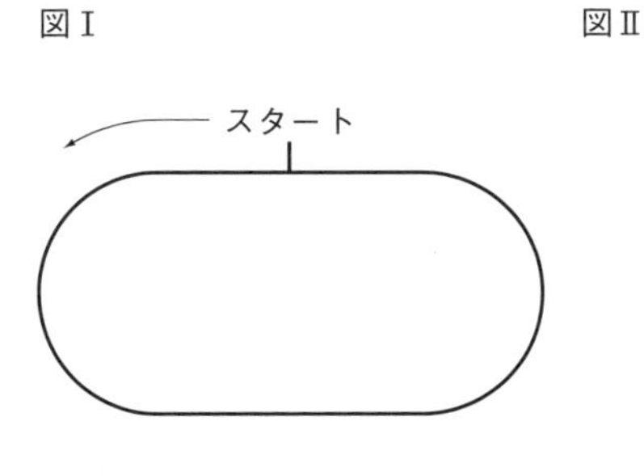

図Ⅱ

(1) Aさんのグラフについて，yをxの式で表せ。

(2) AさんとBさんが同時にスタート地点より出発し，矢印方向に走る。AさんとBさんが最初に並ぶのは，出発して何分後か求めよ。

(3) Cさんがこのトラックを10周走った。はじめはAさんと同じ速さで走り，途中からBさんと同じ速さで走ったところ，全体で17分かかった。このとき，CさんがAさんと同じ速さで走ったのは何分間か求めよ。

7 1次関数

▶解答→別冊 *p.32*

頻出 **075** 〈1次関数の式〉

次の問いに答えなさい。

(1) yはxの1次関数であり，変化の割合が4で，そのグラフが点(5, 13)を通るとき，yをxの式で表せ。 (高知県)

(2) Aさんが，登山の準備として標高，気温，気圧の関係について調べると，次の①，②がわかった。

① 気温の変化は標高の増加に比例し，標高が1000m増加するごとに気温は6℃ずつ下がる。

② 気圧の変化は標高の増加に比例する。

右の図は，標高がxmのときの気圧をyhPa(ヘクトパスカル)として，xとyの関係をグラフに表したものである。

M山の標高200m地点の気温が25.0℃であるとき，①，②をもとにM山の頂上の気温と気圧を計算すると，気温は18.1℃であり，気圧は□hPaである。 (福岡県)

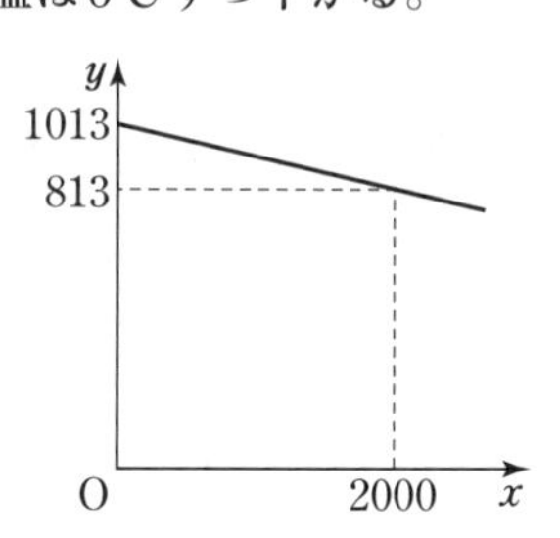

076 〈変域や交点から係数を求める〉

次の問いに答えなさい。

(1) 関数$y=ax+b$について，xの変域が$-2 \leqq x \leqq 4$のとき，yの変域が$-4 \leqq y \leqq 5$である。(a, b)の組をすべて求めよ。 (千葉・市川高)

(2) xの変域$0 \leqq x \leqq 6$において，異なる2つの1次関数$y=mx+5$，$y=\dfrac{3}{2}x+n$のyの変域が一致するとき，$m=$[①]，$n=$[②]となる。 (東京・國學院大久我山高)

難 (3) a，bは0でない定数とする。xy平面上で，2直線$x+\sqrt{6}y=9\sqrt{2}$，$\dfrac{x}{a}+\dfrac{y}{b}=1$の交点が，2直線$\dfrac{x}{b}+\dfrac{y}{a}=0$，$\sqrt{6}x+y=8\sqrt{3}$の交点と一致するとき，$a=$[①]，$b=$[②]である。 (兵庫・灘高)

頻出 **077 〈傾きを求める〉**　（北海道）

右の図のように，関数$y=x-6$ …①のグラフがある。点Oは原点とする。この図に，関数$y=-2x+3$ …②のグラフをかき入れ，さらに，関数$y=ax+8$ …③のグラフをかき入れるとき，aの値によっては，①，②，③のグラフによって囲まれる三角形ができるときと，できないときがある。

①，②，③のグラフによって囲まれる三角形ができないときのaの値をすべて求めなさい。

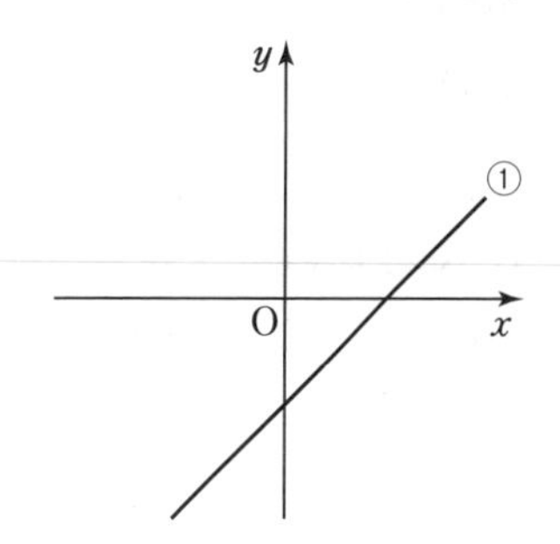

078 〈切片を求める〉　（東京・中央大杉並高）

右の図で，点Pは$y=x+a$のグラフ上の点であり，点QはPQ=POとなるy軸上の点である。また，点Qのy座標は6で，点Rは$y=x+a$の切片である。△OPRの面積が1のときのaの値を求めなさい。ただし，$0<a<3$とする。

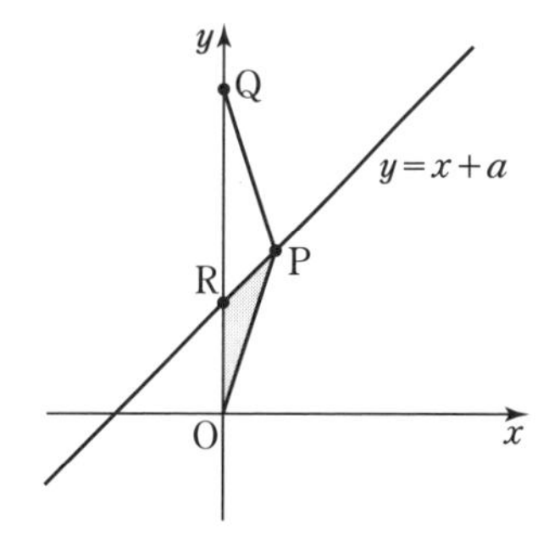

新傾向 **079 〈最短経路〉**　（東京学芸大附高）

図のように，平面上に5点O(0, 0)，A(10, 10)，B(7, 3)，C(0, 10)，D(7, 0)がある。

線分OC上に点P，線分OD上に点Qを∠APC=∠QPO，∠PQO=∠BQDとなるようにとる。

このとき，点Pの座標を求めなさい。

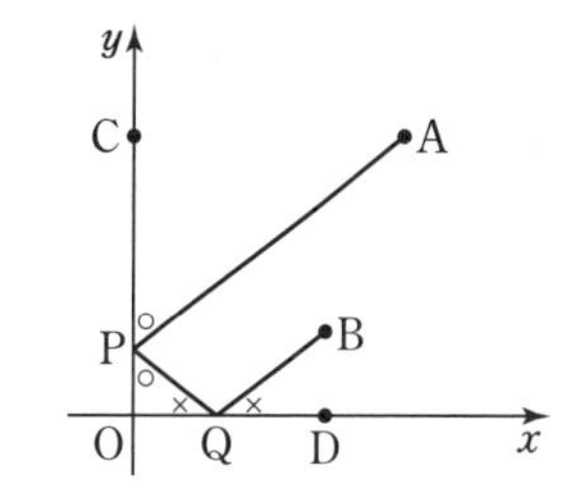

080 〈切片のとりうる値の範囲〉　（鹿児島・ラ・サール高）

2直線$y=-x+2$ …①，$y=-2x+p$ …②の交点をQとし，そのx座標，y座標はともに0以上とする。さらに①とx軸，y軸との交点をそれぞれA，B，②とx軸，y軸との交点をそれぞれC，Dとする。

(1)　pのとりうる値の範囲を求めよ。

(2)　△QACと△QBDの面積が等しいとき，pの値を求めよ。

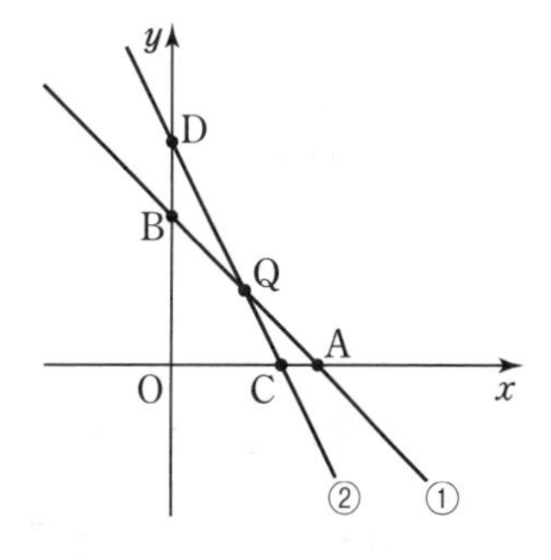

難 081 〈座標を文字で表す①〉

(福岡・久留米大附設高)

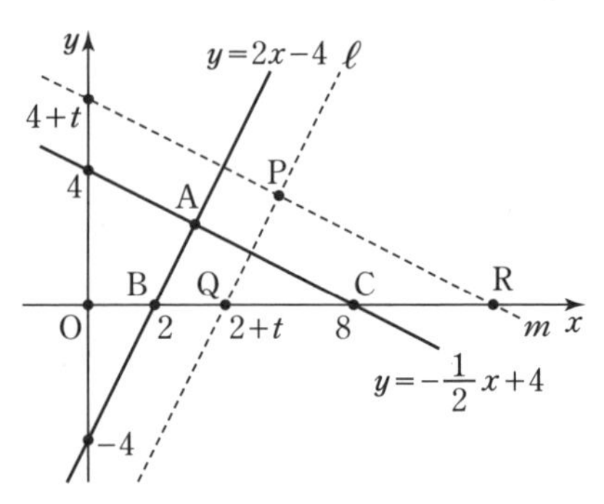

2直線$y=2x-4$　…①と$y=-\frac{1}{2}x+4$　…②がある。

直線①と②の交点をA，x軸と直線①，②の交点をそれぞれB，Cとおく。

$t>0$とする。直線①に平行で，x軸と点$(2+t,\ 0)$で交わる直線をℓとし，直線②に平行で，y軸と点$(0,\ 4+t)$で交わる直線をmとする。直線ℓとmの交点をP，x軸と直線ℓ，mの交点をそれぞれQ，Rとおく。

(1)　点Aの座標と△ABCの面積を求めよ。

(2)　△ABCと△PQRが重なる部分の面積が，△ABCの面積の$\frac{1}{4}$に等しくなるようなtの値を求めよ。また，そのときの△PQRの面積を求めよ。

(3)　△PQCが直角三角形となるようなtの値を求めよ。また，そのときのPの座標を求めよ。

頻出 082 〈座標を文字で表す②〉

(千葉・市川高)

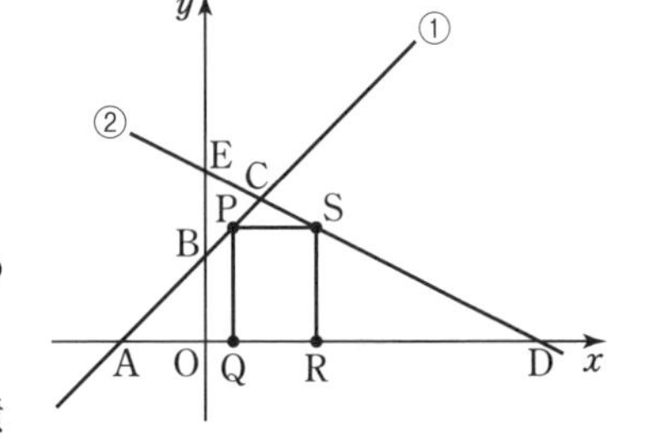

右の図のように，1次関数$y=x+3$　…①と，

$y=-\frac{1}{2}x+6$　…②のグラフがある。

①とx軸，y軸との交点をそれぞれA，Bとし，①と②の交点をC，②とx軸，y軸との交点をそれぞれD，Eとする。このとき，次の問いに答えなさい。

(1)　線分CE上に点Fをとる。四角形ODCBと三角形ODFの面積が等しくなるとき，点Fの座標を求めよ。

(2)　線分BC上に点Pをとる。点Pからx軸にひいた垂線とx軸との交点をQとする。また，点Pを通りx軸に平行な直線と②との交点をS，さらに点Sからx軸にひいた垂線とx軸との交点をRとする。

四角形PQRSの面積が$\frac{63}{4}$となるときの点Pの座標を求めよ。

083 〈条件から直線の式を決定する〉

(山梨・駿台甲府高)

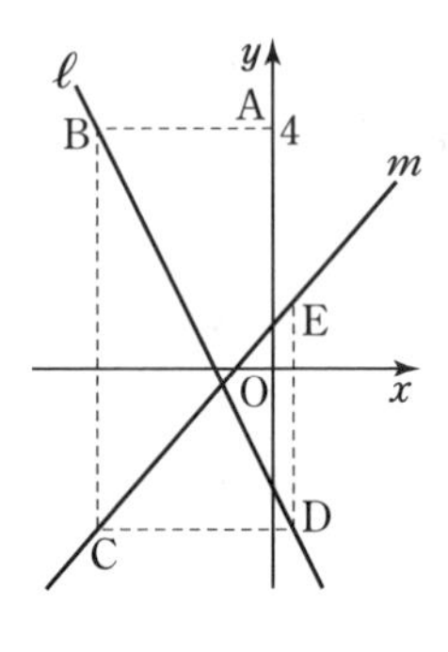

直線ℓ：$y=-2x-2$と点A(0，4)がある。直線mについて，右の図のように時計の針の動く方向と逆方向に点B，C，D，Eをとる。ただし，点B，Dは直線ℓ上，点C，Eは直線m上の点で，線分AB，CDはx軸に平行で線分BC，DEはy軸に平行である。

(1)　点Cのx座標を求めよ。

(2)　直線mを$y=x+b$とするとき，点Eのy座標は$\frac{4}{5}$になった。このとき，bの値を求めよ。ただし，$b<4$とする。

(3)　直線mを$y=ax$とするとき，点Eのy座標は$-\frac{1}{6}$になった。このとき，aの値を求めよ。ただし，$a>0$とする。

084〈座標平面上の図形①〉　（奈良・西大和学園高）

右の図のように，直線n上に点A，P，R，Bと，x軸上に点Qを，OA∥QP，OP∥QRとなるようにとる。

点Aの座標は$(-3,\ 6)$，点Bの座標は$(5,\ 0)$，AP：PB$=3:2$である。このとき，直線QRの式を求めなさい。

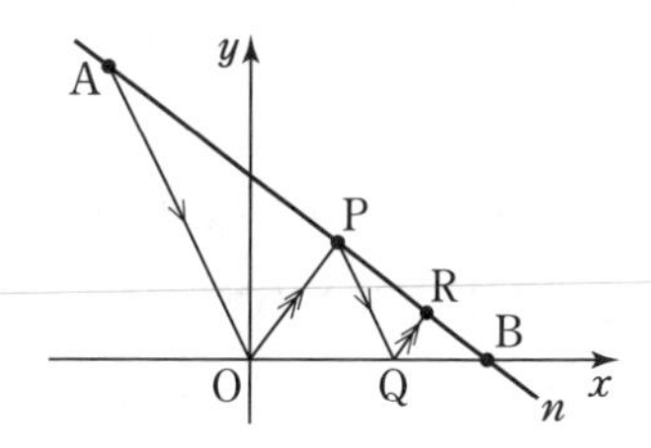

085〈座標平面上の図形②〉　（東京・青山学院高）

4点A$(1,\ 0)$，B$(0,\ 2)$，C$(-2,\ 0)$，D$(0,\ -4)$を頂点とする四角形ABCDがある。

辺AB，BC，CD，DA上にそれぞれ点P，Q，R，Sを，四角形PQRSが長方形になるようにとる。ただし，辺PQはx軸に平行とする。

(1)　直線ABの式を求めよ。

(2)　四角形PQRSが正方形になるとき，点Pの座標を求めよ。

(3)　(2)のときの正方形PQRSの面積は，四角形ABCDの面積の何倍か。

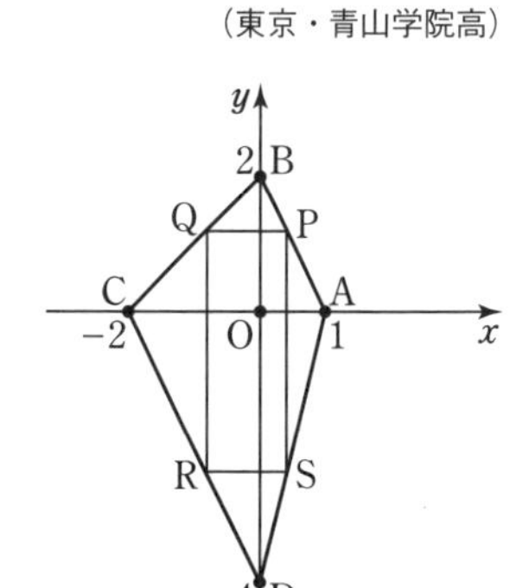

086〈回転体の体積〉　（大阪教育大附高平野）

右の図において，直線mの式は$y=-2x-4$であり，mとx軸，y軸との交点をそれぞれA，Bとする。

また，線分OBの中点Cを通り傾き$\frac{1}{3}$の直線をn，mとnの交点をDとする。ただし，Oは原点である。

次の問いに答えなさい。(結果のみを記しなさい。)

(1)　点Dの座標と，四角形OADCの面積を求めよ。

(2)　辺OA上に点Pをとり，直線DPで四角形OADCの面積を2等分したい。点Pの座標を求めよ。

(3)　四角形OADCを，y軸を回転の軸として1回転させてできる立体の体積を求めよ。

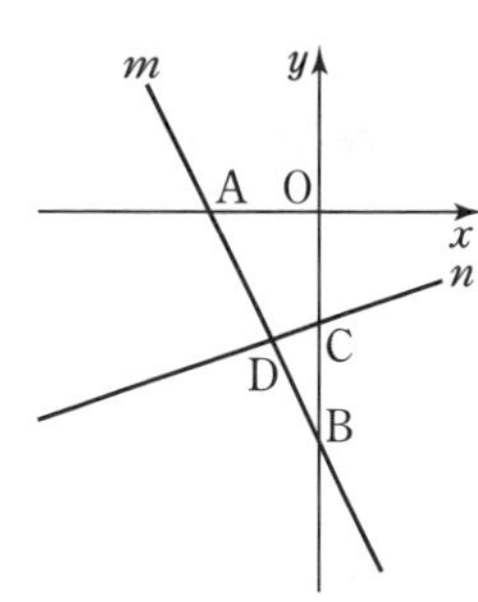

頻出 087 〈ダイヤグラム①〉

（長野県）

姉と弟が同時に家を出発し，2100mm離れた鉄塔まで歩き，すぐに折り返して家に戻った。

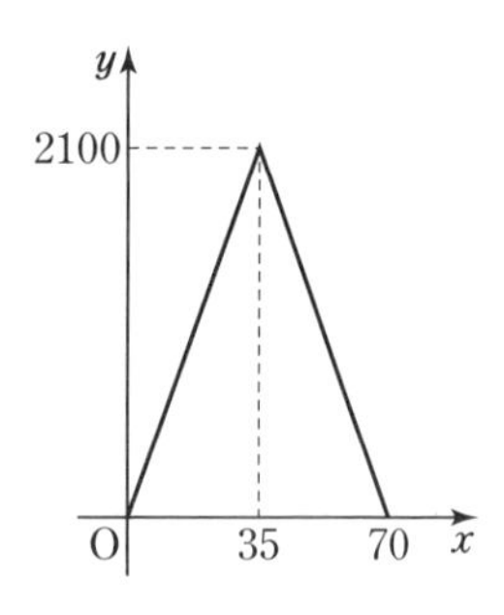

右の図は，姉が家を出発してからの時間をx分，家から姉までの距離をymとしたときの，xとyの関係を表したグラフである。

弟は，家から鉄塔までは姉より速く歩き，姉が鉄塔に到達した時間の5分前に鉄塔に到達し，鉄塔から家までは姉より遅く歩いた。ただし，弟の歩く速さは，家から鉄塔までと鉄塔から家までは，それぞれ一定であり，姉と弟は同じ一直線の道を歩いたものとする。

次の問いに答えなさい。

(1)　弟が家から鉄塔まで歩いた速さは，毎分何mか求めよ。

(2)　図で，$35 \leqq x \leqq 70$ のとき，yをxの式で表せ。

(3)　弟は，姉が家に着いた時間に姉の100m後方にいた。

①　弟が家に着いたのは，姉が家に着いてから何分後か求めよ。

②　家から距離がamの地点を，弟が2回目に通過した1分後に，鉄塔から家に向かう姉が通過した。aの値を求めよ。

(4)　弟が姉より早く家に着くための，鉄塔から家までの弟の歩く速さについて考えた。弟の歩く速さについてまとめた次の文の，□にあてはまる値を書け。

> 弟が，鉄塔から家まで歩く速さを毎分bmとする。弟が姉より早く家に着くためには，bの値の範囲を，□$< b < 60$としなければならない。

088 〈ダイヤグラム②〉

（東京・お茶の水女子大附高）

20km離れたP駅，Q駅間を結ぶ電車A，電車Bおよび特急電車Cがある。通常，電車Aは，6時0分にP駅を発車してQ駅まで走り，電車Bは，6時4分にQ駅を発車してP駅まで走る。このとき，電車Aと電車Bは6時12分に出会う。また，特急電車CはP駅からQ駅まで走る。いずれの電車も速さは一定とし，電車A，電車Bは同じ速さで，特急電車Cはその2倍の速さで走るものとする。このとき，次の問いに答えなさい。ただし，それぞれの電車の長さは考えないものとする。

(1)　電車A，電車Bの時速と，電車AがQ駅に到着する時刻を求めよ。

(2)　特急電車CはP駅―Q駅間で，電車Aを追い越し，その4分後に電車Bに出会う。特急電車CがP駅を出発した時刻を求めよ。

(3)　ある日，特急電車Cは，P駅を2分遅れて発車したため，通常より速度を上げて，一定の速さでQ駅に向かったところ，Q駅へは通常と同時刻に到着した。このとき，電車Aを追い越してから電車Bと出会うまでの時間は何分であったか求めよ。

頻出 089 〈動点①〉

（大阪・関西大倉高）

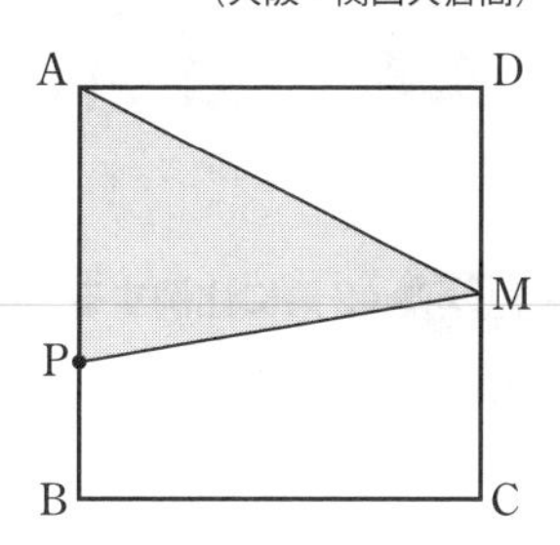

右の図のように，1辺が6cmの正方形ABCDがある。また，点Mは辺CDの中点である。点Pは毎秒2cmの速さで，正方形の辺上をA→B→Cの順に動く。点PがAを出発してx秒後の△AMPの面積を$y$cm^{2}とする。次の問いに答えなさい。

(1)　点Pが辺AB上を動くとき，yをxの式で表せ。

(2)　点Pが辺BC上を動くとき，PCの長さをxの式で表せ。

(3)　点Pが辺BC上を動くとき，yをxの式で表せ。

(4)　$y=8$となるとき，xの値を求めよ。

090 〈動点②〉

（京都・立命館高）

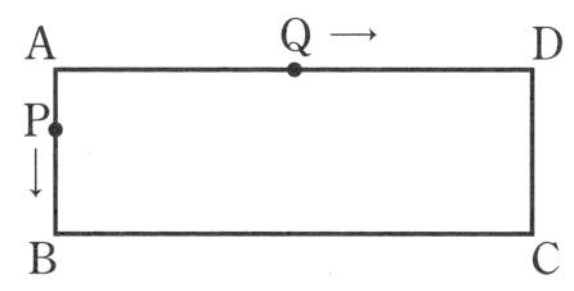

右の図のように縦4cm，横12cmの長方形ABCDがある。2点P，Qは同時に点Aを出発する。点Pは秒速0.5cmで長方形ABCDの辺上を移動し，点B，C，Dの順に通ってAに戻ってくる。点Qは秒速1cmで長方形ABCDの辺上を移動し，点D，C，Bの順に通ってAに戻ってくる。2点P，Qが同時に点Aを出発してからx秒後の三角形APQの面積を$y$cm^{2}とする。このとき，あとの問いに答えなさい。

(1)　次のそれぞれの場合について，2点P，Qがともに辺BC上にあるとき，yをxで表せ。またそのときのxのとりうる値の範囲を不等号を用いて書け。ただし，点Pと点Qが重なった瞬間は考えないものとする。

　①　点Pと点Qが重なる前

　②　点Pと点Qが重なった後

(2)　2点P，Qがともに辺BC上にあるとき，三角形APQの面積が4cm^{2}になるのは，点Aを出発してから何秒後か。

091 〈動点③〉

（広島大附高）

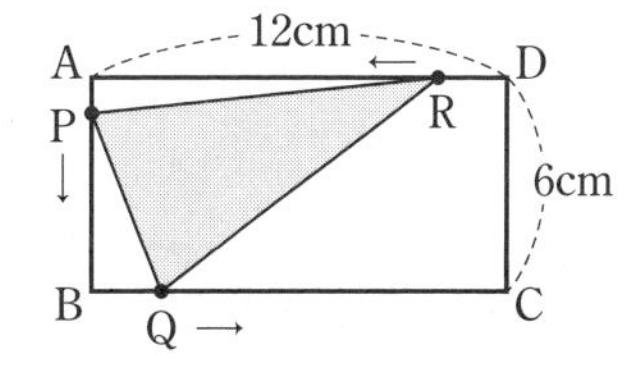

右の図のように，AD=12cm，DC=6cmの長方形ABCDがある。点PはAを出発し毎秒1cmの速さで，点QはBを出発し毎秒2cmの速さで，点RはDを出発し毎秒2cmの速さで，それぞれ長方形の辺上を反時計回りに移動する。点P，Q，Rが同時に出発してからx秒後の△PQRの面積を$y$cm^{2}として，次の問いに答えなさい。

(1)　点Pが辺AB上にあるとき，△PQRの面積をxを使って表せ。

(2)　点PがAを出発してから8秒後の△PQRの面積を求めよ。

(3)　$9 \leqq x \leqq 15$のとき，x，yの関係を右の図にグラフで表せ。

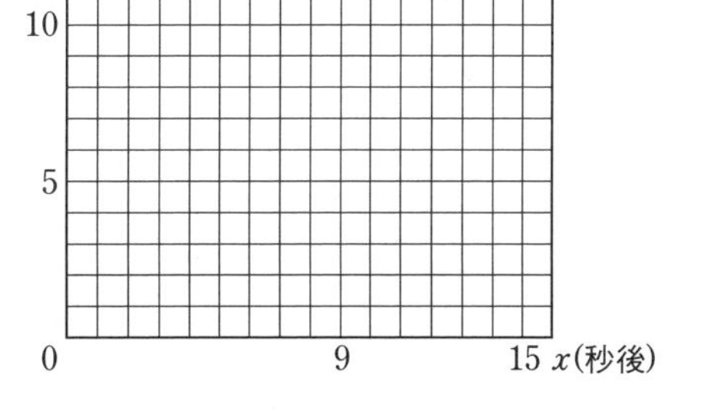

8 2乗に比例する関数

▶解答→別冊 p.40

頻出 092 〈2乗に比例する関数の変域〉 （福島県）

関数$y=-x^2$について，xの変域が$-2 \leqq x \leqq 3$のとき，yの変域を求めなさい。

頻出 093 〈変化の割合〉

次の問いに答えなさい。

(1) 関数$y=-\frac{1}{4}x^2$について，xの値が2から6まで増加するとき変化の割合を求めよ。

（国立高専）

(2) 関数$y=ax^2$について，xの値が2から4まで増加するときの変化の割合が3となる。定数aの値を求めよ。 （東京・産業技術高専）

頻出 094 〈比例定数を求める①〉 （兵庫・関西学院高）

右の図のように，放物線$y=ax^2 (a>0)$と直線ℓが2点A，Bで交わり，点A，Bのx座標はそれぞれ-1と3である。△OABの面積が8であるとき，定数aの値を求めなさい。

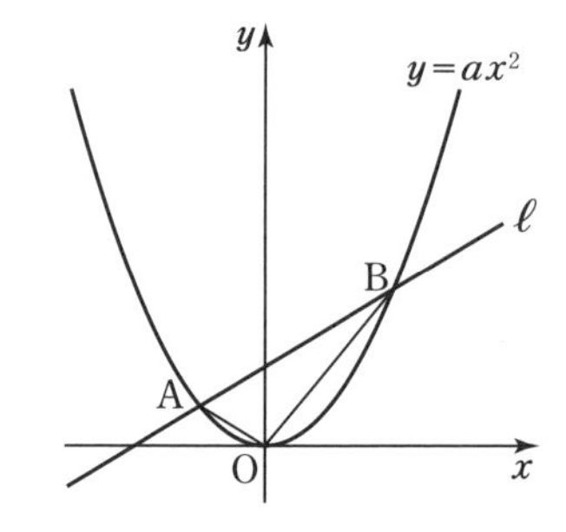

095 〈比例定数を求める②〉 （埼玉・立教新座高）

右の図のように，放物線$y=a^2x^2$と直線$y=ax+2$が2点A，Bで交わっている。ただし，$a>0$とする。△AOBが直角三角形になるとき，aの値をすべて求めなさい。

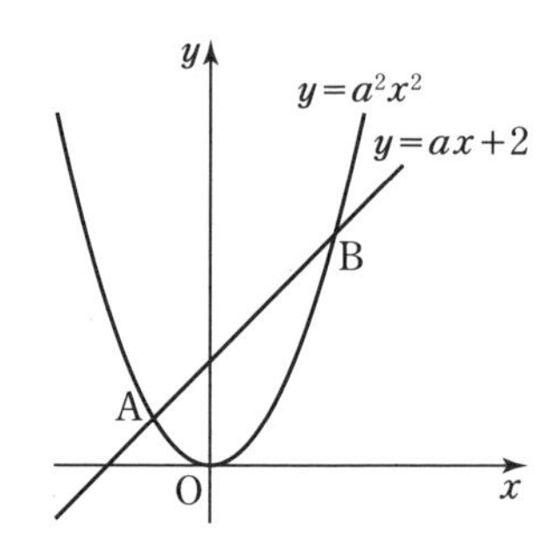

頻出 096 〈放物線と平行線①〉

（京都・洛南高）

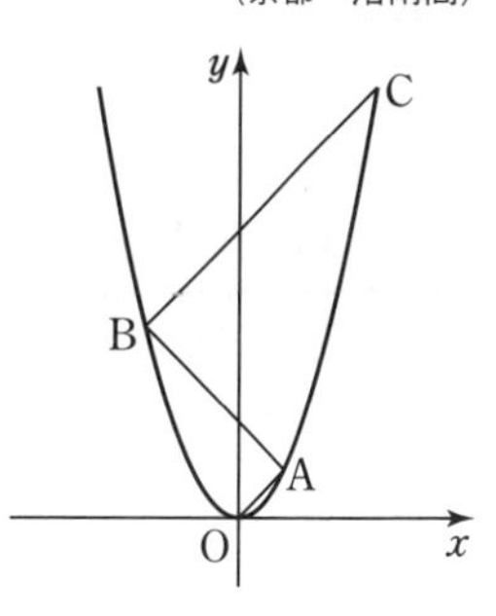

原点Oと，放物線$y=\frac{1}{4}x^2$上の3つの点A，B，Cがある。

直線OA，直線BCの傾きはともに1で，直線ABの傾きは-1である。このとき，次の問いに答えなさい。

(1) 直線ABの式を求めよ。

(2) Cの座標を求めよ。

(3) （△OABの面積）：（△ABCの面積）を最も簡単な整数の比で表せ。

(4) 原点Oを通り，四角形OACBの面積を2等分する直線の式を求めよ。

097 〈放物線と平行線②〉

（千葉・東邦大付東邦高）

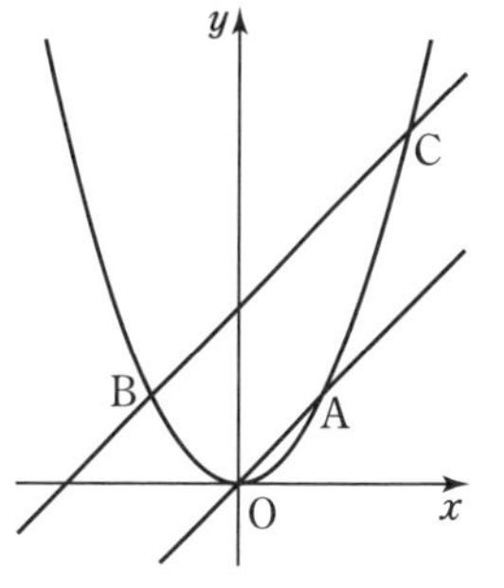

右の図のように，関数$y=ax^2$ $(a>0)$のグラフ上に3点A，B，Cがある。直線OAと直線BCは互いに平行で，OA：BC=1：3とし，点Aのx座標を2，点Bのx座標をpとする。

次の問いに答えなさい。

(1) pの値を求めよ。

(2) $a=-p$のとき，点Cを通り，台形OACBの面積を2等分する直線の傾きを求めよ。

098 〈等積変形〉

（東京・筑波大附駒場高）

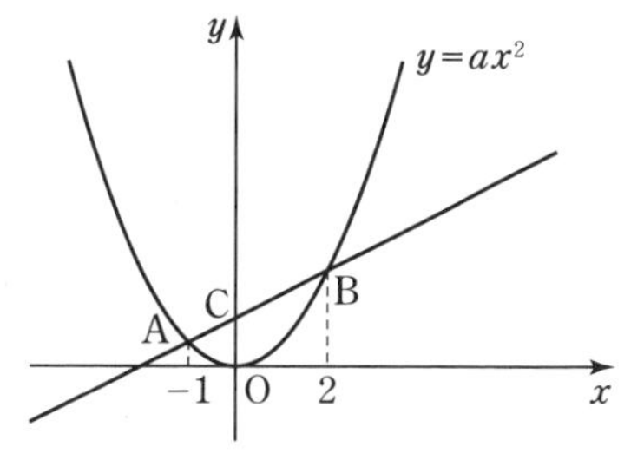

aが正の定数のとき，関数$y=ax^2$のグラフ上に2点A，Bがある。

A，Bのx座標はそれぞれ-1，2で，直線ABの傾きは$\frac{1}{2}$である。

また，直線ABとy軸との交点をCとする。

原点をOとして，次の問いに答えなさい。

(1) aの値を求めよ。

(2) 直線OB上に点Dがあり，直線CDは△OABの面積を2等分する。Dの座標を求めよ。

(3) $y=ax^2$のグラフ上に点Pをとる。(2)で求めたDについて，△PBCと△DBCの面積が等しくなるようなPのx座標をすべて求めよ。

頻出 099〈放物線と2点で交わる直線〉

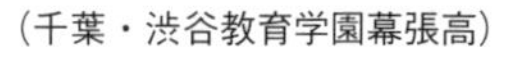

右の図のように，放物線$y=x^2$　…①と

直線$y=mx+3(m<0)$　…②が2点A，Bで交わっている。

また，直線②とy軸との交点をCとする。次の問いに答えなさい。

(1)　AC：CB=3：2のとき，mの値を求めよ。

(2)　$\triangle \mathrm{OAB}=3\sqrt{5}$のとき，$m$の値を求めよ。

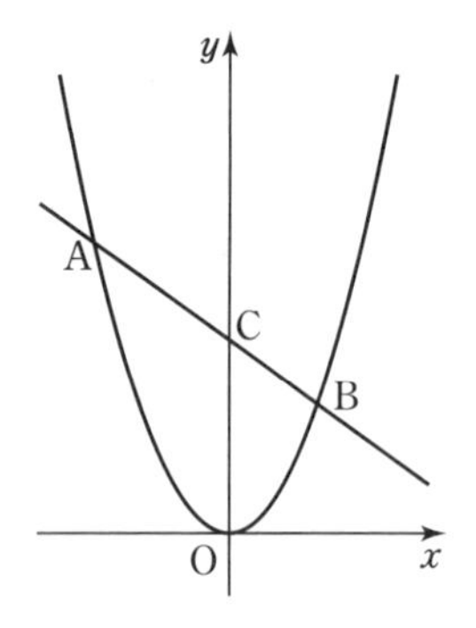

100〈図形の面積を2等分する直線〉　(東京・早稲田実業高)

右の図は，座標平面上に，放物線$y=ax^2(a>0)$と2つの正三角形，△ABCと△DEFをかいたものである。A，Dはy軸上の正の部分にある点で，B，C，E，Fは放物線上の点である。BCとEFはx軸に平行で，BC：EF=2：3である。G，HはEF上にあり，それぞれAB，ACの中点である。座標軸の1目盛りを1cmとして，次の問いに答えなさい。

(1)　BC=2cmのとき，aの値を求めよ。

難 (2)　$a=\dfrac{\sqrt{3}}{5}$のとき，次の①，②に答えよ。

①　BCの長さを求めよ。

②　点Cを通る直線ℓで，図形DEGBCHFの面積を2等分する。直線ℓとDEの交点をPとするとき，点Pのx座標を求めよ。

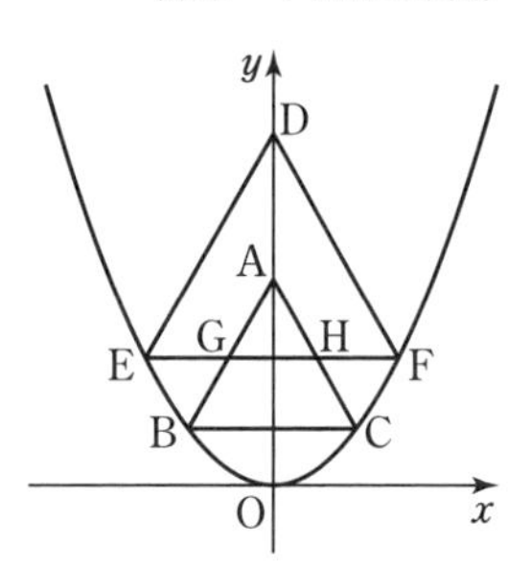

101〈回転体の体積〉　(東京・お茶の水女子大附高)

右の図のような放物線$y=ax^2(a<0)$があり，この放物線上に，図のように点A，Bをとったところ，点Aのx座標は−2で，点Bのx座標は1であった。また，Oは原点であり，∠AOBは直角である。このとき，次の問いに答えなさい。

(1)　aの値を求めよ。

(2)　直線ABの方程式を求めよ。

(3)　直線OAを軸として，△ABOを回転してできる立体の体積を求めよ。

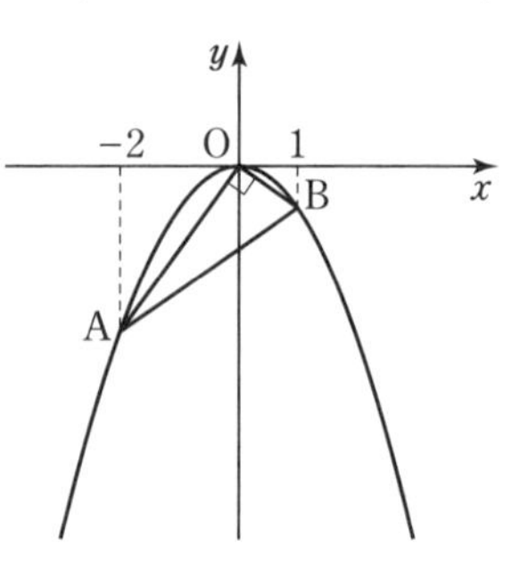

102 〈放物線と三角形①〉

（愛知・東海高）

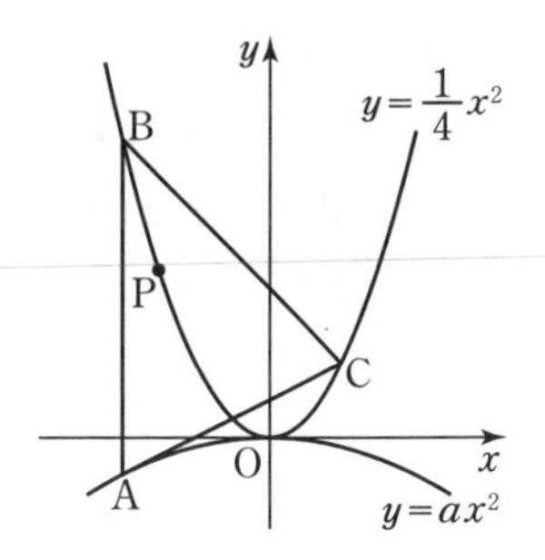

右の図のように，関数$y=ax^2(a<0)$のグラフ上にx座標が-8の点Aがあり，関数$y=\frac{1}{4}x^2$のグラフ上にx座標がそれぞれ-8，4の点B，Cがあり，△ABCの面積は108である。

また，関数$y=\frac{1}{4}x^2$のグラフ上の点Pが点Bと原点Oの間にあり，△ABC：△PBC＝9：1である。このとき，

(1)　$a=$□である。

(2)　点Pのx座標は□である。

103 〈放物線と三角形②〉

（大阪・清風高）

右の図のように，関数$y=ax^2$のグラフ上に点A$(-4,\ 4)$，点B$(10,\ 25)$と点Cがある。点Dは直線OBと直線ACとの交点で，点Eは直線ABとy軸との交点である。

このとき，次の問いに答えなさい。

(1)　aの値を求めよ。

(2)　直線ABの式を求めよ。

(3)　△EOBをy軸のまわりに1回転してできる立体の体積を求めよ。ただし，円周率はπとする。

(4)　△AODと△BDCの面積が等しくなっている。△BADと△BDCの面積の比を最も簡単な整数の比で表せ。

104 〈放物線と三角形③〉

（東京・明治大付明治高）

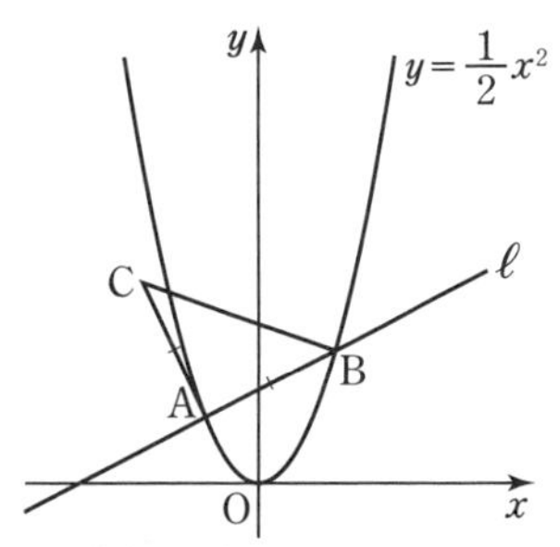

右の図のように放物線$y=\frac{1}{2}x^2$と直線ℓが2点A，Bで交わり，A，Bのx座標はそれぞれ-1，2である。また，AB＝AC，∠BAC＝90°となる点Cをとる。点Cのy座標を正とするとき，次の問いに答えなさい。

(1)　点Cの座標を求めよ。

(2)　直線BCの式を求めよ。

(3)　y軸上を動く点をDとする。△ABC＝△BCDが成り立つとき，点Dのy座標を求めよ。

105 〈放物線と台形〉

（東京・日本大三高）

右の図のように，2つの放物線$y=ax^2(a>0)$　…①，$y=bx^2(b<0)$　…②があり，線分ABがx軸に平行になるように①上に2点A，Bを，線分CDがx軸に平行になるように②上に2点C，Dをとる。線分AB，線分CDとy軸との交点をそれぞれE，Fとし，AB：CD=1：3，EO：OF=1：2，$\angle BDC=60°$，$AB=2\sqrt{3}$cmとするとき，次の問いに答えなさい。ただし，座標の1目盛りを1cmとする。

(1)　線分EFの長さを求めよ。

(2)　点Aの座標を求めよ。

(3)　a，bの値をそれぞれ求めよ。

106 〈放物線と正方形〉

（京都・洛南高）

図のように，放物線$y=ax^2$　…①があり，A(−4，4)は①上の点である。Aを通り傾きが$\frac{1}{2}$の直線と①との交点のうち，Aでない方をCとする。また，図の四角形ABCDは正方形である。このとき，次の問いに答えなさい。

(1)　aの値を求めよ。

(2)　Cの座標を求めよ。

(3)　Bの座標を求めよ。

(4)　正方形ABCDをy軸によって2つの部分に分けるとき，(左側にある部分の面積)：(右側にある部分の面積)を，最も簡単な整数の比で表せ。

107 〈放物線と正六角形〉

（岡山朝日高）

右の図のように，原点Oと，1辺の長さが2の正六角形OABCDEがあり，関数$y=ax^2$のグラフは2点A, Eを通っている。ただし，aは正の定数である。

次の(1)では［　　］に適当な数を書き入れなさい。また，(2)，(3)では，答えだけでなく，答えを求める過程がわかるように，途中の式や計算なども書きなさい。

(1)　$\angle AOC=$［　①　］°であり，点Aの座標は［　②　］である。

また，$a=$［　③　］である。

(2)　正六角形OABCDEの面積Sを求めよ。

(3)　原点Oを通り，正六角形OABCDEの面積を3等分する直線をℓ，mとする。ただし，直線ℓの傾きは正の数である。このとき，直線ℓの傾きを求めよ。

108 〈放物線と円〉

（東京・慶應女子高）

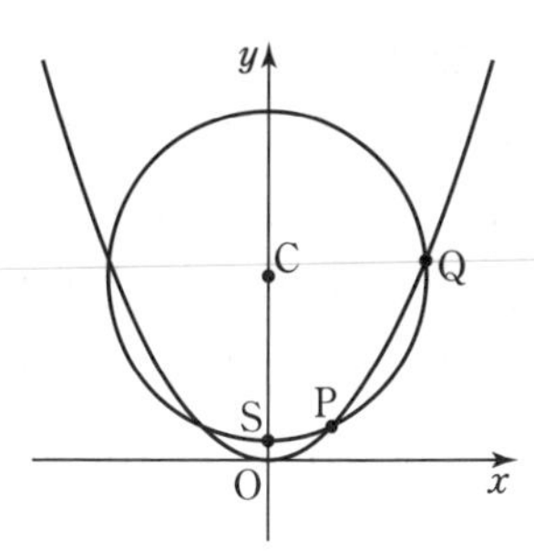

点C(0, 3)を中心とする半径$\sqrt{6}$の円が，放物線$y=\frac{1}{2}x^2$と異なる4点で交わっている。その4つの交点の中でx座標が正である2つの点のうち，原点Oに近い方をP，遠い方をQとする。また，PCを延長した直線と円の交点をRとし，円とy軸の交点のうち原点Oに近い方をSとする。点Pのy座標をaとおくとき，次の問いに答えなさい。

(1) 次の［①］〜［③］に最も適切な数や式を入れよ。

点Pはこの放物線上にあるので，そのx座標をaで表すと［①］であり，CP^2をaで表すと［②］となる。また，点Pは点Cを中心とする半径$\sqrt{6}$の円周上にあることから，$a=$［③］となる。

(2) おうぎ形CSQの面積を求めよ。ただし，円周率はπとする。

(3) △PRSの面積を求めよ。

109 〈2放物線と交わる直線〉

（福岡大附大濠高）

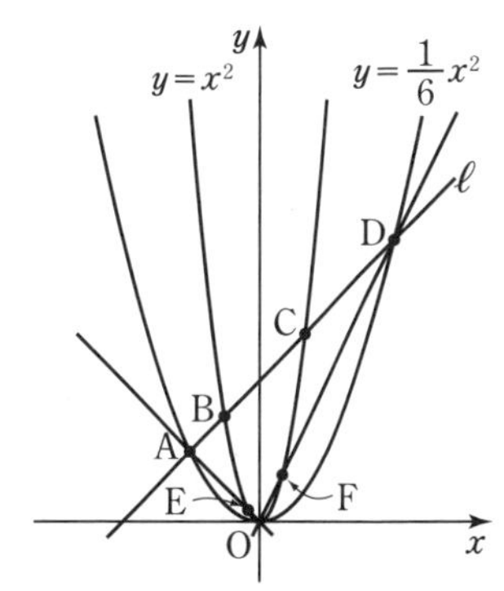

右の図のように，2つの放物線$y=x^2$　…①と$y=\frac{1}{6}x^2$　…②がある。放物線②上の点D(12, 24)を通り，傾きが1の直線をℓとするとき，直線ℓと2つの放物線①，②との点D以外の3つの交点を右の図のようにそれぞれ点A，B，Cとする。さらに，2直線OA，ODと放物線①との交点をそれぞれ点E，Fとする。

次の問いに答えなさい。ただし，座標の1目盛りは1cmである。

(1) 直線ℓの方程式は［　　］である。

(2) 点Aの座標は［　　］である。

(3) △OABと△OCDの面積比は△OAB：△OCD=［　　］である。

(4) 線分EFとADの長さの比はEF：AD=［　　］である。

(5) 四角形AEFDの面積は［　　］cm^2である。

110 〈放物線と線分比〉

（奈良・東大寺学園高）

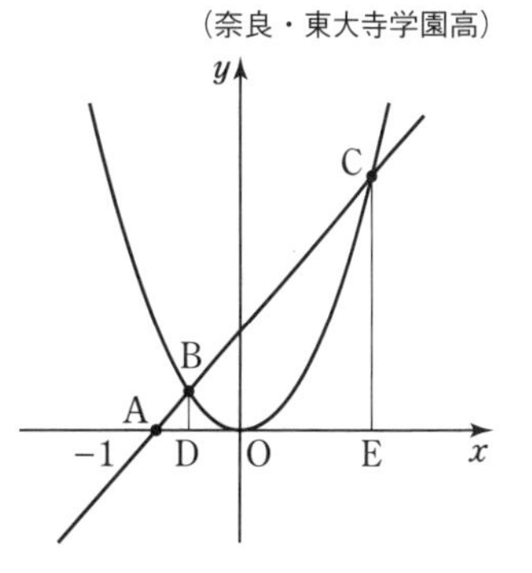

右の図のように，2次関数$y=ax^2(a>0)$のグラフと，A(−1, 0)を通る傾きが正の直線がB，Cで交わっており，AB：BC=1：24である。B，Cからx軸にひいた垂線とx軸との交点をそれぞれD，Eとするとき，次の問いに答えなさい。

(1) Dのx座標を求めよ。

(2) O，E，C，Bが1つの円周上にあるとき，aの値を求めよ。

111 〈グラフが図示されていない関数①〉

（鹿児島・ラ・サール高）

放物線$y=x^2$　…①上に3点A(−2, 4)，B(1, 1)，C(3, 9)がある。またy軸上に点D(0, d)，放物線①上に点T(t, t^2)をとる。このとき次の問いに答えなさい。

(1)　△ABCと△ADCの面積が等しくなるとき，dの値を求めよ。

(2)　$t=4$のとき，直線OTと2辺AB，ACの交点をそれぞれE，Fとする。
このとき△AEFと四角形EBCFの面積比を求めよ。

(3)　直線BTが△ABCの面積を2等分するとき，tの値を求めよ。

難 112 〈グラフが図示されていない関数②〉

（千葉・市川高）

座標平面上に放物線$y=x^2$と，A(0, 6)を通り，傾きが正の直線ℓがある。また，放物線上のx座標が−2である点をBとする。放物線と直線ℓの交点でx座標が負の点をPとし，直線ℓとx軸の交点をQとする。点PがAQの中点となるとき，次の問いに答えなさい。ただし，原点をOとする。

(1)　直線ℓの方程式を求めよ。

(2)　放物線上にx座標が正の点Rがある。三角形BORの面積が15となるとき，点Rの座標を求めよ。

(3)　(2)の点Rに対して，直線BRとx軸の交点をDとする。このとき四角形PBDQの面積を求めよ。

113 〈動点①〉

（大阪教育大附高池田）

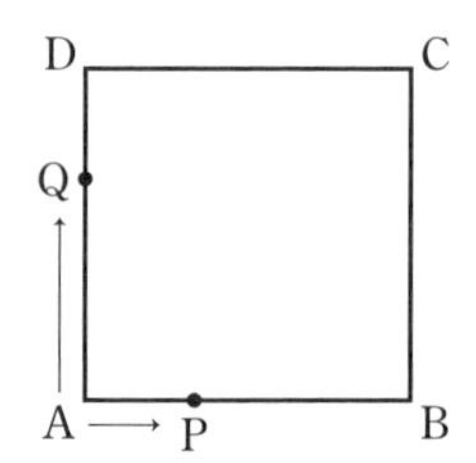

右の図のような1辺の長さが6cmの正方形ABCDがある。点Pは頂点Aを出発し，正方形の周上を毎秒1cmの速さで左回りに進む。また点Qは頂点Aを点Pと同時に出発し，正方形の周上を毎秒2cmの速さで右回りに進む。なお，P，Qは最初に出会うまで進み，その後停止する。最初に出会うまでの時間をa秒として，次の問いに答えなさい。

(1)　aの値を求めよ。またそのときの，PCの長さを求めよ。

(2)　出発してx秒後の△APQの面積を$y$cm^{2}とする。
$0<x<a$の範囲において，yをxで表し，グラフをかけ。

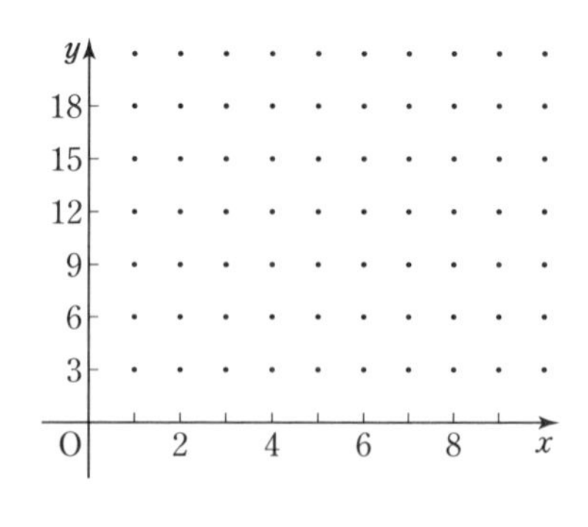

i）$0<x<$(　①　)のとき，
$y=$(　　　②　　　)

ii）(　③　)$\leqq x<$(　④　)のとき，
$y=$(　　　⑤　　　)

iii）(　⑥　)$\leqq x<a$のとき，
$y=$(　　　⑦　　　)

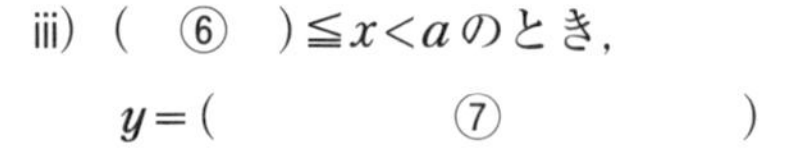

(3)　出発してx秒後に，△ABQの面積が△APQの面積の2倍になる。xの値を求めよ。

難 114 〈動点②〉　　（東京・開成高）

1辺の長さが2cmで，面積が3cm^{2}のひし形ABCDがある。2点P，Qは，このひし形の辺上を次のように動く。

・Pは秒速2cmで，Aを出発し，Dを経由し，Cまで動く。

・Qは秒速1cmで，Bを出発し，Aまで動く。

2点P，QがそれぞれA，Bを同時に出発してからx秒後の，ACとPQの交点をRとし，△PRCの面積をScm^2，△QRAの面積をTcm^{2}とする。さらに，$U=S-T$とおく。

次の問いに答えなさい。ただし，$0 \leqq x \leqq 2$とする。

(1)　xとUの関係を表すグラフを右の図にかけ。

(2)　$U=\dfrac{1}{3}$となるようなxの値をすべて求めよ。

また，そのときのSの値を求めよ。

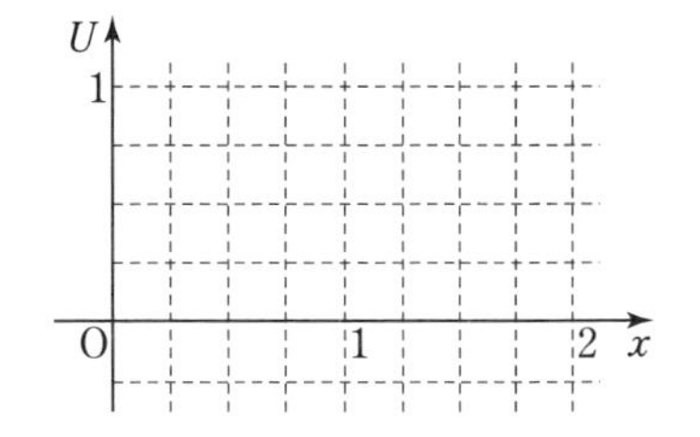

9 場合の数

▶解答→別冊 *p.51*

115〈一筆書き〉 （東京・早稲田実業高）

右の図で，点Aからかき始めて「一筆がき」する方法は何通りありますか。

116〈対戦表〉 （福岡・久留米大附設高）

A，B，C，Dの4チームでリーグ戦を行う。このうち3チームの勝敗が同じになる場合は何通りありますか。ただし，必ず勝ち負けが決まるものとする。

＼	A	B	C	D
A	＼			
B		＼		
C			＼	
D				＼

頻出 **117〈順列〉** （東京・青山学院高）

5個の数字0，1，2，3，4から，異なる3個を並べて3けたの自然数をつくる。

(1) 全部でいくつできるか。

(2) となり合う位の数の和がどれも5にならない数はいくつできるか。

118〈同じものを含む順列〉 （東京・明治大付中野高）

Aが1個，Bが2個，Cが3個の合計6個の文字の中から3文字を選んで1列に並べる方法は何通りあるか求めなさい。

頻出 **119〈組み合わせ①〉** （大阪教育大附高池田）

赤玉2個，白玉3個，青玉3個から4個を選ぶとき，選び方は全部で何通りありますか。

120〈組み合わせ②〉 （千葉・渋谷教育学園幕張高）

一列に並んだ枠の中に○と×を1つずつ記入していく。ただし，左右を反転して同じになる書き方は1通りとする。例えば，

○	○	○	○	×	×	×

と

×	×	×	○	○	○	○

は同じであり1通りと数える。

次の問いに答えなさい。

(1) 4つの枠に○を2つ，×を2つ記入する方法は何通りあるか答えよ。

(2) 7つの枠に○を4つ，×を3つ記入する方法は何通りあるか答えよ。

121〈円順列〉　（東京・明治学院高）

男子4人と女子2人が円卓に着席するとき，女子2人が真向かいに座る場合の数を求めなさい。

頻出 **122〈完全順列〉**　（埼玉県）

Aさん，Bさん，Cさん，Dさんの4人がそれぞれひとり1個ずつのプレゼントa，b，c，dを持ち寄り，パーティーを行った。これらのプレゼントを互いに交換して，全員が自分の持ってきたプレゼント以外のものを1個ずつ受け取るとき，この受け取り方は全部で何通りあるか求めなさい。

123〈カード選び・順列型〉　（東京・早稲田実業高）

[1]，[2]，[3]，[4]，[5]のカードが2枚ずつ合計10枚ある。この中から3枚を取り出して並べ，3けたの整数をつくると，全部で何個できますか。

124〈カード選び・組み合わせ型〉　（兵庫・関西学院高）

[1]，[2]，[3]，[4]のカードがそれぞれ4枚，3枚，2枚，1枚ある。これら10枚のカードから何枚かのカードを選ぶとき，選んだカードにかかれている数の合計が10となる場合は何通りありますか。

125〈カード2枚引き〉　（京都・洛南高）

1から100までの整数が1つずつ書かれた100枚のカードがある。この中から，1枚ずつ2枚のカードを選び，書かれている数を選んだ順にa，bとする。このとき，次のようなa，bの選び方は何通りありますか。

(1)　すべての選び方

(2)　$ab \geqq 20$となる選び方

(3)　$2a=3b$となる選び方

(4)　$a=\sqrt{8b}$となる選び方

126〈さいころ3個〉　（愛媛・愛光高）

さいころを3回ふり，出た目の数字を左から順に書いて3けたの整数をつくる。

このとき，次の問いに答えなさい。

(1)　この整数のうち，偶数になるものは何個あるか。

(2)　この整数のうち，9の倍数になるものは何個あるか。

難 (3)　この整数のうち，各位の数がすべて異なるものの和を求めよ。

127〈色塗り〉
（大阪教育大附高池田）

正三角形ABCを右の図のように4個の小さな正三角形に分ける。この小さな正三角形を赤，青，黄，緑の4色すべてを使って塗り分けるとき，次の問いに答えなさい。

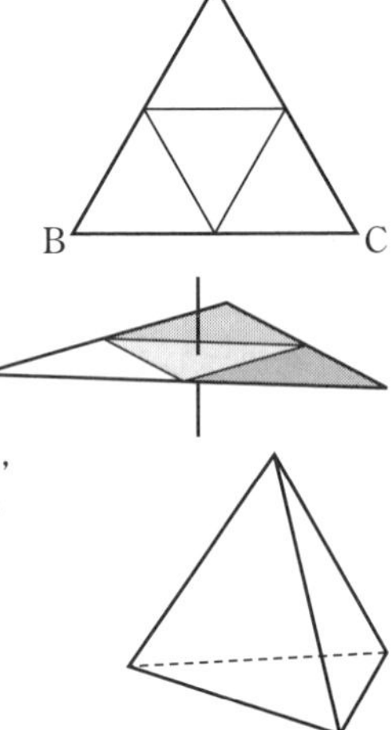

(1)　色の塗り方は全部で何通りあるか。

(2)　(1)で塗り分けた正三角形ABCを切り取り，色を塗った面が上になるように中心に軸を通してコマを作る。色の塗り方によって何種類のコマができるか。

(3)　(1)で塗り分けた正三角形ABCを切り取り，小さな正三角形の線にそって，色を塗った面が外側になるように，折り曲げて三角すいを作る。色の塗り方によって何種類の三角すいができるか。ただし，ころがして同じになる三角すいは1種類と数える。

128〈組み合わせで考え順列で答える〉
（神奈川・桐蔭学園高）

右の図のように，正三角形の各頂点と各辺の中点に1から6まで番号をつける。1個のさいころを投げて，出た目と同じ番号がついた点を選ぶ。このようにして，さいころを3回投げ，選んだ点を結んだ図形を考える。

例えば，1→1→1の順に出たときは点になる。また，1→1→3のときは線分になり，3→1→1のときも同じ線分になるが，さいころの目の出方が異なるので，2通りと数える。同様に1→2→6のときは三角形になり，2→6→1のときも同じ三角形になるが，さいころの目の出方が異なるので，2通りと数える。このとき，次の問いに答えなさい。

(1)　正三角形になる場合は，全部で□通りある。

(2)　直角三角形になる場合は，全部で□通りある。

(3)　三角形が作れるのは，全部で□通りある。

頻出 129〈じゃんけんとゲーム〉
（神奈川・桐蔭学園高）

A君，B君の2人が，次の「ルール」でじゃんけんを繰り返し，先に20メートル以上移動した者を勝ちとするゲームをする。このとき，次の□に最も適する数を答えなさい。

「ルール」

1.「グー」で勝つと，勝った者が1メートル移動する。
2.「チョキ」で勝つと，勝った者が2メートル移動する。
3.「パー」で勝つと，勝った者が5メートル移動する。
4.「あいこ」の場合はもう1回じゃんけんをする。勝負がつくまでじゃんけんをし，その回数は数える。
5.じゃんけんで負けると，負けた者はその回は移動しない。

(1)　ちょうど4回のじゃんけんで勝負が決まるとき，A君とB君の手の出し方の過程は全部で□通りである。

(2)　ちょうど5回のじゃんけんでA君が20メートル進んで勝つ場合は□通りである。

(3)　ちょうど5回のじゃんけんで勝負が決まり，A君が勝つ場合は□通りである。

10 確率

▶解答→別冊 p.55

130 〈確率の基礎〉 （東京・中央大杉並高）

袋Aの中に，n本の当たりくじを含む42本のくじがあります。また，袋Bの中に$3n$本のはずれくじを含む70本のくじがあります。袋Aからくじを1本ひいたときに当たりである確率と，袋Bからくじを1本ひいたときに当たりである確率が等しいとき，nの値を求めなさい。

頻出 **131 〈順列型の確率①〉** （大阪・近畿大附高）

クラス対抗リレーの選手A，B，C，Dの4人が走る順番をくじびきで決めるとき，Aの次にCが走る確率を求めなさい。

頻出 **132 〈順列型の確率②〉** （群馬県）

男子2人，女子3人の合計5人の中から，くじびきで班長1人と副班長1人を選ぶ。このとき，男子と女子が1人ずつ選ばれる確率を求めなさい。

頻出 **133 〈じゃんけん〉** （国立高専）

3人で1回だけじゃんけんをするとき，あいこ(引き分け)になる確率を求めなさい。ただし，グー，チョキ，パーの出し方は，そのどれを出すことも同様に確からしいものとする。

頻出 **134 〈袋から玉を取り出す〉**

次の問いに答えなさい。

(1) 赤玉2個，白玉2個，青玉1個が入った袋がある。この袋から玉を1個取り出して色を調べ，それを袋にもどしてから，また，玉を1個取り出して色を調べる。1回目と2回目に取り出した玉の色が異なる確率を求めよ。 （愛知県）

(2) 袋の中に赤玉が4個，白玉が2個，青玉が3個入っている。この袋の中から同時に3個の玉を取り出すとき，3個の玉が赤，白，青の1個ずつである確率を求めよ。 （神奈川・法政大女子高）

(3) 袋Aには3，6，9の番号の書かれた玉が1個ずつ計3個，袋Bには4，5，7，8の番号の書かれた玉が1個ずつ計4個入っている。

　Aから1個，Bから2個の玉を取り出したとき，番号が最大である玉がBから取り出される確率は［　　］である。 （東京・筑波大附高）

頻出 135 〈コイン投げ〉
（東京・専修大附高）

コインを3回投げたとき，ちょうど2回表が出る確率を求めなさい。

136 〈席順〉
（京都・立命館高）

A，B，C，D，Eの5人が1台の車に乗ってドライブに出かけます。運転できるのはA，B，Cの3人です。前の座席に2人，後ろの座席に3人座ります。

このとき，次の問いに答えなさい。

(1) 座席の座り方は，何通りあるか。

(2) BとCが隣り合って座る確率を求めよ。

頻出 137 〈さいころ2個〉

次の問いに答えなさい。

(1) 1から6までの目が出る大小2つのさいころを同時に1回投げ，大きいさいころの出た目の数をa，小さいさいころの出た目の数をbとする。$\sqrt{(a+1)(b-1)}$の値が正の整数になる確率を求めよ。

ただし，さいころの1から6までのどの目が出ることも同様に確からしいものとする。

（東京・国分寺高）

(2) 2個のさいころA，Bを同時に投げて，出た目の数をそれぞれa，bとする。このとき，$\sqrt{2a+b}$が整数となる確率を求めよ。
（千葉・市川高）

(3) 大小2個のさいころを同時に投げて，大きいさいころの出た目の数をa，小さいさいころの出た目の数をbとする。$\sqrt{\dfrac{3b}{2a}}$が無理数となる確率は□である。
（愛知・東海高）

(4) 1から6までの目が出る大小1つずつのさいころを同時に1回投げる。

大きいさいころの出た目の数をa，小さいさいころの出た目の数をbとするとき，2次方程式$x^2-ab=0$の2つの解が整数となる確率を求めよ。

ただし，大小2つのさいころはともに，1から6までのどの目が出ることも同様に確からしいものとする。
（東京・産業技術高専）

138〈変形さいころ〉　（神奈川・慶應高）

各面の出方が等しく$\frac{1}{12}$である正十二面体のさいころがある。その各面には，小さい順に12個とられた素数のうち1つが書かれており，各面の数はすべて異なる。このさいころを2回ふって出た目を順にa，bとするとき，積abが奇数になる確率は□であり，a^2b^3が5の倍数になる確率は□である。

139〈さいころと座標〉　（奈良・西大和学園高）

次の問いに答えなさい。

⑴　大小の2つのさいころをふって，大きいさいころの出た目をx座標，小さいさいころの出た目をy座標とする点Pを考える。

右の直線①が，1次関数$y=-\frac{3}{2}x+6$のグラフを表すとき，この直線とx軸，y軸で囲まれる三角形OABの内部または周上に点Pがある確率を求めよ。

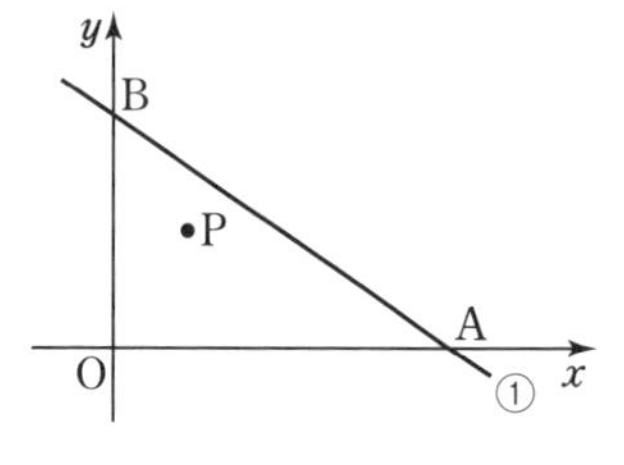

⑵　2点A(3，2)，B(5，10)がある。1つのさいころを2回投げて，出た目の数を順にa，bとするとき，直線$y=\frac{b}{a}x$が線分AB(2点A，Bを含む)と交わる確率を求めよ。

140〈さいころ3個①〉　（鹿児島・ラ・サール高）

次の確率を求めなさい。

⑴　大，小の2個のさいころをふったとき，出た目の数の積が6となる確率

⑵　大，中，小の3個のさいころをふったとき，出た目の数の積が10となる確率

⑶　大，中，小の3個のさいころをふったとき，出た目の数の積が24となる確率

難 **141**〈さいころ3個②〉　（埼玉・立教新座高）

大中小3個のさいころを投げる。投げたさいころのうち，目の数が最も小さいさいころはすべて取り除き，また，投げたさいころの目の数がすべて同じときは，さいころを取り除かないものとする。この作業をさいころが1個になるまで繰り返す。次の確率を求めなさい。

⑴　さいころを1回投げて，さいころが3個から1個になる確率

⑵　さいころを1回投げて，さいころが3個から2個になる確率

⑶　さいころを2回投げて，さいころが1個となる確率

142 〈カード3枚引き〉 （東京・明治学院高）

1，2，3，4，5の数字がそれぞれ1つずつ書いてある5枚のカードがある。この中から3枚を取り出して，3つの数の和を求めるとき，次の問いに答えなさい。

(1) 数の和が3の倍数になる確率を求めよ。

(2) 数の和が偶数になる確率を求めよ。

143 〈点の移動①〉 （東京・青山学院高）

右の図のように，5点A，B，C，D，Eが円周上にある。点Pは，点Aを出発し，大小2個のさいころを同時に投げて，出た目の和に等しい区間数だけ円周上を反時計まわりに進む。例えば，出た目の和が4であるときは，点Pは，4区間進んで点Eに止まる。

(1) 点Pが点Aに止まる確率を求めよ。

(2) 点Pが点Cに止まらない確率を求めよ。

144 〈点の移動②〉 （京都・洛南高）

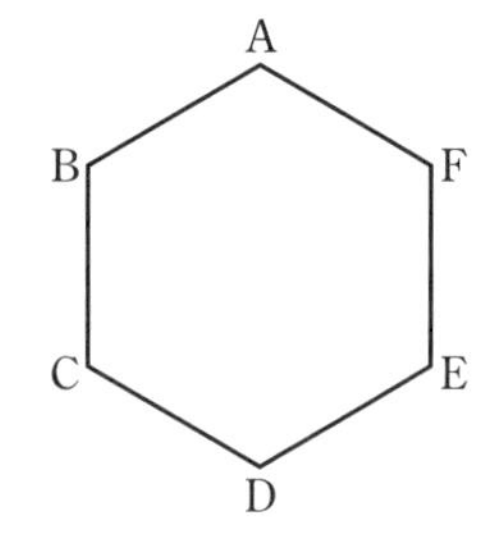

P，Qは正六角形ABCDEFの頂点を順に移動する点であり，はじめは頂点Aにある。大小2個のさいころを1回ずつ振り，大きいさいころの出た目の数だけPを時計回りに移動させ，小さいさいころの出た目の数だけQを反時計回りに移動させる。

P，Qが移動した後について，次の確率を求めなさい。

(1) 2点P，Qが重なる確率

(2) 3点A，P，Qのどの2点も重ならない確率

(3) △APQが正三角形となる確率

(4) △APQが直角三角形となる確率

難 **145 〈点の移動③〉** （東京・巣鴨高）

正四面体ABCDがあり，この正四面体の頂点を点Pが次の規則にしたがって動く。

（規則）① 最初点Pは点Aにある。

② 1秒後には，点Pは今いる頂点以外の頂点に等しい確率で移動する。

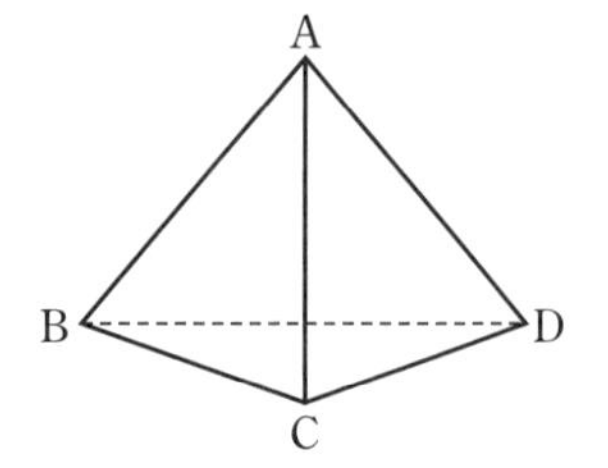

このとき，次の各確率を求めなさい。

(1) 2秒後には，点Pが点Aにいる確率

(2) 3秒後には，点Pが点Aにいる確率

(3) 4秒後には，点Pが点Aにいる確率

146 〈図形と確率〉

（滋賀県）

右の図のように，平行四辺形ABCDの辺AB，BC上にAC∥EFとなるような点E，Fをとる。次に，C，D，E，Fの文字を1つずつ書いた4枚のカードをよくきって，2枚同時に引き，2枚のカードに書かれた文字が表す2つの点と点Aの3点を結んで三角形をつくる。

その3点を頂点とする三角形が，△DFCと同じ面積になる確率を求めなさい。ただし，どのカードを引くことも同様に確からしいものとする。

図

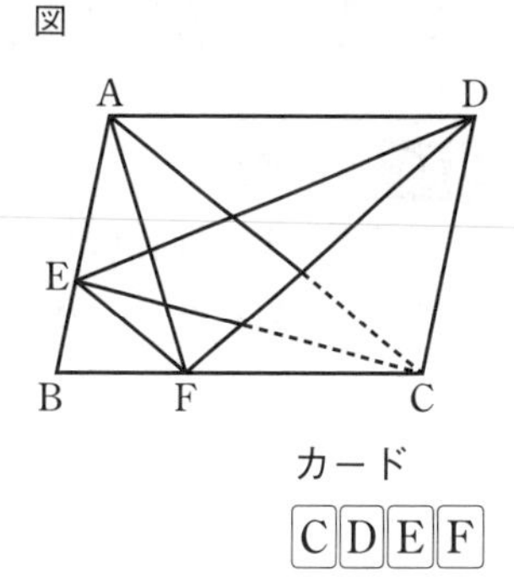

カード

C D E F

新傾向 147 〈さいころと操作〉

（広島大附高）

立方体の各面に1から6の数字が1つずつ書かれたサイコロが1つある。このサイコロの各面に書かれた数字は書きかえることができる。このサイコロを使って，次の【操作】を繰り返し行う。

【操作】このサイコロを投げて出た目を確認する。

　　出た目が1から6のとき，出た目の約数にあたる数字をすべて0に書きかえる。

　　出た目が0のとき，数字は書きかえない。

1回目の【操作】では出た目が0になることはない。

例えば，1回目の【操作】で出た目が6のとき，6の約数である1，2，3，6の数字をすべて0に書きかえる。その結果，2回目の【操作】では，各面に0，0，0，4，5，0の数字が書かれたサイコロを使う。

次の問いに答えなさい。ただし，サイコロのどの面が出ることも同様に確からしいとする。

(1)　【操作】を3回行うとき，各回の【操作】で出た目の数の和として考えられる値のうち，最大の値と，2番目に大きな値を求めよ。

(2)　【操作】を2回行うとき，各回の【操作】で出た目の数の和が5となる確率を求めよ。

難 (3)　【操作】を2回行った後，各面に書かれた数字のうち，0がちょうど4つになる確率を求めよ。

11 データの活用と標本調査

▶解答→別冊 p.60

148 〈代表値〉 （東京学芸大附高）

ある学年で10点満点の数学のテストを行ったところ，得点の平均値は7.17点，中央値は8点，最頻値は8点であった。その得点を表したヒストグラムとして最も適切なものを，次のア～カのうちから1つ選び，記号で答えなさい。

ア
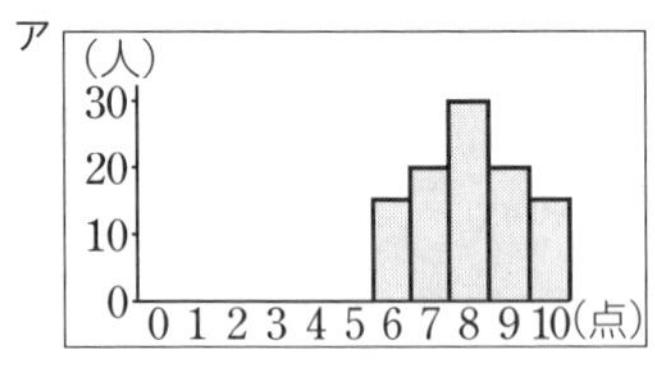

イ
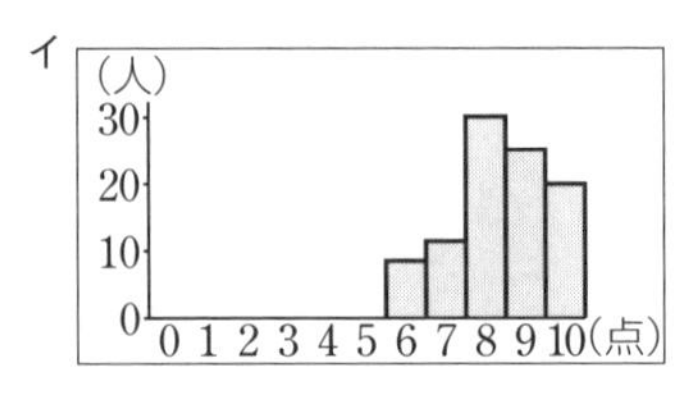

ウ
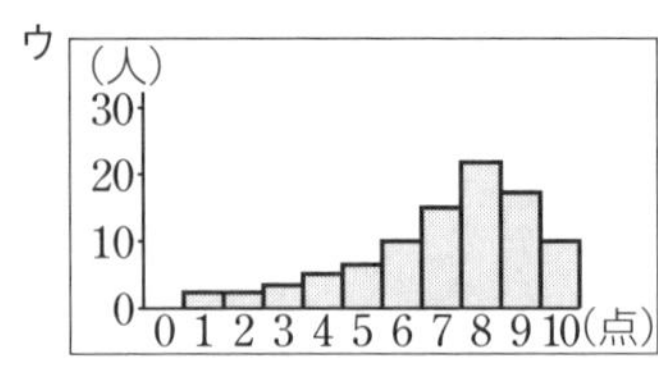

エ
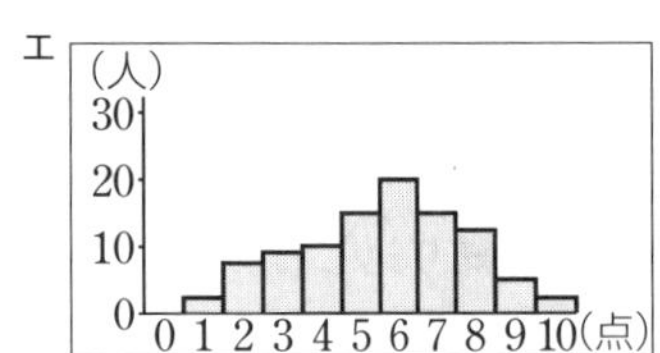

オ
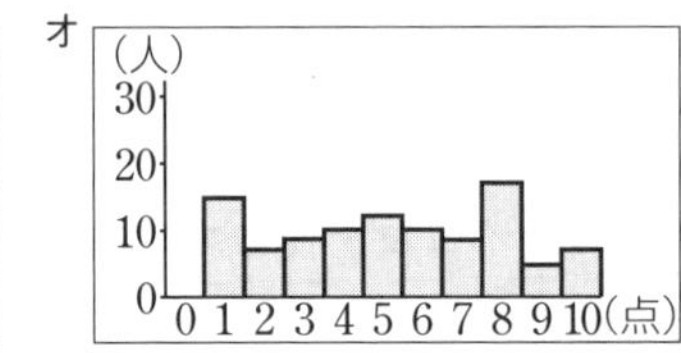

カ
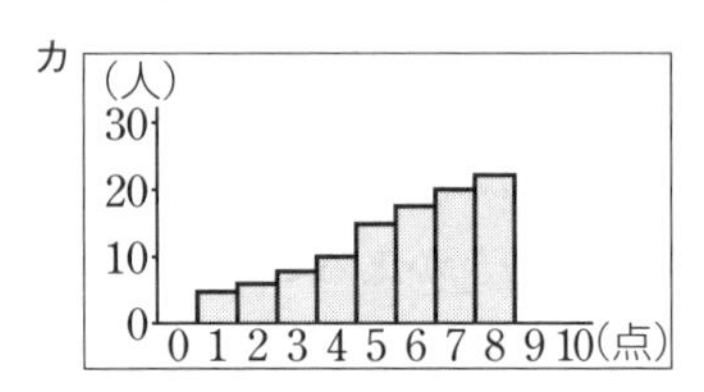

頻出 **149 〈度数分布表〉** （高知県）

ようこさんは，自分のクラスの生徒20人に対して，自宅から学校までの通学時間を調べ，その結果について，度数分布表をノートに作成した。次は，そのときにようこさんが作成したノートの一部である。このとき，下の(1)～(4)の問いに答えなさい。

ようこさんが作成したノート
自宅から学校までの通学時間

階級(分)	度数(人)
以上　未満 5～10	3
10～15	2
15～20	6
20～25	4
25～30	3
30～35	2
計	20

(1)　ようこさんが作成した度数分布表における階級の幅を求めよ。

(2)　ようこさんが作成した度数分布表における最頻値(モード)を求めよ。

(3)　ようこさんが作成した度数分布表をもとに，ヒストグラムをつくるとき，そのヒストグラムとして正しいのはどれか。次のア～エから1つ選び，その記号を書け。

ア
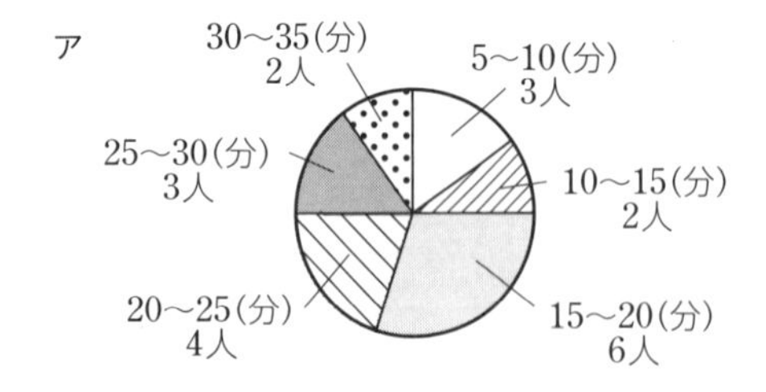

イ
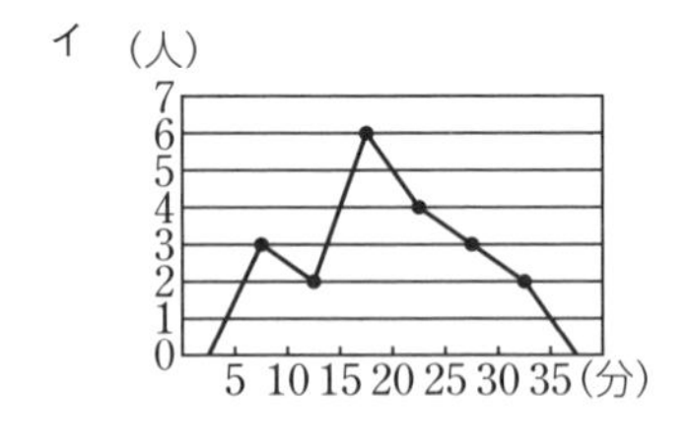

ウ
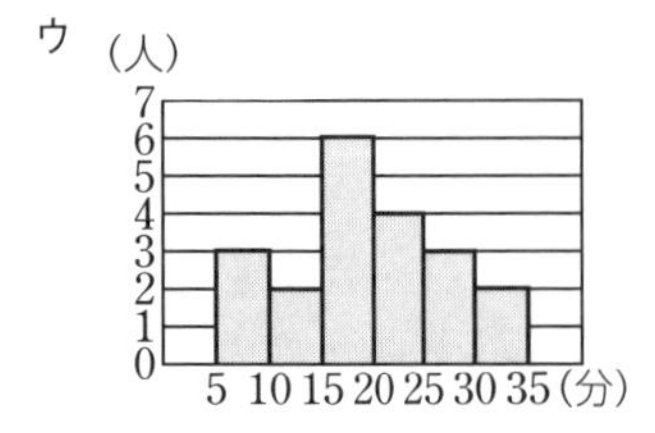

エ
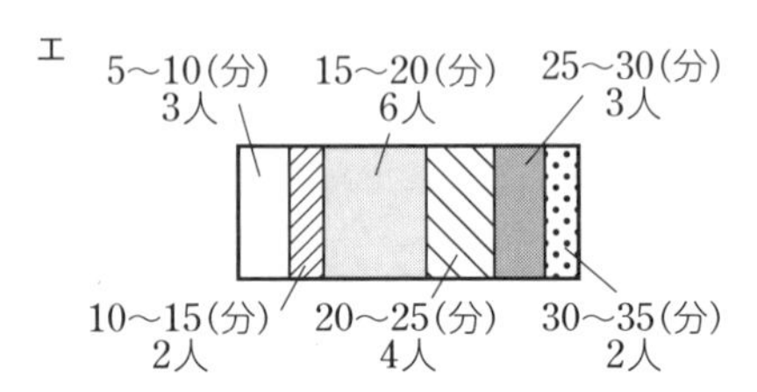

(4)　ようこさんが作成した度数分布表において，調査した生徒20人をもとにした，通学時間が5分以上15分未満の生徒の人数の割合は何%か。

難 **150 〈データのちらばり〉** （東京・筑波大附高）

ある集団の生徒を対象に，1問10点で10問(100点満点)のテストを行った。次の表のように，テストの得点に応じて評価をつけ，評価A，Bを合格，評価Cを不合格とした。？となっている欄の人数は不明である。

評価	C				B				A		
得点(点)	0	10	20	30	40	50	60	70	80	90	100
人数(人)	4	2	5	?	?	?	7	?	5	4	1

次のア，イ，ウがわかっている。

ア．評価Aの生徒の平均点は，評価Cの生徒の平均点より70点高い。

イ．合格者の平均点は65点であるが，得点が30点の生徒も合格者に含めると，合格者の平均点は63点となる。

ウ．評価Bの中では，得点が60点の生徒の数が最も少ない。

このとき，次の［　］にあてはまる数を求めなさい。

(1) 得点が30点の生徒の人数は［　］人である。

(2) この集団の生徒の総数は［　］人である。

(3) 得点が70点の生徒の人数は［　］人である。

頻出 **151 〈標本調査〉** （佐賀県）

次の問いに答えなさい。

(1) 次の調査の中で，標本調査をすることが適切なものをa～dの中からすべて選び，記号を書け。

a　自転車のタイヤの寿命調査

b　国勢調査

c　学校で行う生徒の健康診断調査

d　あるテレビ番組の視聴率調査

(2) ある工場で大量に生産される製品の中から，80個を無作為(むさくい)に抽出(ちゅうしゅつ)したところ，そのうち3個が不良品であった。

このとき，①，②の問いに答えよ。

① 10000個の製品を生産したとき，発生した不良品はおよそ何個と推測されるか，求めよ。

② 不良品が150個発生したとき，生産した製品はおよそ何個と推測されるか，求めよ。

152 〈比率の推定〉 （富山県）

学生の人数が9300人の大学で，無作為に450人を抽出し，ある日の午後8時にどのテレビ局の番組を見ていたかについて標本調査を行い，450人すべてから回答を得た。下の表は，その結果である。

このとき，この大学のすべての学生のうち，B局の番組を見ていたのは，およそ何人と考えられるか，十の位の数を四捨五入して答えなさい。

	A局	B局	C局	その他の局	見ていない	合計
学生の人数(人)	76	135	98	54	87	450

153〈箱ひげ図〉

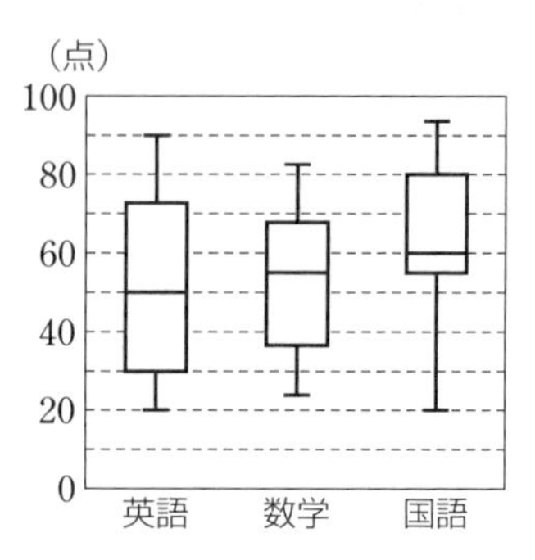

右の図は，42人の生徒に実施した英語，数学，国語のテストの得点データを箱ひげ図で表したものである。次の問いに答えなさい。

(1)　データの中央付近で，データの散らばりが最も大きいのはどの科目か。

(2)　英語と国語の中央値どうしの差は何点あるか。

(3)　第2四分位数と第3四分位数の差が最も小さいのはどの科目か。

(4)　国語で上位から数えてちょうど11位だったAさんの得点を求めよ。

154〈単元融合問題〉

（福岡県）

A，B，Cの3つの中学校では，3年生を対象に1日あたりの読書時間を調査した。

次の(1)は指示にしたがって答え，(2)は［　　］の中にあてはまる最も簡単な数を記入しなさい。

(1)　A中学校とB中学校では，3年生全員にアンケートを実施した。右の表は，全員の回答結果を度数分布表に整理したものである。

1日あたり30分以上読書をしている3年生の割合が大きいのは，A中学校とB中学校のどちらであるかを，表をもとに，数値を使って［　　］の中に説明せよ。

階級(分)	度数(人)	
	A中学校	B中学校
以上　未満 0～15	9	12
15～30	17	21
30～45	10	12
45～60	8	8
60～75	3	4
75～90	3	3
計	50	60

(説明)

(2)　C中学校では，3年生250人全員の中から無作為に抽出した40人にアンケートを実施したところ，1日あたり30分以上読書をしているのは，回答した40人のうち16人であった。

このとき，C中学校の3年生250人のうち，1日あたり30分以上読書をしている人数は，約［　　］人と推定できる。

12 図形の基礎

▶解答→別冊 *p.62*

頻出 155 〈平行線と角〉

次の問いに答えなさい。

(1) 右の図で，$\ell /\!/ m$のとき，$\angle x$の大きさを求めよ。

（栃木県）

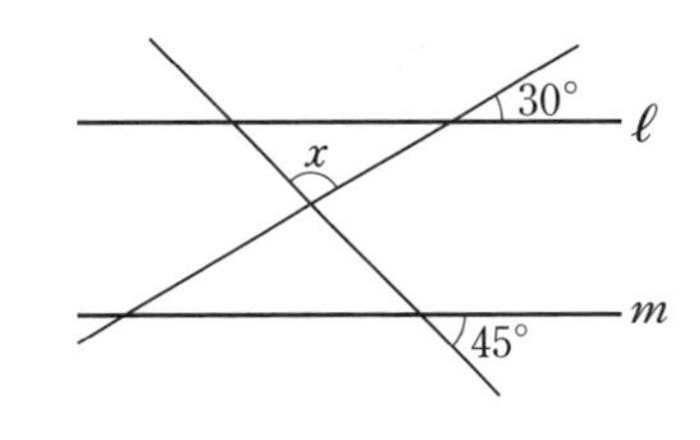

(2) 右の図のように直線ℓと直線mが平行であるとき，$\angle x$の大きさを求めよ。

（東京・専修大附高）

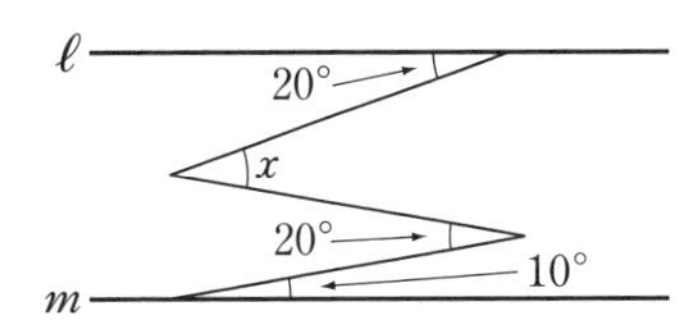

頻出 156 〈角の二等分線〉

次の問いに答えなさい。

(1) 右の図で，四角形ABCDは長方形である。点Pは辺AD上の点であり，$\angle$PBCの二等分線と辺CDの交点をQとする。

$\angle \mathrm{APB}=a^\circ$，$\angle \mathrm{BQC}=b^\circ$とするとき，$b$を$a$を用いた式で表せ。

（秋田県）

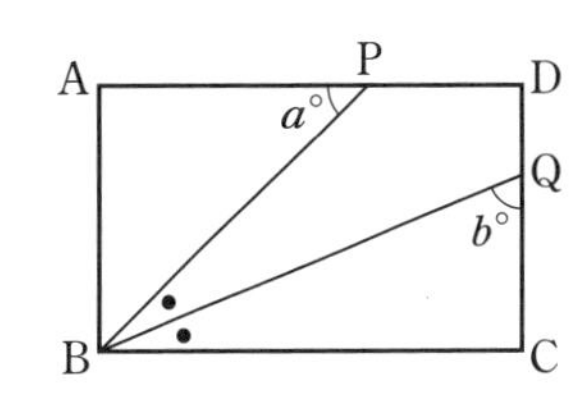

(2) 右の図において，$\angle x$の大きさを求めよ。

（東京電機大高）

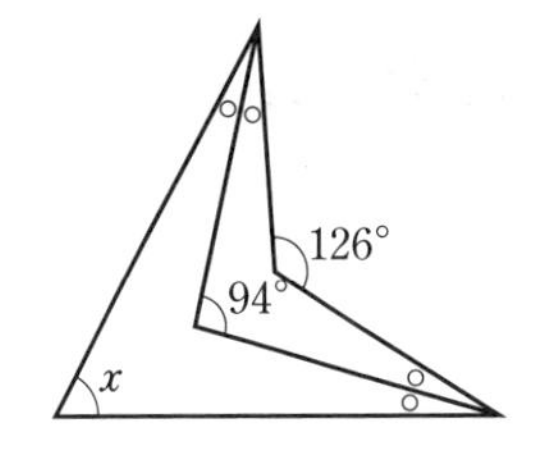

(3) 右の図のように，$\angle \mathrm{A}=88^\circ$である△ABCにおいて，$\angle$Bおよび$\angle$Cの外角の二等分線の交点をDとするとき，$\angle$BDCの大きさを求めよ。

（茨城・江戸川学園取手高）

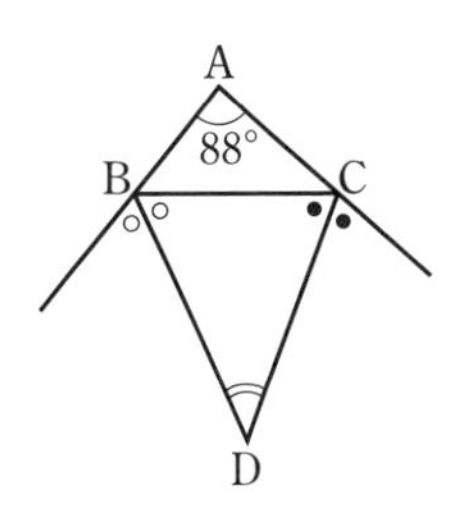

頻出 157 〈正多角形と角〉

（神奈川・桐蔭学園高）

右の図のように，正五角形の各頂点を結んで，星形の図形ABCDEFGHIJを作る。このとき，$\angle a=$____°，$\angle d=$____°である。

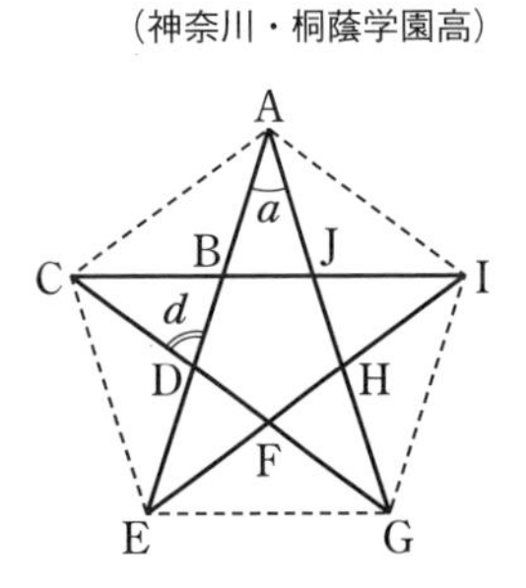

158 〈フランクリンの凧〉

（茨城・江戸川学園取手高）

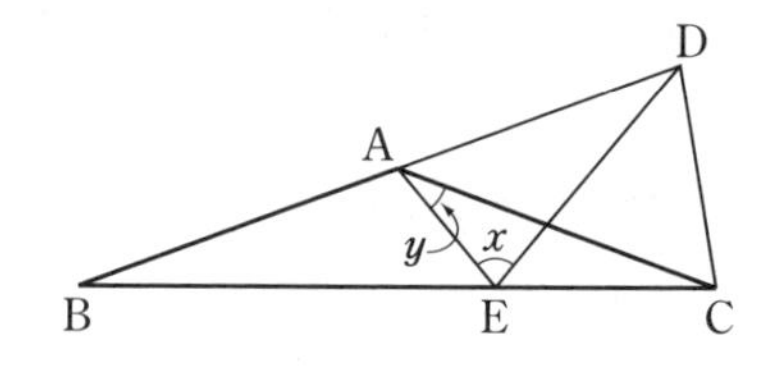

右の図のように，△ABCはAB=AC，および∠ABC=20°の二等辺三角形である。次に，辺BAの延長線上に点Dをとり，BC=BDとなるようにする。さらに，辺BC上に点Eをとり，∠ADE=30°になるようにする。∠AED=x，∠EAC=yとするとき，次の問いに答えなさい。

[(1)，(2)，(3)は解答のみを示しなさい。(4)は解答手順を記述しなさい。]

(1)　$x+y$を求めよ。

　次に，∠DCF=20°となるように，線分AD上に点Fをとる。

(2)　∠DEFおよび∠CAFを求めよ。

(3)　6点A，B，C，D，E，Fを結ぶ線分のうち，線分CDと長さの等しい線分をすべて選べ。

(4)　xおよびyをそれぞれ求めよ。

159 〈中点連結定理〉

（千葉・日本大習志野高）

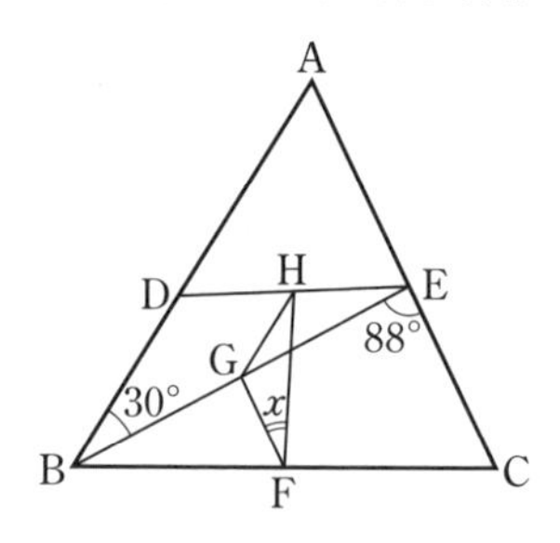

右の図のように，△ABCがある。辺AB，AC上にBD=CEとなるように点D，Eをとる。また，線分BC，BE，DEの中点をそれぞれF，G，Hとする。∠ABE=30°，∠BEC=88°のとき，∠x=□°である。

160 〈接線の作図〉

次の問いに答えなさい。

(1)　円Oで，定規とコンパスを使って，点Aが接点となるように，この円の接線を作図せよ。ただし，作図に用いた線は消さないでおくこと。　（島根県）

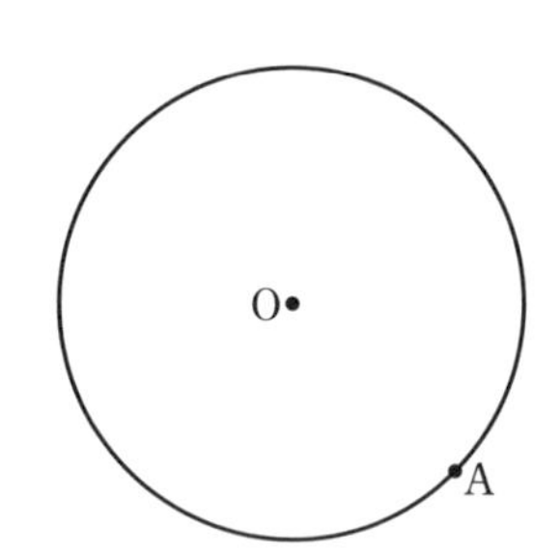

(2)　円外の点Pから円Oにひいた接線を作図せよ。

（滋賀・比叡山高）

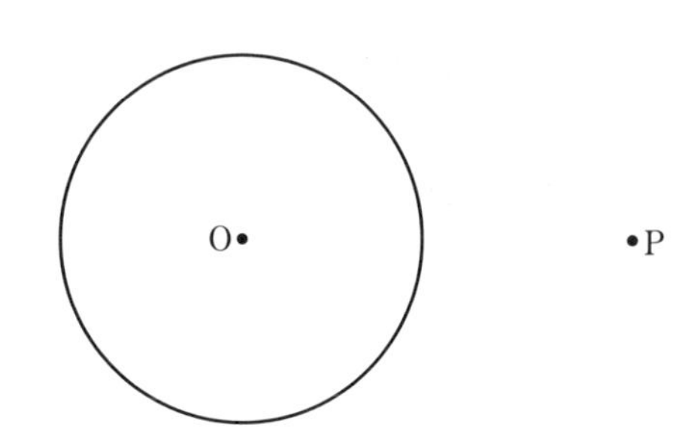

161 〈円の作図〉

次の問いに答えなさい。

(1) 右の図において，半直線OX，OYに接し，半直線OX上の点Pを通る円を作図せよ。ただし，作図に用いた線の跡は必ず残しておくこと。

（奈良・西大和学園高）

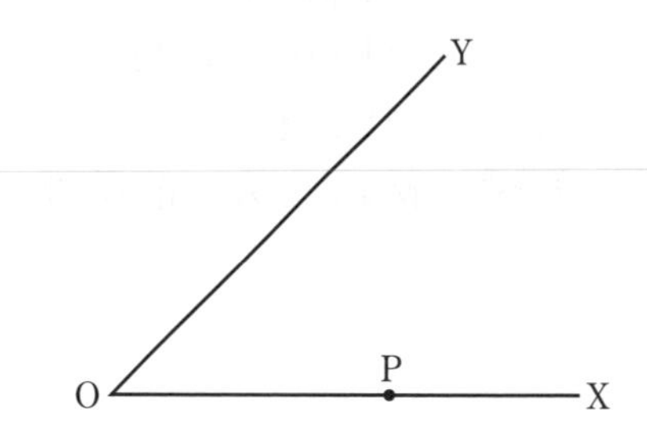

(2) 右の図において，点Aを通り，直線ℓ上の点Bで接する円を作図せよ。ただし，作図に用いた線の跡は必ず残しておくこと。

（奈良・西大和学園高）

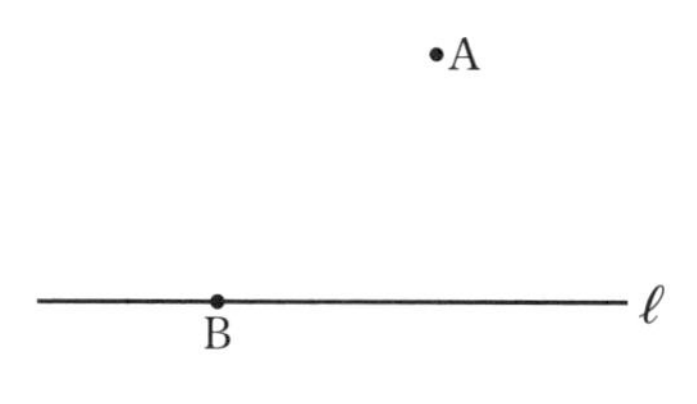

162 〈45°の角の作図〉

次の問いに答えなさい。

(1) 右の図のように，直線ℓ上に異なる2点A，Bがある。AB=AP，∠BAP=135°となる△PABを1つ，定規とコンパスを用いて作図せよ。ただし，作図に用いた線は消さないこと。

（秋田県）

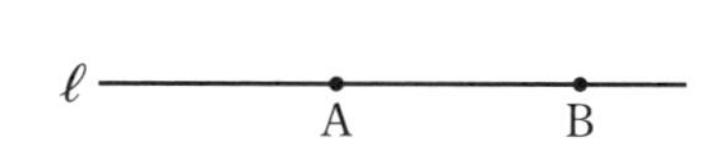

(2) 右の図のように，線分OAと線分OBがある。
右に示した図をもとにして，線分OB上に，∠OAP=45°となる点Pを定規とコンパスを用いて作図によって求めよ。

ただし，作図に用いた線は消さないでおくこと。

（東京・西高）

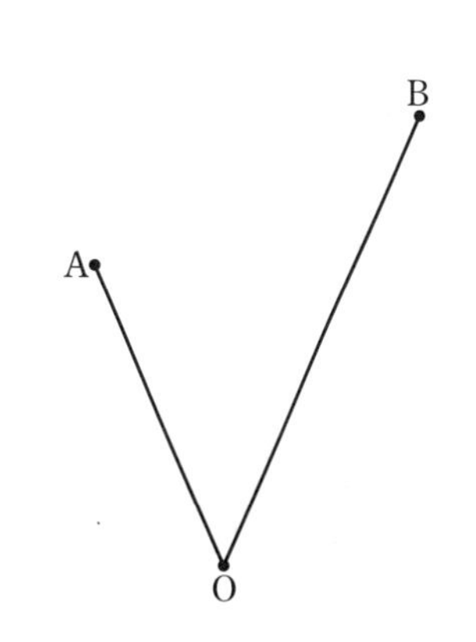

163 〈対称移動の作図〉　（群馬県）

右の図のような円と直線ℓがある。ℓを対称軸として，この円と線対称な図形を，定規とコンパスを用いて作図しなさい。

　ただし，図をかくのに用いた線は消さないこと。

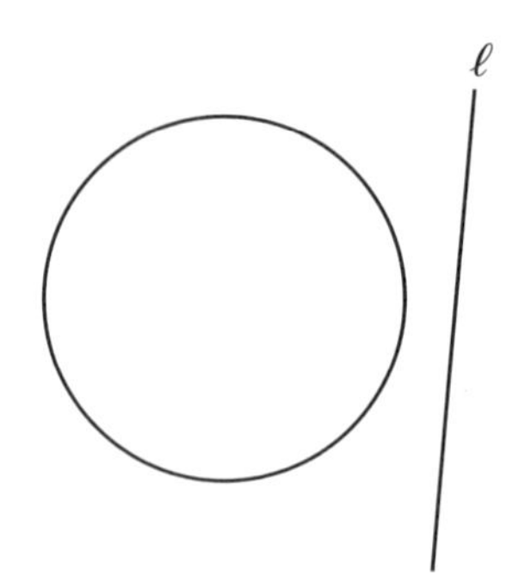

164 〈回転移動の作図〉　（群馬県）

右の図において，線分A′B′を直径とする半円は，線分ABを直径とする半円を回転移動したものである。

　このとき，回転の中心Oを，コンパスと定規を用いて作図しなさい。

　ただし，図をかくのに用いた線は消さないこと。

難 **165 〈合同の利用と作図〉**　（東京・戸山高）

右の図のように，円Oと円Oの周上にない2点A，Bがある。

　円Oの直径PQをひいたとき，AP=BQとなる直径PQを1つ，定規とコンパスを用いて作図し，点Pおよび点Qの位置を示す文字P，Qも書きなさい。

　ただし，作図に用いた線は消さないでおくこと。

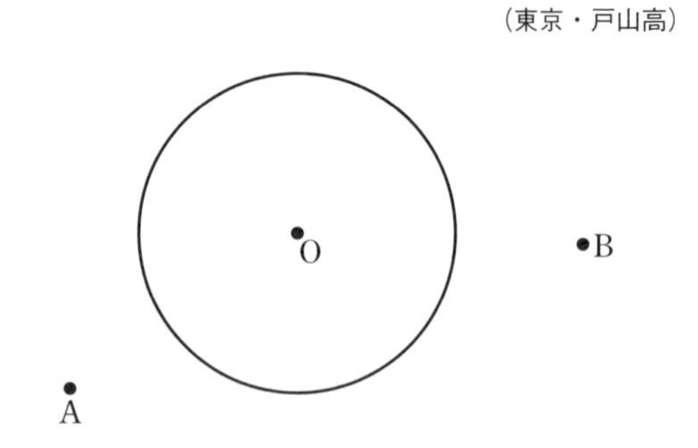

166 〈合同の証明①〉 （兵庫・関西学院高）

右の図のように，正三角形ABCの辺BC上に点Dをとり，ADを1辺とする正三角形ADEを点Cと反対側に作る。このとき，AC∥EBとなることを証明しなさい。

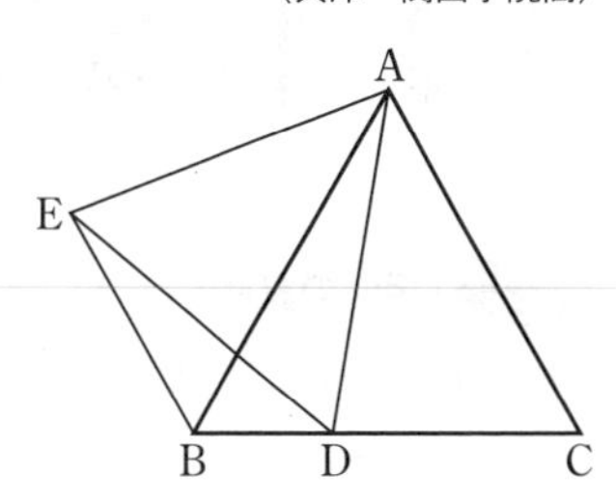

頻出 **167 〈合同の証明②〉** （岩手県）

右の図のように，平行四辺形ABCDがあり，対角線の交点をOとする。対角線BD上にOE＝OFとなるように異なる2点E，Fをとる。

　このとき，△OAE≡△OCFであることを証明しなさい。

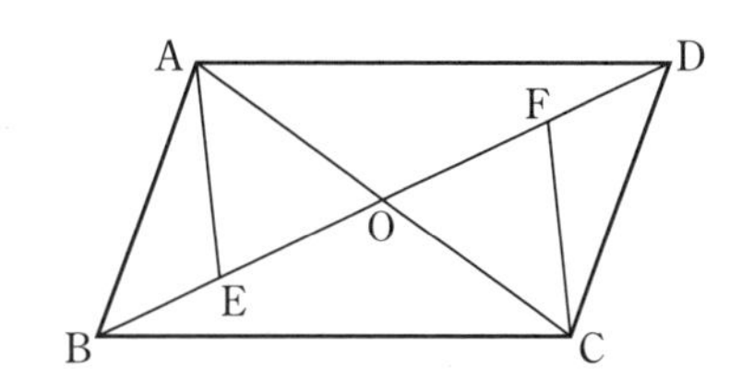

頻出 **168 〈合同の証明③〉** （大阪桐蔭高）

右の図のような平行四辺形ABCDがある。点Aおよび点Cから，線分BDにひいた垂線とBDの交点をそれぞれE，Fとする。

　△ABE≡△CDFを証明しなさい。

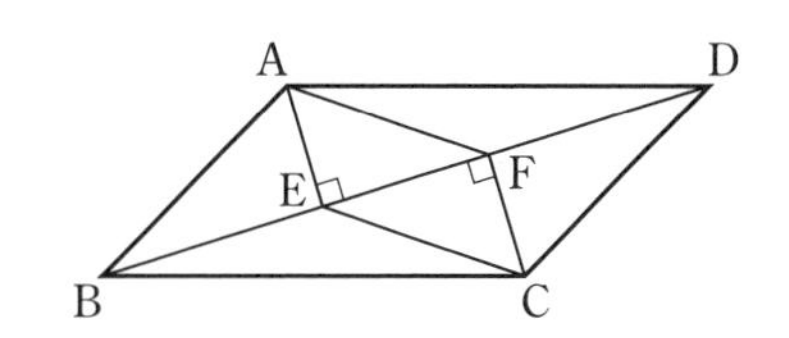

169 〈合同の証明④〉 （東京・慶應女子高）

長方形ABCDを辺AB上の点Fと頂点Dを通る線分を折り目にして折り返すと，頂点Aが辺BCの中点Eと重なる。辺ADの長さをaとして，線分AEの長さがaであることを証明しなさい。

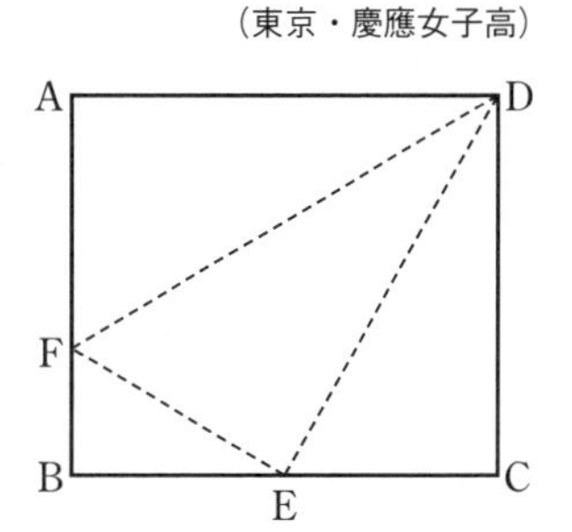

難 **170 〈中点連結定理の利用と証明〉** （大阪教育大附高池田）

AB＝2BCを満たす三角形ABCがある。辺ABの中点Mを通り直線CMに垂直な直線が辺ACと交わる点をNとする。このとき，AN：NC＝1：2であることを証明しなさい。

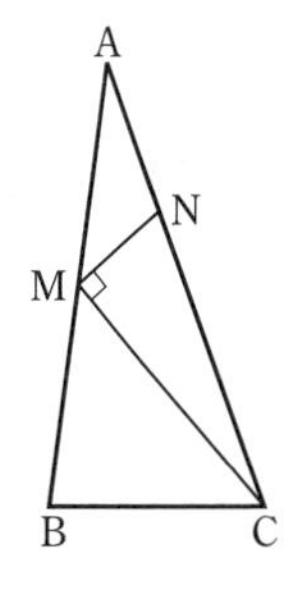

13 相似な図形

▶解答→別冊 *p.66*

171 〈相似の証明〉 （北海道）

右の図のように，辺ACが共通な2つの二等辺三角形ABCとACDがあり，AB=AC=ADとする。∠ACBの二等分線と辺DAの延長との交点をEとし，辺ABとCEとの交点をFとする。

次の問いに答えなさい。

(1) ∠BCF=35°のとき，∠BACの大きさを求めよ。

(2) ∠ACE=∠ADCのとき，△ACE∽△BCFを証明せよ。

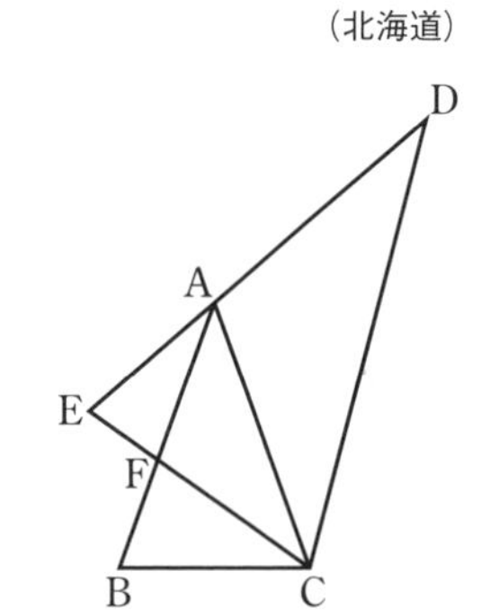

頻出 **172 〈相似比①〉** （東京工業大附科学技術高）

右の図において，△ABC∽△DBAであるとき，辺BCの長さを求めなさい。

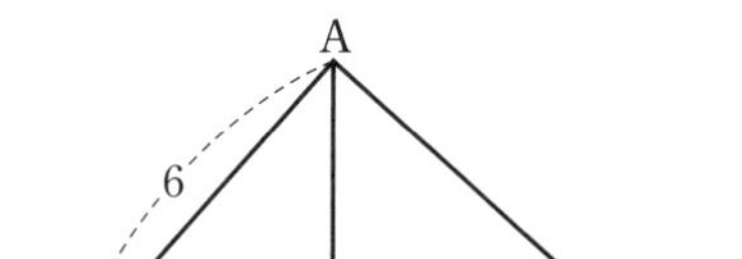

頻出 **173 〈相似比②〉** （秋田県）

右の図で，線分ABと線分CDは平行であり，線分ADと線分BCの交点をEとする。点Fは線分CD上の点であり，線分EFと線分BDは平行である。

AB=3cm，BD=6cm，CD=5cmであるとき，線分EFの長さを求めなさい。

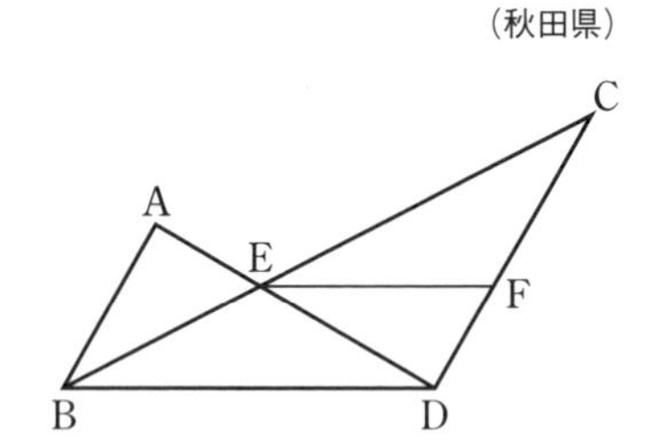

174 〈相似比③〉 （東京・城北高）

△ABC，△ADEはそれぞれ正三角形である。

AB=8cm，BD=3cmとする。

(1) 線分EFの長さを$x$cmとするとき，線分AEの長さをxで表せ。

(2) xを求めよ。

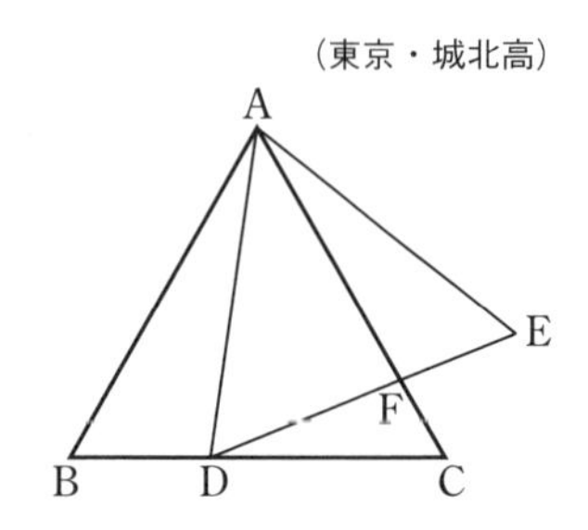

頻出 **175 〈平行線と線分比①〉**　（山梨・駿台甲府高）

右の図の△ABCにおいて，D，Fは辺AB上，Eは辺AC上の点である。AD=6cm，DB=3cm，BC∥DE，DC∥FEであるとき，線分AFの長さを求めなさい。

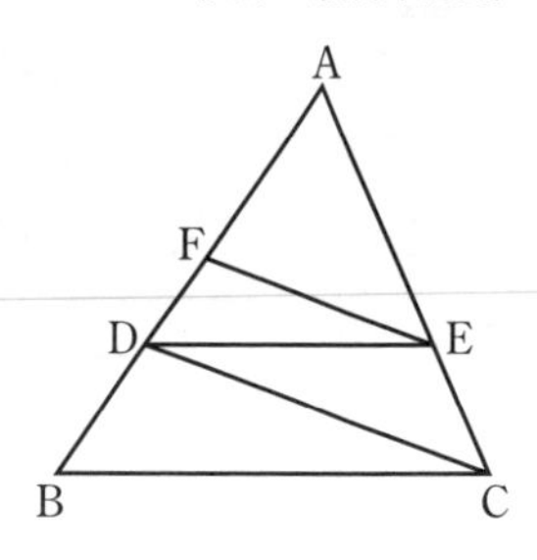

頻出 **176 〈平行線と線分比②〉**　（東京・日本大豊山高）

次の問いに答えなさい。

右の図において，AD=DE=EB，AF=FC，EC=4とするとき，FGの長さを求めなさい。

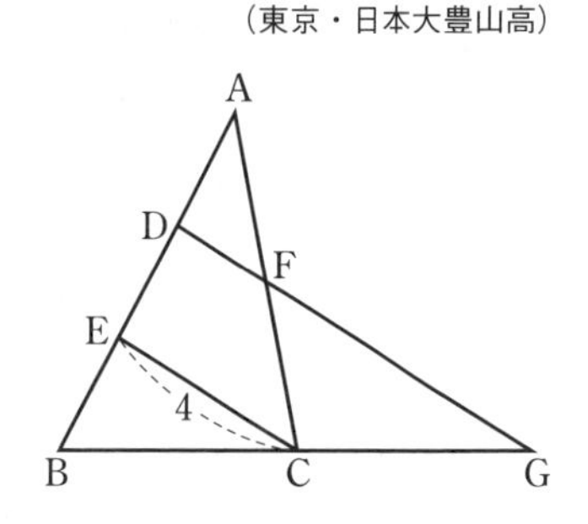

177 〈重心の性質〉　（東京・明治大付中野高）

右の図のような△ABCにおいて点P，Qはそれぞれ辺AB，BCの中点，点Dは線分CP，AQの交点です。AQ⊥CP，AC=8cmのとき，線分BDの長さを求めなさい。

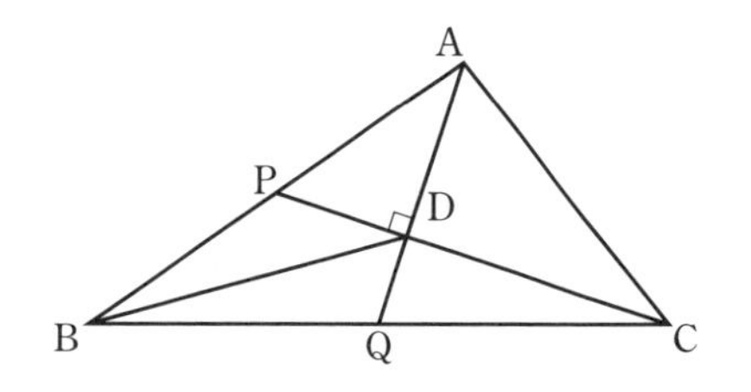

178 〈三角形の面積比①〉　（東京・明治大付明治高）

右の図の△ABCで，AD：DB=1：3，AE：EC=1：2であり，BEとCDの交点をFとする。四角形ADFEの面積が$17cm^2$であるとき，△ABCの面積は［　　　］cm^2である。

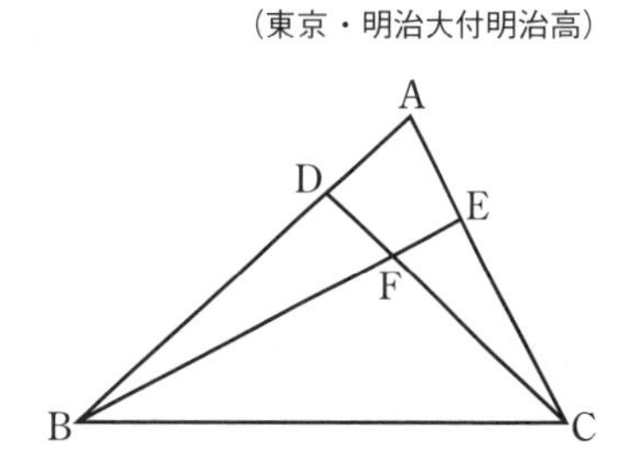

179 〈三角形の面積比②〉　（東京・中央大附高）

△ABCの辺BC上に点D，辺AC上に点Eをとり，ADとBEの交点をFとする。BD：DC=2：1，BF：FE=6：1のとき，次の問いに答えなさい。

(1)　AF：FDを最も簡単な整数の比で表せ。

(2)　△ABCの面積と四角形CEFDの面積の比を最も簡単な整数の比で表せ。

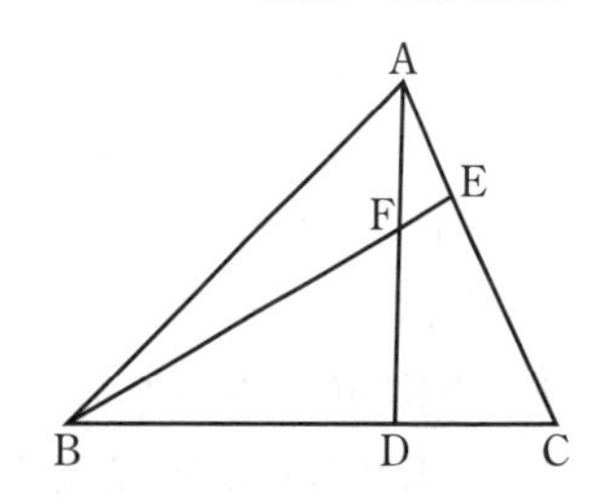

頻出 180 〈角の二等分線の性質〉 （東京・明治大付明治高）

右の図のように，$\angle A=90^\circ$ の直角三角形ABCがある。頂点Aから辺BCに垂線ADをひき，∠Bの二等分線とAD，ACとの交点をそれぞれE，Fとする。AB=12，AC=5のとき，AE=［　　　］である。

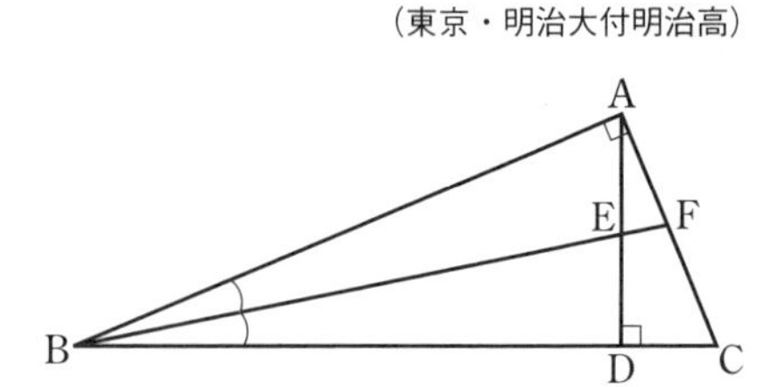

頻出 181 〈正五角形と黄金比〉 （東京・國學院大久我山高）

1辺の長さが2の正五角形ABCDEにおいて，対角線AC，AD，CEをひき，ADとCEの交点をFとする。

次の問いに答えなさい。

(1) ∠ABCは何度か。

(2) △ACDと△AFEが相似になることを証明せよ。

(3) AFの長さを求めよ。

(4) ADの長さを求めよ。

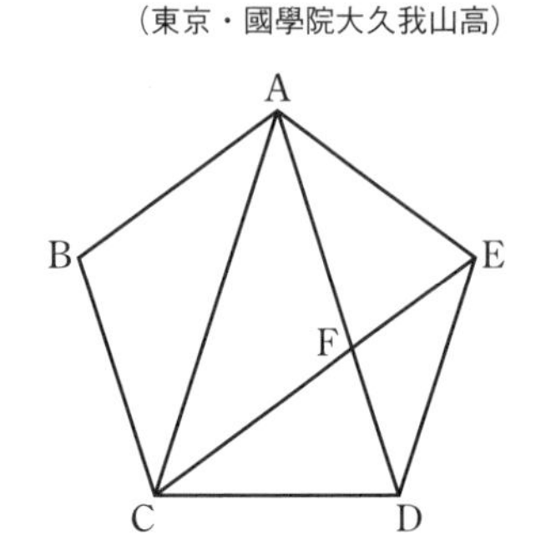

頻出 182 〈平行四辺形の面積分割計量〉 （東京・豊島岡女子学園高）

右の図のように，平行四辺形ABCDの辺AB，BC，CD，DAを2：3に分ける点をそれぞれE，F，G，Hとする。線分AFと線分ED，BGの交点をそれぞれP，Qとし，線分HCと線分BG，EDの交点をそれぞれR，Sとする。このとき，四角形PQRSの面積は平行四辺形ABCDの面積の何倍ですか。

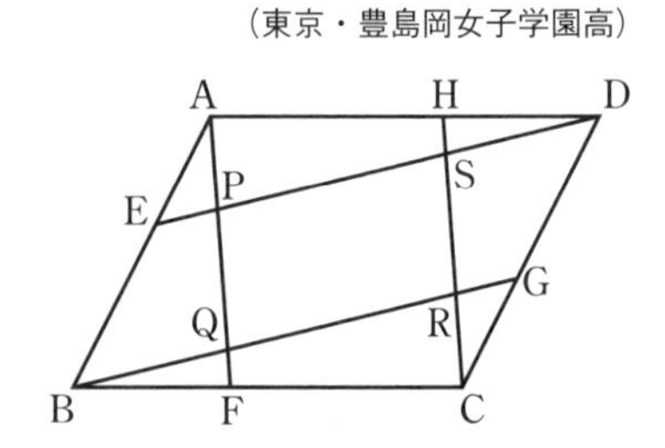

183 〈長方形と線分比・面積比①〉 （東京・専修大附高）

長方形ABCDがあり，辺ADの中点をE，対角線BDを3等分した点のうちBに近い方の点をF，Dに近い方の点をGとし，2点E，Fを通る直線とBCとの交点をHとする。また，Hを通りBDに平行な直線とCDとの交点をI，Iを通りBCに平行な直線とBDとの交点をJ，EI，BDの交点をKとする。

次の問いに答えなさい。

(1) BH：EDを求めよ。

(2) DJ：JGを求めよ。

(3) △KDEと△EFKの面積比を求めよ。

(4) △KJIの面積を1としたときの△EHIの面積を求めよ。

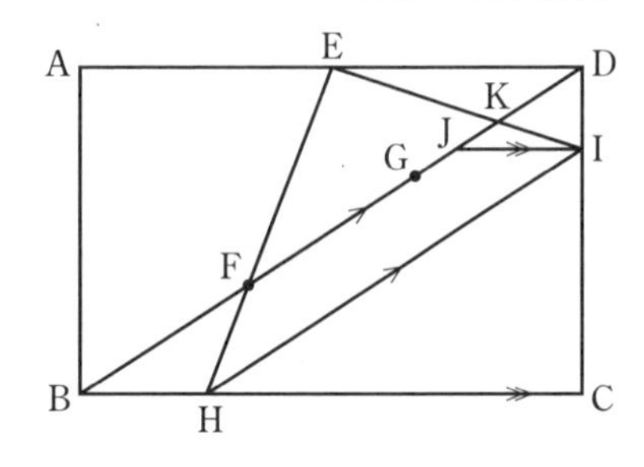

184 〈長方形と線分比・面積比②〉　（大阪・近畿大附高）

右の図のように，長方形ABCDにおいて，辺BCの中点をMとする。ACとDMの交点をEとし，点Eから辺ABに垂線EE′をひく。さらに，ACとDE′の交点をFとし，点Fから辺ABに垂線FF′をひく。また，ACとDF′の交点をGとする。次の問いに答えなさい。

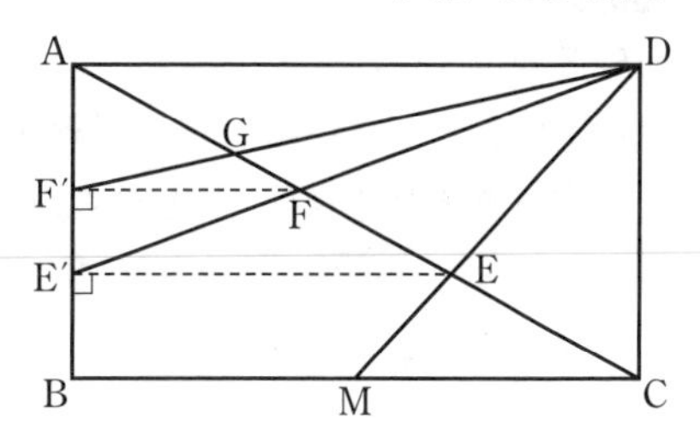

(1)　DE：EMの比を求めよ。

(2)　DF：FE′の比を求めよ。

(3)　DG：GF′の比を求めよ。

(4)　面積比△DGF：△EMCを求めよ。

頻出 **185 〈平行四辺形と線分比・面積比①〉**　（埼玉・立教新座高）

右の図のような平行四辺形ABCDについて，辺BC，辺CDをそれぞれ3：2に分ける点をE，Fとする。また，線分AE，対角線AC，線分AFが対角線BDと交わる点をそれぞれG，H，Iとする。次の問いに答えなさい。

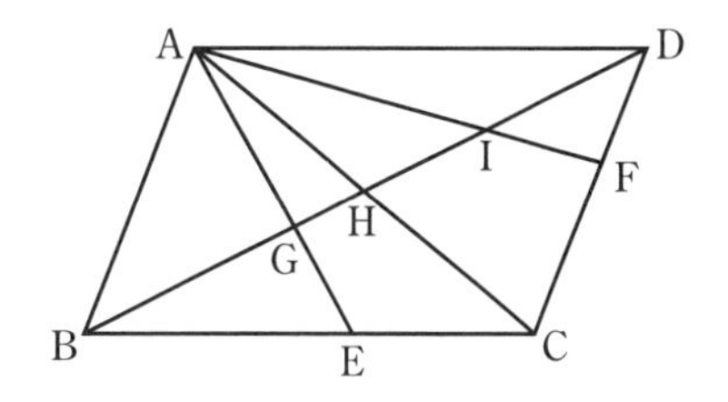

(1)　線分GHの長さと線分HIの長さの比を求めよ。

(2)　△BAGの面積と△BEGの面積の比を求めよ。

(3)　四角形GECHの面積と平行四辺形ABCDの面積の比を求めよ。

186 〈平行四辺形と線分比・面積比②〉　（愛媛・愛光高）

右の図のように平行四辺形ABCDがあり，辺AB，ADの中点をそれぞれM，Nとする。また，辺AD上にAP：PD=5：1となる点Pを，辺BC上にBQ：QC=3：1となる点Qをそれぞれとり，MPとNQの交点をRとする。このとき，

NP：BQ=［　　］：［　　］，PR：RM=［　　］：［　　］である。

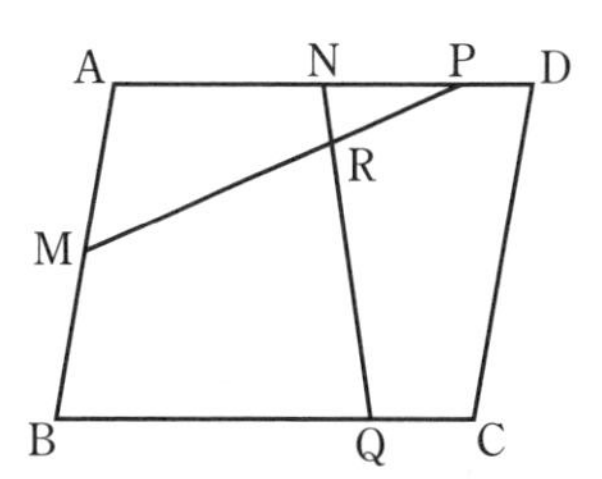

187 〈台形と線分比・面積比〉 （東京・法政大高）

右の図のように，AD：BC＝2：3である台形ABCDがある。AB上の1点Eから底辺に平行な直線をひき，対角線BDおよびCDとの交点をそれぞれG，Fとおく。

このとき，次の問いに答えなさい。

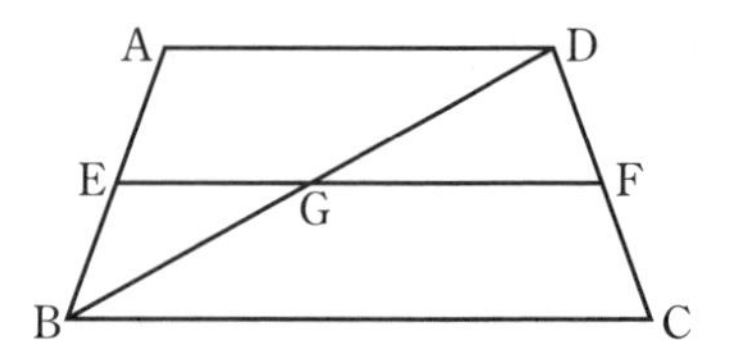

(1) AE：EB＝1：1となるように点Eを定めたとき，EG：GFを最も簡単な整数の比で答えよ。

(2) EG：GF＝2：1となるように点Eを定めたとき，AE：EBを最も簡単な整数の比で答えよ。

(3) (2)のとき，△BEGの面積は△DFGの面積の何倍か。

難 **188 〈立体表面の最短経路と線分比・面積比〉** （山梨・駿台甲府高）

右の図のような半径2cm，高さ4cmの円柱がある。下の面の円周上に3点A，B，Cを$\overset{\frown}{AB}$，$\overset{\frown}{BC}$，$\overset{\frown}{CA}$の長さが等しくなるようにとる。また，上の面の円周上に2点D，Eを，線分DEが上の面の直径で，線分ADが円柱の高さとなるようにとる。

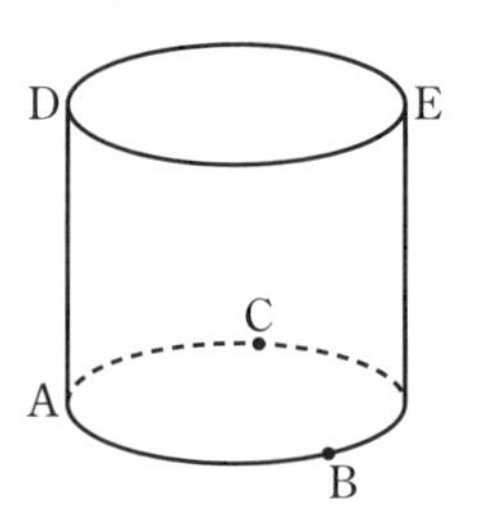

いま，円柱の側面上に沿って，

2点D，Bを下の図のように結ぶ経路の中で最短となる経路をb，

2点D，Cを下の図のように結ぶ経路の中で最短となる経路をc，

2点A，Dを下の図のように結ぶ経路の中で最短となる経路をd，

2点A，Eを下の図のように結ぶ経路の中で最短となる経路をeとする。

このとき，次の問いに答えなさい。

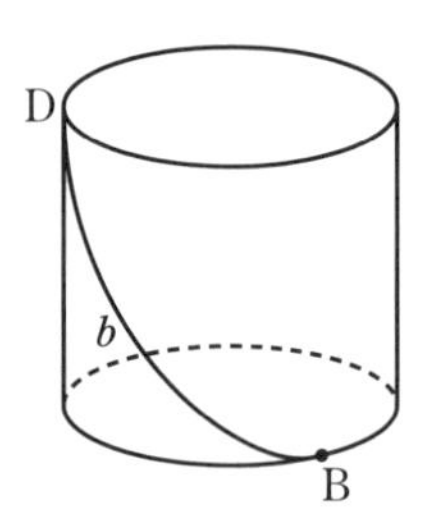

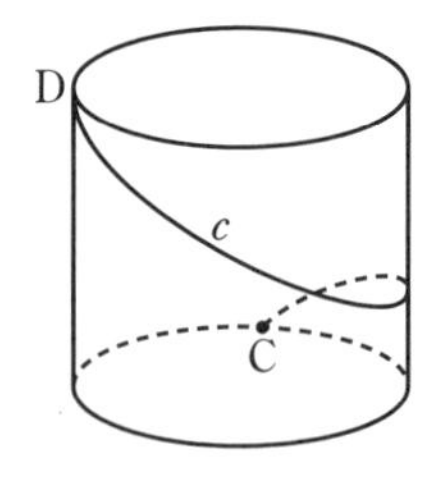

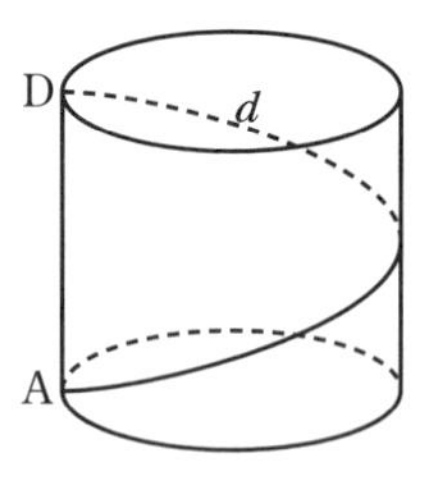

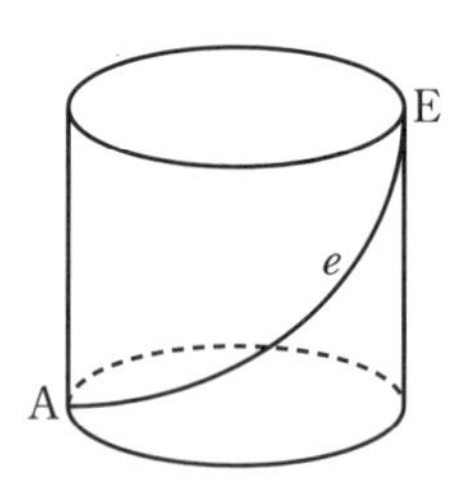

(1) 円柱の側面上において，2つの経路d，eと上の面の円周で囲まれる部分の面積を求めよ。

(2) 円柱の側面上において，3つの経路b，d，eで囲まれる部分の面積を求めよ。

(3) 円柱の側面上において，4つの経路b，c，d，eで囲まれる部分の面積を求めよ。

14 円の性質

▶解答→別冊 *p.72*

頻出 189 〈円の中心角と円周角〉

次の問いに答えなさい。

(1) 右の図中の $\angle x$，$\angle y$，$\angle z$ の大きさを求めよ。ただし，点Oは，ODを半径とする半円の中心である。また，AB＝ODとする。

（京都産大附高）

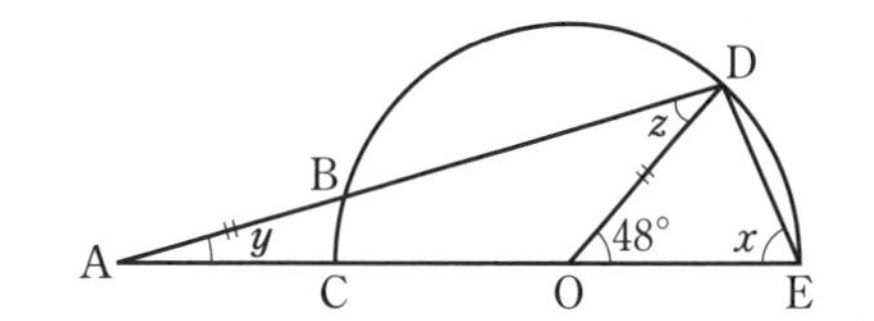

(2) 右の図において，4点A，B，C，Dは円Oの周上にある。弧ABの長さが弧BCの長さの2倍であるとき，$\angle$BDCの大きさを求めよ。

（東京工業大附科学技術高）

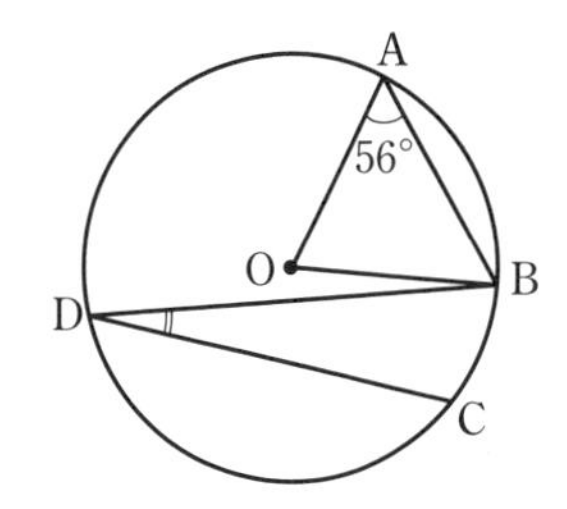

(3) 右の図の点A，B，C，Dは円周上の点で，$\angle \mathrm{AEB}=31°$，$\angle \mathrm{AFB}=63°$ のとき，$\angle x$ の大きさを求めよ。

（東京・成蹊高）

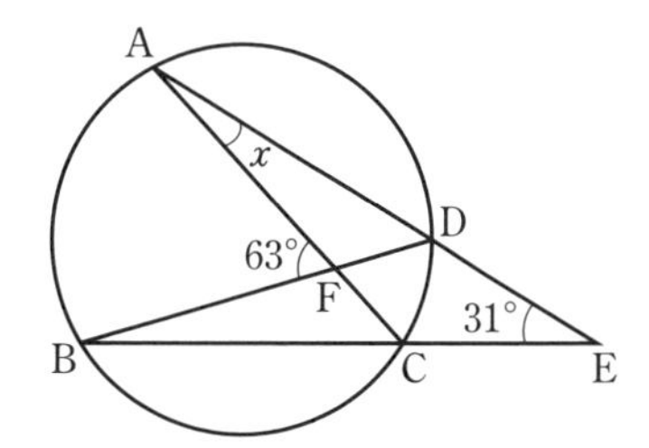

(4) 右の図の円Oで，3つの弦AB，CD，EFは平行で，$\angle \mathrm{BCD}=22°$，$\angle \mathrm{DEF}=21°$，$\overset{\frown}{\mathrm{CE}}:\overset{\frown}{\mathrm{EG}}=3:1$ であるとき，$\angle x$ の大きさを求めよ。

（国立高専）

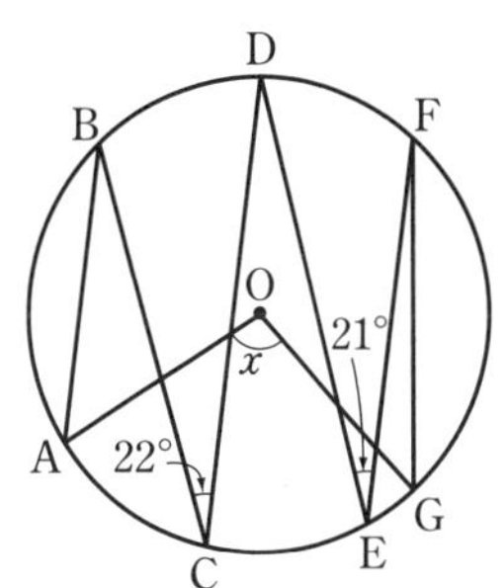

(5) 右の図の $\angle x$，$\angle y$ の大きさをそれぞれ求めよ。

（奈良・西大和学園高）

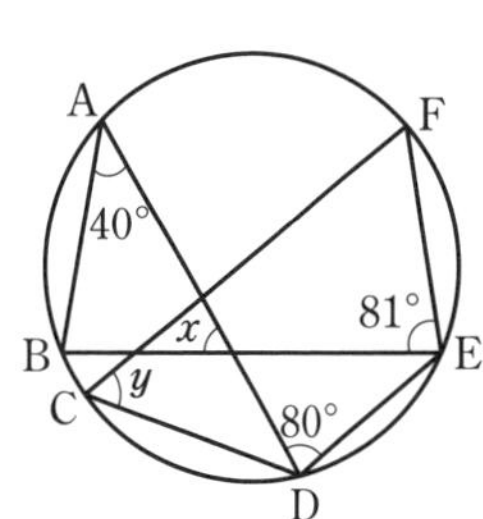

(6) 右の図のように，$\overset{\frown}{\mathrm{BC}}=\overset{\frown}{\mathrm{CD}}$，$\angle \mathrm{BAC}=54°$ となる4点A，B，C，Dを円周上にとる。
また，BCの延長上に $\angle \mathrm{CDE}=40°$ となる点Eをとるとき，$\angle$CEDの大きさを求めよ。

（広島大附高）

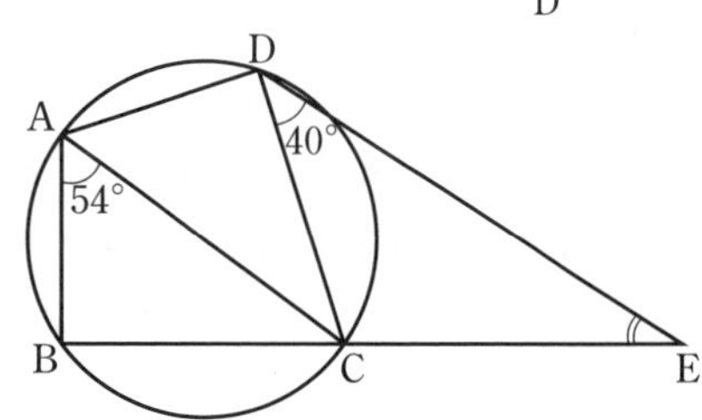

頻出 190 〈円周を等分する点〉

次の問いに答えなさい。

(1)　右の図の点A～Jは，円周を10等分した点である。このとき，図の$\angle x$の大きさを求めよ。　（愛知・滝高）

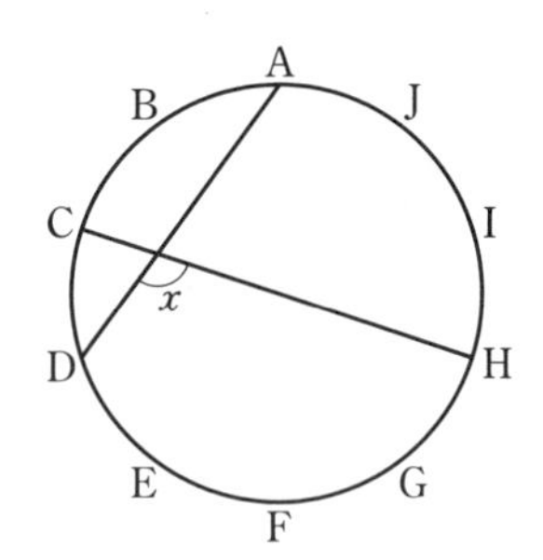

(2)　右の図は，円周を15等分したものである。このとき，$\angle x$の大きさを求めよ。　（東京・日本大豊山高）

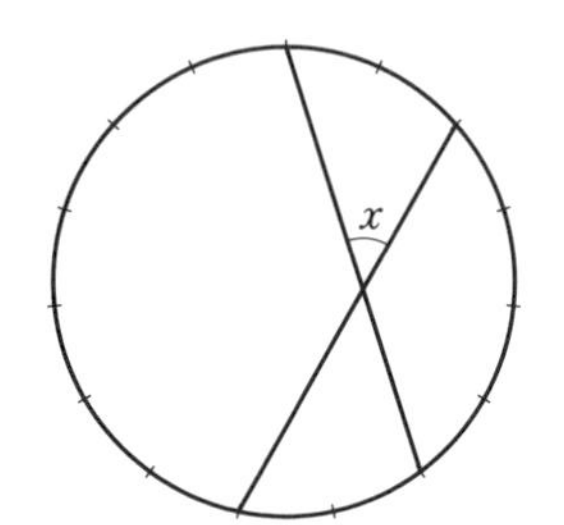

(3)　右の図の2つの円OとO′は2点A，Bで交わっている。A，B，C，D，Eは円Oの円周を5等分する点，A，B，F，G，H，I，J，Kは円O′の円周を8等分する点で，直線DAと円O′との交点のうち，AでないものをLとする。直線ABと直線LGとの交点をMとするとき，∠AMLの大きさを求めよ。　（東京・早稲田実業高）

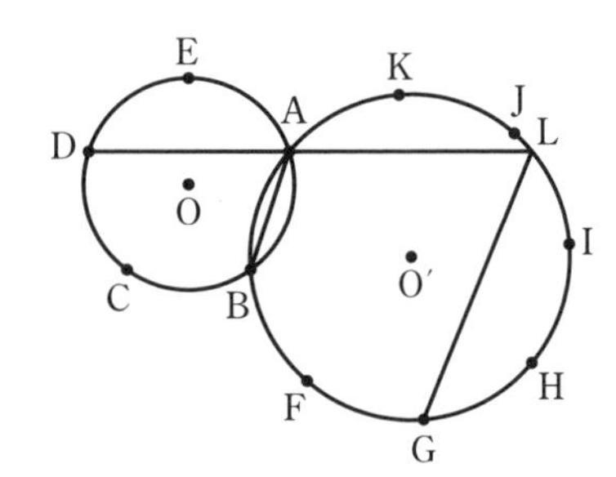

(4)　右の図で，円周上の点は円周を12等分する点である。このとき，$\angle x$，$\angle y$の大きさをそれぞれ求めよ。　（奈良・西大和学園高）

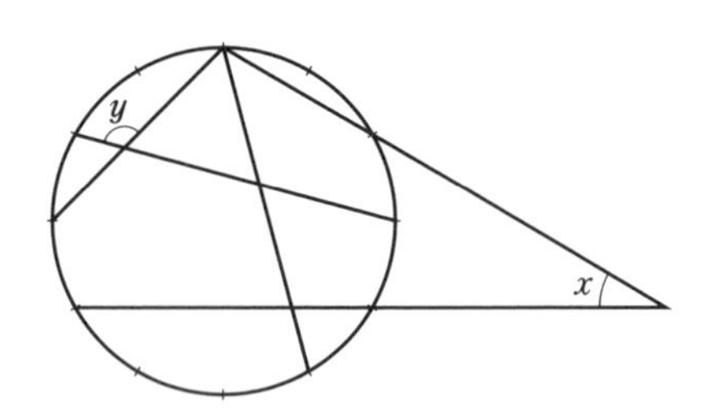

191 〈円周角を文字で表す〉　（東京・慶應女子高）

右の図において，点Oは円の中心であり，$\overset{\frown}{CD}:\overset{\frown}{DE}=m:1$，∠ADB$=x°$のとき，次の問いに答えなさい。

(1)　次の角度をmとxのうち必要なものを用いて表せ。
∠EBD，∠AOB，∠CAD，∠CFE，∠ACE，∠CEF

(2)　△CEFがCE=CFの二等辺三角形で，mとxが正の整数であるとき，考えられるmとxの値の組をすべて答えよ。

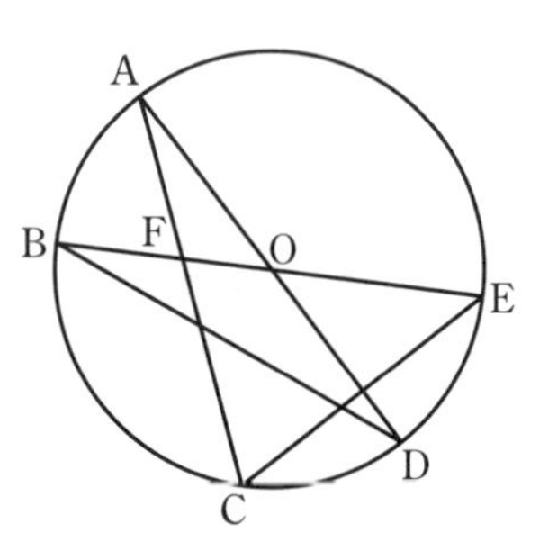

192〈円と相似①〉　（千葉・渋谷教育学園幕張高）

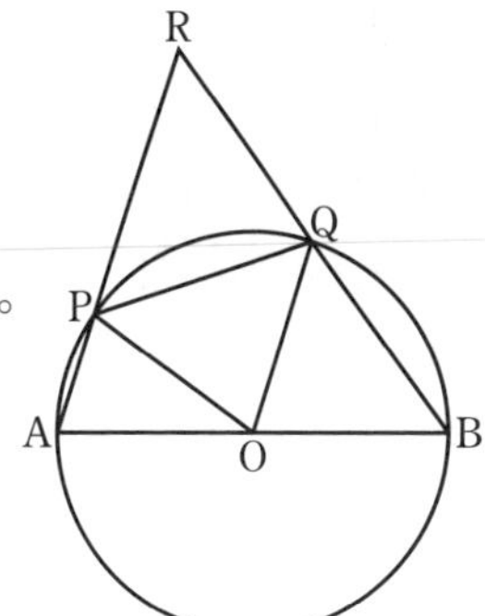

右の図のように，線分ABを直径とする円Oがあり，円Oの弧の上に

$\overset{\frown}{AP}:\overset{\frown}{PQ}=1:2$

AP∥OQ

となる2点P，Qをとる。また，APの延長とBQの延長との交点をRとする。

次の問いに答えなさい。

(1)　∠POQの大きさを求めよ。

(2)　PQ=6のとき，線分BRの長さを求めよ。

難 (3)　PQ=6のとき，線分BPの長さを求めよ。

193〈円と相似②〉　（東京電機大高）

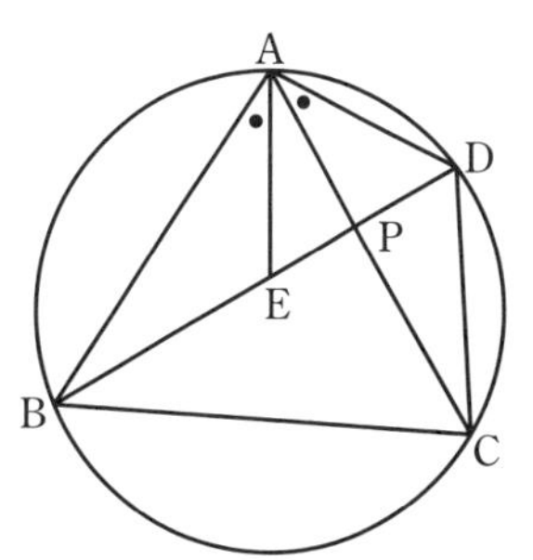

円周上に4点A，B，C，Dがある。線分AC，BDの交点をPとすると，AP=3，BP=6，CP=4であり，点Eは∠CAD=∠BAEを満たす線分BD上の点である。このとき，次の問いに答えなさい。

(1)　DPの長さを求めよ。

(2)　△ABE，△ADEと相似な三角形をそれぞれかけ。

(3)　AB：BE=［ア］：［イ］のア，イにあてはまるものを次の中から選べ。

BC，CD，DA，AC，BD，DE

(4)　AB×CD+AD×BCの値を求めよ。

194〈円と相似③〉　（京都・洛南高）

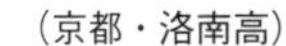

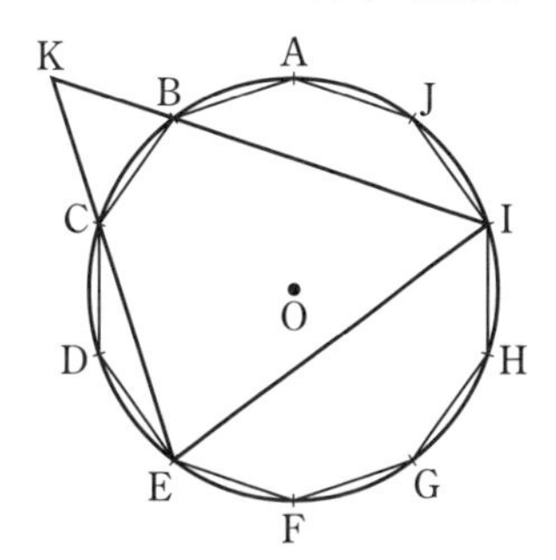

右の図のように，中心がO，半径が1の円に内接する正十角形ABCDEFGHIJがあり，1辺の長さは$\frac{-1+\sqrt{5}}{2}$である。直線ECと直線IBの交点をKとする。このとき，次の問いに答えなさい。

(1)　∠ABIの大きさを求めよ。

(2)　∠EKIの大きさを求めよ。

(3)　KIの長さを求めよ。

難 (4)　△EIKの面積は△OABの面積の何倍か。

195 〈方べきの定理の証明〉
（埼玉・慶應志木高）

次の問いに答えなさい。

(1)　右の図のように，円の弦ABの延長と円周上の点Tにおける接線とが点Pで交わるとき

　$PA \times PB = PT^2$

が成り立つことを証明せよ。（注意：なるべく詳しく記述すること）

(2)　(1)において，$PA=4$，$AB=5$，$\angle TPB=30°$であるとき，$\triangle ABT$の面積Sを求めよ。

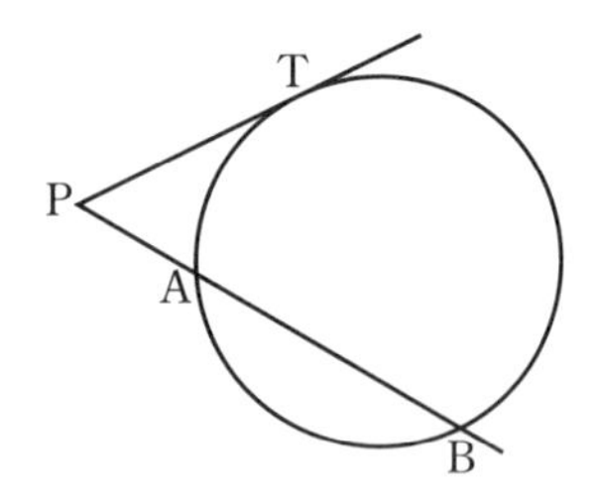

196 〈角度を用いた証明〉
（福岡・久留米大附設高）

$AB=AC$の二等辺三角形において，$\angle C$の二等分線と辺ABとの交点をDとする。さらに，$\triangle ACD$の外接円を描き，これと直線BCとの交点をEとする。右の図のように点EがBCの延長上にある場合について，$AD=BE$であることを，$\angle BCD=a$とおいて証明しなさい。

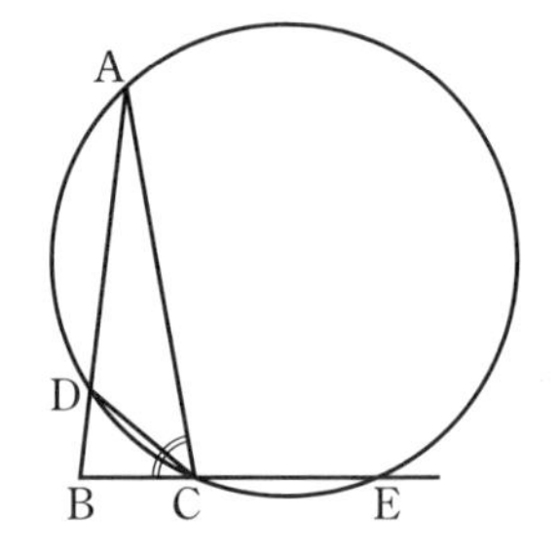

197 〈見えない円の証明〉
（大阪教育大附高池田）

正方形ABCDの辺AB，AD上に$AP=AQ$となる点P，Qをとる。頂点Aから直線PDに垂線をひき，直線PD，BCとの交点をそれぞれH，Eとするとき，次の問いに答えなさい。

(1)　四角形QECDは長方形であることを証明せよ。

(2)　$QH \perp HC$であることを証明せよ。

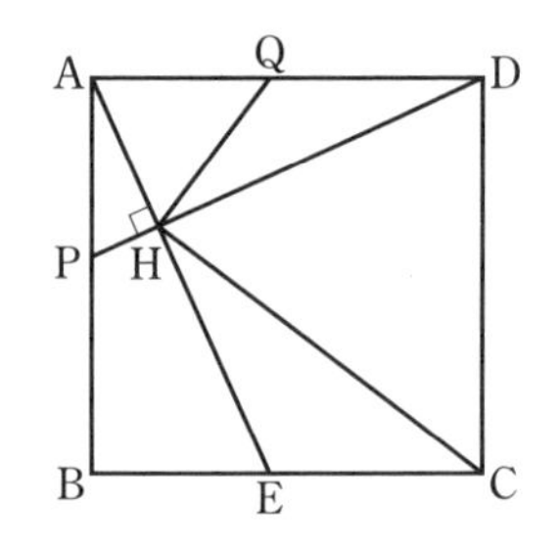

198 〈2円図形の証明①〉
（福岡・久留米大附設高）

$AB=AC$である$\triangle ABC$の外接円を円Oとする。辺BC上に点Dをとり，ADの延長と円Oとの交点をEとする。また，線分DC上に点Fをとり，$\triangle DEF$の外接円O′は，線分BEと点Pで交わるとする。

(1)　$AB /\!/ FP$を証明せよ。

難 (2)　さらに，円O′は，線分CEと点Qで交わるとする。四角形APEQの面積Sと$\triangle BEC$の面積は等しいことを証明せよ。

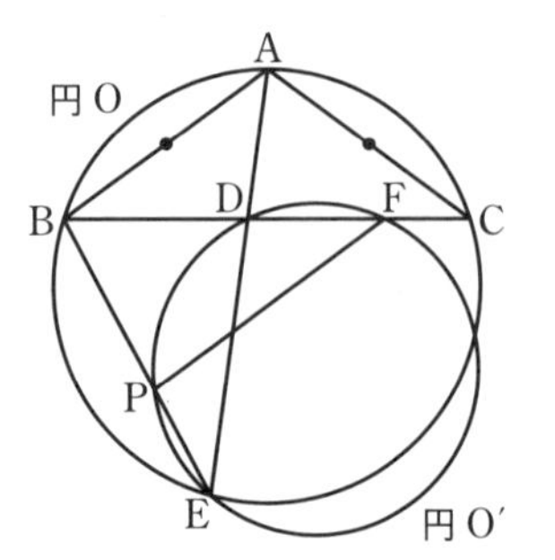

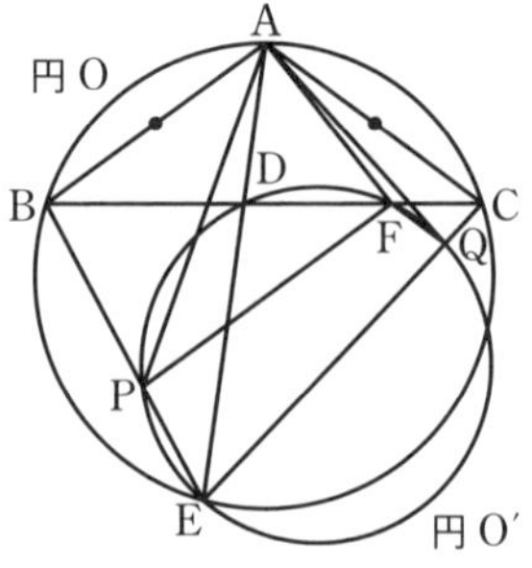

199 〈2円図形の証明②〉 (兵庫・灘高)

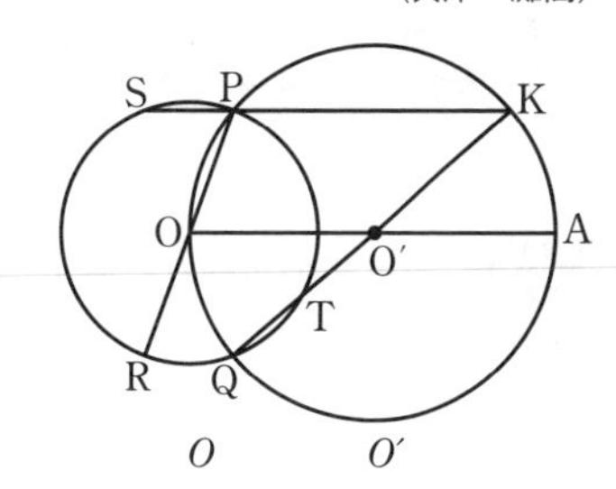

2点P，Qで交わる2つの円O，O'があり，円O，O'の中心をそれぞれO，O′とする。円O'の周上に点Oがあり，線分OAが円O'の直径となるように円O'上に点Aをとる。右の図のように，円O'の弧PA(ただし，点Oを含まない側で両端を除く)上に点Kをとり，直線KPと円Oとの交点のうちPでないものをS，直線KQと円Oとの交点のうちQでないものをT，直線OPと円Oとの交点のうちPでないものをRとする。

(1) PS＝QTであることを証明せよ。

(2) QR＝QTのとき，直線KQは点O′を通ることを証明せよ。

200 〈円図形の総合問題〉 (東京・開成高)

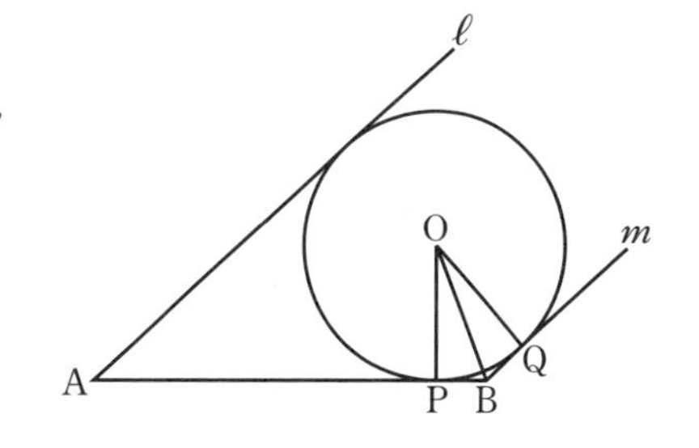

長さが3の線分ABがある。点Oを中心とし，半径の長さが1の円Oが，線分AB上の点Pで接している。ただし，点PはA，Bとは異なるものとする。また，点Aを通り円Oに接する直線で，直線ABとは異なるものをℓ，点Bを通り円Oに接する直線で，直線ABとは異なるものをm，直線mと円Oとの接点をQとする。次の問いに答えなさい。

(1) △OPB≡△OQBであることを次のように証明した。空欄の①，②に最も適する等式を，③，④にその等式が成り立つ理由を簡単にかけ。

> △OPB，△OQBにおいて
>
> ［　①　］(［　③　］)
>
> ［　②　］(［　④　］)
>
> 辺OBが共通
>
> が成り立つから，△OPB≡△OQBである。

(2) $\ell /\!/ m$となる場合について考える。

① 5つの点A，B，O，P，Qから3つの点を選び，それらを頂点とする三角形を作るとき，△OPB，△OQB以外で，△OPBと相似となるものをすべてあげよ。

② APの長さを求めよ。

難 (3) 円Oを，線分ABに接したまま動かすことを考える。直線ℓ，mと線分ABが三角形を作り，その三角形の周または内部に円Oが含まれるような線分APの長さの範囲を不等式で表せ。答えのみでよい。

15 三平方の定理

▶解答→別冊 *p.80*

頻出 **201** **〈三平方の定理と計量①〉**

次の問いに答えなさい。

(1) 右の図のように，縦の長さが9cm，横の長さが25cmの長方形ABCDの中に，線分OBを半径とし，辺ADに接する半円Oと，辺AD，CD及び半円Oに接する円O′がある。円O′の半径を$r$cmとするとき，次の問いに答えよ。

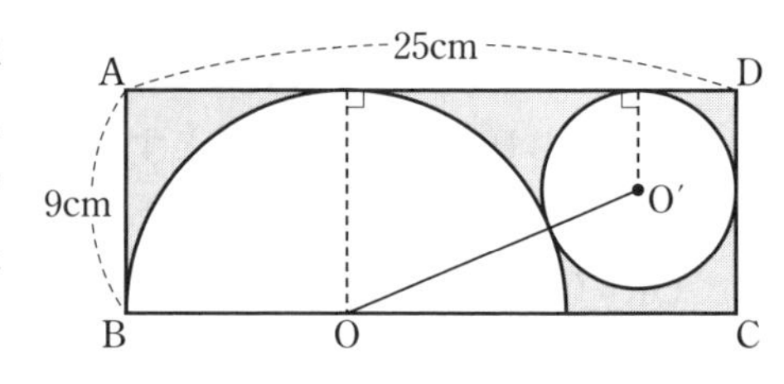

① rの値を求めよ。

② 影の部分の面積を求めよ。　　(東京・日本大三高)

(2) 右の図のように，円Oに弦ABをAB=6になるようにとり，さらに，円周上に点CをOC⊥ABになるようにとる。ABとOCの交点をHとするとき，CH=2となった。円Oの半径を求めよ。　　(千葉・市川高)

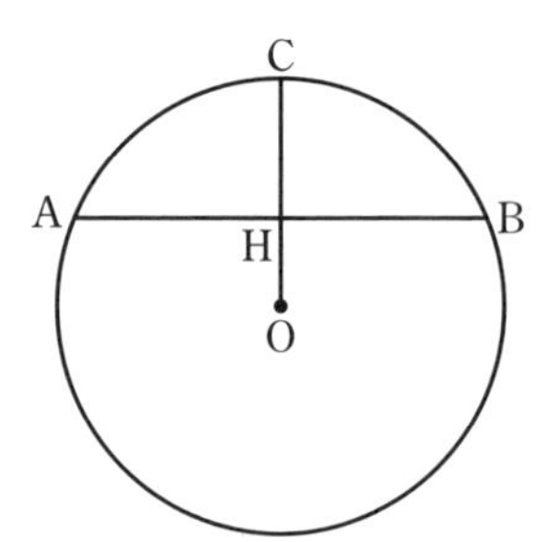

(3) AB=8cm，BC=12cmの長方形ABCDがある。右の図のように，頂点Bが辺ADの中点Mと重なるように折ったとき，折り目の線分EFの長さを求めよ。　　(東京・明治大付中野高)

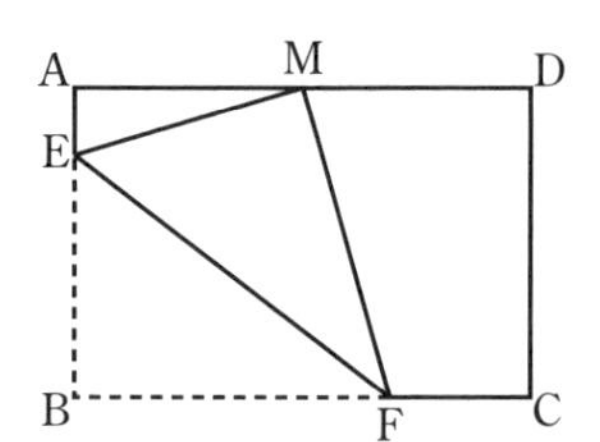

(4) 1辺が8cmの正方形ABCDの紙を，右の図のようにAP=3cm，BがAD上にくるように線分PQで折るとき，CQの長さと，重なった部分の面積をそれぞれ求めよ。　　(福岡・久留米大附設高)

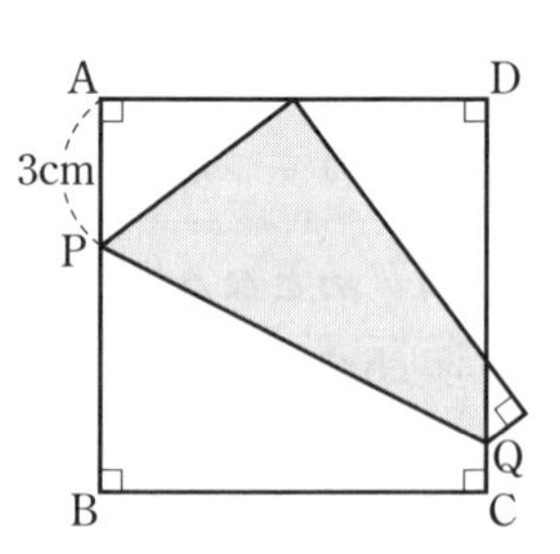

(5) 展開図が右の図のようになる円錐の体積を求めよ。

(東京・中央大附高)

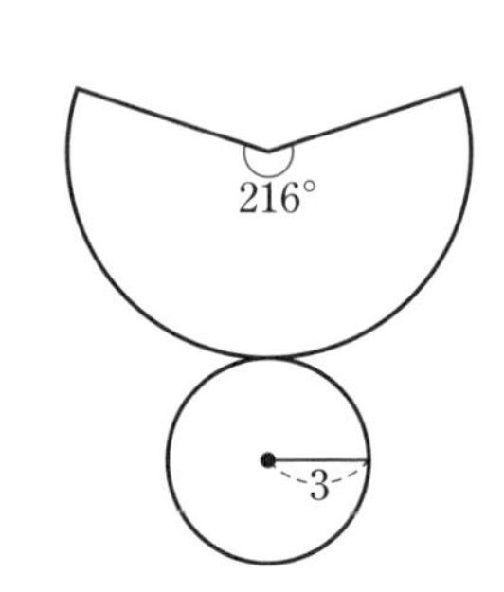

202 〈三平方の定理と計量②〉

次の問いに答えなさい。

(1)　右の図の△ABCにおいて，次の問いに答えよ。

①　BHの長さは $\square\sqrt{\square}$ cmである。

②　△ABCの面積は $\square\sqrt{\square}$ cm^2である。

（東京・日本大豊山女子高）

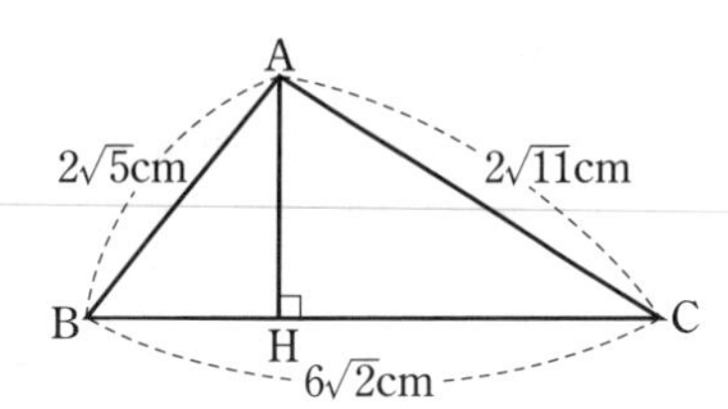

(2)　右の図で四角形ABCDは円に内接し，

AD∥BC，AD＝6，AB＝$5\sqrt{2}$，BC＝8である。

影のついた部分の面積を求めよ。

（埼玉・立教新座高）

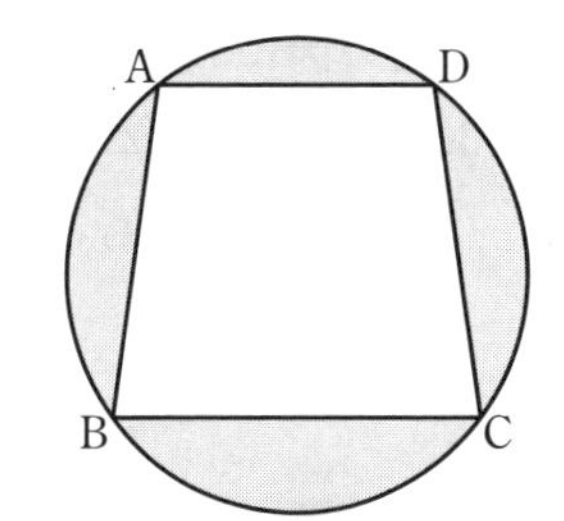

(3)　AD∥BC，∠ABC＝∠DCBである台形ABCDに，右の図のように点Oを中心とする円が内接している。OA＝15cm，OB＝20cmのとき，この台形ABCDの面積は $\square$ cm^2である。

（兵庫・灘高）

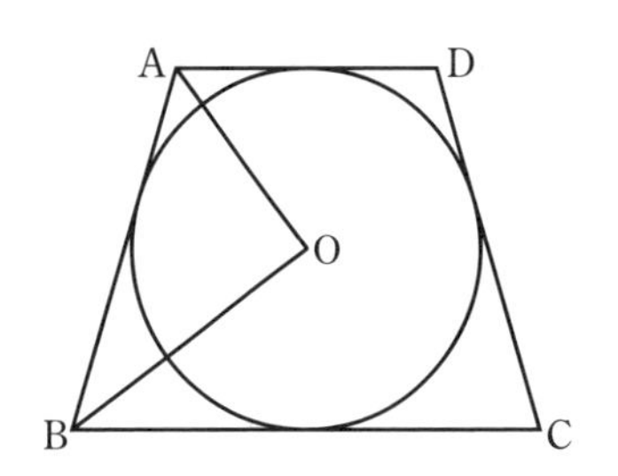

203 〈3辺の比が3：4：5の直角三角形の性質〉

（東京学芸大附高）

AB＝4，BC＝5，CA＝3の直角三角形ABCがある。

右の図は，△ABCを点Aが辺BC上の点に重なるように折って，もとにもどした図である。そのとき，点Aが重なった辺BC上の点をPとし，折り目を線分QRとする。ただし，点Qは辺AB上，点Rは辺AC上の点である。

このとき，次の問いに答えなさい。

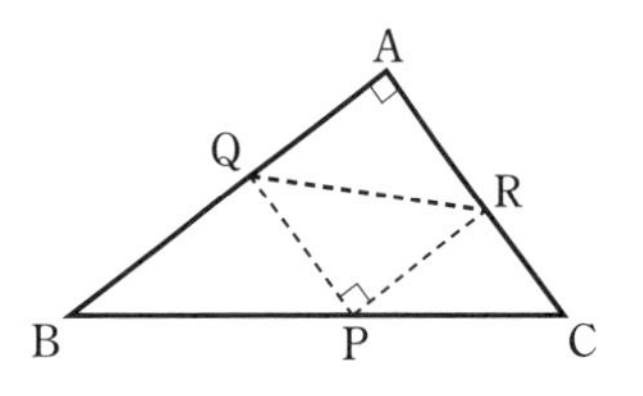

(1)　∠ARP＝90°であるとき，線分CRの長さを求めよ。

(2)　CR＝1であるとき，線分CPの長さを求めよ。

(3)　CP＝2であるとき，線分CRの長さを求めよ。

頻出 204 〈45°，45°，90°の三角定規型図形〉

次の問いに答えなさい。

(1) AD=4，BC=CD=2である右の図形を，直線ℓを軸に回転させたときにできる立体の体積を求めよ。ただし，円周率はπとする。

（東京・法政大高）

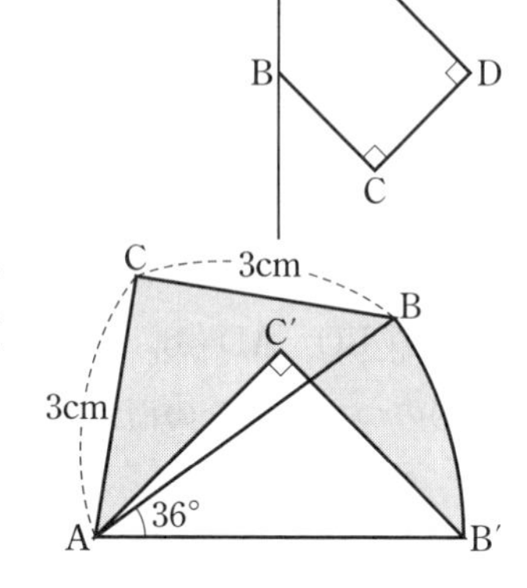

(2) 右の図において，△ABCは直角二等辺三角形で，点Aを中心に36°回転すると△AB′C′となる。このとき，影のついた部分の面積は［　　］cm^2である。

（東京・國學院大久我山高）

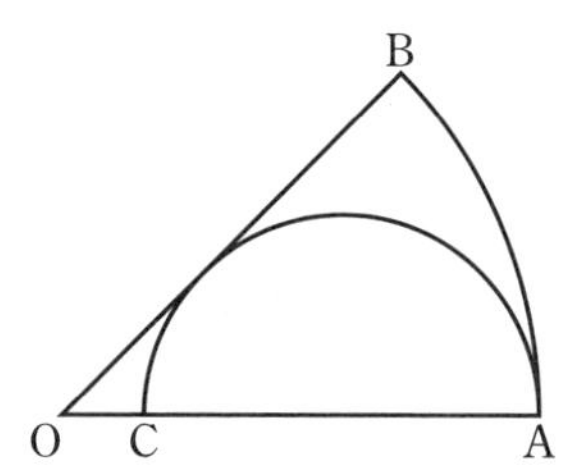

(3) 右の図のように，半径1，中心角45°のおうぎ形OABがある。半径OA上に点Cがあって，CAを直径とする半円がOBに接している。この半円の面積Sを求めよ。

（埼玉・慶應志木高）

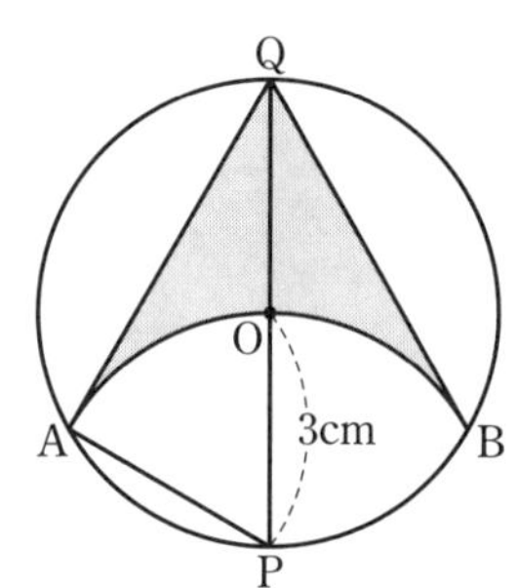

頻出 205 〈30°，60°，90°の三角定規型図形〉

次の問いに答えなさい。

(1) 右の図のように，点Oを中心としPQを直径とする半径3cmの円と，点Pを中心としPOを半径とする円との交点をA，Bとする。このとき，線分QA，線分QB，点Oを含む弧ABで囲まれた影の部分の図形の面積を求めよ。

（鳥取県）

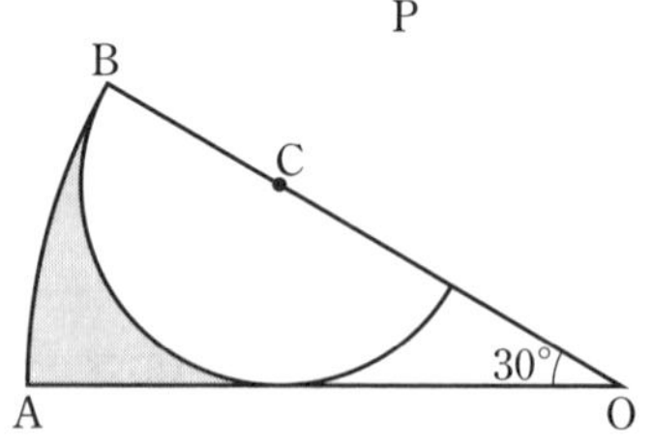

(2) 点Oを中心とし，半径6cm，中心角30°のおうぎ形OABがあります。線分OB上の点Cを中心とし，点Bを通る半円が線分OAと接しています。このとき，影の部分の面積を求めよ。

（東京・豊島岡女子学園高）

(3) 右の図のように，1辺の長さ2の正方形と半径2，中心角90°のおうぎ形が重なっている。影の部分の面積を求めよ。

（鹿児島・ラ・サール高）

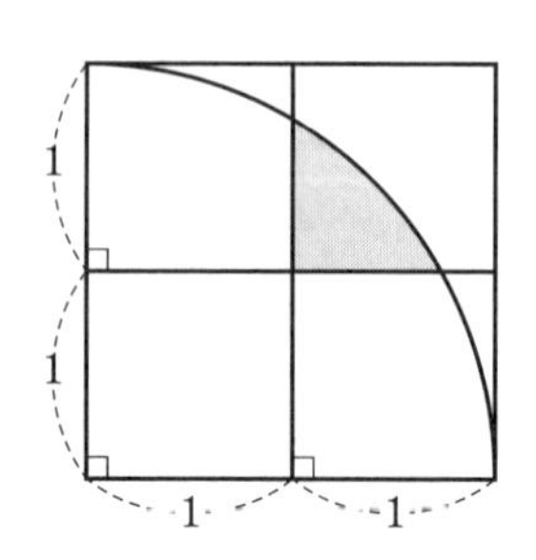

206 〈三角定規型図形の利用①〉

次の問いに答えなさい。

(1)　中心O，半径1のおうぎ形OABについて，∠AOB＝90°とする。点Pは弧AB上の点で，∠AOP＝30°である。線分OA上の点Qについて，PQ＋QBが最小となるとき，OQ＝□である。

（大阪星光学院高）

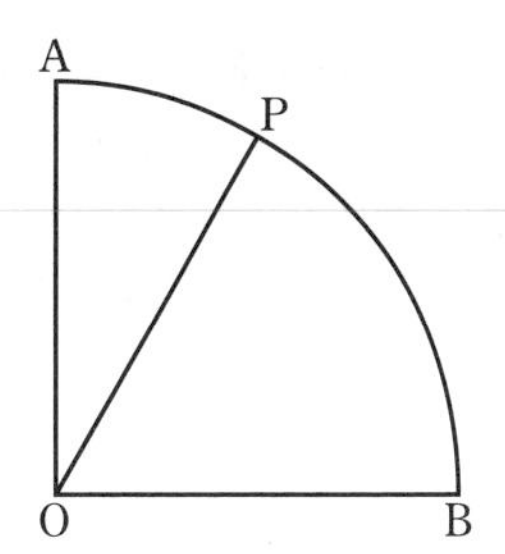

(2)　1辺の長さが1cmの正方形を紙で2枚作って重ね，そのうちの1枚を対角線の交点を中心として45°回転させたとき，2枚の正方形が重なる部分(図の影の部分)の面積は□cm^2である。

（神奈川・慶應高）

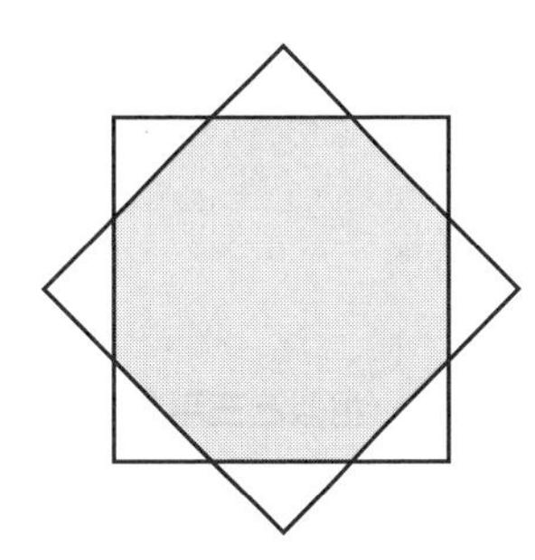

(3)　右の図は，1辺が2cmの正六角形と，6つの辺が正六角形の周上にある正十二角形である。正十二角形の1辺の長さと面積をそれぞれ求めよ。

（埼玉・立教新座高）

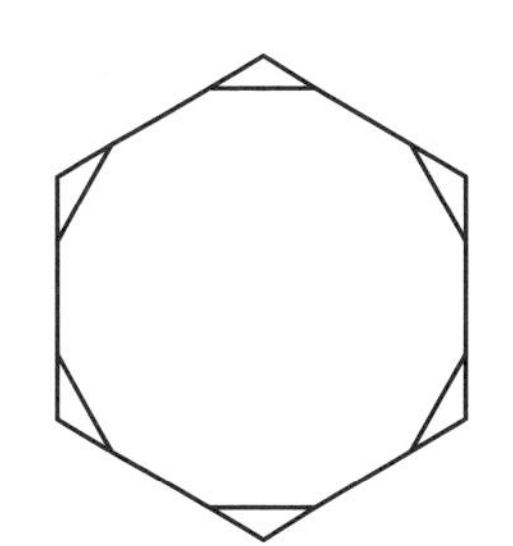

207 〈三角定規型図形の利用②〉

次の問いに答えなさい。

(1)　右の図において，円Oと円O′が2点A，Bで交わっていて，円O′は円Oの中心を通っている。円Oにおける$\overset{\frown}{AB}$の円周角が30°のとき，円Oの半径は円O′の半径の何倍になるか答えよ。

（東京・中央大杉並高）

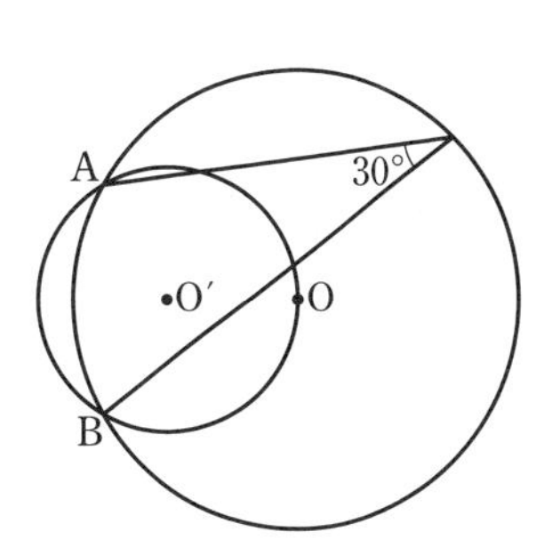

(2)　右の図のように，半径1の円Oに直角二等辺三角形ABCが内接している。∠EBC＝15°のとき，次の問いに答えよ。

①　AFの長さを求めよ。

②　△AOEの面積を求めよ。

（東京・日本大豊山高）

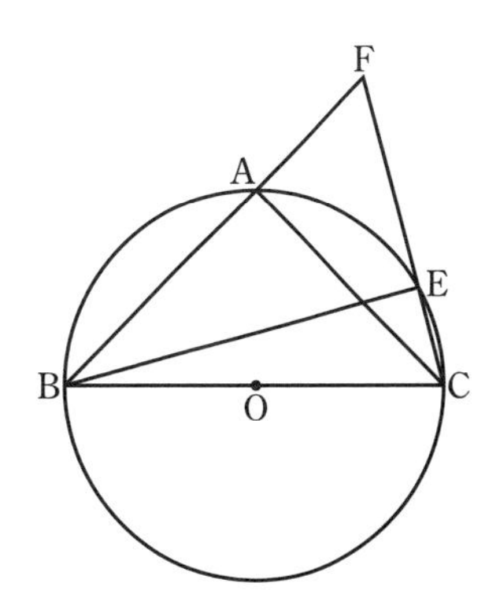

208 〈平行線の線分比と三平方の定理〉

（東京・成城高）

右の図のように，長方形ABCDの辺AB上に点Eがあり，四角形AEFDは台形である。さらに円Oは，この台形の4辺すべてに接している。直線DFと辺BCとの交点をG，円Oと辺EFとの接点をHとする。

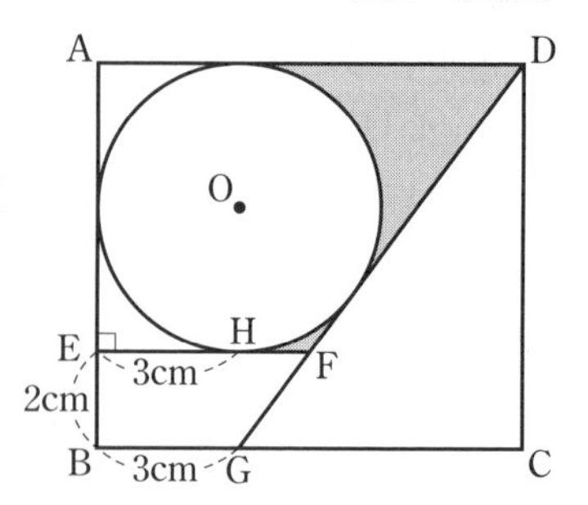

(1)　円Oの面積は［　　　］cm^2である。

(2)　直角三角形DGCの面積は［　　　］cm^2である。

(3)　線分HFの長さは［　　　］cmである。

(4)　影の部分の周の長さは［　　　］cmである。

209 〈相似と三平方の定理①〉

（東京・明治大付中野高）

右の図のように，長方形ABCDに円Oは辺AB，BC，CDとそれぞれE，F，Gで接しています。また，H，Iはそれぞれ円OとAG，BGとの交点で，BC＝10cm，∠HOE＝60°のとき，次の問いに答えなさい。

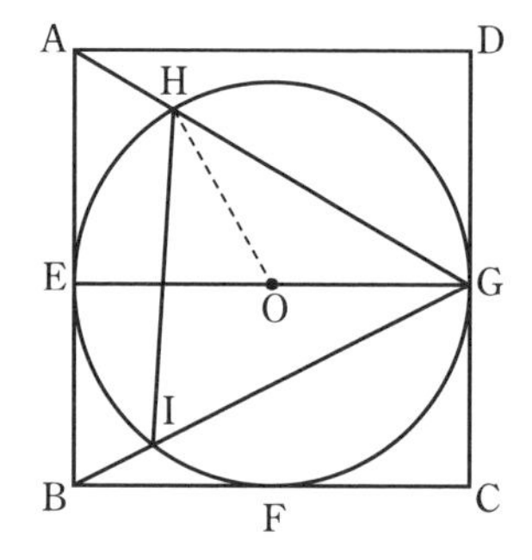

(1)　辺ABの長さを求めよ。

難 (2)　△GHIの面積を求めよ。

難 210 〈相似と三平方の定理②〉

（東京・筑波大附高）

AB＝12cm，BC＝10cm，CA＝8cmの△ABCにおいて，辺BCの中点をD，∠Cの二等分線と辺ABとの交点をEとする。また，点Dを通り直線CEに直交する直線が，辺CA，直線CEと交わる点をそれぞれF，Gとする。このとき，次の［　　　］にあてはまる数を求めなさい。

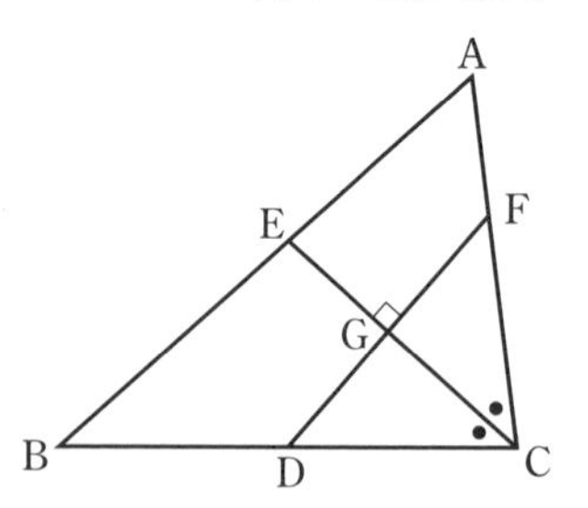

(1)　△ABCの面積は［　　　］cm^2である。

(2)　線分DFの長さは［　　　］cmである。

(3)　△DGEの面積は［　　　］cm^2である。

211〈円と三平方の定理①〉　（鹿児島・ラ・サール高）

点Aを中心とする半径2の円と点Bを中心とする半径1の円があり，AB=6である。いま右の図のように点Pから2つの円に接線をひき，接点をS，Tとすると，∠APS=∠BPTであり∠APB=90°となった。△PABの面積を求めなさい。

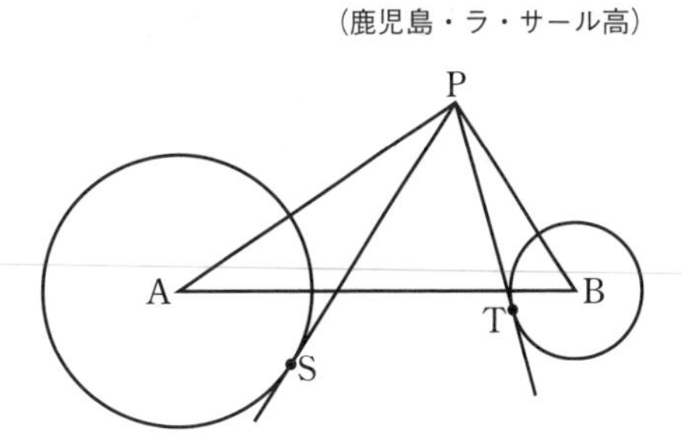

212〈円と三平方の定理②〉　（神奈川・慶應高）

長さ9cmの線分ABがある。点Aを中心とする半径$3\sqrt{7}$cmの円と，点Bを中心とする半径6cmの円の交点は2つあるので，それをP，Qとする。次のそれぞれの問いに答えなさい。

(1)　2円に共通する弦PQの長さを求めよ。

(2)　3点A，B，Pを通る円の半径の長さを求めよ。

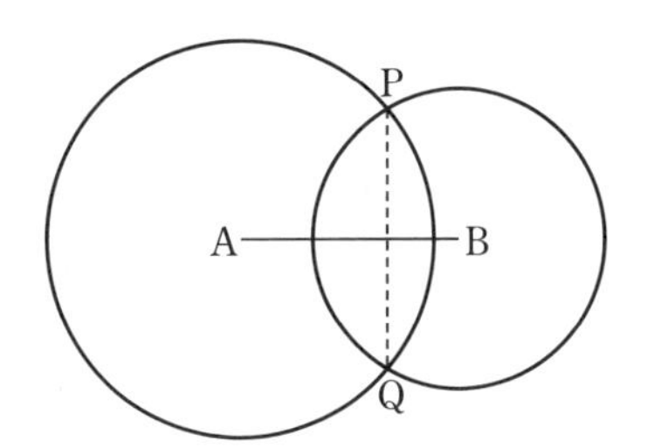

213〈円と三平方の定理③〉　（愛知・東海高）

右の図のように，点Oを中心とする直径ABが4である半円を，弦CDを折り目にして折り返したら，線分ABと弧CDが線分OB上の点Pで接した。OP=1のとき，

難 (1)　弦CDの中点をMとすると，OM=［　　　］である。

(2)　弦CDの長さは［　　　］である。

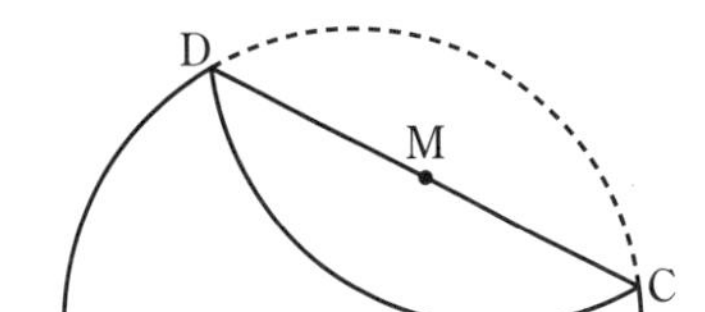

214〈円と三平方の定理④〉　（千葉・東邦大付東邦高）

右の図において，△ABCの3辺の長さをAB=6，BC=7，CA=8とし，∠BACの二等分線と辺BC，△ABCの外接円との交点をそれぞれD，Eとする。このとき，次の問いに答えなさい。

(1)　線分BDの長さを求めよ。

(2)　AD×DEの値を求めよ。

(3)　線分DEの長さを求めよ。

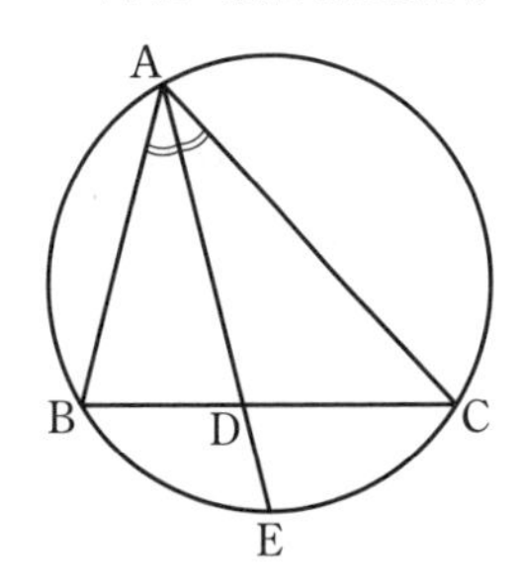

難 215 〈直線図形と三平方の定理①〉

（千葉・渋谷教育学園幕張高）

右の図のように，OA=6，OB=4の三角形OABにおいて，∠AOBの二等分線とABとの交点をPとする。

$OP=\frac{12}{5}$のとき，次の問いに答えなさい。

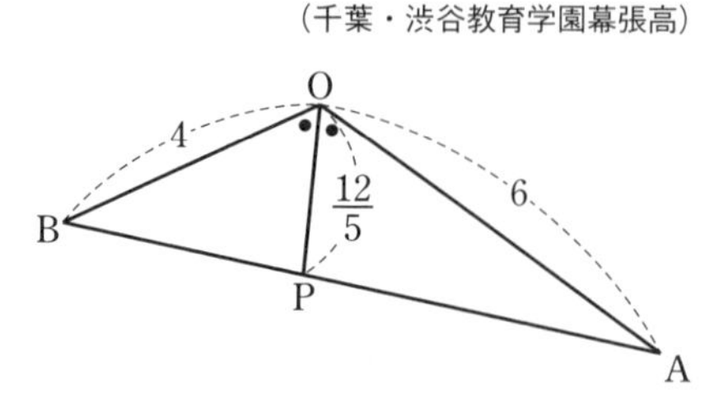

(1) ∠AOBの大きさを求めよ。

(2) APの長さを求めよ。

難 216 〈直線図形と三平方の定理②〉

（東京・桐朋高）

右の図のように，$AB=2\sqrt{3}$，BC=4の長方形ABCDがある。Pは半直線AD上を動く点である。また，CからBPに垂線をひき，BPとの交点をQとする。

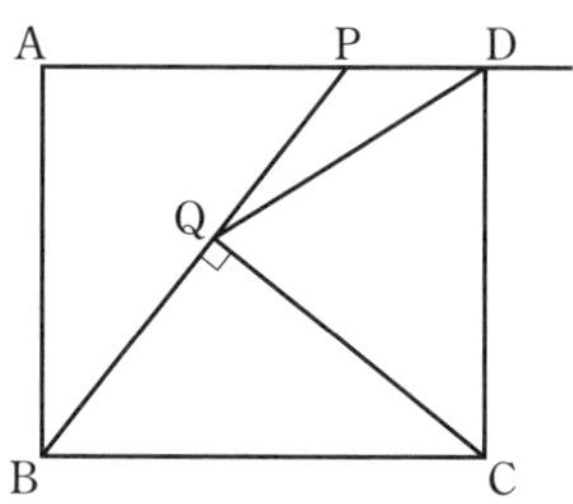

(1) PがDに一致するとき，DQの長さを求めよ。

(2) DQの長さが最小となるとき，APの長さを求めよ。

(3) Pが辺AD上をAからDまで動くとき，線分DQが動いてできる図形の面積を求めよ。

難 217 〈直線図形と三平方の定理③〉

（東京学芸大附高）

右の図1の△ABCにおいて，AB=4cm，BC=5cm，CA=3cmであり，点Mは辺BCの中点である。この△ABCにおいて，△CAMを直線AMを軸として回転させたものが図2であり，PM=CM，PA=CAである。このとき，次の問いに答えなさい。

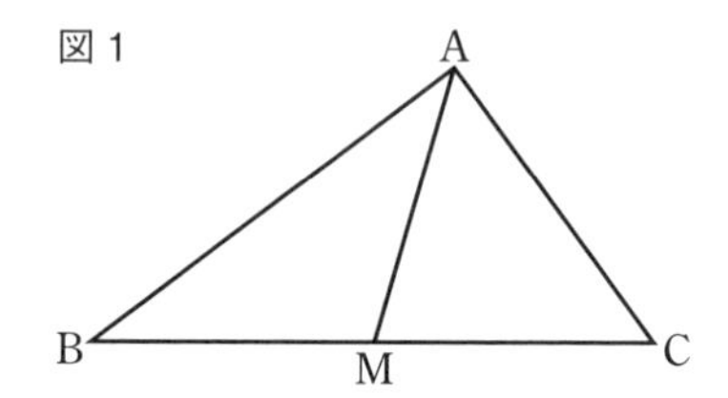

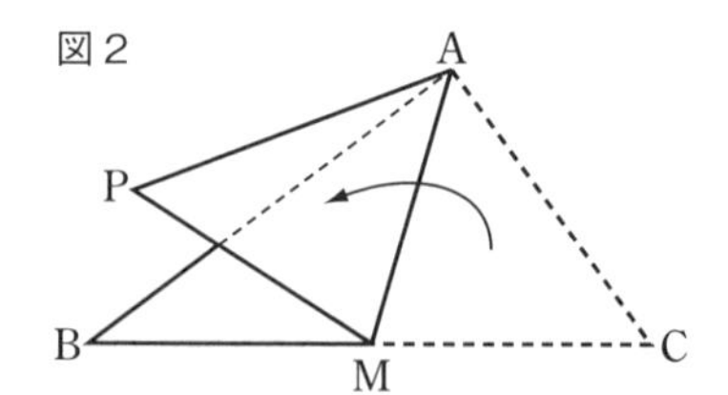

(1) 図1において，点Cから線分AMにひいた垂線と線分AMとの交点をDとする。線分CDの長さを求めよ。

(2) 図2において，四面体PABMの体積が最大となるとき，その体積を求めよ。

(3) 図2において，点Pから3点A，B，Mを含む平面にひいた垂線と平面との交点をHとし，線分PHの長さをℓcmとする。点Hが△ABMの辺上，または内部にあるとき，ℓの値の範囲を求めよ。

新傾向 **218〈座標平面上の図形①〉**（東京学芸大附高）

右の図のように，点A$(-1,\ 0)$，点B$(3,\ 0)$がある。また，関数$y=8x$のグラフ上に点Pがあり，そのx座標をtとする。ただし，$t>0$とする。

このとき，次の問いに答えなさい。

(1)　PA＝PBであるときのtの値を求めよ。

(2)　$\angle APB=90^\circ$であるときのtの値を求めよ。

難 (3)　$\angle APB=45^\circ$であるときのtの値を求めよ。

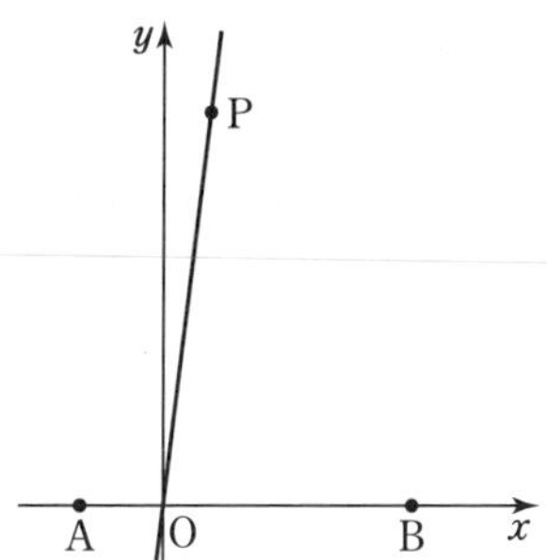

219〈座標平面上の図形②〉（東京・明治大付明治高）

右の図のように，点A$(-1,\ 1)$を通り，傾きが2の直線を①とし，傾きが1の直線を②とする。点Aを通って中心をIとする円Iと，①，②との交点をそれぞれB，Cとし，y軸との交点をD，Eとする。また，ABは円Iの直径で$AB=4\sqrt{5}$のとき，次の問いに答えなさい。ただし，点Iのx座標，y座標はともに正とする。

(1)　点Bの座標を求めよ。

(2)　DEの長さを求めよ。

(3)　点Cの座標を求めよ。

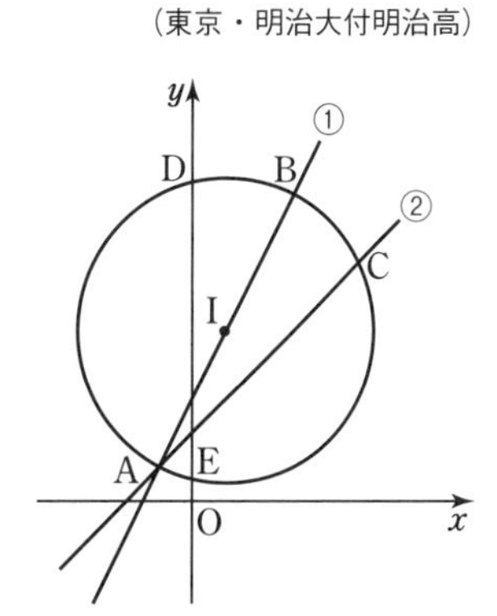

220〈座標平面上の図形③〉（埼玉・慶應志木高）

2点A$(-2\sqrt{5},\ 14)$，B$(\sqrt{11},\ 5)$を通る円が，右の図のように放物線$y=\frac{1}{4}x^2$と2点P，Qで接している。

このとき，次の問いに答えなさい。

(1)　円の中心Rの座標，および円の半径を求めよ。

(2)　点Pの座標を求めよ。

(3)　4本の線分AP，PQ，QR，RAに囲まれた図形の面積Sを求めよ。

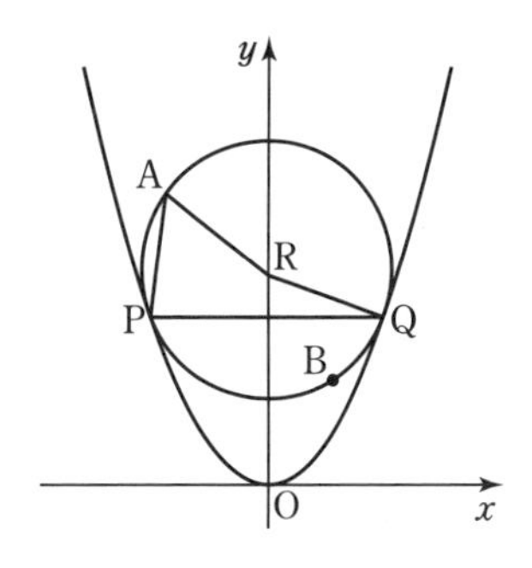

頻出 221 〈空間図形と三平方の定理①〉

（奈良・西大和学園高）

1辺が6の立方体を，次の3点A，B，Cを通る平面で切るとき，(1)，(2)それぞれの場合について，その切り口の図形の面積を求めなさい。

(1)　A, Bは辺の中点

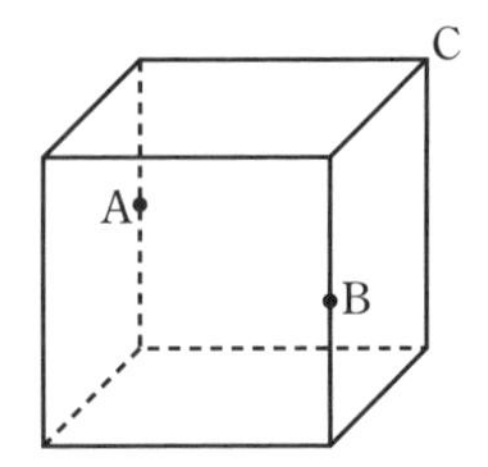

(2)　Cは辺の中点

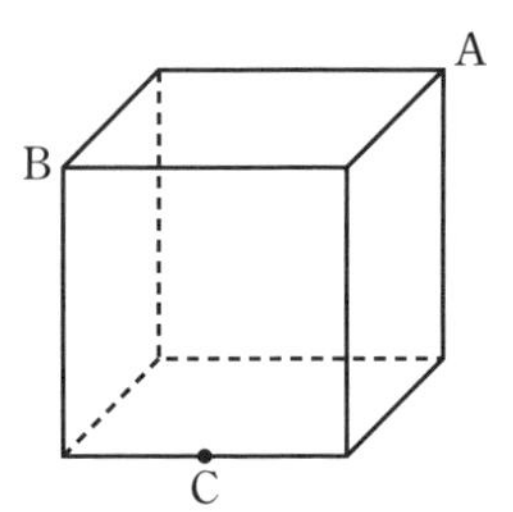

頻出 222 〈空間図形と三平方の定理②〉

（京都・同志社高）

右の図のように，直径8cm，高さ9cmの円柱の容器の中に，大きい球と小さい球が入っている。ただし，2つの球は互いに接し，大きい球は円柱の底面および側面に接し，小さい球は円柱の上面および側面に接している。小さい球の半径が大きい球の半径の半分であるとき，小さい球の中心と，大きい球の中心との距離$x$cmを求めなさい。

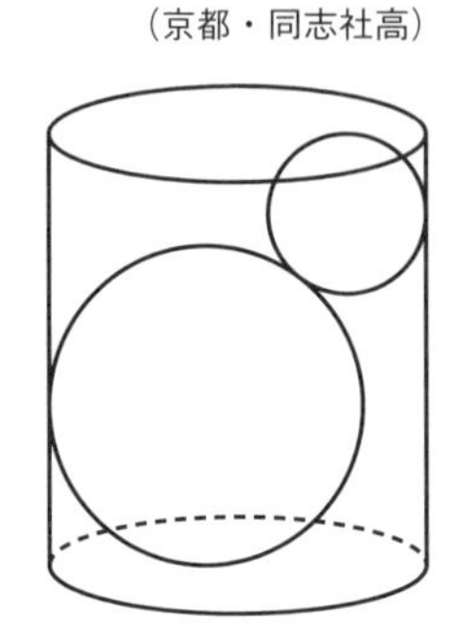

223 〈空間図形と三平方の定理③〉

（大阪教育大附高池田）

右の図のような直方体を，2点A，Gと辺BF上の点Pを通る平面で切ったところ，切り口APGQはひし形になった。このとき，次の問いに答えなさい。

(1)　PBの長さを求めよ。

(2)　ひし形APGQの面積を求めよ。

(3)　点Eからひし形APGQへひいた垂線ERの長さを求めよ。

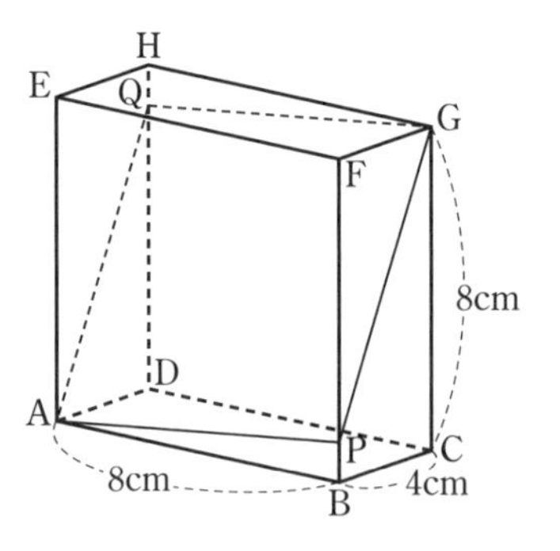

224 〈空間図形と三平方の定理④〉

（埼玉・慶應志木高）

右の図のように，1辺の長さが2の2つの正四面体ABCDとPQRSが互いに辺の中点で直交している。このとき，次の問いに答えなさい。

(1)　頂点Aと平面QRSの距離hを求めよ。

(2)　2つの正四面体の共通部分の体積Vを求めよ。

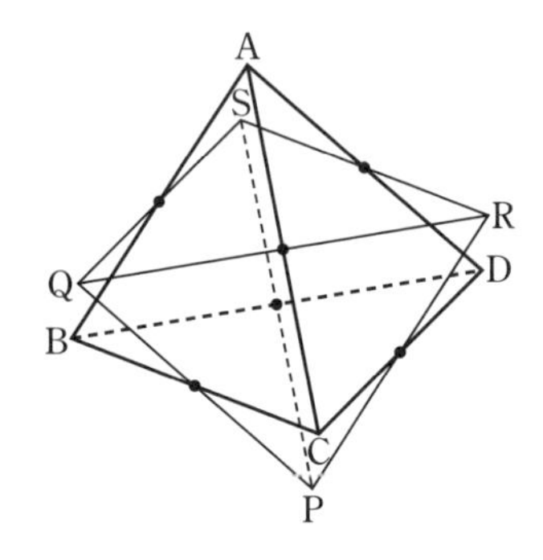

16 平面図形の総合問題

▶解答→別冊 *p.94*

225 〈2本の垂線がある図形〉 （東京・城北高）

△ABCにおいて，頂点B，Cから対辺にそれぞれ垂線BD，CEをひく。
BC＝2DEであるとき，∠BACの大きさを求めなさい。

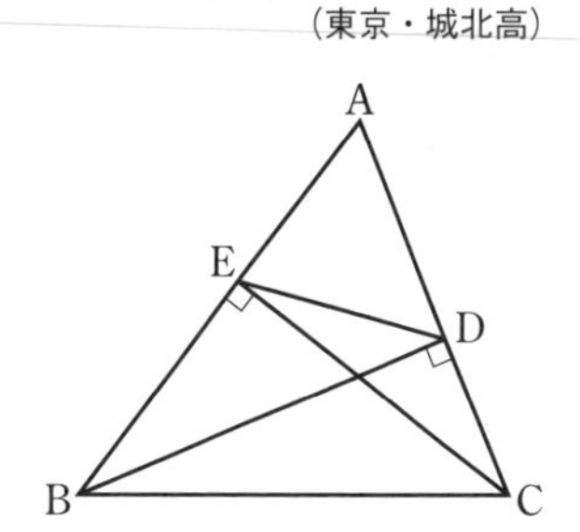

226 〈中線定理〉 （東京・日本大二高）

右の図のように，底辺ABが共通な直角三角形ABCと二等辺三角形ABDがある。∠C＝90°，AD＝BD＝12，CD＝4とする。ABの中点をM，CDの中点をNとするとき，次の問いに答えなさい。

(1) AB＝16のとき，二等辺三角形ABDの面積を求めよ。

(2) CM^2+DM^2の値を求めよ。

難 (3) MNの長さを求めよ。

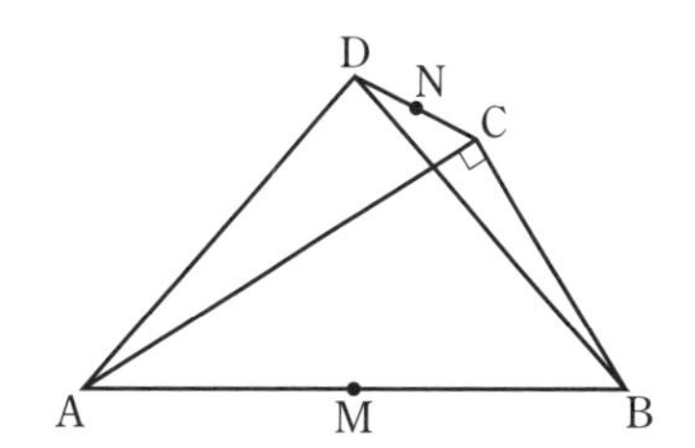

227 〈複数円〉 （千葉・東邦大付東邦高）

3つの円C_1，C_2，C_3と正方形と正三角形がある。これらは右の図のように，次の①から④の条件を満たしている。

① 円C_1に正方形が内接している

② 正方形に円C_2が内接している

③ 円C_2に正三角形が内接している

④ 正三角形に円C_3が内接している

円C_1の半径を1とし，円周率はπとする。

次の問いに答えなさい。

(1) 円C_3の半径を求めよ。

(2) 正方形の面積は，正三角形の面積の何倍であるかを求めよ。

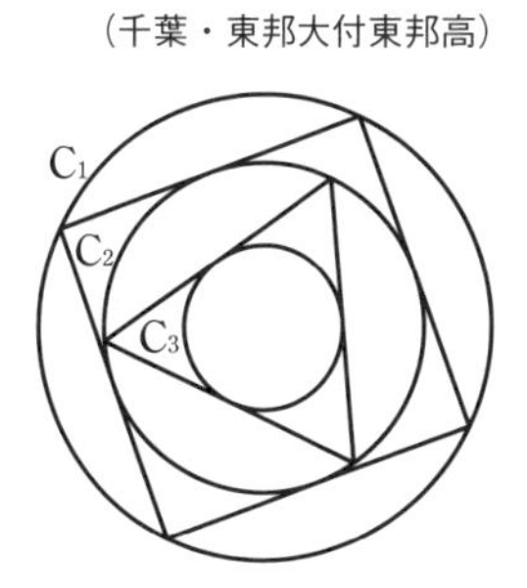

難 228 〈星型図形の計算〉

（東京工業大附科学技術高）

右の図1のように，$AB=AC=3\sqrt{2}$ cm，$BC=3$cmの二等辺三角形ABCがある。辺ABを3等分する点をP，Q，辺BCを3等分する点をR，S，辺CAを3等分する点をT，Uとし，直線QRとSTの交点をA′，直線STとUPの交点をB′，直線UPとQRの交点をC′とする。さらに，線分BB′とCC′の交点をOとするとき，次の問いに答えなさい。

図1

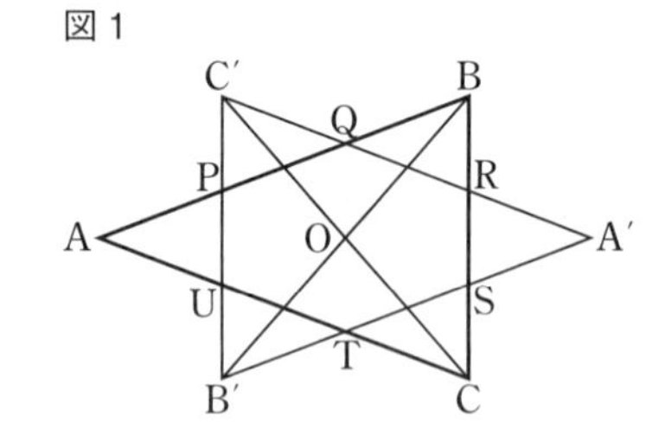

(1)　線分AB′の長さを求めよ。

(2)　∠BACの大きさをxとするとき，∠BOCの大きさをxを使って表せ。

(3)　右の図2における影をつけた8つの図形の面積の和を求めよ。

図2

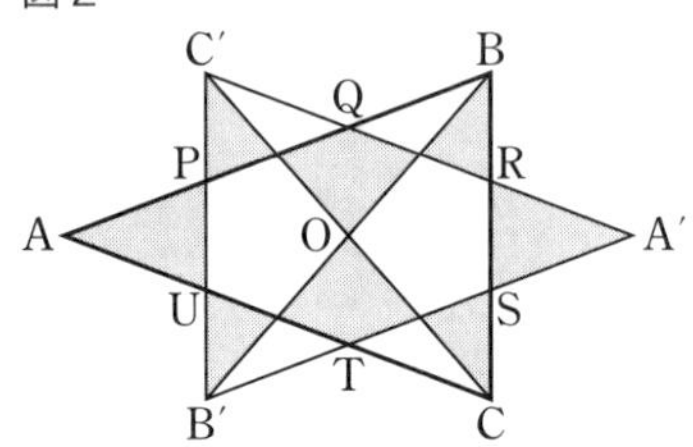

(4)　右の図3のように，点Oから辺ACにひいた垂線とACとの交点をHとする。四角形OPUHを，辺OPを軸として回転させてできる立体の体積を求めよ。

図3

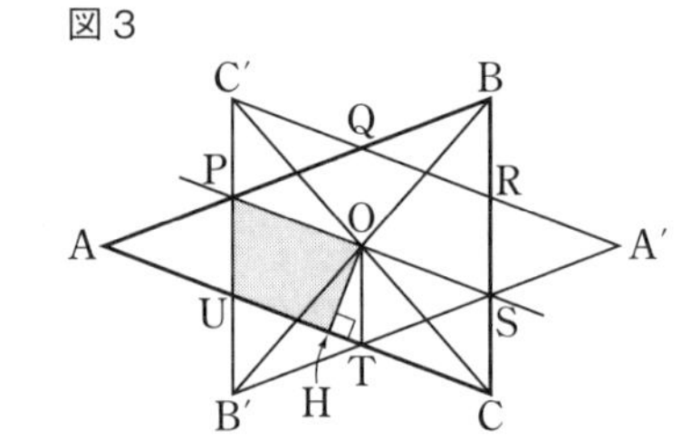

229 〈座標平面上の円図形〉

（東京学芸大附高）

右の図のように，中心がA(1，0)，半径が$\sqrt{2}$の円がある。円とy軸の交点のうち，y座標が正のものをBとする。直線ABに平行な円の接線のうち，y軸との交点のy座標が正のものについて，円との接点をC，y軸との交点をDとする。また，点Dを通り直線CDと異なる円の接線について，円との接点をEとすると，DC=DEである。このとき，次の問いに答えなさい。

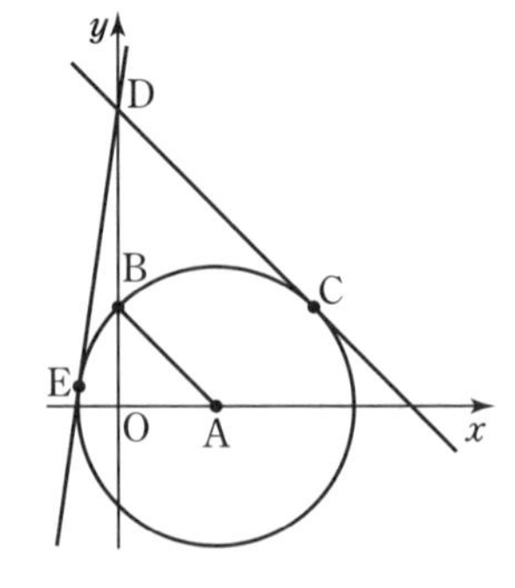

(1)　点Cの座標を求めよ。

(2)　線分ECの中点の座標を求めよ。

(3)　線分EC上に点Pをとる。△ABPの面積が△ACEの面積と等しくなるとき，点Pのx座標を求めよ。

230 〈影の部分の計量①〉

次の問いに答えなさい。

(1)　右の図で，影の部分の面積を求めよ。ただし，四角形ABCDは，AB=4，BC=6の長方形で，点Mは辺CDを直径とする半円の弧の中点である。

（山梨・駿台甲府高）

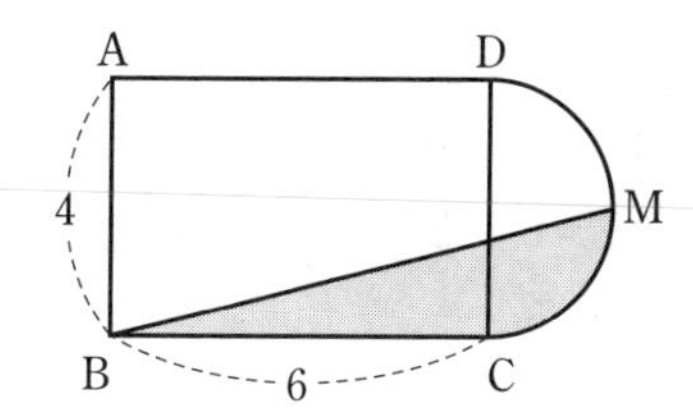

(2)　右の図のように，AB=AC=$2\sqrt{2}$ cm，BC=4cmの直角二等辺三角形ABCの外接円Oと，辺AB，ACを直径とする円を描く。影をつけた部分の面積をそれぞれP，Q，R，S，Tとするとき，影をつけた部分PとQをあわせた面積は［　　］cm^2，影をつけた部分RとSとTをあわせた部分の面積は［　　］cm^2である。

（福岡大附大濠高）

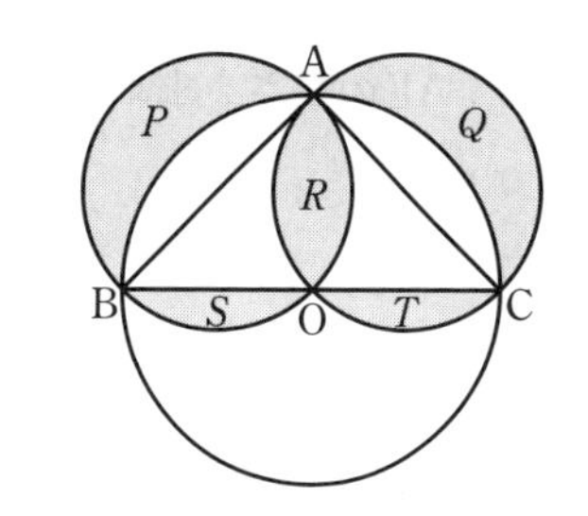

231 〈影の部分の計量②〉

（千葉・日本大習志野高）

右の図のように，直角二等辺三角形ABCがあり，辺ACを直径とする半円と辺ABとの交点をPとする。BC=CA=$2\sqrt{3}$ cmのとき，次の問いに答えなさい。

(1)　線分APの長さを求めよ。

(2)　△APCを，辺ACを軸として1回転させたときにできる立体の体積を求めよ。

(3)　図のすべての影をつけた部分を，辺ACを軸として1回転させたときにできる立体の体積を求めよ。

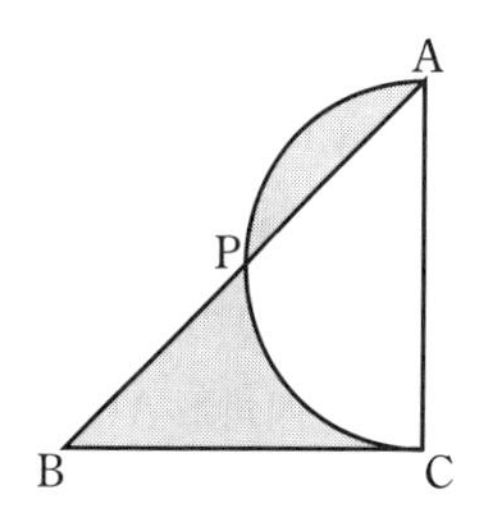

232 〈影の部分の計量③〉

（兵庫・灘高）

1辺の長さが1の正十二角形の内部に1辺の長さが1の正三角形16個を右の図のように並べた（影の部分）。図の5つの頂点をA，B，C，D，Eとする。

(1)　2点A，B間の距離を求めよ。

(2)　2点C，D間の距離を求めよ。

(3)　五角形ABCDEの面積を求めよ。

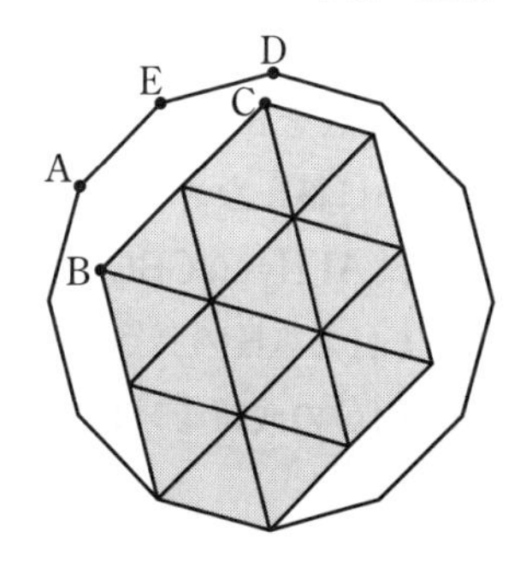

頻出 233〈円と内接図形①〉

（東京・明治大付明治高）

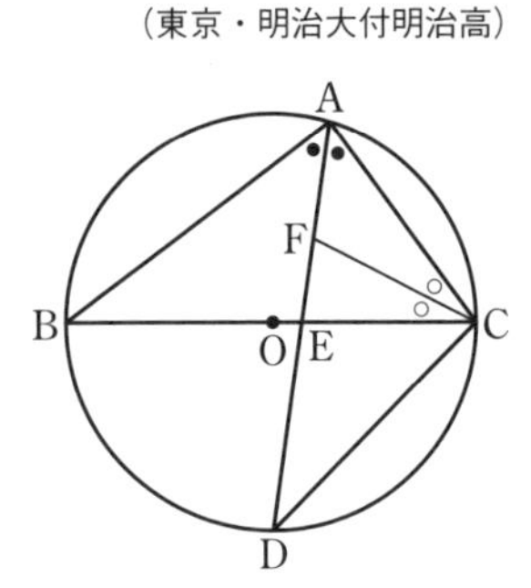

右の図のように，BCを直径とする円Oに△ABCが内接している。∠BACの二等分線がBCと交わる点をE，円と交わる点をDとする。また，∠ACEの二等分線がADと交わる点をFとする。AB=8，AC=6のとき，次の問いに答えなさい。ただし，点Oは円の中心である。

(1)　CDの長さを求めよ。

(2)　AE：EDを最も簡単な整数の比で表せ。

(3)　AFの長さを求めよ。

234〈円と内接図形②〉

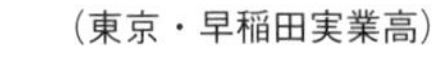

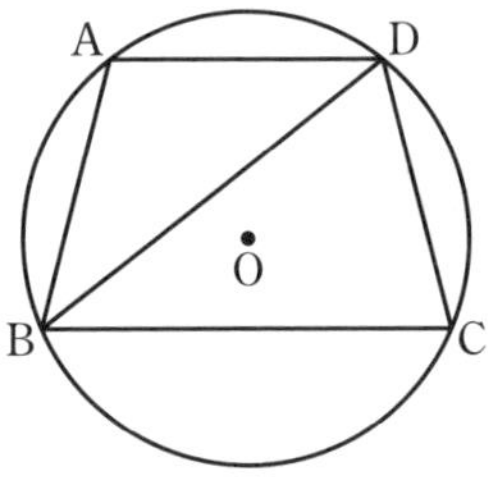

右の図の四角形ABCDは円Oに内接していて，

AB=AD=DC=4cm，BC=6cmである。次の問いに答えなさい。

(1)　BDの長さを求めよ。

難 (2)　円周上に，点Dと異なる点PをBD=BPとなるようにとる。BDとAPの交点をQとするとき，次の①，②，③に答えよ。

①　APの長さを求めよ。

②　AQの長さを求めよ。

③　四角形ABPDの面積は三角形ABDの面積の何倍か。

235〈円と内接図形③〉

（広島大附高）

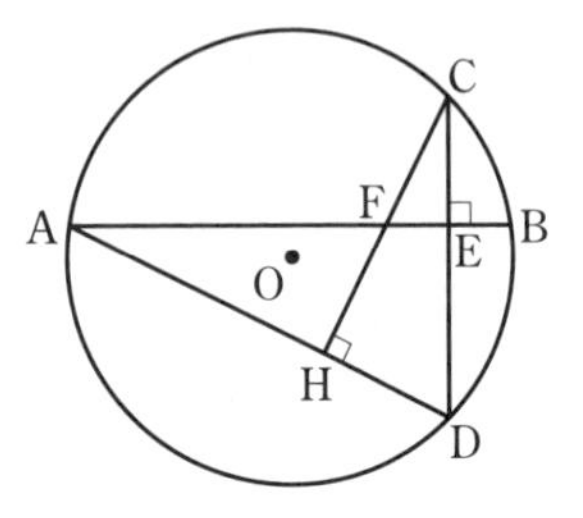

右の図のように，円Oの2本の弦ABと弦CDが点Eで垂直に交わっている。また，点CからADに垂線をひき，ADとの交点をH，CHとABとの交点をFとする。AE=12cm，CE=4cm，DE=6cmのとき，次の問いに答えなさい。

(1)　△AFH∽△CBEであることを証明せよ。

(2)　CHとAHの長さをそれぞれ求めよ。

(3)　円Oの面積を求めよ。

236 **〈円と円外図形①〉**　　（奈良・西大和学園高）

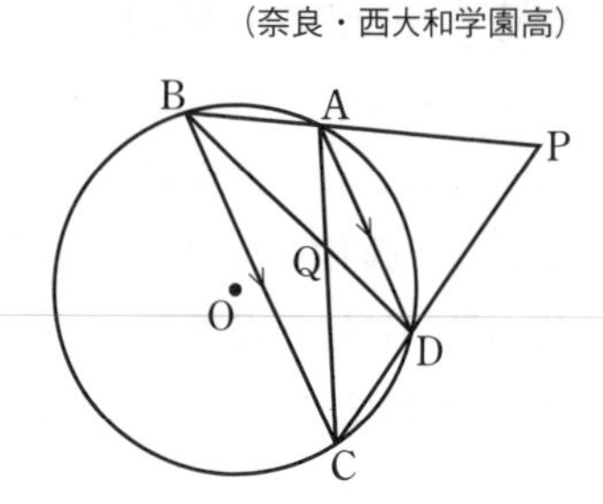

中心がOである円周上に4点A，B，C，Dがこの順にあり，$AB=3$，$BC=8$，$AD=5$，$AD /\!/ BC$を満たしている。直線BAと直線CDの交点をPとし，直線ACと直線BDの交点をQとする。このとき，次の問いに答えなさい。

(1)　$AB=CD$であることを証明せよ。

(2)　ACの長さを求めよ。

(3)　APの長さとAQの長さをそれぞれ求めよ。

(4)　PQの長さを求めよ。

237 **〈円と円外図形②〉**　　（奈良・東大寺学園高）

$AB=5$, $BC=8$, $CA=7$の三角形ABCがある。右の図のように，各頂点から向かい合う辺にひいた垂線と辺との交点をP，Q，Rとし，3点P，Q，Rを通る円と，△ABCの各辺とのP，Q，R以外の交点をS，T，Uとするとき，次の問いに答えなさい。

(1)　ARの長さを求めよ。

(2)　$\angle CQR+\angle RBC$の大きさを求めよ。

(3)　$SU /\!/ BC$を証明せよ。

(4)　$SU /\!/ BC$に加えて，$UT /\!/ AB$，$TS /\!/ CA$も成り立っていることを利用して，△AQRと△UTCの面積の比△AQR：△UTCを最も簡単な整数で表せ。

238 **〈円と円外図形③〉**　　（東京・桐朋高）

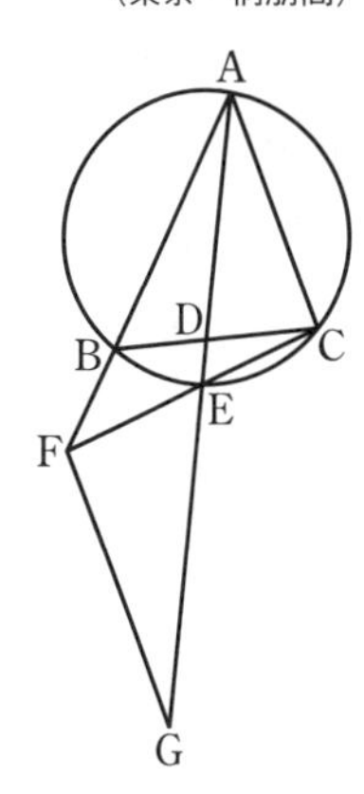

右の図のように，△ABCが円に内接し，∠CABの二等分線と辺BC，円との交点をそれぞれD，Eとする。辺ABの延長とCEの延長との交点をFとし，点Fを通りACに平行な直線とAEの延長との交点をGとする。

(1)　$\triangle ABD \backsim \triangle GEF$を証明せよ。

(2)　$AB=AC=\sqrt{5}$，$BC=2$であるとき，次のものを求めよ。

①　△ABCの面積

②　CFの長さ

③　△GEFの面積

難 **239** **〈円と円外図形④〉**　（埼玉・慶應志木高）

右の図において，円Oの半径は12で，直径ABをBD=4となるように延長した点がD，またAB⊥COである。CDと円との交点がEで，弧BE=弧BFである。CFとABの交点をGとするとき，次の問いに答えなさい。

(1)　線分BGの長さを求めよ。

(2)　弦BFの長さを求めよ。

240 **〈円と円外図形⑤〉**　（東京学芸大附高）

右の図のように，1辺の長さが6cmの正三角形ABCと，辺BCを弦とする円Oがある。円Oと△ABCの2辺AB，ACとの交点をそれぞれD，Eとする。点Eから円の中心Oを通る直線をひき，この直線と円Oとの交点をFとする。AD=2cmであるとき，次の問いに答えなさい。

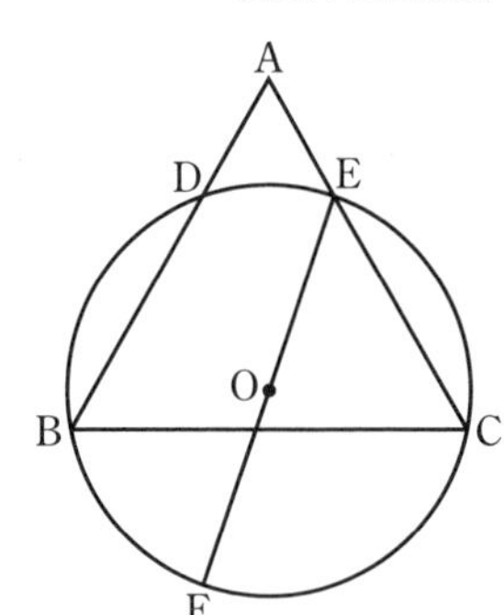

(1)　線分DEの長さを求めよ。

(2)　線分CDの長さを求めよ。

(3)　円Oの半径を求めよ。

(4)　△BCFの面積を求めよ。

241 **〈円と円外図形⑥〉**　（愛知・東海高）

右の図のように，線分ABは円の直径であり，線分CDは点Bで円に接している。線分ADと円の交点をE，線分ACと円の交点をFとし，直線EFと直線CDの交点をGとする。

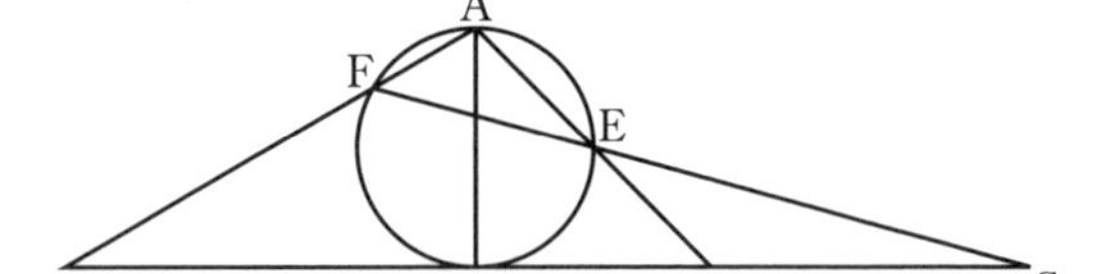

AB=BD=2，∠BAF=60°とするとき，

(1)　∠DGE=□°である。

(2)　GD：GF=□：3である。

(3)　GD=□である。

242 **〈動点と図形の計量①〉**　（神奈川・法政大二高）

右の図のように，1辺の長さが12cmである正三角形ABCがある。2点P，Qはそれぞれ頂点A，Bを同時に出発して，Pは辺上を反時計回りに毎秒1cmの速さで動き，Qは辺上を反時計回りに毎秒2cmの速さでいずれも12秒間動くとする。このとき，次の問いに答えなさい。ただし，答えは分母に根号を含まず，それ以上約分できない形とすること。

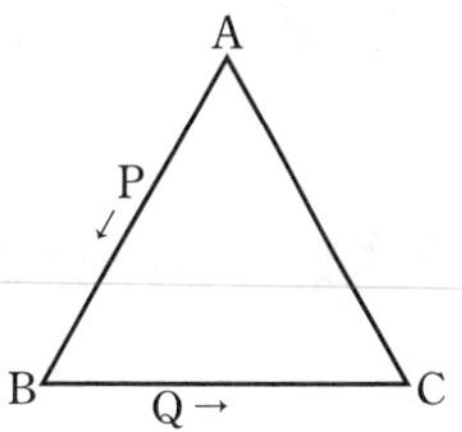

(1)　P，Qが出発してから5秒後の△BPQの面積を求めよ。

(2)　P，Qが出発してから8秒後の△BPQの面積を求めよ。

(3)　P，Qが出発してから6秒以内に△BPQの面積が△ABCの面積の$\frac{5}{18}$倍となるのは何秒後か求めよ。

(4)　P，Qが出発してから6秒後以降に△BPQの面積が△ABCの面積の$\frac{5}{18}$倍となるのは何秒後か求めよ。

難 **243** **〈動点と図形の計量②〉**　（東京・筑波大附高）

半径2cmの円Oがあり，2本の直径AB，CDは直交している。円Oの周上に点Pをとり，線分BPを斜辺とする直角二等辺三角形BPQをつくる。ただし，右の図のように，点Qはつねに直線BPの下側にとるものとする。円周上を，点PがCからAを経由してDまで動くとき，次の□にあてはまる数を求めなさい。

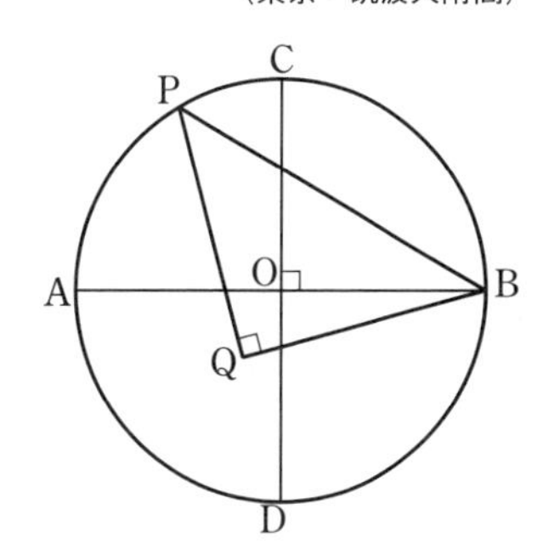

(1)　点Qが通過してできる図形の長さは□cmである。

(2)　直線BQと円Oとの交点のうち，Bでない方をEとする。点Qと直線ABとの距離が最大となるとき，BE：EQ＝□：1である。

17 空間図形の総合問題

▶解答→別冊 *p. 105*

頻出 244 〈直方体切断図形の体積〉 （東京・國學院大久我山高）

右の図のように，直方体ABCD−EFGHを4点P，F，Q，Rを通る平面で2つの立体に切り分けたとき，小さい方の立体の体積は［　　］cm^3となる。

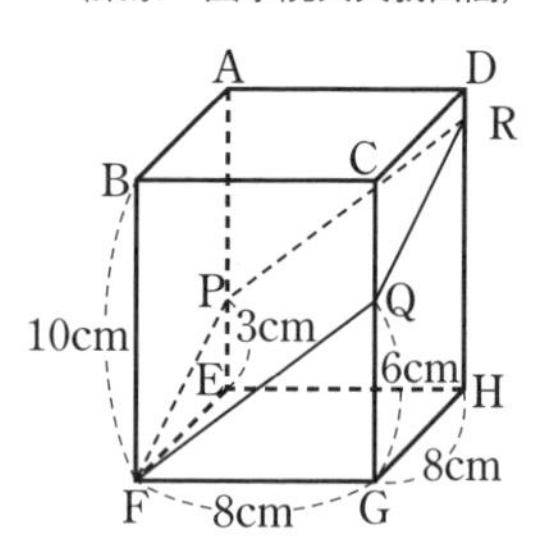

245 〈回転体の体積〉 （埼玉・立教新座高）

次の図において，影のついた部分の図形を，直線ℓを軸として1回転させてできる立体の体積を求めなさい。

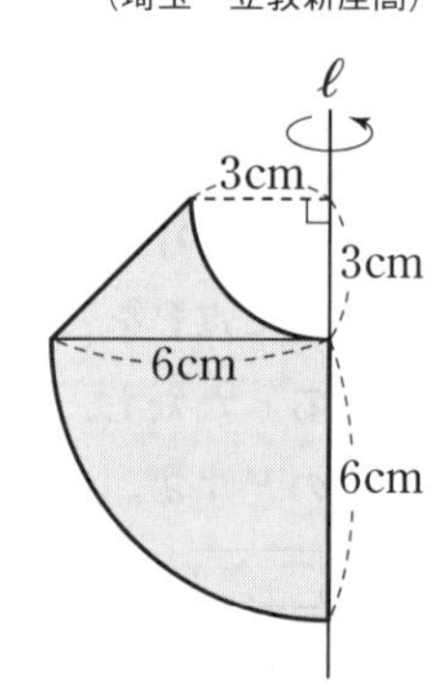

頻出 246 〈空間計量の基本問題①〉 （東京・成城高）

右の図は1辺の長さが4cmの正四面体ABCDで，点Mは辺CDの中点である。

(1)　△ABMの面積は［　　］cm^2である。

(2)　点Aから平面BCDにひいた垂線の長さは［　　］cmである。

(3)　辺AC上に点P，辺BC上に点Qがあり，AP=BQである。3点P，Q，Mを通る平面で正四面体ABCDを切ったところ，頂点Cを含む立体と，もう1つの立体の体積比は3：5であった。このとき，線分CQの長さは［　　］cmである。

247 〈空間計量の基本問題②〉　　（東京・中央大附高）

右の図のような直方体ABCD-EFGHにおいて，AB=3，AD=AE=2とする。次の問いに答えなさい。

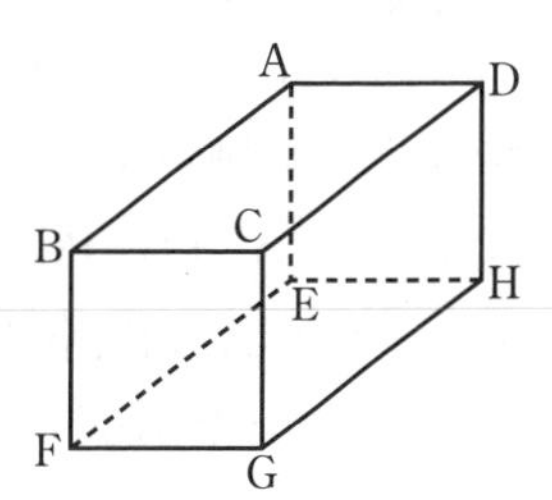

(1)　四面体CAFHの体積を求めよ。

(2)　四面体CAFHの表面積を求めよ。

(3)　点Cから平面AFHにひいた垂線の長さを求めよ。

248 〈三角柱の計量①〉　　（東京・巣鴨高）

右の図のような，すべての辺の長さが4の正三角柱ABC-DEFがある。点Gを，辺DF上に∠DEG=45°となるようにとる。

　このとき，∠AEGの大きさを求めなさい。

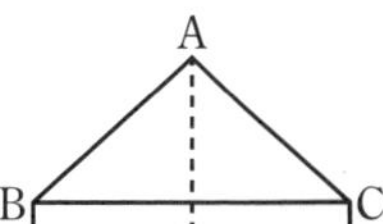
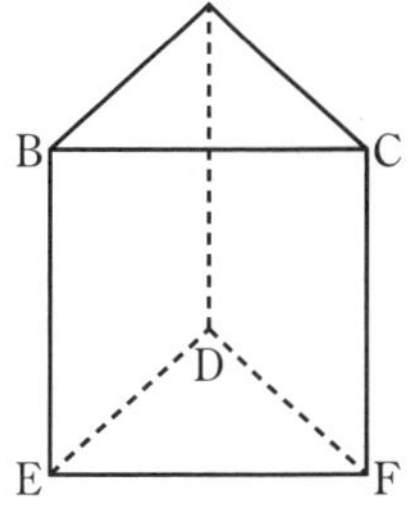

249 〈三角柱の計量②〉　　（熊本県）

右の図は，点A，B，C，D，E，Fを頂点とし，3つの側面がそれぞれ長方形である三角柱で，AC=3cm，AD=6cm，DE=3cm，EF=2cmである。点Gは辺AD上にあって，AG=4cmである。また，点Hは辺BCの中点であり，点Pは線分DH上にあって，∠GPD=90°である。

　このとき，次の問いに答えなさい。ただし，根号がつくときは，根号のついたままで答えること。

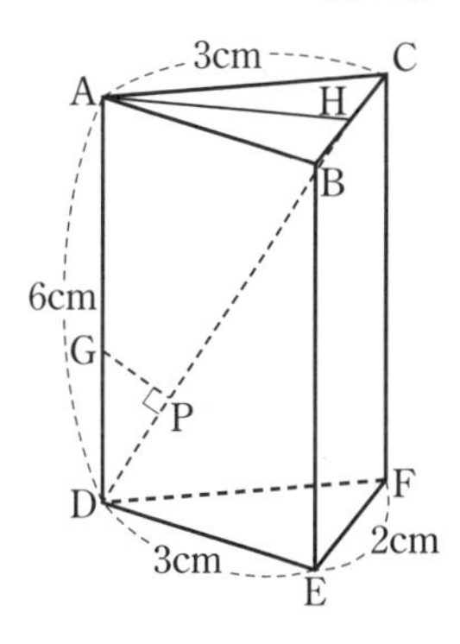

(1)　線分AHの長さを求めよ。

(2)　線分DPの長さを求めよ。

(3)　三角錐PEFHの体積を求めよ。

250 〈三角柱の計量③〉　　（大阪星光学院高）

右の図のように，底面が1辺の長さ2の正三角形ABCである三角柱ABC-DEFがある。三角形DEFの重心Gと頂点A，B，Cを結んだところ，三角錐GABCが正四面体になった。

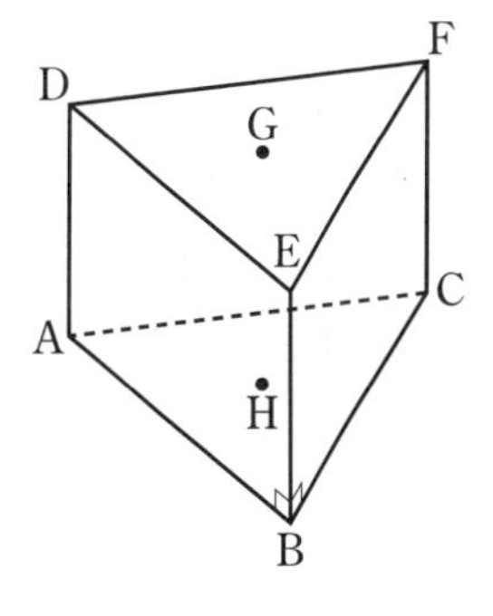

(1)　ADの長さは［　　］である。

(2)　さらに，三角形ABCの重心Hと頂点D，E，Fを結んで三角錐HDEFを作ったとき，2つの三角錐の共通部分の立体Vの体積は［　　］である。

(3)　(2)の立体Vに内接する球の半径は［　　］である。

251 **〈四角錐の計量①〉**　（東京・明治大付中野高）

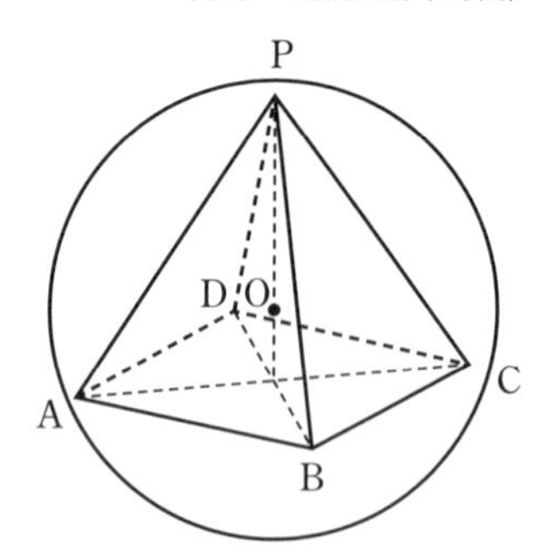

右の図のように，球Oと正四角錐P-ABCDがある。正四角錐の5つの頂点は球面上にあり，四角形ABCDは，1辺が12cmの正方形である。PA=PB=PC=PD=$6\sqrt{6}$ cmのとき，次の問いに答えなさい。ただし，円周率はπとする。

(1)　正四角錐P-ABCDの高さを求めよ。

(2)　球Oの半径を求めよ。

252 **〈四角錐の計量②〉**　（東京・明治大付明治高）

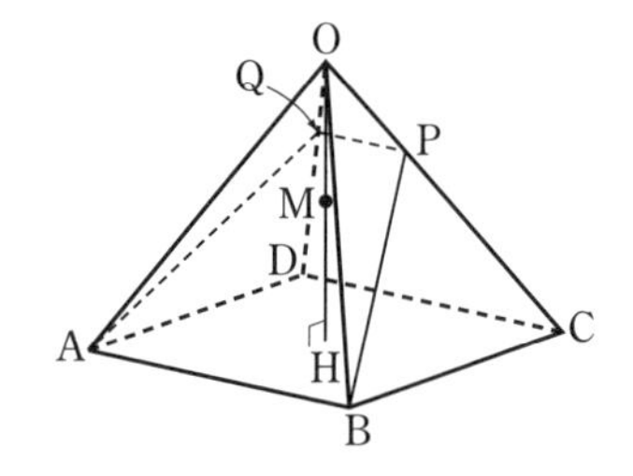

右の図は，底面の1辺の長さが4，他のすべての辺の長さが$2\sqrt{6}$の正四角錐である。頂点Oから底面ABCDに垂線OHをひき，OHの中点をMとする。3点A，B，Mを通る平面で四角錐を切るとき，この平面と辺OC，ODとの交点をそれぞれP，Qとする。このとき，次の問いに答えなさい。

(1)　四角形ABPQの面積を求めよ。

(2)　四角錐O-ABPQの体積を求めよ。

253 **〈四角錐の計量③〉**　（東京・早稲田実業高）

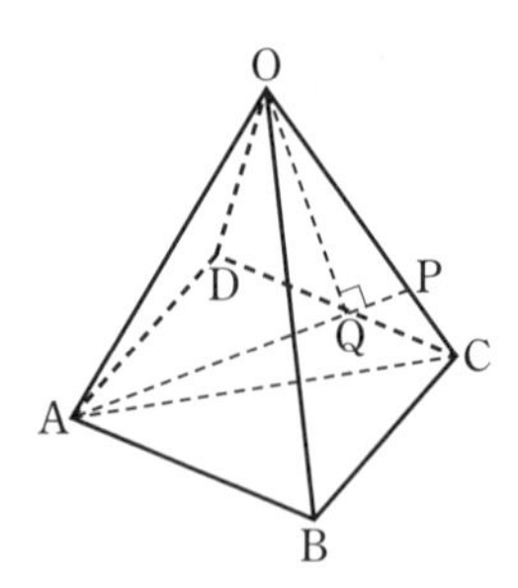

右の正四角錐O-ABCDは，底面の正方形の1辺の長さが$2\sqrt{2}$ cmで，OA=OB=OC=OD=4cmである。辺OC上に点PをOP=3cmとなるようにとり，OからAPにひいた垂線とAPとの交点をQとする。次の問いに答えなさい。

(1)　APの長さを求めよ。

(2)　AQ：QPを，最も簡単な整数の比で表せ。

(3)　3点O，B，Qを通る平面と，AC，CDとの交点をそれぞれR，Sとするとき，次の①，②に答えよ。

　①　AR：RCを，最も簡単な整数の比で表せ。

　②　CSの長さを求めよ。

頻出 **254** 〈三角錐の計量①〉　（大阪・清風高）

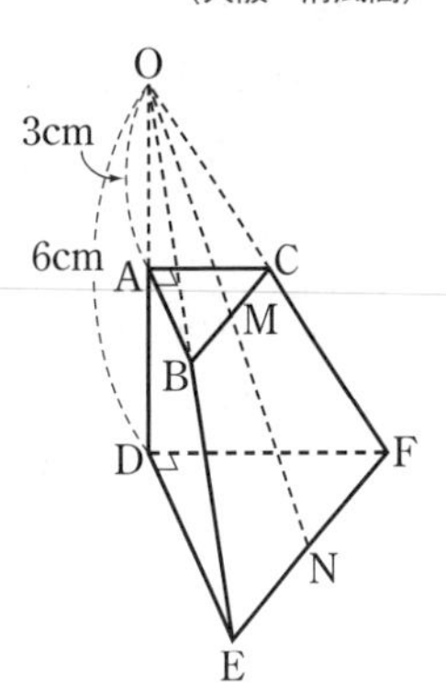

右の図の立体ABC-DEFは，直角二等辺三角形を底面とする，高さが6cmの三角錐O-DEFから高さが3cmの三角錐O-ABCを取り除いたものである。

AB=2cm，DE=4cmで，点M，点Nはそれぞれ辺BC，辺EFの中点である。

また，点Dから平面BEFCに垂線をひき，この平面との交点をHとする。このとき，次の問いに答えなさい。

(1)　この立体の体積を求めよ。

(2)　△ODNは直角三角形である。ONの長さを求めよ。

(3)　DHの長さを求めよ。

(4)　MH：HNを最も簡単な整数の比で表せ。

(5)　DHとANの交点をKとするとき，DK：KHを最も簡単な整数の比で表せ。

難 **255** 〈三角錐の計量②〉　（埼玉・立教新座高）

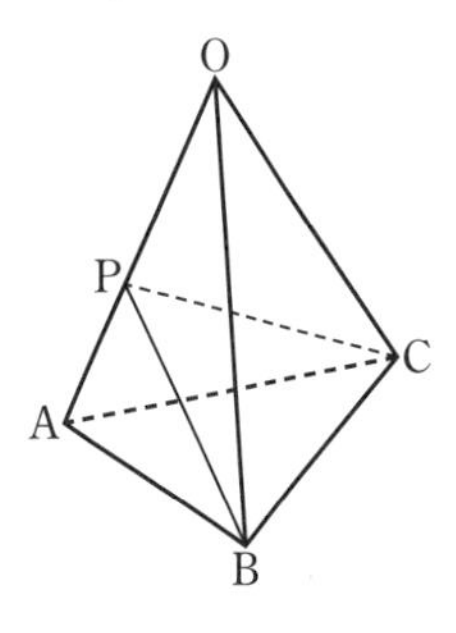

右の図は，1辺2cmの正三角形を底面とし，OA=OB=OC=3cmの三角錐OABCで，点Pは辺OA上にあり，点Aとは異なる点である。次の問いに答えなさい。

(1)　三角錐OABCの体積を求めよ。

(2)　△PBCが正三角形であるとき，立体OPBCの体積は三角錐OABCの体積の何倍か。

(3)　△PBCの周の長さが最も短くなるとき，△PBCの周の長さを求めよ。このとき，立体PABCの体積は三角錐OABCの体積の何倍か。

256 〈三角錐の計量③〉　（京都・洛南高）

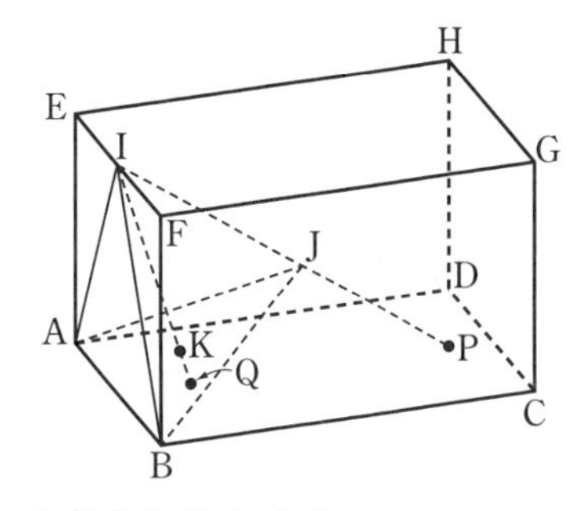

右の図のように，直方体ABCD-EFGHの中に1辺の長さが2である正四面体ABIJがあり，Iが辺EF上にある。このとき，次の問いに答えなさい。

(1)　IJの延長と面ABCDとの交点をPとする。

　①　IPの長さを求めよ。

　②　Jを通り面ABCDに平行な平面で正四面体ABIJを切るとき，切り口の面積を求めよ。

(2)　Iから面ABJに垂線をひき，面ABJとの交点をK，面ABCDとの交点をQとする。

　①　IQの長さを求めよ。

　②　Kを通り面ABCDに平行な平面で正四面体ABIJを切るとき，切り口の面積を求めよ。

257 〈最短経路①〉　（東京・成蹊高）

底面ABCが1辺$(\sqrt{6}-\sqrt{2})$cmの正三角形で，OA＝OB＝OC＝2cmの三角錐OABCがある。このとき，次の問いに答えなさい。

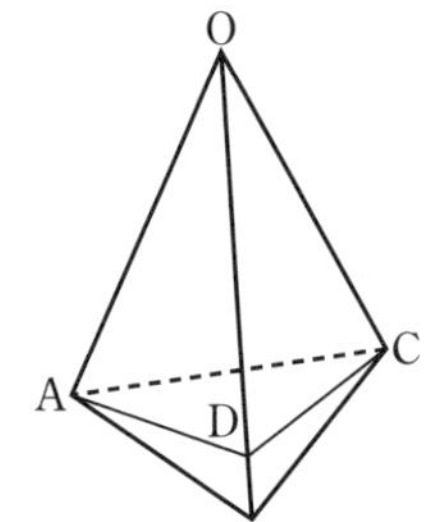

(1)　この三角錐に，点Aから辺OB上の点Dを通り，点Cまで糸をかける。糸の長さが最も短くなるようにするとき，次の問いに答えよ。

①　DBの長さを求めよ。

②　糸の長さを求めよ。

(2)　この三角錐に，点Aから辺OB上の点Eと，辺OC上の点Fのどちらも通り，点Aまで糸をかける。糸の長さが最も短くなるようにするときの糸の長さを求めよ。

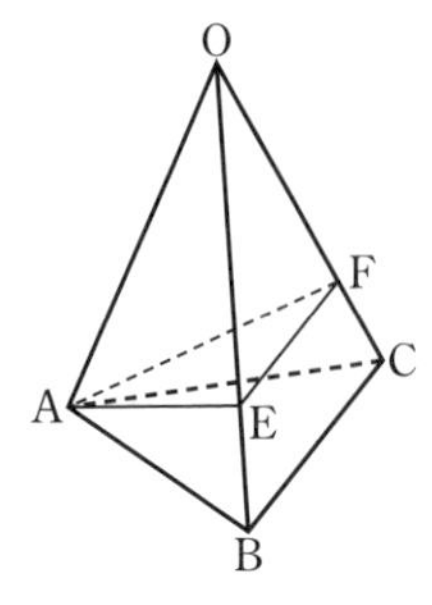

頻出　258 〈最短経路②〉　（鹿児島・ラ・サール高）

母線の長さが6，底面の半径が2の直円錐がある。母線の1つをOAとし，線分OAを3等分する点B，Cを図のようにとる。このとき，次の問いに答えなさい。

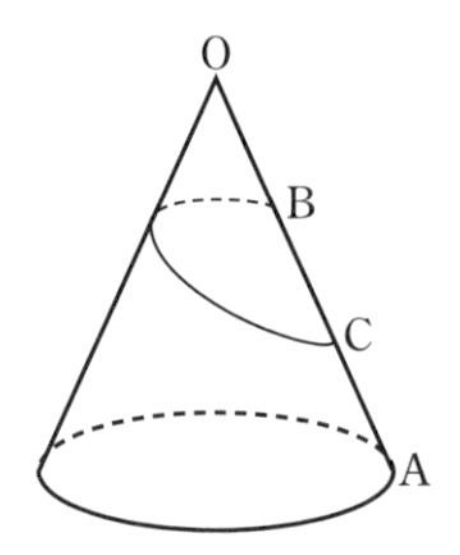

(1)　直円錐の体積を求めよ。

(2)　側面に沿ってBからCまで糸を1周だけ巻き，糸の長さが最短となるようにする。

①　BからCまで巻いた糸の長さを求めよ。

②　糸の中点Mから円錐の底面にひいた垂線MHの長さを求めよ。

(3)　次に，底面の円周上に点Nをとる。そして図のように，側面に沿ってBからCまでNを通るように糸を1周だけ巻き，糸の長さが最短となるようにする。円錐の側面のうち，糸BNCと線分CBと底面の円周で囲まれる部分の面積をSとする。

点Nが底面の円周上を動くとき，Sの最小値を求めよ。

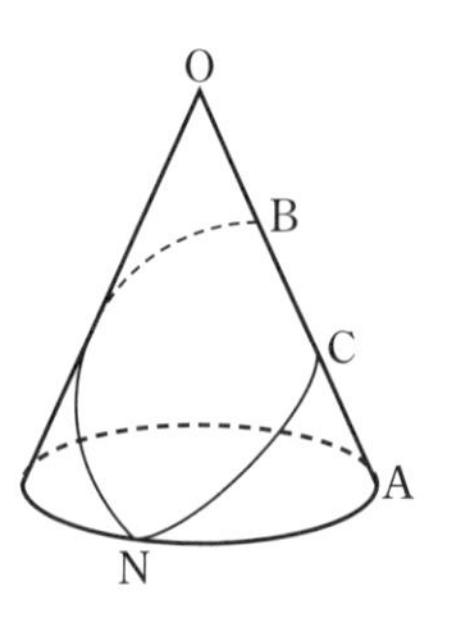

259 〈四角錐に内接する球〉　（東京電機大高）

右の図のように底面が1辺2cmの正方形で，他の辺が$\sqrt{26}$ cmの正四角錐O-ABCDに球が内接している。このとき，次の問いに答えなさい。

(1)　正四角錐O-ABCDの体積を求めよ。

(2)　正四角錐O-ABCDの表面積を求めよ。

(3)　内接している球の半径を求めよ。

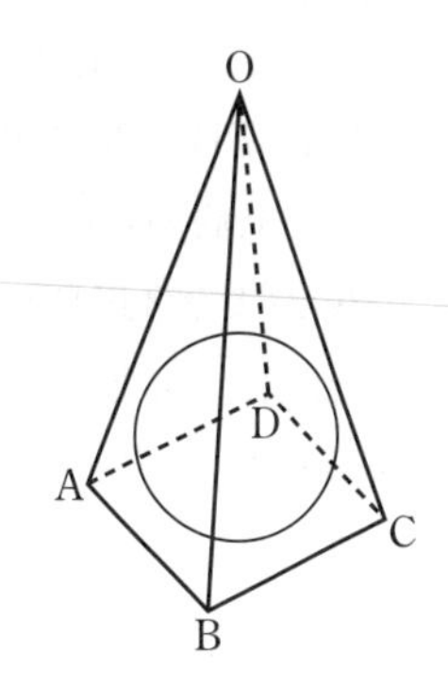

260 〈円柱に内接する球〉　（大阪教育大附高池田）

右の図のように，円柱の中で，半径2cmの球3個と半径1cmの球1個が互いに接している。さらに，半径2cmの球は円柱の底面および側面と接しており，半径1cmの球は円柱の上面と接している。このとき，次の問いに答えなさい。ただし，円周率はπとする。

(1)　円柱の底面積を求めよ。

(2)　円柱の高さを求めよ。

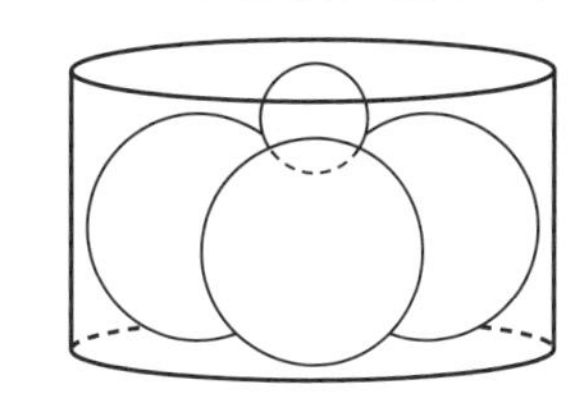

261 〈立方体に内接する球〉　（兵庫・須磨学園高）

立方体K(ABCD-EFGH)について，次の問いに答えなさい。
ただし，円周率をπとする。

(1)　AB$=a$とするとき，ACをaを用いて表せ。

以下，AG$=4\sqrt{3}$とする。

(2)　ABの長さを求めよ。

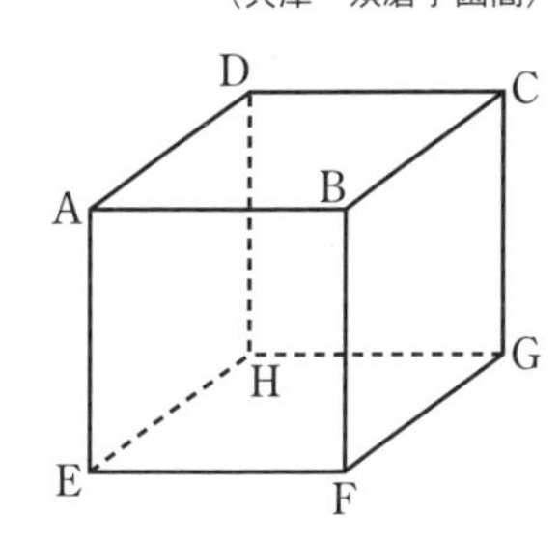

(3)　右の図のように，球Vが立方体Kのすべての面に接している。
立方体Kから球Vを除いた立体Lの体積を求めよ。

(4)　右の図は，上面・底面の円の半径が1，高さPQが1の円柱Tの展開図である。AEとPQを平行に保ったまま，この円柱Tを立方体K内で自由に動かすとき，円柱Tが通過できない部分の体積を求めよ。

難 (5)　半径1の球Wを立方体K内で自由に動かすとき，球Wが通過できない部分の体積を求めよ。

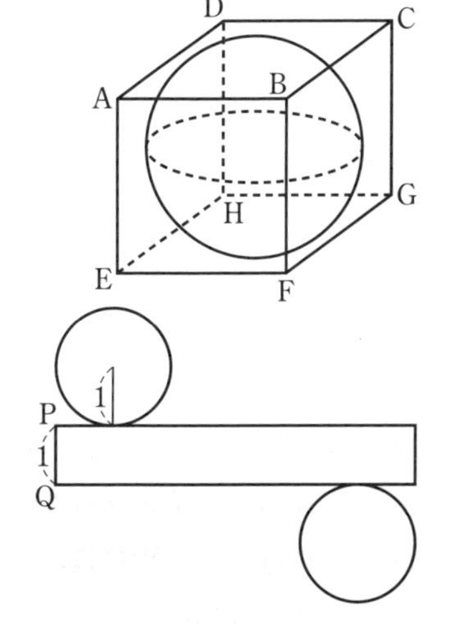

262〈三角錐と球〉

厚紙で作った1辺の長さが1の正四面体P-ABCについて，図1のように3辺PA，PB，PCをそれぞれ3：1に分ける点D，E，Fをとり，頂点Pを含んだ上側の正四面体P-DEFを取り除く。残った立体DEF-ABCの底面ABCおよび3辺DE，EF，FDのすべてと接する中心O，半径rの球がある。

ただし，もとの頂点Pから底面ABCへひいた垂線と底面ABCとの交点は△ABCの重心Gである。球はGで底面ABCに接しており，3点P，O，Gは一直線上にある。また，もとの頂点Pと辺ABの中点Mと頂点Cを通る平面で図1の立体を切断したときの切断面が図2のようになる。次の問いに答えなさい。ただし，厚紙の厚さは考えないものとする。

(1)　線分PGの長さを求めよ。

(2)　線分PGと平面DEFとの交点をQとするとき，線分OQの長さをrで表せ。

(3)　球の半径rの値を求めよ。

図1

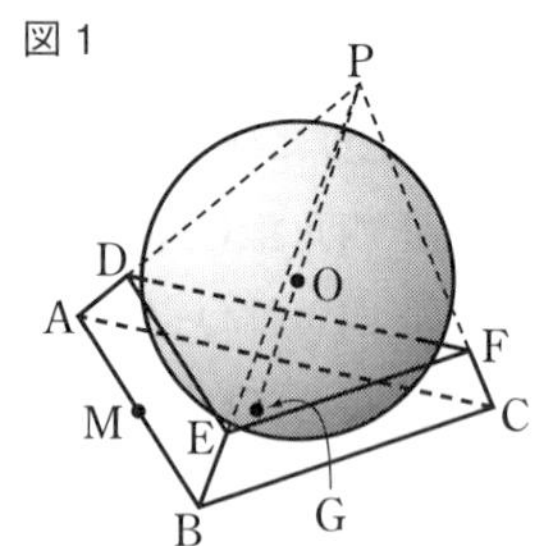

図2

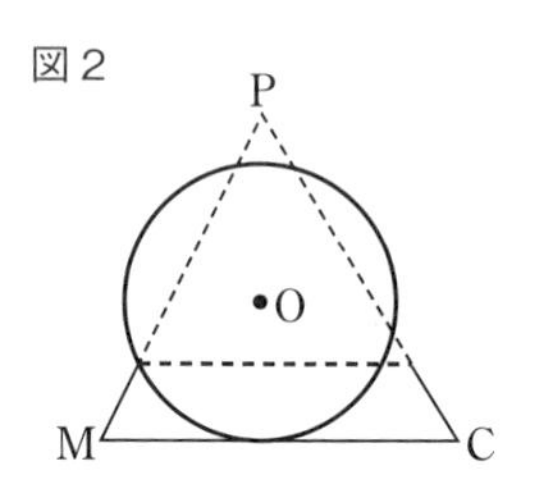

263〈展開図①〉

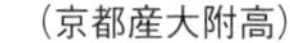

右の図は1辺の長さが3cmの正八面体の展開図である。これを組み立てて立体を作るとき，次の問いに答えなさい。

(1)　立体の頂点の個数を答えよ。

(2)　点Aと重なる点をすべて答えよ。

(3)　組み立てた立体の辺に沿って点Bから点Gまで移動するとき，その最短距離を求めよ。

(4)　組み立てた立体の表面上を点Bから点Gまで移動するとき，その最短距離を求めよ。

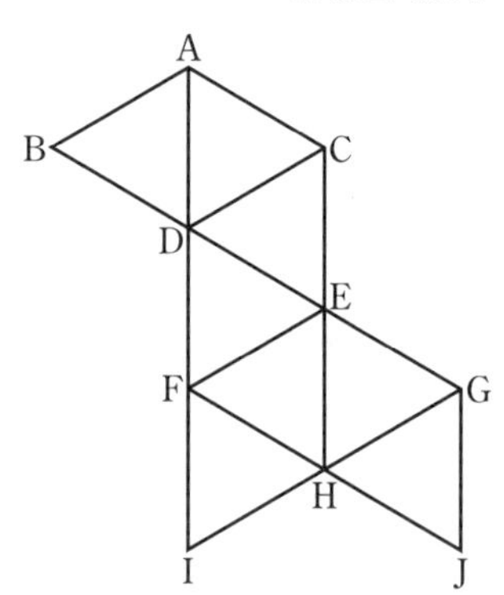

264〈展開図②〉　(東京・青山学院高)

右の図は，正四角錐の展開図であり，底面BDFHの1辺の長さは8，側面の二等辺三角形の等辺の長さは12である。この展開図を組み立ててできる正四角錐について，次の問いに答えなさい。

(1)　高さを求めよ。

(2)　辺AB，CD，EFの中点をそれぞれP，Q，Rとするとき，四面体PQRDの体積を求めよ。

(3)　(2)の四面体PQRDにおいて，頂点Qから底面DRPにひいた垂線の長さを求めよ。

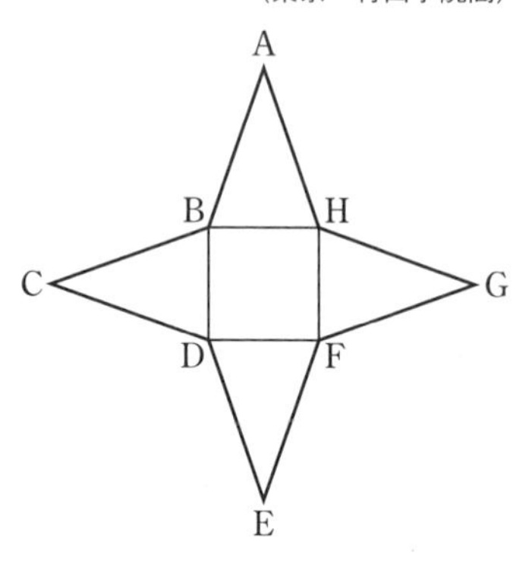

難 **265**〈展開図③〉　　（東京・早稲田実業高）

右の図は，ある立体の展開図である。4つの六角形は1辺の長さが4cmの正六角形であり，4つの三角形は1辺の長さが4cmの正三角形である。次の問いに答えなさい。

(1)　点Vと重なる点をすべて求めよ。

(2)　立体の3点G，J，Mを結んでできる三角形GJMの面積を求めよ。

(3)　立体の2点G，Lを結んだ線分GLの長さを求めよ。

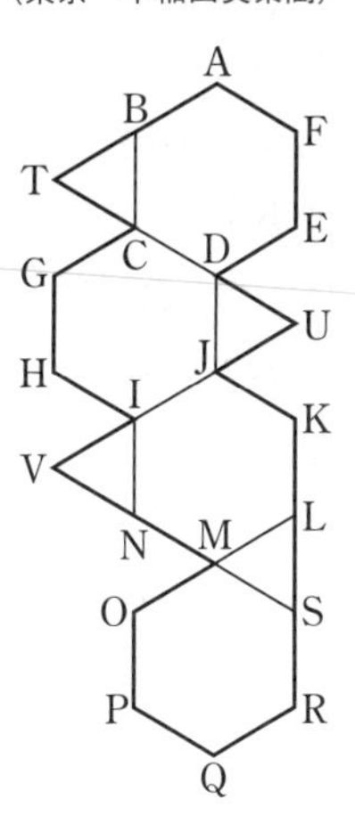

266〈展開図④〉　　（東京・海城高）

図1，図2は，それぞれすべての辺の長さが等しい立体の展開図である。このとき，次の問いに答えなさい。

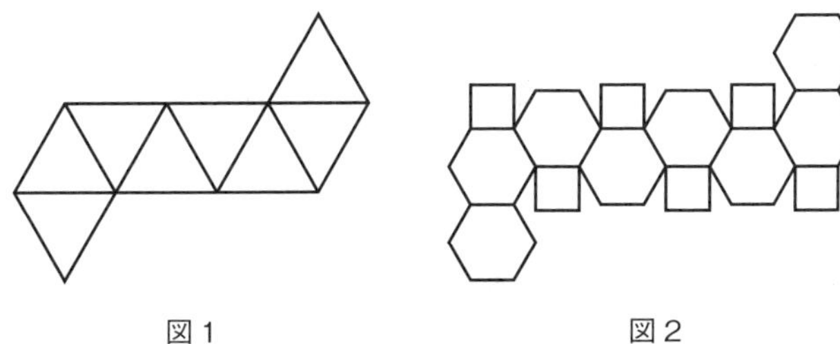

図1　　図2

(1)　図1の各辺の長さが3であるとき，組み立てた立体の体積を求めよ。

(2)　図2を組み立てた立体の頂点の個数を求めよ。

(3)　図2の各辺の長さが1であるとき，組み立てた立体の体積を求めよ。

267〈展開図⑤〉　　（東京・開成高）

右の図形は，1辺の長さが1cmの正方形と，1辺の長さが1cmの正六角形4個からなる図形である。

この図形を展開図とし，辺AEと辺AL，辺BFと辺BG，辺CHと辺CI，辺DJと辺DKをはり合わせた容器を作る。

次の問いに答えなさい。ただし，分母に根号がある形で答えてもよい。

(1)　正方形ABCDを底面としてこの容器に水を入れるとき，最大限入れることのできる水の体積を求めよ。

(2)　この容器の5つの面すべてに接する球の半径を求めよ。

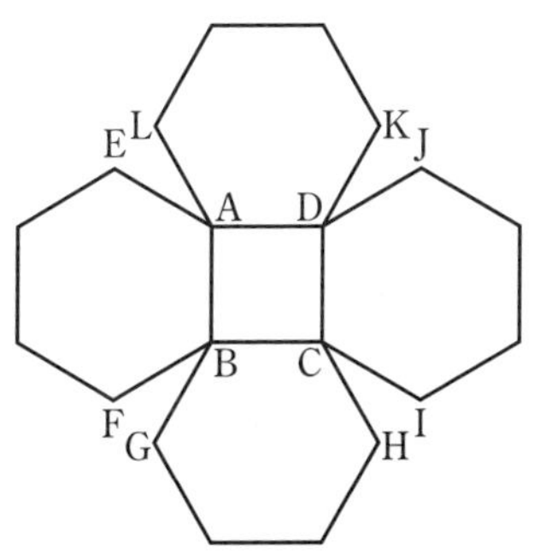

268 〈球の切断〉　（奈良・東大寺学園高）

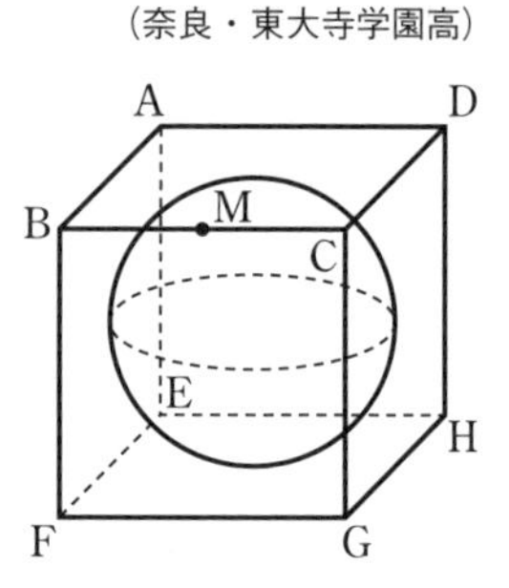

図のように，AB=2である立方体ABCD-EFGHと，線分AGの中点を中心とする半径1の球Sがある。辺BCの中点をMとするとき，次の問いに答えなさい。

(1)　3点G，H，Mを通る平面で球Sを切ったときの切り口の円の半径を求めよ。

(2)　3点A，C，Fを通る平面で球Sを切ったときの切り口の円の半径を求めよ。

難 (3)　3点D，G，Mを通る平面で球Sを切ったときの切り口の円の半径を求めよ。

269 〈複合立体の計量〉　（東京・豊島岡女子学園高）

右の図1のように，正三角柱と正六角柱をつなげた形の容器が，水平な面の上に置かれている。このとき，次の問いに答えなさい。

図1

(1)　この容器の体積を求めよ。

(2)　図1のように置いた状態で容器に水を入れたところ，水面の高さが容器の底面から2cmのところになった。このときの水面の面積を求めよ。ただし，水は正三角柱と正六角柱の間を自由に行き来できるものとする。

(3)　(2)の状態からさらに水を入れたところ，水面の高さが容器の底面から5cmのところになった。
このあと，図2のように正三角形が容器の底面となるように容器を置いた。このとき，水面の高さは容器の底面から何cmのところになったか。

図2

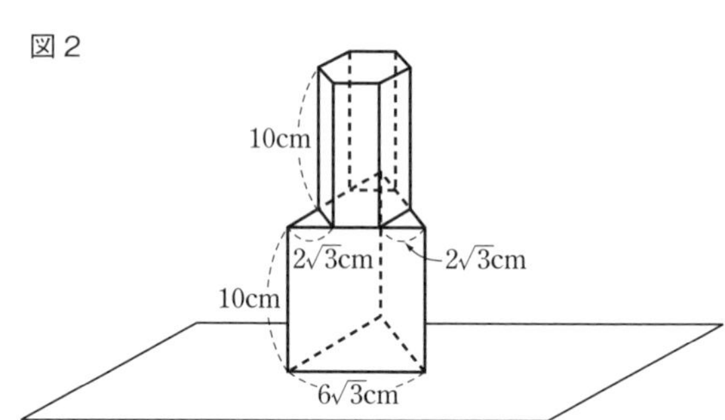

難 270 〈正20面体の計量〉

（東京・筑波大附駒場高）

次の問いに答えなさい。

(1)　1辺の長さが2cmである正五角形の対角線の長さを求めよ。

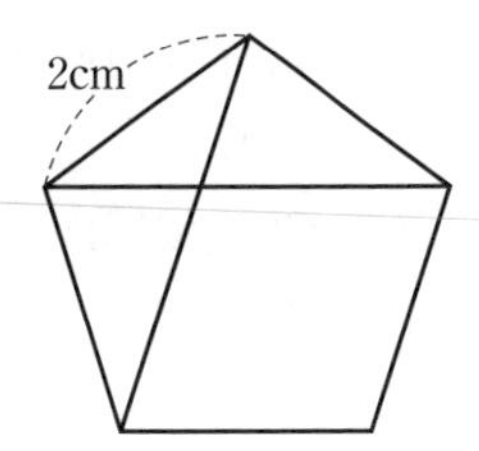

(2)　1辺の長さが2cmの正二十面体について，その頂点を右の図のように，A，B，C，D，E，F，A′，B′，C′，D′，E′，F′とする。

①　線分AA′の長さを$x$cmとする。x^2の値を求めよ。

②　この正20面体を，1つの面を下にして，水平な平面上に置く。このとき，正20面体の高さを$h$cmとする。h^2の値を求めよ。

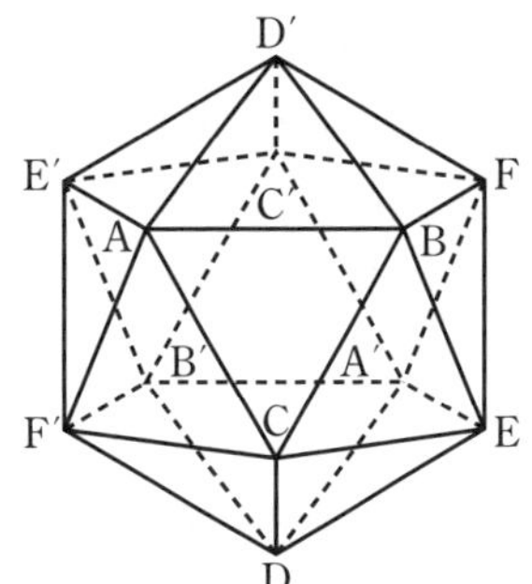

271 〈複雑な多面体の計量①〉

（兵庫・灘高）

1辺の長さが1cmの立方体ABCD-EFGHがある。4点P，Q，R，Sをそれぞれ辺BC，CD，HE，EF上に△APQと△GRSがともに正三角形となるようにとる。

(1)　線分APの長さを求めよ。

難(2)　△APQ，△GRS，△ASP，△PSG，△PGQ，△QGR，△QRA，△ARSの8個の面で囲まれる立体の体積を求めよ。

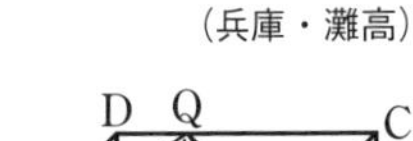
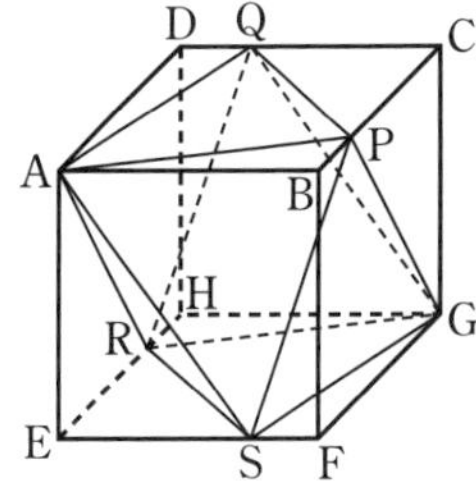

272 〈複雑な多面体の計量②〉

（東京・開成高）

多面体 X の見取図

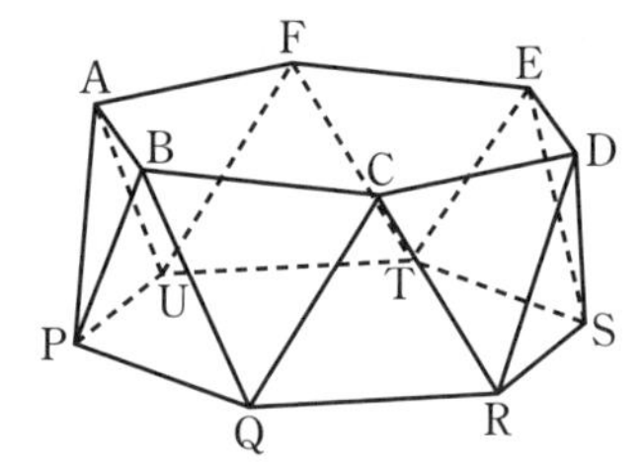

正十二角形
A′PB′QC′RD′SE′TF′U
の図

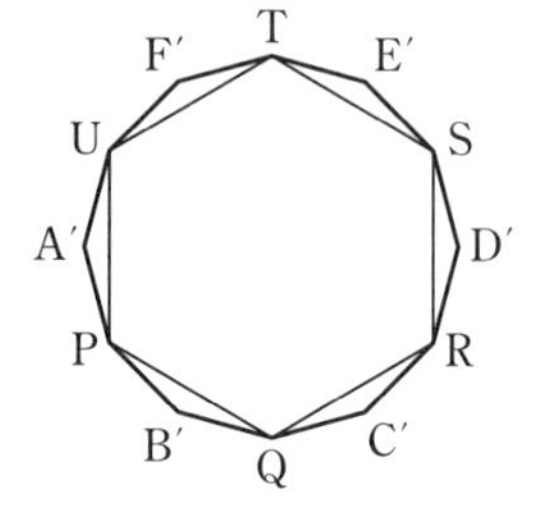

右の見取図にある多面体 X は，以下の条件を満たす。

(i) 六角形ABCDEF，PQRSTUはともに1辺の長さが2の正六角形である。

(ii) 平面ABCDEFと平面PQRSTUは平行である。

(iii) 6個の点A，B，C，D，E，Fから平面PQRSTUに垂線をひき，交点をそれぞれA′，B′，C′，D′，E′，F′とするとき，12個の点P，Q，R，S，T，U，A′，B′，C′，D′，E′，F′を結んでできる十二角形A′PB′QC′RD′SE′TF′Uは正十二角形である。

(iv) 側面の三角形(△APB，△PBQ，△BQC，…)はすべて，1辺の長さが2の正三角形である。

次の問いに答えなさい。

(1) 正十二角形A′PB′QC′RD′SE′TF′Uの面積を求めよ。

(2) △UA′Pの面積を求めよ。

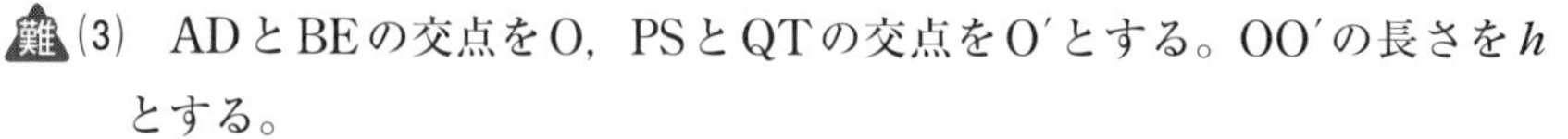

難 (3) ADとBEの交点をO，PSとQTの交点をO′とする。OO′の長さを h とする。

① h^2 の値を求めよ。

② 多面体 X の体積を V とするとき，$\dfrac{V}{h}$ の値を求めよ。

高校入試のための総仕上げ

模擬テスト

✔実際の入試問題のつもりで，1回1回時間を守って，模擬テストに取り組もう。

✔テストを終えたら，それぞれの点数を出し，下の基準に照らして実力診断をしよう。

80 ～ 100点	国立・私立難関高校入試の合格圏に入る最高水準の実力がついている。自信をもって，仕上げにかかろう。
60 ～ 79点	国立・私立難関高校へまずまず合格圏。まちがえた問題の内容について復習をし，弱点を補強しておこう。
～ 59点	国立・私立難関高校へは，まだ力不足。難問が多いので悲観は無用だが，わからなかったところは復習しておこう。

第1回 模擬テスト

▶解答→別冊 p.120

時間50分　得点　／100

1 次の問いに答えなさい。　（各5点，計20点）

(1) $\left\{4-6\times\frac{1}{2}+(-2)^2\right\}\times\frac{1}{2}-2^2$ を計算せよ。

(2) $-3x^3y^2\div\left(-\frac{1}{3}x^2y\right)^3\times\frac{4}{9}x^6y\div(-2xy^3)^2$ を計算せよ。

(3) $\frac{(\sqrt{2}+1)(2+\sqrt{2})(4-3\sqrt{2})}{\sqrt{2}}$ を計算せよ。

(4) $x(y+5)^2-5xy-49x$ を因数分解せよ。

(1)		(2)		(3)		(4)	

2 次の問いに答えなさい。　（各5点，計20点）

(1) 次の連立方程式を解け。

$$\begin{cases} 0.75(x-2)+1.5(y+2)=3 \\ \frac{x}{4}-\frac{y-1}{2}=2 \end{cases}$$

(2) 2次方程式 $\frac{(x-2)(x+4)}{4}=\frac{(x-1)(x+6)}{6}$ を解け。

(3) x の値が $-a-1$ から0まで変化するとき，1次関数 $y=-5ax+1$ と2次関数 $y=2ax^2$ の変化の割合が等しくなった。このとき，$a=$  である。ただし，$a>0$ とする。

(4) 右の図は，Kさんが所属するサッカーチームの選手31人の年齢別人数を表したものである。次のア～エのうち，選手31人の年齢の中央値と最頻値の正しい組み合わせを1つ選び，記号を書け。

ア　中央値　18歳　　最頻値　17歳

イ　中央値　18歳　　最頻値　19歳

ウ　中央値　19歳　　最頻値　17歳

エ　中央値　19歳　　最頻値　18歳

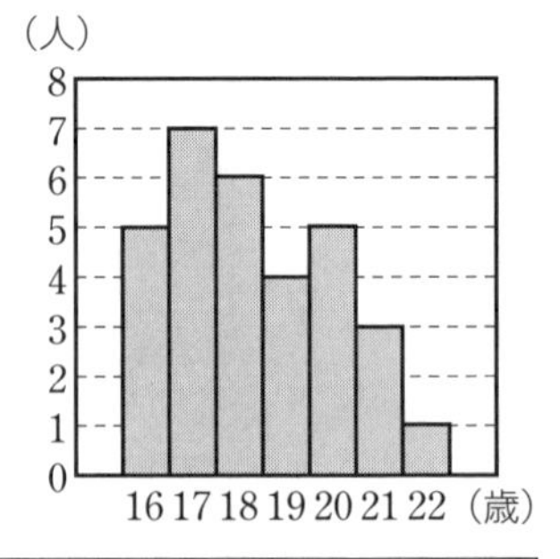

(1)		(2)		(3)		(4)	

3　放物線$y=\frac{1}{4}x^2$上のx座標が負の部分に点Pがある。点Pからx軸，y軸にひいた垂線とx軸，y軸との交点をそれぞれQ，Rとする。直線QRと放物線の交点をそれぞれS，Tとし，線分STの中点をMとする。点Mからx軸にひいた垂線と放物線との交点をNとする。OR+RP=3のとき，次の問いに答えなさい。　（各6点，計24点）

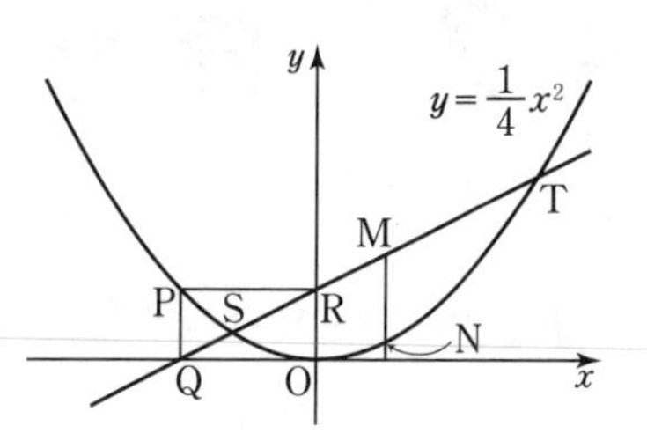

(1)　直線QRの式を求めよ。

(2)　点Mの座標を求めよ。

(3)　△STNの面積を求めよ。

(4)　放物線$y=\frac{1}{4}x^2$上のx座標が正の部分に点Nとは異なる点Uがある。△STNの面積と△STUの面積が等しいとき，点Uのx座標を求めよ。

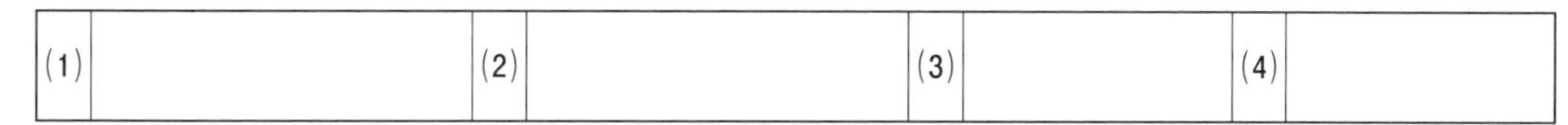

4　右の図は，1辺の長さが9cmの正方形ABCDの紙を，頂点Aが辺DC上にくるように折ったもので，線分PQは折り目である。辺ABと線分QCの交点をEとする。線分DAの長さが3cmであるとき，次の問いに答えなさい。

（各6点，計18点）

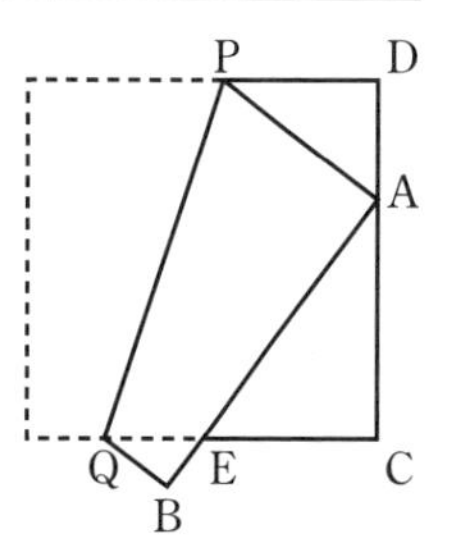

(1)　線分PDの長さを求めよ。

(2)　△QBE∽△PDAであることを証明せよ。

(3)　線分PQの長さを求めよ。

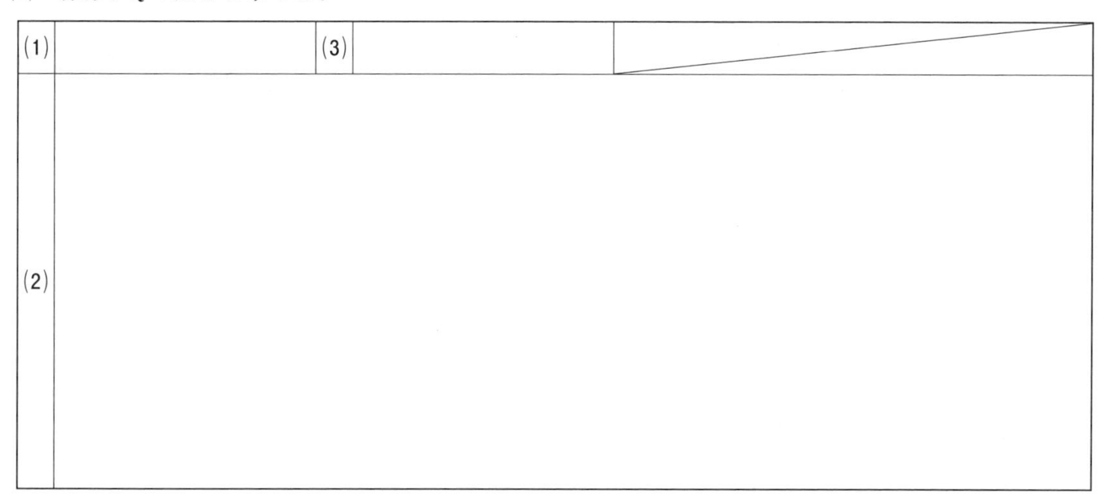

5　1辺の長さが6である正三角形の面を6つ用いてできる右の図のような立体ABCDEがある。　（各6点，計18点）

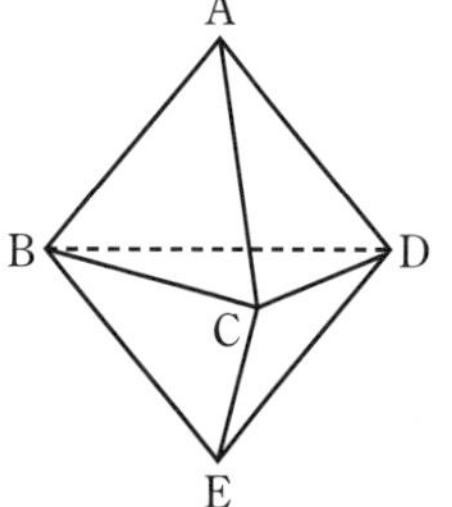

(1)　2点A，E間の距離を求めよ。

(2)　四面体ABCEの体積を求めよ。

(3)　辺AB，BC，CEの中点をそれぞれP，Q，Rとする。四面体ABCEを3点P，Q，Rを通る平面で切ったときにできる切り口の面積を求めよ。

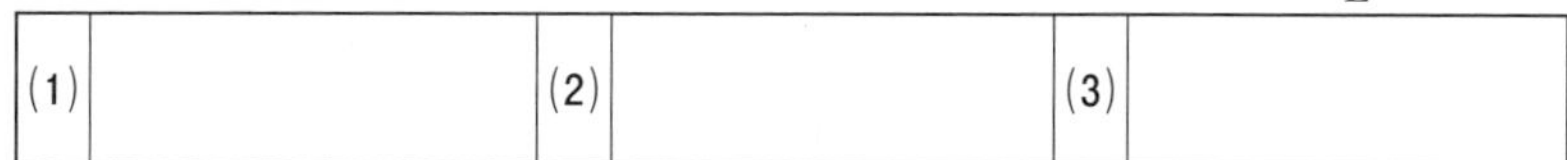

第2回 模擬テスト

▶解答→別冊 p.123

1 次の問いに答えなさい。 (各5点，計20点)

(1) $\dfrac{\sqrt{27}}{\sqrt{50}}\left(6-\dfrac{2\sqrt{3}}{3\sqrt{2}}\right)-\sqrt{75}(\sqrt{12}-4\sqrt{8})$ を計算せよ。

(2) $(2x+1)(x+1)+4x(x+2)-(2x-1)(x+2)$ を因数分解せよ。

(3) 記号◎を a◎$b=a\times b-a-b$ と定めるとき，$(3$◎$x)$◎$x=23$ を満たす x をすべて求めよ。

(4) $x=\sqrt{14}+\sqrt{13}$，$y=\sqrt{14}-\sqrt{13}$ のとき，$\dfrac{1}{x^2}+\dfrac{1}{y^2}$ の値を求めよ。

(1)		(2)		(3)		(4)	

2 次の問いに答えなさい。 ((1)7点，(2)・(3)各5点，計17点)

(1) 解答欄の図を使って，円Oに接し，線分PR，QRに同時に接する円を作図せよ。ただし，定規は直線をひくときのみ使用し，作図に使った線は消さないこと。

(2) 右の図のように，円Oに△ABCが内接している。
辺BCと直径DEが平行であり，∠EDC＝21°のとき，∠xの大きさを求めよ。

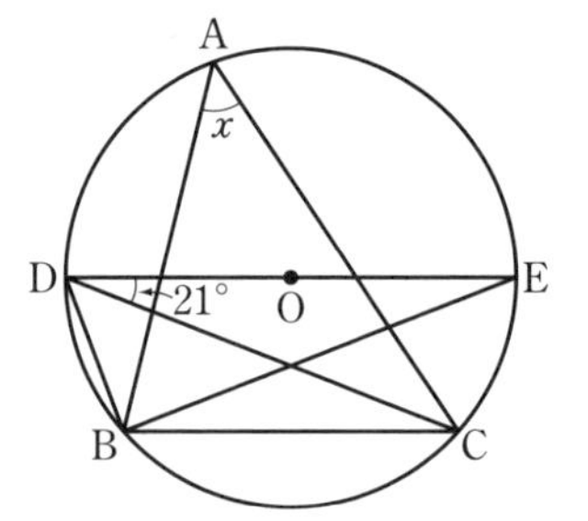

(3) 右の図のように，同じ半径の3つの円があり，それら2つずつの円がそれぞれ点A，B，Cを共有している。点Aを通る直線が2つの円とA以外の点D，Eで交わっている。同様に，点Bを通る直線が2つの円と点D，Gで交わるとし，点Cを通る直線が2つの円と点E，Fで交わるとする。∠CBG＝16°とするとき，
∠BGFの大きさを求めよ。

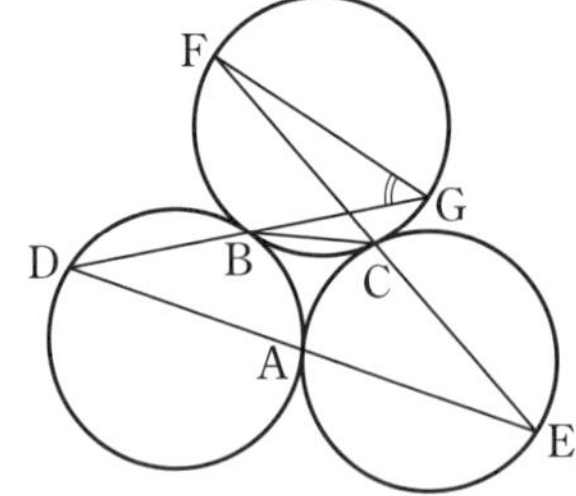

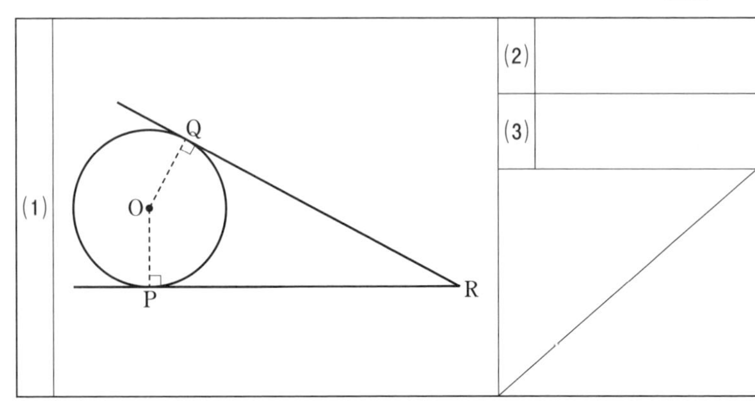

3　右の図のように，放物線$y=ax^2(a>0)$上に，3点A，B，Cがあり，それぞれのx座標は-4，2，8である。

また，直線ABの式は$y=-\frac{1}{2}x+b$である。　（各7点，計21点）

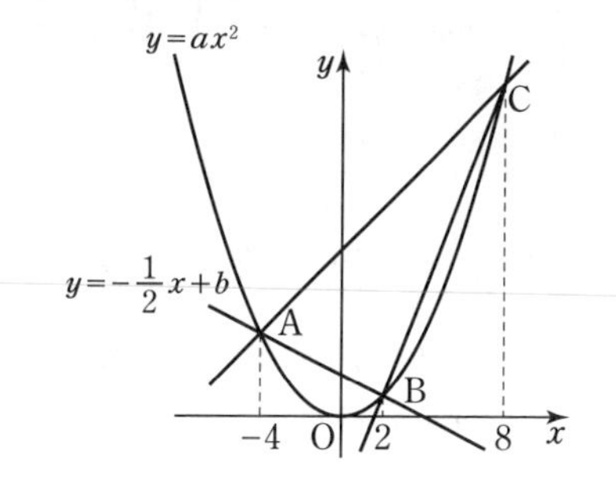

(1)　a，bの値を求めよ。

(2)　直線BCの式を求めよ。

(3)　x軸上に，点Dを△DBCの面積が△ABCの面積の2倍になるようにとるとき，点Dのx座標をすべて求めよ。

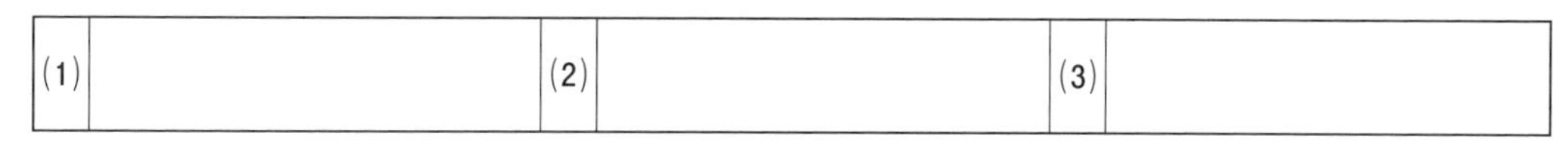

4　図1は六面体の展開図で，1辺の長さが1の正三角形が2面，1辺の長さが1で内角の1つが60°であるひし形が2面，3辺が1で1辺が2の等脚台形が2面，合計6面である。

図2は，この展開図を組み立ててできる六面体の見取図の一部で，3面だけを描いたものである。　（各7点，計21点）

図1

(1)　図2に残りの3面を追加して，見取図を完成させよ。その際，3頂点D，F，Gも書き入れよ。

(2)　この六面体の体積を求めよ。

(3)　辺AC上に，$AP=\frac{2}{3}$である点Pをとる。点Pを通り，図2の底面に平行な平面で，この六面体を切断するとき，上側の立体と下側の立体の体積比を求めよ。

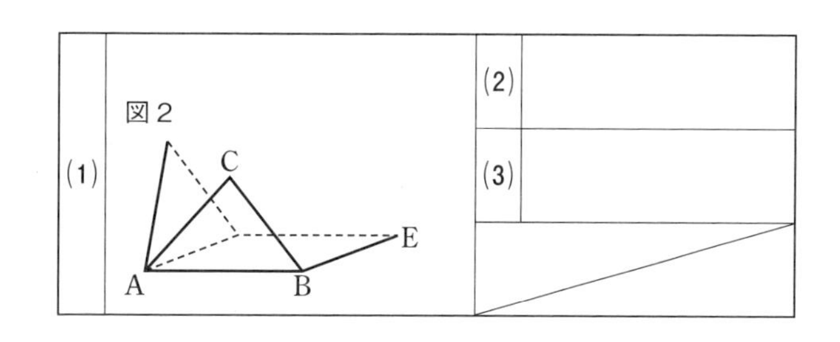

5　右の図のような1辺の長さが6cmの立方体ABCD-EFGHがあり，辺ABの中点をM，辺BCの中点をNとする。辺AB上を動く点Pは，点Aを出発して，毎秒1cmの速さで，点Mに到着するまで動き，また，辺BF上を動く点Qは，点Bを出発して毎秒2cmの速さで点Fに到着するまで動くものとする。

2点P，Qが同時に出発するとき，次の問いに答えなさい。

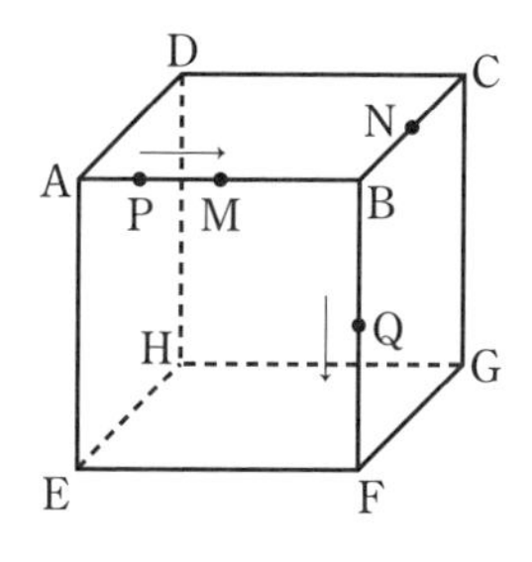

（各7点，計21点）

(1)　△PNQが二等辺三角形となるのは，点P，Qが動きはじめてから何秒後か，すべて答えよ。

(2)　(1)で求めた二等辺三角形のうち，面積が最大のものについて考える。

①　面積Sを求めよ。

②　四面体BPNQの頂点Bから底面PNQにひいた垂線の長さを求めよ。

(1)		(2)	①		②	

第3回 模擬テスト

▶解答→別冊 p.126

時間50分　得点　／100

1　次の問いに答えなさい。（各5点，計20点）

(1)　x，yに関する2組の連立方程式

$$\begin{cases} 2x+y=11 \\ 3ax+by=-6 \end{cases} \qquad \begin{cases} bx+2ay=1 \\ 8x-3y=9 \end{cases}$$

が共通の解をもつとき，定数a，bの値を求めよ。

(2)　2次方程式$x^2-(2a-3)x+a^2-3a-10=0$が，$x=-1$を解にもち，さらに3の倍数を解にもつとき，aの値を求めよ。

(3)　nも$\sqrt{2012+n^2}$もともに正の整数となるのは，$n=$［　　］のときである。

(4)　a，bはともに正の整数で，$a<b$である。aとbの積が500で，最小公倍数が100であるとき，a，bの組をすべて求めよ。

(1)		(2)		(3)		(4)	

2　次のア～エの箱ひげ図と対応するヒストグラムをA～Dの中からそれぞれ選びなさい。（完答5点）

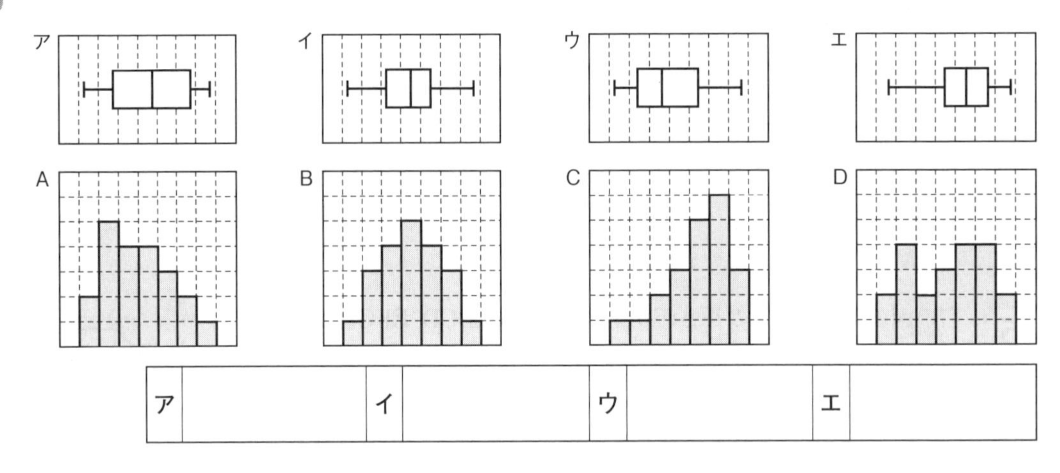

ア		イ		ウ		エ	

3　同じさいころを続けて3回投げるとき，次の確率を求めなさい。（各5点，計15点）

(1)　3回とも同じ目である確率

(2)　1回目より2回目，2回目より3回目の目が大きくなる確率

(3)　少なくとも1回は2の倍数が出る確率

(1)		(2)		(3)	

4　右の図のような高さ20 mの建物ABCDがある。屋上の端Aから水平方向に向けて弾を撃ち，目の前の上方の点Pから地上の点Qに向けて一定の速度で垂直に降りてくる的Mに当てようとしている。弾は，的MがPから動き始めた瞬間に撃ち出すものとする。BQ間の距離は60 mである。

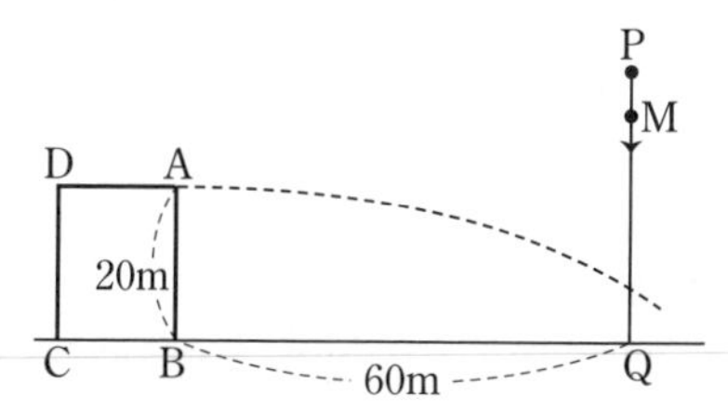

弾を撃ち出す速さを毎秒a m，的Mの移動する速さを毎秒b m，点Pの地上からの高さをh mとする。撃ち出してからt秒後に，弾は水平方向にat m進み，重力により垂直方向に$5t^2$ m落下するものとする。なお，弾は地面に落ちたらはねかえらないものとする。このとき，次の問いに答えなさい。

（各6点，計18点）

(1)　弾を点Qに着地させるには，aをいくらにすればよいか。

(2)　$h=35$，$b=20$のとき，弾を的Mに命中させるには，aをいくらにすればよいか。

(3)　$a=40$で撃ち出した弾を的Mに命中させるには，hをいくらにすればよいか。bの式で表せ。

(1)		(2)		(3)	

5　右の図において，①は$y=ax^2$ $(x \geqq 0)$，②は$y=4$のグラフであり，2つの円の中心A，Bは①上の点である。円Aはx軸，y軸および②に接していて，円Bはy軸および②に接している。また，③は2つの円AとBに接する直線であり，y軸との交点をC，円Bとの接点をDとする。

このとき，次の問いに答えなさい。ただし，Oは原点とする。

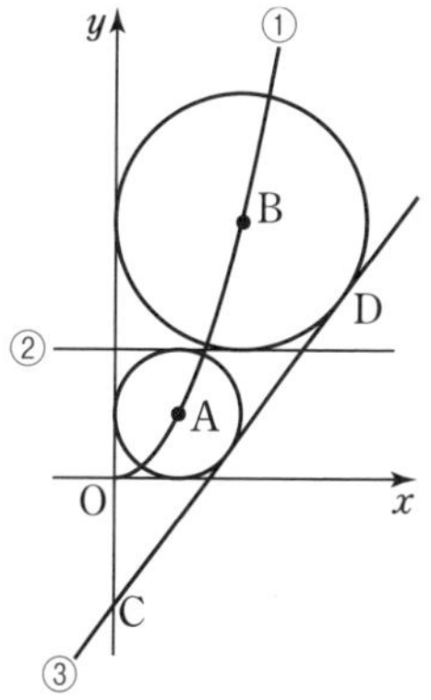

（各7点，計21点）

(1)　aの値を求めよ。

(2)　Bの座標を求めよ。

(3)　CDの長さを求めよ。

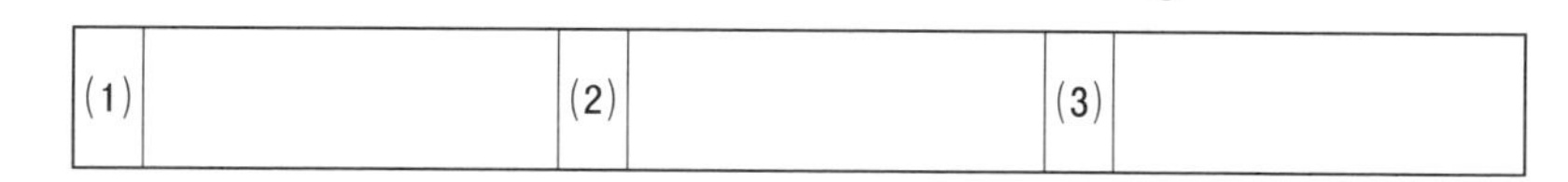

6　右の図のような正四角錐O-ABCDにおいて，底面ABCDは1辺の長さが6の正方形で，OA=OB=OC=OD=6である。

また，辺OB上に点P，辺OD上に点Qがそれぞれあり，OP=OQ=4とする。さらに，3点A，P，Qを通る平面が辺OCと交わる点をRとする。

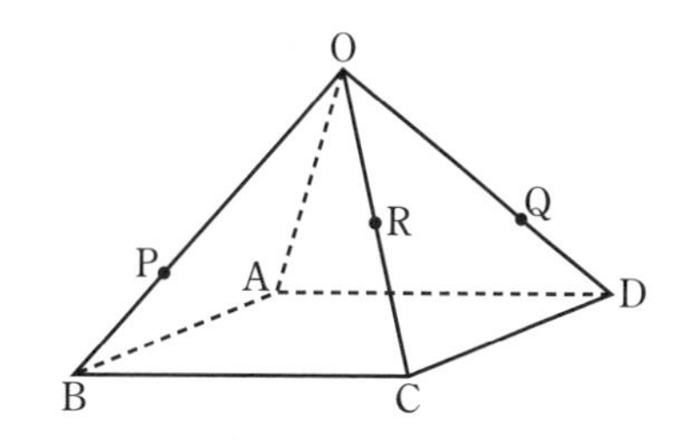

次の問いに答えなさい。

（各7点，計21点）

(1)　線分ORの長さを求めよ。

(2)　立体O-APRQの体積は，立体O-ABCDの体積の何倍であるかを求めよ。

(3)　点Oから平面APRQに垂線をひき，その垂線と平面APRQとの交点をHとする。線分OHの長さを求めよ。

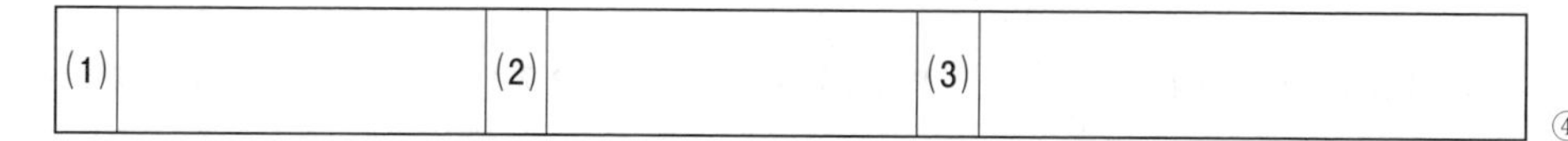

④

□ 執筆協力　間宮勝己
□ 編集協力　㈲四月社　高坂彩乃　鳥居竜三
□ 本文デザイン　CONNECT
□ 図版作成　㈲ Y-Yard　㈲四月社

シグマベスト
最高水準問題集 高校入試
数学

編　者　文英堂編集部
発行者　益井英郎
印刷所　株式会社天理時報社
発行所　株式会社文英堂
〒601-8121　京都市南区上鳥羽大物町28
〒162-0832　東京都新宿区岩戸町17
(代表)03-3269-4231

●落丁・乱丁はおとりかえします。

ΣBEST
シグマベスト

数学
解答と解説

文英堂

1 数の計算

001 (1) $-\frac{2}{3}$　(2) $-\frac{23}{12}$
(3) 16　(4) 2012
(5) 0.16　(6) $\frac{16}{25}$

解説 (1) $\left(-\frac{2}{3}\right)^2\times 6\div(-10)-\frac{2}{5}$

$=-\frac{4\times 6}{9\times 10}-\frac{2}{5}$

$=-\frac{4}{15}-\frac{6}{15}$

$=-\frac{10}{15}=-\frac{2}{3}$

(2) $-2^4\div(-3)^2\div\frac{2}{3}-3\div(-2^2)$

$=-2^4\div 3^2\div\frac{2}{3}+3\div 2^2$

$=-\frac{2^4\times 3}{3^2\times 2}+\frac{3}{2^2}$

$=-\frac{2^3}{3}+\frac{3}{2^2}$

$=-\frac{8}{3}+\frac{3}{4}$

$=-\frac{32}{12}+\frac{9}{12}$

$=-\frac{23}{12}$

(3) $\{(-2)^3-3\times(-4)\}\div\left(\frac{1}{2}-1\right)^2$

$=(-8+12)\div\left(-\frac{1}{2}\right)^2$

$=4\div\frac{1}{4}$

$=4\times\frac{4}{1}$

$=16$

(4) $x=20$とおくと

$18^2+18\times 19+20^2+21\times 22+22^2$

$=(x-2)^2+(x-2)(x-1)+x^2$
$\quad+(x+1)(x+2)+(x+2)^2$

$=x^2-4x+4+x^2-3x+2+x^2+x^2+3x+2$
$\quad+x^2+4x+4$

$=5x^2+12$

$=5\times 20^2+12$

$=2000+12$

$=2012$

(5) $x=0.65$，$y=0.25$とおくと

$0.65^2+(-0.25)^2-0.65\times 0.25\times 2$

$=x^2+(-y)^2-x\times y\times 2$

$=x^2+y^2-2xy$

$=(x-y)^2$

$=(0.65-0.25)^2$

$=0.4^2$

$=0.16$

(6) $\dfrac{\frac{3}{4}+\frac{1}{20}}{\frac{7}{12}+\frac{1}{1+\frac{1}{2}}}$

$=\dfrac{\frac{15}{20}+\frac{1}{20}}{\frac{7}{12}+\frac{1}{\frac{3}{2}}}=\dfrac{\frac{16}{20}}{\frac{7}{12}+\frac{2}{3}}$

$=\dfrac{\frac{4}{5}}{\frac{7}{12}+\frac{8}{12}}=\dfrac{\frac{4}{5}}{\frac{15}{12}}=\dfrac{\frac{4}{5}}{\frac{5}{4}}$

$=\frac{4\times 4}{5\times 5}=\frac{16}{25}$

002 (1) $\frac{14}{3}$　(2) 0
(3) $2\sqrt{3}$　(4) $\frac{11\sqrt{6}}{6}$
(5) $40-20\sqrt{3}$　(6) $\frac{-2\sqrt{3}+3\sqrt{2}}{6}$

解説 (1) $\left(\frac{10}{\sqrt{5}}-\frac{5}{\sqrt{3}}\right)\left(\frac{2}{\sqrt{3}}+\frac{4}{\sqrt{5}}\right)$

$=5\left(\frac{2}{\sqrt{5}}-\frac{1}{\sqrt{3}}\right)\times 2\left(\frac{1}{\sqrt{3}}+\frac{2}{\sqrt{5}}\right)$

$=10\left(\frac{2}{\sqrt{15}}+\frac{4}{5}-\frac{1}{3}-\frac{2}{\sqrt{15}}\right)$

$=10\times\frac{7}{15}$

$=\frac{14}{3}$

(2) $\frac{\sqrt{27}}{2}-3\sqrt{48}-\frac{\sqrt{735}}{\sqrt{20}}+2\sqrt{147}$

$=\frac{3\sqrt{3}}{2}-12\sqrt{3}-\frac{\sqrt{147}}{\sqrt{4}}+14\sqrt{3}$

$=\frac{3\sqrt{3}}{2}-12\sqrt{3}-\frac{7\sqrt{3}}{2}+14\sqrt{3}$

$=-\frac{4\sqrt{3}}{2}+2\sqrt{3}$

$=-2\sqrt{3}+2\sqrt{3}=0$

(3) $(1+\sqrt{2}+\sqrt{3})(2+\sqrt{2}-\sqrt{6})-(\sqrt{3}-1)^2$

$=(1+\sqrt{2}+\sqrt{3})\times\sqrt{2}(\sqrt{2}+1-\sqrt{3})$
$\quad-(3-2\sqrt{3}+1)$

$=\sqrt{2}(1+\sqrt{2}+\sqrt{3})(1+\sqrt{2}-\sqrt{3})-(4-2\sqrt{3})$

ここで，$1+\sqrt{2}=A$とおくと

$\sqrt{2}(1+\sqrt{2}+\sqrt{3})(1+\sqrt{2}-\sqrt{3})-(4-2\sqrt{3})$
$=\sqrt{2}(A+\sqrt{3})(A-\sqrt{3})-4+2\sqrt{3}$
$=\sqrt{2}(A^2-3)-4+2\sqrt{3}$
$=\sqrt{2}A^2-3\sqrt{2}-4+2\sqrt{3}$
$=\sqrt{2}(1+\sqrt{2})^2-3\sqrt{2}-4+2\sqrt{3}$
$=\sqrt{2}(1+2\sqrt{2}+2)-3\sqrt{2}-4+2\sqrt{3}$
$=3\sqrt{2}+4-3\sqrt{2}-4+2\sqrt{3}$
$=2\sqrt{3}$

(4) $(1+2\sqrt{3})\left(\frac{\sqrt{98}}{7}+\frac{6}{\sqrt{54}}-\frac{\sqrt{3}}{\sqrt{2}}\right)$
$=(1+2\sqrt{3})\left(\frac{7\sqrt{2}}{7}+\frac{6}{3\sqrt{6}}-\frac{\sqrt{6}}{2}\right)$
$=(1+2\sqrt{3})\left(\sqrt{2}+\frac{2}{\sqrt{6}}-\frac{\sqrt{6}}{2}\right)$
$=(1+2\sqrt{3})\left(\sqrt{2}+\frac{2\sqrt{6}}{6}-\frac{\sqrt{6}}{2}\right)$
$=(1+2\sqrt{3})\left(\sqrt{2}+\frac{2\sqrt{6}}{6}-\frac{3\sqrt{6}}{6}\right)$
$=(1+2\sqrt{3})\left(\sqrt{2}-\frac{\sqrt{6}}{6}\right)$
$=\sqrt{2}-\frac{\sqrt{6}}{6}+2\sqrt{6}-\frac{2\sqrt{18}}{6}$
$=\sqrt{2}-\frac{\sqrt{6}}{6}+2\sqrt{6}-\frac{6\sqrt{2}}{6}$
$=-\frac{\sqrt{6}}{6}+\frac{12\sqrt{6}}{6}$
$=\frac{11\sqrt{6}}{6}$

(5) $(\sqrt{2}-\sqrt{3}+3-\sqrt{6})^2+(\sqrt{2}+\sqrt{3}-3-\sqrt{6})^2$
$=(\sqrt{2}-\sqrt{6}-\sqrt{3}+3)^2+(\sqrt{2}-\sqrt{6}+\sqrt{3}-3)^2$
$=\{(\sqrt{2}-\sqrt{6})-(\sqrt{3}-3)\}^2$
$\quad+\{(\sqrt{2}-\sqrt{6})+(\sqrt{3}-3)\}^2$
ここで，$\sqrt{2}-\sqrt{6}=A$，$\sqrt{3}-3=B$ とおくと
$\{(\sqrt{2}-\sqrt{6})-(\sqrt{3}-3)\}^2$
$+\{(\sqrt{2}-\sqrt{6})+(\sqrt{3}-3)\}^2$
$=(A-B)^2+(A+B)^2$
$=A^2-2AB+B^2+A^2+2AB+B^2=2A^2+2B^2$
$=2(\sqrt{2}-\sqrt{6})^2+2(\sqrt{3}-3)^2$
$=2(2-2\sqrt{12}+6)+2(3-6\sqrt{3}+9)$
$=2(8-4\sqrt{3})+2(12-6\sqrt{3})$
$=16-8\sqrt{3}+24-12\sqrt{3}$
$=40-20\sqrt{3}$

(6) $\sqrt{2}-\sqrt{3}=A$ とおくと
$\frac{1}{\sqrt{2}-\sqrt{3}+\sqrt{5}}+\frac{1}{\sqrt{2}-\sqrt{3}-\sqrt{5}}$
$=\frac{1}{A+\sqrt{5}}+\frac{1}{A-\sqrt{5}}$
$=\frac{A-\sqrt{5}}{(A+\sqrt{5})(A-\sqrt{5})}+\frac{A+\sqrt{5}}{(A-\sqrt{5})(A+\sqrt{5})}$
$=\frac{A-\sqrt{5}}{A^2-5}+\frac{A+\sqrt{5}}{A^2-5}=\frac{2A}{A^2-5}$
$=\frac{2(\sqrt{2}-\sqrt{3})}{(\sqrt{2}-\sqrt{3})^2-5}$
$=\frac{2(\sqrt{2}-\sqrt{3})}{2-2\sqrt{6}+3-5}$
$=\frac{2(\sqrt{2}-\sqrt{3})}{-2\sqrt{6}}=\frac{-\sqrt{2}+\sqrt{3}}{\sqrt{6}}$
$=\frac{(-\sqrt{2}+\sqrt{3})\times\sqrt{6}}{\sqrt{6}\times\sqrt{6}}$
$=\frac{-\sqrt{12}+\sqrt{18}}{6}$
$=\frac{-2\sqrt{3}+3\sqrt{2}}{6}$

003 (1) $\boldsymbol{x=\frac{105}{4}}$

(2) ①**2100**　②**4**　(3) **48**

解説 (1) $x=\frac{s}{t}$とする。sが35，21，15の公倍数であり，tが128，100，56の公約数であれば，3つの数は整数となる。
$\frac{s}{t}=\frac{(35,\ 21,\ 15\text{の最小公倍数})}{(128,\ 100,\ 56\text{の最大公約数})}$ のとき，xは最小となるから　$x=\frac{105}{4}$

(2) 2つの自然数をA，$B(A>B)$とおくと，a，bを互いに素(最大公約数が1)な自然数として，$A=5a$，$B=5b$と表せる。最小公倍数は$5ab$であるから
$5ab=420$　よって　$ab=84$
2数の積 $AB=5a\times5b=25ab=25\times84=2100$ ←①
また，$ab=84$を満たす互いに素な自然数a，b $(a>b)$の組$(a,\ b)$は
$(a,\ b)=(84,\ 1),\ (28,\ 3),\ (21,\ 4),\ (12,\ 7)$
よって　$(A,\ B)=(420,\ 5),\ (140,\ 15),$
$(105,\ 20),\ (60,\ 35)$
の4組。←②

(3) 2つの正の整数A，Bの最大公約数をpとすると，a，bを互いに素な自然数として，$A=pa$，$B=pb$と表せる。
$AB=p^2ab=1920$，また，最小公倍数$pab=240$であるから
$240p=1920$　よって　$p=8$
また，$8ab=240$より　$ab=30$
これを満たす互いに素な自然数a，bの組$(a,\ b)$ $(a>b)$は
$(a,\ b)=(30,\ 1),\ (15,\ 2),\ (10,\ 3),\ (6,\ 5)$

の4組。

よって　$(A,\ B)=(240,\ 8),\ (120,\ 16),$
$(80,\ 24),\ (48,\ 40)$

AとBの和が最小となるのは，$A=48$，$B=40$のとき。

004 (1) ①**97**　②**47**　③**17，19**
(2) **48**

解説 (1) ①求める素因数は，100までの自然数の中で最大の素数であるから　97

②100までの自然数の中で2×(素数)と表せる最大の自然数は94(=47×2)であるから，求める素因数は　47

③pを素数として$5p \leqq 100 < 6p$を満たせばよいから，$\dfrac{50}{3} < p \leqq 20$　pは素数より　$p=17,\ 19$

(2) $100 \div 3=33$ 余り 1（3個ごとに3の倍数が現れる）
$100 \div 3^2=11$ 余り 1（9個ごとに3^2の倍数が現れる）
$100 \div 3^3=3$ 余り 19（27個ごとに3^3の倍数が現れる）
$100 \div 3^4=1$ 余り 19（81個ごとに3^4の倍数が現れる）

よって，$33+11+3+1=48$ より，素因数3の指数は　48

005 (1) **12個**　(2) $\boldsymbol{p-1}$**(個)**
(3) $\boldsymbol{pq-p-q+1}$**(個)**

解説 (1) $21 \div 3=7$
$21 \div 7=3$
$21 \div 21=1$
$(7+3)-1=9$

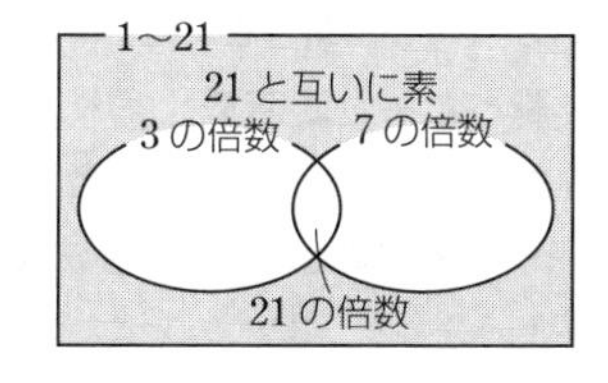

よって
$21-9=12$(個)

(2) p以外の数はすべてpと互いに素であるから
$p-1$(個)

(3) $pq \div p=q$
$pq \div q=p$
$pq \div pq=1$
$(q+p)-1$
$=p+q-1$

1～pq
pqと互いに素
pの倍数
qの倍数
pqの倍数

よって　$pq-(p+q-1)=pq-p-q+1$(個)

006 (1) **5**　(2) $\boldsymbol{m=505}$
(3) $\boldsymbol{(m,\ n)=(7,\ 28),\ (8,\ 32)}$

解説 (1) $N^2 \leqq n < (N+1)^2$より，自然数nの個数は
$(N+1)^2-N^2=N^2+2N+1-N^2$
$=2N+1$
よって，$2N+1=11$より　$N=5$

(2) $2m-1 \leqq \sqrt{n} \leqq 2m$
各辺を2乗して
$(2m-1)^2 \leqq n \leqq 4m^2$
よって
$4m^2-\{(2m-1)^2-1\}=2020$
$4m^2-(4m^2-4m+1-1)=2020$
$4m^2-4m^2+4m=2020$
$4m=2020$
$m=505$

(3) $2<\sqrt{m}<3$より　$4<m<9$
よって　$m=5,\ 6,\ 7,\ 8$
$5<\sqrt{n}<6$より　$25<n<36$　…①

$m=5$のとき　mnが平方数となるのは，$n=5k^2$（kは整数）のときである。$k=1,\ 2,\ 3,\ \cdots$のとき，$n=5,\ 20,\ 45,\ \cdots$より，①を満たすものはない。

$m=6$のとき　mnが平方数となるのは，$n=6k^2$（kは整数）のときである。$k=1,\ 2,\ 3,\ \cdots$のとき，$n=6,\ 24,\ 54,\ \cdots$より，①を満たすものはない。

$m=7$のとき　mnが平方数となるのは，$n=7k^2$（kは整数）のときである。$k=1,\ 2,\ 3,\ \cdots$のとき，$n=7,\ 28,\ 63,\ \cdots$より，①を満たすものは　28

$m=8$のとき　mnが平方数となるのは，$n=2k^2$（kは整数）のときである。$k=1,\ 2,\ 3,\ \cdots$のとき，$n=2,\ 8,\ 18,\ 32,\ 50,\ \cdots$より，①を満たすものは　32

以上より　$(m,\ n)=(7,\ 28),\ (8,\ 32)$

007 (1) $\boldsymbol{x=7}$　(2) $\boldsymbol{n=6,\ 24,\ 294,\ 1176}$
(3) $\boldsymbol{n=14}$

解説 (1) $\sqrt{112x}=\sqrt{2^2 \times 2^2 \times 7 \times x}$　$x=7a^2$（aは自然数）であれば$\sqrt{112x}$は自然数となる。
$a=1$のとき，xは最小となるから　$x=7$

(2) $\sqrt{\dfrac{1176}{n}}=\sqrt{\dfrac{2^2 \times 7^2 \times 2 \times 3}{n}}$　整数となるのは

$n=2\times3,\ 2\times3\times2^2,\ 2\times3\times7^2,\ 2\times3\times2^2\times7^2$

のときであるから　$n=6,\ 24,\ 294,\ 1176$

(3)　$\sqrt{n^2+29}=a$（aは整数）とおく。両辺を2乗して

$n^2+29=a^2$　　$a^2-n^2=29$　　$(a+n)(a-n)=29$

ここで，$a+n$，$a-n$は$a+n>a-n$，$a+n>0$，$a-n>0$となる整数であるから，

$\begin{cases}a+n=29\\a-n=1\end{cases}$ を解いて　$(a,\ n)=(15,\ 14)$

008　(1) **29**　　(2) **4**

(3) ① **3**　　② $\boldsymbol{\sqrt{2}-1}$

③ $\boldsymbol{5+2\sqrt{2}}$

(4) $\boldsymbol{n=8,\ 9,\ 10,\ 11}$

解説　(1)　$\sqrt{25}<\sqrt{29}<\sqrt{36}$ より　$5<\sqrt{29}<6$

よって　$a=5$，$b=\sqrt{29}-5$

$a^2+b(b+10)$に代入して

$a^2+b(b+10)=5^2+(\sqrt{29}-5)(\sqrt{29}-5+10)$

$=25+(\sqrt{29}-5)(\sqrt{29}+5)$

$=25+29-25=29$

(2)　$\sqrt{1}<\sqrt{3}<\sqrt{4}$ より　$1<\sqrt{3}<2$

$-2<-\sqrt{3}<-1$　であるから

$5-2<5-\sqrt{3}<5-1$　　よって　$3<5-\sqrt{3}<4$

$a=3$，$b=5-\sqrt{3}-3=2-\sqrt{3}$

$\dfrac{7a-3b^2}{2a-3b}=\dfrac{7\times3-3(2-\sqrt{3})^2}{2\times3-3(2-\sqrt{3})}$

$=\dfrac{21-3(4-4\sqrt{3}+3)}{6-6+3\sqrt{3}}=\dfrac{12\sqrt{3}}{3\sqrt{3}}=4$

(3)　①，② $\dfrac{2}{2-\sqrt{2}}=\dfrac{2(2+\sqrt{2})}{(2-\sqrt{2})(2+\sqrt{2})}$

$=\dfrac{2(2+\sqrt{2})}{4-2}=2+\sqrt{2}$

$\sqrt{1}<\sqrt{2}<\sqrt{4}$ より　$1<\sqrt{2}<2$

したがって　$3<2+\sqrt{2}<4$

よって　$a=3$，$b=2+\sqrt{2}-3=\sqrt{2}-1$

③ $a+\dfrac{2}{b}=3+\dfrac{2}{\sqrt{2}-1}=3+\dfrac{2(\sqrt{2}+1)}{(\sqrt{2}-1)(\sqrt{2}+1)}$

$=3+\dfrac{2\sqrt{2}+2}{2-1}=3+2\sqrt{2}+2=5+2\sqrt{2}$

(4)　整数部分が2であることより

$2\leqq\dfrac{4}{\sqrt{n}-\sqrt{2}}<3$

各辺を4で割って

$\dfrac{1}{2}\leqq\dfrac{1}{\sqrt{n}-\sqrt{2}}<\dfrac{3}{4}$

各辺の逆数をとる。不等号の向きに注意して

$2\geqq\sqrt{n}\quad\sqrt{2}>\dfrac{4}{3}$

よって，$\dfrac{4}{3}+\sqrt{2}<\sqrt{n}\leqq2+\sqrt{2}$

各辺を2乗して

$\left(\dfrac{4}{3}+\sqrt{2}\right)^2<n\leqq(2+\sqrt{2})^2$

$\dfrac{34+24\sqrt{2}}{9}<n\leqq6+4\sqrt{2}$

$\sqrt{2}=1.41\cdots$であるから

$7.5\cdots<n\leqq11.6\cdots$

よって　$n=8,\ 9,\ 10,\ 11$

009　(1) ① **112**　　② **59番目**

(2) **(1，1，0，1，1)**

解説　(1)　①0から数えはじめているので，1からだと14番目の3進数が求める数である。

よって　112

$$\begin{array}{r|l}3&14\\3&4\cdots2\\3&1\cdots1\\&0\cdots1\end{array}\ \uparrow$$

② $2011=3^3\times2+3^2\times0+3\times1+1\times1$

$=54+0+3+1=58$

1から数えて58番目の3進数が2011であるから，0からだと　59番目

(2)　$0.84375=0.5+0.25+0.0625+0.03125$

$=1\times\dfrac{1}{2}+1\times\dfrac{1}{2^2}+0\times\dfrac{1}{2^3}+1\times\dfrac{1}{2^4}+1\times\dfrac{1}{2^5}$

であるから，$0.84375=(1,\ 1,\ 0,\ 1,\ 1)$

入試メモ　10進数の17を3進法で表すには，右のように3で割った余りを求め，余りを逆に並べる。よって，$122_{(3)}$となる。

$$\begin{array}{r|l}3&17\\3&5\cdots2\\3&1\cdots2\\&0\cdots1\end{array}\ \uparrow$$

3進数の122を10進法で表すには，位取りを1，3，3^2，3^3，…とし，その位の数との積の和を求める。

$3^2\times1+3\times2+1\times2=9+6+2=17$

よって，17となる。

010　**8個**

解説　$a=\dfrac{n}{84}$（nと84は互いに素，nは自然数）とおく。$\dfrac{1}{6}\leqq\dfrac{n}{84}\leqq\dfrac{1}{2}$　　$\dfrac{14}{84}\leqq\dfrac{n}{84}\leqq\dfrac{42}{84}$

$84=2^2\times3\times7$であるから，nは，14から42の自然数のうち素因数2，3，7をもたない数である。

$n=17,\ 19,\ 23,\ 25,\ 29,\ 31,\ 37,\ 41$より，8個。

011 7

解説 1から30までのすべての奇数の積をNとすると

$N=1\times3\times5\times7\times9\times11\times13\times15\times17\times19\times21\times23\times25\times27\times29$

Nの各因数を8で割った余りの積をつくり，Mとすると

$M=1\times3\times5\times7\times1\times3\times5\times7\times1\times3\times5\times7\times1\times3\times5$
$=105\times105\times105\times15$

Mの各因数を8で割った余りの積をつくり，Lとすると

$L=1\times1\times1\times7=7$

入試メモ 余りに関しては，一般的に，2数の積をある数で割った余りは，2数それぞれをある数で割った余りの積をある数で割った余りに等しい。また，2数の和をある数で割った余りは，2数それぞれをある数で割った余りの和をある数で割った余りに等しい。

012 2

解説 $a=13b+10$ …①

また，bを11で割った商をcとすると

$b=11c+7$ …②

②を①に代入して

$a=13(11c+7)+10$
$=13\times11c+91+10$
$=13\times11c+101$
$=13\times11c+9\times11+2$
$=11(13c+9)+2$

よって，aを11で割ったときの商は$(13c+9)$で，余りは 2

013 (1) 016，513 (2) 小数第32位，36451

解説 (1) $1=998\times0.001+0.002$

$0.001=A$とおくと

$1=998A+2A$
$=998A+2A\times1$
$=998A+2A(998A+2A)$
$=998A+2\times998A^2+4A^2$
$=998A+2\times998A^2+4A^2\times1$
$=998A+2\times998A^2+4A^2(998A+2A)$
$=998A+2\times998A^2+4\times998A^3+8A^3$
$=998A+2\times998A^2+4\times998A^3+8A^3\times1$
$=\cdots$

よって，

$\frac{1}{998}=A+2A^2+4A^3+8A^4+16A^5+\cdots$
$=0.001+2\times0.001^2+2^2\times0.001^3+2^3\times0.001^4+2^4\times0.001^5+\cdots$
$=0.001002004008016032064128256513026\cdots$

したがって，小数第13位から15位は

$2^4\times0.001^5=\frac{16}{1000^5}$ より 016

小数第28位から30位は

$2^9\times0.001^{10}+2^{10}\times0.001^{11}=\frac{512}{1000^{10}}+\frac{1024}{1000^{11}}$
$=\frac{513024}{1000^{11}}$ より 513

(2) $1=99997\times0.00001+0.00003$

$0.00001=B$とおいて(1)と同様に考えると

$\frac{1}{99997}=B+3B^2+9B^3+27B^4+\cdots$

$\frac{5}{99997}=5B+5\times3B^2+5\times3^2B^3+5\times3^3B^4+\cdots$
$=0.000050001500045001350040501215036451093 5\cdots$

0でない数が初めて5個以上並ぶのは，小数第32位からで 36451

(注意)

これらの小数は循環節が非常に長いが循環小数である。

014 (1) 165 (2) 231 (3) 42個

解説 (1) 真ん中の数をxとおくと，連続する7個の正の整数は，$x-3$，$x-2$，$x-1$，x，$x+1$，$x+2$，$x+3$と表せる。

よって $7x=1155$ $x=165$

(2) 連続する10個の正の整数の最小の数をa，最大の数をbとする。小さい順にたしても，大きい順にたしても和は1155であるから

$$\begin{array}{rccccccccc} & a & + & (a+1) & +\cdots+ & (b-1) & + & b & = & 1155 \\ +) & b & + & (b-1) & +\cdots+ & (a+1) & + & a & = & 1155 \\ \hline & (a+b) & + & (a+b) & +\cdots+ & (a+b) & + & (a+b) & = & 2310 \end{array}$$

よって $10(a+b)=2310$ $a+b=231$

(3) (2)と同様に，連続する正の整数の最小の数をa，最大の数をb，連続する正の整数の個数をn個とすると $n(a+b)=2310$

よって，nと$a+b$は2310の約数である。

$2310=2\times3\times5\times7\times11$

$a+b=a+(a+n-1)=n+(2a-1)>n$

を手がかりに，次の表が得られる。

n	1	2	3	5	6	7	10	11
$a+b$	2310	1155	770	462	385	330	231	210
	14	15	21	22	30	33	35	42
	165	154	110	105	77	70	66	55

$n=42$のとき

$a+b=42+(2a-1)=55$ より　$a=7$

これは題意を満たしている。よって，連続する正の整数の個数が最大となるのは，42個のとき。

015　(1) **501個**　(2) **502個**

(3) **$a=8060$, 8061, 8062, 8063, 8064**

解説 (1)　$10=2\times5$ であるから，素因数2と5が1組あれば末尾に0が1つつく。素因数2は素因数5より多いから，素因数5の個数を求めて

$2012\div5=402$余り2

$2012\div5^2=80$余り12

$2012\div5^3=16$余り12

$2012\div5^4=3$余り137

$402+80+16+3=501$(個)

(2)　$4024\div5=804$余り4

$4024\div5^2=160$余り24

$4024\div5^3=32$余り24

$4024\div5^4=6$余り274

$4024\div5^5=1$余り899

$804+160+32+6+1=1003$

よって　$1003-501=502$(個)

(3)　1から2012，2013から4024までの積ごとに500個程度増えているので，8048までの積について考えると

$8048\div5=1609$余り3

$8048\div5^2=321$余り23

$8048\div5^3=64$余り48

$8048\div5^4=12$余り548

$8048\div5^5=2$余り1798

$1609+321+64+12+2=2008$(個)

このあと，8050(5^2を因数にもつ)までの積で2010(個)，8055までで2011(個)，8060までで2012(個)，8065までで2013(個)となるので，該当するのは

$a=8060$, 8061, 8062, 8063, 8064

016　(1) **3**　(2) **4**

解説 1つ目と2つ目の条件より，右の表のことがわかる。

m＼n	1	2	3	4
1	1	2	3	4
2	2			
3	3			
4	4			

(1)　$n*n=1$より，さらに右のことがわかる。

3つ目と4つ目の条件より，

a, b…3か4

b, c…2か3

よって　$2*4=b=3$

m＼n	1	2	3	4
1	1	2	3	4
2	2	1	a	b
3	3	a	1	c
4	4	b	c	1

(2)　$3*4=1$より，さらに右のことがわかる。

3つ目と4つ目の条件より，

b, d…2か4

a, b, c…1か3か4

よって　$2*3=b=4$

m＼n	1	2	3	4
1	1	2	3	4
2	2	a	b	c
3	3	b	d	1
4	4	c	1	e

017　(1) **19**　(2) **6, 9**

(3) **7**　(4) **100**

解説 (1)　図より$n=2$のとき△ABCは19個の部分に分割される。

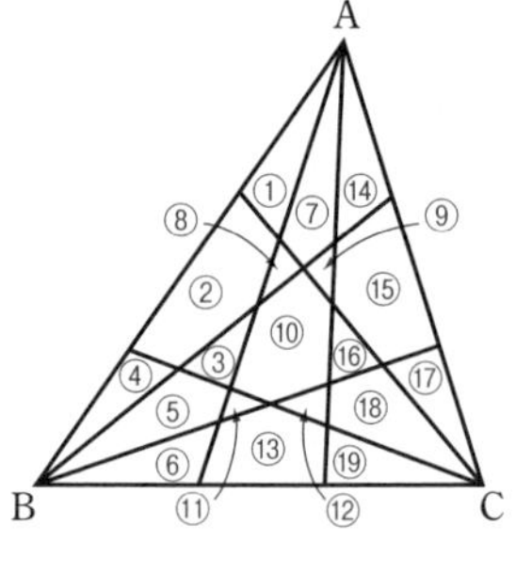

(2)　分割される部分の個数が$an(n+b)+1$で表されることから

$n=1$を代入して

$a(1+b)+1=7$

よって　$a(b+1)=6$

$n=2$を代入して　$2a(2+b)+1=19$

$2a(b+2)=18$　よって　$a(b+2)=9$

(3)　$\begin{cases} a(b+1)=6 \text{ より } ab+a=6 & \cdots① \\ a(b+2)=9 \text{ より } ab+2a=9 & \cdots② \end{cases}$

②−①より　$a=3$

①に代入して　$3b+3=6$　よって　$b=1$

したがって　△ABCは一般に　$3n(n+1)+1$(個)の図形に分割されることになる。

$3n(n+1)+1=169$

$3n(n+1)=168$

$n(n+1)=56$

$n^2+n-56=0$

$(n-7)(n+8)=0$

$n=7,\ -8$

nは0以上の整数なので，$n=7$

(4)　$3n(n+1)+1$に$n=0,\ 1,\ 2,\ 3,\ \cdots,\ 9$を代入してたし合わせると

$\underbrace{1+7}_{6}\underbrace{+19}_{12}\underbrace{+37}_{18}\underbrace{+61}_{24}\underbrace{+91}_{30}\underbrace{+127}_{36}\underbrace{+169}_{42}$

$\underbrace{+217}_{48}\underbrace{+271}_{54}=1000$

和を求めるとちょうど1000になるので

$1000\div10=100$

(別解)

$3n(n+1)+1=3n^2+3n+1$

ここで，$(n+1)^3=n^3+3n^2+3n+1$を利用すると

$3n(n+1)+1=(n+1)^3-n^3$

よって，$n=0,\ 1,\ 2,\ 3,\ \cdots,\ 9$を代入して平均値を求めると

$$\frac{(1^3-0^3)+(2^3-1^3)+(3^3-2^3)+\cdots+(9^3-8^3)+(10^3-9^3)}{10}$$

$$=\frac{10^3}{10}=10^2=100$$

018　(1) **1**　　(2) **3**　　(3) **$p=9$**

解説　(1)　$0<\dfrac{2p-1}{r}<\dfrac{2p-1}{p}=2-\dfrac{1}{p}<2$

よって　$0<\dfrac{2p-1}{r}<2$を満たす整数であるから

$\dfrac{2p-1}{r}=1$

(2)　$\dfrac{2p-1}{r}=1$より　$r=2p-1$

$\dfrac{2r-1}{q}=\dfrac{2(2p-1)-1}{q}=\dfrac{4p-3}{q}$

$\dfrac{4p-3}{q}<\dfrac{4p-3}{p}=4-\dfrac{3}{p}<4$

$\dfrac{4p-3}{q}=\dfrac{2r-1}{q}>\dfrac{2r-1}{r}=2-\dfrac{1}{r}>1$

よって，$1<\dfrac{4p-3}{q}<4$

(i)　$\dfrac{4p-3}{q}=2$とすると，$4p-3=2q$

$4p-3$は奇数なので不適当。

(ii)　$\dfrac{4p-3}{q}=3$とすると，$4p-3=3q$

$(p,\ q,\ r)=(6,\ 7,\ 11)$などで適する。

よって，$\dfrac{2r-1}{q}=3$

(3)　(2)(ii)より，

$3\times\dfrac{2q-1}{p}=\dfrac{2\times3q-3}{p}$

$=\dfrac{2\times(4p-3)-3}{p}$

$=\dfrac{8p-9}{p}$

$=8-\dfrac{9}{p}$

$1<p$より，これが整数となるのは$p=3,\ 9$のとき。

(i)　$p=3$のとき　$(p,\ q,\ r)=(3,\ 3,\ 5)$で不適当。

(ii)　$p=9$のとき　$(p,\ q,\ r)=(9,\ 11,\ 17)$で適する。

よって，$p=9$

019　(1) **20203**　　(2) **8個**

(3) **$a=2$，$N(a)=995$**

解説　(1)　$2020\div7=288$余り4

$7-4=3$

よって，2020の《コード》は　20203

(2)　(i)　4桁の整数が8521のとき

$8521\div7=1217$余り2　$7-2=5$

よって，8521の《コード》は　85215

(ii)　$7-4=3$より4桁の整数を7で割った余りが3であるので，次のように分類することができる。

〈1〉　852$\boxed{a}-3=$(7の倍数)

⇒(7の倍数)となるのは　8526，8519

よって，$\boxed{a}$に当てはまるのは，

852$\boxed{9}$，852$\boxed{2}$

したがって《コード》は　85294，85224

〈2〉　85$\boxed{b}$1$-3=$(7の倍数)

⇒(7の倍数)で末尾が8となるのは，8568，8498

よって，$\boxed{b}$に当てはまるのは

85$\boxed{7}$1，85$\boxed{0}$1

したがって《コード》は，85714，85014

〈3〉　8$\boxed{c}$21$-3=$8$\boxed{c}$18$=$(7の倍数)

⇒(7の倍数)となって$\boxed{c}$に当てはまるのは，8$\boxed{9}$21，8$\boxed{2}$21

したがって《コード》は，89214，82214

〈4〉　$\boxed{d}$521$-3=\boxed{d}$518$=$(7の倍数)

⇒(7の倍数)となって$\boxed{d}$に当てはまるのは，$\boxed{7}$521

したがって《コード》は，75214

以上より，《コード》として考えられるのは，85215，85294，85224，85714，85014，89214，82214，75214の8個。

(3) いくつかのサンプルをとって規則性を考える。

	4桁の数	《コード》	9で割った余り	
	1000	10001	2	1個
63個	1001	10017	0	7個
	1002	10026	0	
	1003	10035	0	
	⋮	⋮	⋮	
	1007	10071	0	
	1008	10087	7	7個
	⋮	⋮	⋮	
	1014	10141	7	
	1015	10157	5	7個
	⋮	⋮	⋮	
	1021	10211	5	
	⋮	⋮	⋮	⋮
	1050	10507	4	7個
	⋮	⋮	⋮	
	1056	10561	4	
	1057	10577	2	7個
	⋮	⋮	⋮	
	1063	10631	2	
	1064	10647	0	
	⋮	⋮	⋮	
	⋮	⋮	⋮	
	9996	99967	4	4個
	9997	99976	4	
	9998	99985	4	
	9999	99994	4	

9で割った余りは最初の1つを除いて0，7，5，3，1，8，6，4，2の順に7個ずつ続き，$7\times9=63$(個)で1セットとなる。

$8999\div63=142$余り53，$53\div7=7$余り4より，9で割った余りが4と2以外は7個の組が143組ある。

4は7個の組が142組と最後の4個，2は7個の組が142組と最初の1個があるから，$N(a)$が最も小さくなるaの値は2で，そのときの$N(a)$の値は

$7\times142+1=995$

(整数を9で割った余りは，8桁の数の和を9で割った余りに等しくなる。)

2 式の計算

020 (1) $\boldsymbol{y^3}$ (2) $\boldsymbol{\dfrac{8}{3}x^3y^6}$

(3) $\boldsymbol{5x^2y^3}$

解説 (1) $\left(\dfrac{3}{2}xy^2\right)^2\div(-3x^2y)^3\times(-12x^4y^2)$

$=\dfrac{9}{4}x^2y^4\div(-27x^6y^3)\times(-12x^4y^2)$

$=\dfrac{9x^2y^4\times12x^4y^2}{4\times27x^6y^3}$

$=\dfrac{x^6y^6}{x^6y^3}=y^3$

(2) $\dfrac{3}{8}x^5\times\left\{\left(\dfrac{2}{3}xy^2\right)^2\div\dfrac{1}{6}x^3y\right\}^2$

$=\dfrac{3}{8}x^5\times\left(\dfrac{4}{9}x^2y^4\div\dfrac{1}{6}x^3y\right)^2$

$=\dfrac{3}{8}x^5\times\left(\dfrac{4x^2y^4\times6}{9\times x^3y}\right)^2$

$=\dfrac{3}{8}x^5\times\left(\dfrac{8y^3}{3x}\right)^2$

$=\dfrac{3}{8}x^5\times\dfrac{64y^6}{9x^2}$

$=\dfrac{3x^5\times64y^6}{8\times9x^2}$

$=\dfrac{8}{3}x^3y^6$

(3) $(-\sqrt{8}x^3y^2)\div\left(-\dfrac{\sqrt{72}}{5}xy\right)\times(\sqrt{3}y)^2$

$=(-2\sqrt{2}x^3y^2)\div\left(-\dfrac{6\sqrt{2}}{5}xy\right)\times3y^2$

$=\dfrac{2\sqrt{2}x^3y^2\times5\times3y^2}{6\sqrt{2}xy}$

$=\dfrac{30\sqrt{2}x^3y^4}{6\sqrt{2}xy}=5x^2y^3$

021 (1) $\boldsymbol{\dfrac{91x-32}{20}}$ (2) $\boldsymbol{\dfrac{3y-6z}{4}}$

(3) $\boldsymbol{2x-y}$

解説 (1) $\dfrac{9-7x}{10}-3(1-2x)-\dfrac{3x-2}{4}$

$=\dfrac{2(9-7x)-60(1-2x)-5(3x-2)}{20}$

$=\dfrac{18-14x-60+120x-15x+10}{20}$

$=\dfrac{91x-32}{20}$

(2) $\dfrac{x+3y-3z}{3}-\dfrac{2x-3y}{6}-\dfrac{3y+2z}{4}$

$=\dfrac{4(x+3y-3z)-2(2x-3y)-3(3y+2z)}{12}$

$=\dfrac{4x+12y-12z-4x+6y-9y-6z}{12}$

$=\dfrac{9y-18z}{12}=\dfrac{3y-6z}{4}$

(3) $\dfrac{11x-7y}{6}-\left(\dfrac{7x-9y}{8}-\dfrac{8x-10y}{9}\right)\times 12$

$=\dfrac{11x-7y}{6}-\dfrac{3(7x-9y)}{2}+\dfrac{4(8x-10y)}{3}$

$=\dfrac{11x-7y-9(7x-9y)+8(8x-10y)}{6}$

$=\dfrac{11x-7y-63x+81y+64x-80y}{6}$

$=\dfrac{12x-6y}{6}$

$=2x-y$

022 (1) $\boldsymbol{-\dfrac{9x^4}{y^5}}$ (2) $\boldsymbol{-4y^3}$

(3) $\boldsymbol{-\dfrac{3b^2}{4a^6}}$

解説 (1) $\left(-\dfrac{y}{x^2}\right)^3\times\left(\dfrac{x^4}{y^2}\right)^2\div\left(-\dfrac{y^2}{3x}\right)^2$

$=-\dfrac{y^3}{x^6}\times\dfrac{x^8}{y^4}\div\dfrac{y^4}{9x^2}$

$=-\dfrac{y^3\times x^8\times 9x^2}{x^6\times y^4\times y^4}=-\dfrac{9x^{10}y^3}{x^6y^8}=-\dfrac{9x^4}{y^5}$

(2) $x\left(-\dfrac{x^3}{y}\right)^5\left(\dfrac{y^2}{x^4}\right)^3\div\left(-\dfrac{x^2}{2y}\right)^2$

$=x\left(-\dfrac{x^{15}}{y^5}\right)\times\dfrac{y^6}{x^{12}}\div\dfrac{x^4}{4y^2}$

$=-\dfrac{x^{16}\times y^6\times 4y^2}{y^5\times x^{12}\times x^4}=-\dfrac{4x^{16}y^8}{x^{16}y^5}=-4y^3$

(3) $\left(-\dfrac{1.5ab^2}{c^3}\right)^3\div(4.5a^7b^2c)\times\left(\dfrac{c^5}{ab}\right)^2$

$=\left(-\dfrac{3ab^2}{2c^3}\right)^3\div\dfrac{9}{2}a^7b^2c\times\dfrac{c^{10}}{a^2b^2}$

$=-\dfrac{27a^3b^6}{8c^9}\div\dfrac{9}{2}a^7b^2c\times\dfrac{c^{10}}{a^2b^2}$

$=-\dfrac{27a^3b^6\times 2\times c^{10}}{8c^9\times 9a^7b^2c\times a^2b^2}=-\dfrac{54a^3b^6c^{10}}{72a^9b^4c^{10}}$

$=-\dfrac{3b^2}{4a^6}$

023 (1) $\boldsymbol{\ell=\dfrac{S}{\pi r}-r}$ (2) $\boldsymbol{b=\dfrac{ac}{a-c}}$

(3) $\boldsymbol{x=\dfrac{2y-1}{3y-2}}$

解説 (1) $S=\pi r^2+\pi\ell r$ $\pi\ell r=S-\pi r^2$

$\ell=\dfrac{S-\pi r^2}{\pi r}$ $\ell=\dfrac{S}{\pi r}-r$

(2) $\dfrac{1}{a}+\dfrac{1}{b}=\dfrac{1}{c}$ $\dfrac{1}{b}=\dfrac{1}{c}-\dfrac{1}{a}$

$\dfrac{1}{b}=\dfrac{a-c}{ac}$ $b=\dfrac{ac}{a-c}$

(3) $y=\dfrac{2x-1}{3x-2}$ $y(3x-2)=2x-1$

$3xy-2y=2x-1$ $3xy-2x=2y-1$

$x(3y-2)=2y-1$ $x=\dfrac{2y-1}{3y-2}$

024 (1) $\boldsymbol{ab+a+bc+c}$ (2) $\boldsymbol{8x-17}$

(3) $\boldsymbol{4ac}$

解説 (1) $(a+c)(b+1)$

$=ab+a+bc+c$

(2) $(x+4)(x-2)-(x-3)^2$

$=x^2+2x-8-(x^2-6x+9)$

$=x^2+2x-8-x^2+6x-9$

$=8x-17$

(3) $(a+b+c)(a-b+c)-(a+b-c)(a-b-c)$

$=(a+c+b)(a+c-b)-(a-c+b)(a-c-b)$

$=\{(a+c)^2-b^2\}-\{(a-c)^2-b^2\}$

$=(a+c)^2-b^2-(a-c)^2+b^2$

$=(a+c)^2-(a-c)^2$

$=a^2+2ac+c^2-(a^2-2ac+c^2)$

$=a^2+2ac+c^2-a^2+2ac-c^2$

$=4ac$

025 (1) $\boldsymbol{2x(y+4)(y-8)}$

(2) $\boldsymbol{(x+4)(x-2)}$

(3) $\boldsymbol{(x+1)(x-y)}$

(4) $\boldsymbol{(a+b+c)(a-b-c)}$

(5) $\boldsymbol{(a-2)(a+b+1)}$

(6) $\boldsymbol{(x+2)(x+3)(x^2+5x-1)}$

(7) $\boldsymbol{(x-2)(x+6)(x+2)^2}$

(8) $\boldsymbol{(a+b)(a-b-1)}$

(9) $\boldsymbol{(3a+2b+5c-3)(3a+2b-5c+3)}$

(10) $\boldsymbol{(a+b)(a-b)(a-c)}$

解説 (1) $2xy^2-8xy-64x$

$=2x(y^2-4y-32)$

$=2x(y+4)(y-8)$

(2) $(2x+3)(2x-3)-(x-1)(3x+1)$

$=4x^2-9-(3x^2+x-3x-1)$

$=4x^2-9-3x^2-x+3x+1$

$=x^2+2x-8$

$=(x+4)(x-2)$

(3)　$x^2-xy-y+x$
$=x(x-y)+(x-y)$
$=(x+1)(x-y)$

(4)　$a^2-b^2-c^2-2bc$
$=a^2-b^2-2bc-c^2$
$=a^2-(b^2+2bc+c^2)$
$=a^2-(b+c)^2$
$=\{a+(b+c)\}\{a-(b+c)\}$
$=(a+b+c)(a-b-c)$

(5)　$ab-2b+a^2-a-2$
$=b(a-2)+(a-2)(a+1)$
$=(a-2)\{b+(a+1)\}$
$=(a-2)(a+b+1)$

(6)　$x^2+5x=A$とおくと
$(x^2+5x)^2+5(x^2+5x)-6$
$=A^2+5A-6$
$=(A+6)(A-1)$
$=(x^2+5x+6)(x^2+5x-1)$
$=(x+2)(x+3)(x^2+5x-1)$

(7)　$(x^2+4x+2)(x-2)(x+6)+2x^2+8x-24$
$=(x^2+4x+2)(x-2)(x+6)+2(x^2+4x-12)$
$=(x^2+4x+2)(x-2)(x+6)+2(x-2)(x+6)$
$=(x-2)(x+6)\{(x^2+4x+2)+2\}$
$=(x-2)(x+6)(x^2+4x+4)$
$=(x-2)(x+6)(x+2)^2$

(8)　$(a-1)^2+a+b-(b+1)^2$
$=(a-1)^2-(b+1)^2+a+b$
$=\{(a-1)+(b+1)\}\{(a-1)-(b+1)\}+a+b$
$=(a+b)(a-b-2)+(a+b)$
$=(a+b)\{(a-b-2)+1\}$
$=(a+b)(a-b-1)$

(9)　$9a^2+4b^2-25c^2+12ab+30c-9$
$=9a^2+12ab+4b^2-25c^2+30c-9$
$=9a^2+12ab+4b^2-(25c^2-30c+9)$
$=(3a+2b)^2-(5c-3)^2$
$=\{(3a+2b)+(5c-3)\}\{(3a+2b)-(5c-3)\}$
$=(3a+2b+5c-3)(3a+2b-5c+3)$

(10)　$a^3+b^2c-a^2c-ab^2$
$=a^3-ab^2-a^2c+b^2c$
$=a(a^2-b^2)-c(a^2-b^2)$
$=(a^2-b^2)(a-c)$
$=(a+b)(a-b)(a-c)$

入試メモ　因数分解はある種のパズルである。項の組み替えや，部分的に共通因数でくくるなどの手法を用いて，うまく積の形にまとめられるまで，いろいろと試行錯誤しよう。

026　(1) $\boldsymbol{a^4+b^4+c^4+2a^2b^2-2b^2c^2-2c^2a^2}$
(2) $\boldsymbol{(a+b+c)(a+b-c)(a-b+c)(a-b-c)}$

解説　(1)　$a^2+b^2=A$とおくと，
$(a^2+b^2-c^2)^2=(A-c^2)^2$
$=A^2-2Ac^2+c^4$
$=(a^2+b^2)^2-2(a^2+b^2)c^2+c^4$
$=a^4+2a^2b^2+b^4-2c^2a^2-2b^2c^2+c^4$
$=a^4+b^4+c^4+2a^2b^2-2b^2c^2-2c^2a^2$

(2)　$a^4+b^4+c^4-2a^2b^2-2b^2c^2-2c^2a^2$
$=a^4+b^4+c^4+2a^2b^2-2b^2c^2-2c^2a^2-4a^2b^2$
$=(a^2+b^2-c^2)^2-4a^2b^2$
$=\{(a^2+b^2-c^2)+2ab\}\{(a^2+b^2-c^2)-2ab\}$
$=(a^2+2ab+b^2-c^2)(a^2-2ab+b^2-c^2)$
$=\{(a+b)^2-c^2\}\{(a-b)^2-c^2\}$
$=\{(a+b)+c\}\{(a+b)-c\}\{(a-b)+c\}\{(a-b)-c\}$
$=(a+b+c)(a+b-c)(a-b+c)(a-b-c)$

027　(1) **4**　(2) $\boldsymbol{6+5\sqrt{6}}$
(3) **−15**　(4) **−4**
(5) **12**　(6) **4**

解説　(1)　$ab+a-b-1$
$=a(b+1)-(b+1)$
$=(a-1)(b+1)$
$=(\sqrt{2}+1-1)(2\sqrt{2}-1+1)$
$=\sqrt{2}\times2\sqrt{2}$
$=4$

(2)　$ab+\sqrt{2}a+\sqrt{3}b$
$=(3\sqrt{2}+2\sqrt{3})(3\sqrt{2}-2\sqrt{3})$
$\quad+\sqrt{2}(3\sqrt{2}+2\sqrt{3})+\sqrt{3}(3\sqrt{2}-2\sqrt{3})$
$=18-12+6+2\sqrt{6}+3\sqrt{6}-6$
$=6+5\sqrt{6}$

(3)　$\dfrac{a^2-4ab+b^2}{a-b}$
$=\dfrac{a^2-2ab+b^2-2ab}{a-b}$
$=\dfrac{(a-b)^2-2ab}{a-b}$

$$\begin{cases} a-b=3\sqrt{2}+1-(3\sqrt{2}-1)=1+1=2 \\ ab=(3\sqrt{2}+1)(3\sqrt{2}-1)=18-1=17 \end{cases}$$

$$\frac{(a-b)^2-2ab}{a-b}=\frac{2^2-2\times17}{2}=\frac{4-34}{2}=\frac{-30}{2}$$
$$=-15$$

(4) $\begin{cases} x=\dfrac{\sqrt{3}}{\sqrt{2}}-\dfrac{\sqrt{2}}{\sqrt{3}}=\dfrac{3-2}{\sqrt{6}}=\dfrac{1}{\sqrt{6}}=\dfrac{\sqrt{6}}{6} \\ y=\sqrt{6}-\dfrac{1}{\sqrt{6}}=\sqrt{6}-\dfrac{\sqrt{6}}{6}=\dfrac{5\sqrt{6}}{6} \end{cases}$

$x^2-y^2=\left(\dfrac{\sqrt{6}}{6}\right)^2-\left(\dfrac{5\sqrt{6}}{6}\right)^2$

$=\dfrac{1}{6}-\dfrac{25}{6}$

$=-\dfrac{24}{6}$

$=-4$

(5) $2x^2-5xy-3y^2-(x+y)(x-4y)$

$=2x^2-5xy-3y^2-(x^2-3xy-4y^2)$

$=2x^2-5xy-3y^2-x^2+3xy+4y^2$

$=x^2-2xy+y^2$

$=(x-y)^2$

$=\{(\sqrt{7}+\sqrt{3})-(\sqrt{7}-\sqrt{3})\}^2$

$=(\sqrt{7}+\sqrt{3}-\sqrt{7}+\sqrt{3})^2$

$=(2\sqrt{3})^2$

$=12$

(6) $(1+\sqrt{3})x=2$ の両辺を2乗して

$(1+\sqrt{3})^2x^2=4$　　$(1+2\sqrt{3}+3)x^2=4$

$(4+2\sqrt{3})x^2=4$　　$2(2+\sqrt{3})x^2=4$

よって　$(2+\sqrt{3})x^2=2$

$(1-\sqrt{3})y=-2$ の両辺を2乗して

$(1-\sqrt{3})^2y^2=4$　　$(1-2\sqrt{3}+3)y^2=4$

$(4-2\sqrt{3})y^2=4$　　$2(2-\sqrt{3})y^2=4$

よって　$(2-\sqrt{3})y^2=2$

$(2+\sqrt{3})x^2+(2-\sqrt{3})y^2=2+2=4$

028 (1) $\boldsymbol{a=3,\ b=1}$　　(2) $\boldsymbol{-\dfrac{9}{4}}$

(3) $\boldsymbol{3-5\sqrt{3}}$　　(4) $\boldsymbol{-\dfrac{1}{2}}$

(5) $\boldsymbol{-6}$

解説 (1) $(a-2\sqrt{2})(4+3\sqrt{2})=\sqrt{2}b$

$4a+3\sqrt{2}a-8\sqrt{2}-12-\sqrt{2}b=0$

$4a-12+3\sqrt{2}a-8\sqrt{2}-\sqrt{2}b=0$

$4(a-3)+\sqrt{2}(3a-8-b)=0$

a, bが整数であることより

$\begin{cases} a-3=0 & \cdots① \\ 3a-8-b=0 & \cdots② \end{cases}$ が成り立つ。

①より　$a=3$

②に代入して　$9-8-b=0$　　よって　$b=1$

(2) $7x+2y=-x-5y$

$7x+x=-5y-2y$

$8x=-7y$

よって　$y=-\dfrac{8}{7}x$

ここで　$\begin{cases} x=-7t \\ y=8t \end{cases}$　$(t\neq0)$　とおくと

$\dfrac{5x-8y}{4x+9y}=\dfrac{-35t-64t}{-28t+72t}=\dfrac{-99t}{44t}=-\dfrac{9}{4}$

(3) $3x+y+1=2x+3y+\sqrt{3}$

$3x-2x+y-3y=\sqrt{3}-1$

$x-2y=\sqrt{3}-1$

$x^2-4xy+4y^2-3x+6y-4$

$=(x-2y)^2-3(x-2y)-4$

$=\{(x-2y)-4\}\{(x-2y)+1\}$

$=\{(\sqrt{3}-1)-4\}\{(\sqrt{3}-1)+1\}$

$=(\sqrt{3}-5)\times\sqrt{3}$

$=3-5\sqrt{3}$

(4) $\begin{cases} x=\sqrt{3}y-1 \\ y=\sqrt{3}x \end{cases}$

より　$x=\sqrt{3}\times\sqrt{3}x-1$　　$x=3x-1$

よって　$x=\dfrac{1}{2}$　　したがって　$y=\dfrac{\sqrt{3}}{2}$

$(\sqrt{3}-y)^2-\dfrac{2}{\sqrt{3}}(\sqrt{3}-y)-(1-x)^2$

$=\left(\sqrt{3}-\dfrac{\sqrt{3}}{2}\right)^2-\dfrac{2}{\sqrt{3}}\left(\sqrt{3}-\dfrac{\sqrt{3}}{2}\right)-\left(1-\dfrac{1}{2}\right)^2$

$=\left(\dfrac{\sqrt{3}}{2}\right)^2-\dfrac{2}{\sqrt{3}}\times\dfrac{\sqrt{3}}{2}-\left(\dfrac{1}{2}\right)^2$

$=\dfrac{3}{4}-1-\dfrac{1}{4}$

$=\dfrac{1}{2}-1$

$=-\dfrac{1}{2}$

(5) $(n^2+1)m-(m^2+1)n$

$=mn^2+m-m^2n-n$

$=mn^2-m^2n+m-n$

$=mn(n-m)-(n-m)$

$=(mn-1)(n-m)$

$=-(mn-1)(m-n)$

ここで，$m-n=2$，$mn=4$ を代入して

$-(mn-1)(m-n)=-(4-1)\times2$

$=-3\times2$

$=-6$

029 (1) $(x, y)=(67, 22), (13, 2)$
(2) ① $(x-y)(x+y+2)$
② $(10, 8), (6, 2)$
(3) ① 10　② $4\sqrt{3}$

解説 (1) $x^2-9y^2=133$
$(x+3y)(x-3y)=133$
x, yは自然数であるから，$x+3y>x-3y$でともに整数である。$x+3y>0$より，積が133となる組み合わせは，(133, 1)，(19, 7)の2組しかない。

(i) $\begin{cases} x+3y=133 \\ x-3y=1 \end{cases}$ を解いて　$(x, y)=(67, 22)$

(ii) $\begin{cases} x+3y=19 \\ x-3y=7 \end{cases}$ を解いて　$(x, y)=(13, 2)$

(2) ① $x^2-y^2+2x-2y$
$=(x+y)(x-y)+2(x-y)$
$=(x-y)\{(x+y)+2\}$
$=(x-y)(x+y+2)$

② $x^2-y^2+2x-2y-40=0$
$x^2-y^2+2x-2y=40$
$(x-y)(x+y+2)=40$
x, yはともに正の整数であるから，
$x-y<x+y+2$で，ともに整数である。
$x+y+2>0$より，積が40となる組み合わせは，(1, 40)，(2, 20)，(4, 10)，(5, 8)の4組しかない。

(i) $\begin{cases} x-y=1 \\ x+y+2=40 \end{cases}$ を解いて，
$(x, y)=\left(\frac{39}{2}, \frac{37}{2}\right)$となり不適。

(ii) $\begin{cases} x-y=2 \\ x+y+2=20 \end{cases}$ を解いて，
$(x, y)=(10, 8)$で適する。

(iii) $\begin{cases} x-y=4 \\ x+y+2=10 \end{cases}$ を解いて，
$(x, y)=(6, 2)$で適する。

(iv) $\begin{cases} x-y=5 \\ x+y+2=8 \end{cases}$ を解いて，
$(x, y)=\left(\frac{11}{2}, \frac{1}{2}\right)$となり不適。

(i)〜(iv)より該当するのは
$(x, y)=(10, 8), (6, 2)$

(3) ① $a^2+b^2=28$の両辺を2乗して
$(a^2+b^2)^2=28^2$
$a^4+2a^2b^2+b^4=28^2$
$a^4+b^4=28^2-2a^2b^2$
$584=28^2-2a^2b^2$
$2a^2b^2=784-584=200$
$a^2b^2=100$
$ab=\pm10$
a, bはともに正の数より　$ab=10$
② $a^2+b^2=(a+b)^2-2ab=28$
$(a+b)^2=28+2\times10=48$
$a+b=\pm\sqrt{48}=\pm4\sqrt{3}$
a, bはともに正の数より　$a+b=4\sqrt{3}$

030 (1) 36枚　(2) $n=23$

解説 (1)

番目	1	2	3	4	…	n	…
枚数	1	4	9	16	…	n^2	…

表より，n番目の正三角形をつくるのに必要なタイルの枚数は，n^2(枚)と表せる。
よって，$n=6$を代入して　$6^2=36$(枚)

(2) $n^2+47=(n+1)^2$
$n^2+47=n^2+2n+1$
$2n+1=47$　$2n=46$　$n=23$

031 (1) 400　(2) $4n^2+8n$
(3) $n=13$

解説 (1)

		1列	2列	3列	4列		n列
	＼	6	8	10	12	…	$2n+4$
1行	2	12	16	20	24		
2行	4	24	32	40	48		
3行	6	36	48	60	72		
4行	8	48	64	80	96		
	⋮						
n行	$2n$						$2n(2n+4)$

2, 4, 6, …と数えて，n行目の数は$2n$，
6, 8, 10, …と数えて，n列目の数は$2n+4$と表せる。
10行目の数は　$2\times10=20$
8列目の数は　$2\times8+4=20$
よって，10行8列目に入る数は　$20\times20=400$

(2) n行n列目に入る数は
$2n(2n+4)=4n^2+8n$

(3) $4n^2+8n=780$　$n^2+2n=195$
$n^2+2n-195=0$　$(n+15)(n-13)=0$
$n=-15, 13$　nは自然数であるから　$n=13$

032 (1) $N=16b$　(2) 33

解説 (1) $N=6a+4b+6c=5a+6b+5c$ より
$6a-5a+6c-5c=6b-4b$　$a+c=2b$
$N=6(a+c)+4b=6\times2b+4b=16b$
(2) (1)より，Nは16の倍数である。
$170\div16=10$余り10より，170以上，180以下の16の倍数は　$170+(16-10)=176$
$N=16b=176$ より　$b=11$
$a+c=2b=22$
よって　$a+b+c=22+11=33$

033 (1) $A=100a+10b+c$,
$B=100c+10b+a$
(2) ①3　②$A=417$

解説 (1) 10進法の位取りは1，10，10^2，…であるから，$A=100a+10b+c$，$B=100c+10b+a$ と表せる。
(2) ①$B-A=100c+10b+a-(100a+10b+c)$
$=100c+10b+a-100a-10b-c$
$=99c-99a$
$=99(c-a)$
❶より　$99(c-a)=297$
よって　$c-a=3$
②❷より，cは1，3，5，7，9のいずれかである。
①より$a=c-3$であるから，cは5，7，9のいずれかで，aは2，4，6のいずれかである。
❹より　$a+b+c=a+b+(a+3)=12$
$2a+b=9$
よって，aは2か4である。
(i) $a=2$のとき　$(a,\ b,\ c)=(2,\ 5,\ 5)$
これは❸より不適。
(ii) $a=4$のとき　$(a,\ b,\ c)=(4,\ 1,\ 7)$
これは条件を満たす。
したがって，すべての条件を満たすのは
$A=417$

034 (1) $pq=n^2$
(2) $\frac{1}{7}+\frac{1}{42}$, $\frac{1}{8}+\frac{1}{24}$, $\frac{1}{9}+\frac{1}{18}$,
$\frac{1}{10}+\frac{1}{15}$, $\frac{1}{12}+\frac{1}{12}$
(3) 25通り

解説 (1) $\frac{1}{n}=\frac{1}{n+p}+\frac{1}{n+q}$
両辺に$n(n+p)(n+q)$をかけて
$(n+p)(n+q)=n(n+q)+n(n+p)$
$n^2+(p+q)n+pq=2n^2+(p+q)n$
$n^2+pq=2n^2$　よって　$pq=n^2$
(2) $\frac{1}{6}=\frac{1}{6+p}+\frac{1}{6+q}$　ここで　$pq=6^2=36$
よって

$$\frac{1}{6}=\frac{1}{6+1}+\frac{1}{6+36}=\frac{1}{6+2}+\frac{1}{6+18}=\frac{1}{6+3}+\frac{1}{6+12}=\frac{1}{6+4}+\frac{1}{6+9}=\frac{1}{6+6}+\frac{1}{6+6}$$

整理すると

$$\frac{1}{6}=\frac{1}{7}+\frac{1}{42}=\frac{1}{8}+\frac{1}{24}=\frac{1}{9}+\frac{1}{18}=\frac{1}{10}+\frac{1}{15}=\frac{1}{12}+\frac{1}{12}$$

(3) $216=2^3\times3^3$　$216^2=(2^3\times3^3)^2=2^6\times3^6$
216^2の約数の個数は　$(6+1)\times(6+1)=49$
$pq=216^2$となる自然数p，qの組は$p\leqq q$として，
全部で　$\frac{49+1}{2}=25$(組)
よって，25通り。

入試メモ　「式の利用」では文字式の四則計算，乗法公式などの知識の他に，数列，整数問題，方程式の解法などの知識が要求される。入試問題はほとんどが単元別の出題ではなく，単元をまたいだ融合問題である。しっかりと対策をすること。

3 1次方程式と連立方程式

035 (1) $\boldsymbol{x=-6}$ (2) $\boldsymbol{x=-4}$
(3) $\boldsymbol{x=4}$ (4) $\boldsymbol{x=13}$

解説 (1) $x=\frac{1}{2}x-3$ $x-\frac{1}{2}x=-3$

$\frac{1}{2}x=-3$ $x=-6$

(2) $0.2(13x+16)=0.8x-4$

$2(13x+16)=8x-40$ $26x+32=8x-40$

$26x-8x=-40-32$ $18x=-72$

$x=-4$

(3) $\frac{2x+1}{3}-\frac{x-2}{2}=2$ $2(2x+1)-3(x-2)=12$

$4x+2-3x+6=12$ $4x-3x=12-8$

$x=4$

(4) $\frac{3x+6}{5}-\frac{7-x}{3}=\frac{4x-1}{6}+\frac{5}{2}$

$\left(\frac{3x+6}{5}-\frac{7-x}{3}\right)\times30=\left(\frac{4x-1}{6}+\frac{5}{2}\right)\times30$

$6(3x+6)-10(7-x)=5(4x-1)+15\times5$

$18x+36-70+10x=20x-5+75$

$18x+10x-20x=-5+75-36+70$

$8x=104$ $x=13$

036 (1) $\boldsymbol{x=60,\ y=-29}$

(2) $\boldsymbol{x=\frac{3}{7},\ y=-\frac{11}{28}}$

(3) $\boldsymbol{x=4,\ y=\frac{3}{2}}$

(4) $\boldsymbol{x=\frac{5}{3},\ y=1}$

(5) $\boldsymbol{x=-1,\ y=\frac{1}{4}}$

(6) $\boldsymbol{x=\frac{1}{2},\ y=\frac{3}{2}}$

(7) $\boldsymbol{x=8,\ y=-10}$

(8) $\boldsymbol{x=\frac{\sqrt{2}+\sqrt{3}}{5},\ y=\frac{\sqrt{2}-\sqrt{3}}{5}}$

解説 (1) $\begin{cases}19x+37y=67 & \cdots① \\ 13x+25y=55 & \cdots②\end{cases}$

①−②より $6x+12y=12$

よって $x+2y=2$ …③

①−③×19より

$$\begin{array}{rr} & 19x+37y=67 \\ -) & 19x+38y=38 \\ \hline & -y=29 \end{array}$$

よって $y=-29$

③に $y=-29$ を代入して $x-58=2$

よって $x=60$

(2) $\begin{cases}\frac{3x+2}{2}-\frac{8y+7}{6}=1 & \cdots① \\ 0.3x+0.2(y+1)=\frac{1}{4} & \cdots②\end{cases}$

①×6より $3(3x+2)-(8y+7)=6$

$9x+6-8y-7=6$

よって $9x-8y=7$ …①′

②×20より $6x+4(y+1)=5$ $6x+4y+4=5$

よって $6x+4y=1$ …②′

①′+②′×2より

$$\begin{array}{rr} & 9x-8y=7 \\ +) & 12x+8y=2 \\ \hline & 21x\quad=9 \end{array}$$

よって $x=\frac{3}{7}$

$x=\frac{3}{7}$を②′に代入して $\frac{18}{7}+4y=1$

$4y=-\frac{11}{7}$

よって $y=-\frac{11}{28}$

(3) $\begin{cases}\frac{3(x+2y)}{10}-\frac{x+y}{5}=1 & \cdots① \\ \frac{4x-9y}{5}-y=-1 & \cdots②\end{cases}$

①×10より $3(x+2y)-2(x+y)=10$

$3x+6y-2x-2y=10$

よって $x+4y=10$ …①′

②×5より $4x-9y-5y=-5$

$4x-14y=-5$ …②′

①′×4−②′より

$$\begin{array}{rr} & 4x+16y=40 \\ -) & 4x-14y=-5 \\ \hline & 30y=45 \end{array}$$

よって $y=\frac{3}{2}$

$y=\frac{3}{2}$を①′に代入して $x+6=10$

よって $x=4$

(4) $\begin{cases}9x-8y-7=0 & \cdots① \\ 3x:5=(y+1):2 & \cdots②\end{cases}$

②より $3x\times2=5(y+1)$ $6x=5y+5$

$6x-5y=5$ …②′

①×2−②′×3より

$$\begin{array}{r} 18x-16y=14 \\ -)\ 18x-15y=15 \\ \hline -y=-1 \end{array}$$ よって　$y=1$

$y=1$ を②′に代入して　$6x-5=5$　　$6x=10$

よって　$x=\frac{5}{3}$

(5) $\begin{cases} x+\frac{1}{y}=3 & \cdots① \\ 3x+\frac{2}{y}=5 & \cdots② \end{cases}$

①×2−②より

$$\begin{array}{r} 2x+\frac{2}{y}=6 \\ -)\ 3x+\frac{2}{y}=5 \\ \hline -x\qquad =1 \end{array}$$ よって　$x=-1$

$x=-1$ を①に代入して　$-1+\frac{1}{y}=3$

$-y+1=3y$　　$4y=1$

よって　$y=\frac{1}{4}$

(6) $\begin{cases} \frac{2}{x+y}+\frac{3}{x-y}=-2 \\ \frac{2}{x+y}-\frac{1}{x-y}=2 \end{cases}$

$\frac{1}{x+y}=A$, $\frac{1}{x-y}=B$ とおくと，与えられた連立方程式は

$\begin{cases} 2A+3B=-2 & \cdots① \\ 2A-B=2 & \cdots② \end{cases}$ となる。

①−②より

$$\begin{array}{r} 2A+3B=-2 \\ -)\ 2A-\ B=2 \\ \hline 4B=-4 \end{array}$$ よって　$B=-1$

$B=-1$ を②に代入して　$2A+1=2$　　$2A=1$

よって　$A=\frac{1}{2}$

したがって　$\begin{cases} \frac{1}{x+y}=\frac{1}{2} \\ \frac{1}{x-y}=-1 \end{cases}$

よって　$\begin{cases} x+y=2 & \cdots③ \\ x-y=-1 & \cdots④ \end{cases}$

③+④より

$$\begin{array}{r} x+y=2 \\ +)\ x-y=-1 \\ \hline 2x\qquad =1 \end{array}$$ よって　$x=\frac{1}{2}$

$x=\frac{1}{2}$ を③に代入して　$\frac{1}{2}+y=2$

よって　$y=\frac{3}{2}$

(7) $\begin{cases} \frac{1}{3}(x+y)+\frac{1}{2}(x-y)=2x+y+\frac{7}{3} & \cdots① \\ \frac{1}{2}(3x-2y)-\frac{1}{3}(2x+y)=x-y+2 & \cdots② \end{cases}$

①×6より

$2(x+y)+3(x-y)=12x+6y+14$

$2x+2y+3x-3y=12x+6y+14$

$2x+3x-12x+2y-3y-6y=14$

$-7x-7y=14$

$x+y=-2$　…①′

②×6より

$3(3x-2y)-2(2x+y)=6x-6y+12$

$9x-6y-4x-2y=6x-6y+12$

$9x-4x-6x-6y-2y+6y=12$

$-x-2y=12$　…②′

①′+②′より

$$\begin{array}{r} x+\ y=-2 \\ +)\ -x-2y=12 \\ \hline -y=10 \end{array}$$ よって　$y=-10$

$y=-10$ を①′に代入して　$x-10=-2$

よって　$x=8$

(8) $\begin{cases} \sqrt{3}x+\sqrt{2}y=1 & \cdots① \\ \sqrt{2}x-\sqrt{3}y=1 & \cdots② \end{cases}$

①×$\sqrt{3}$+②×$\sqrt{2}$より

$$\begin{array}{r} 3x+\sqrt{6}y=\sqrt{3} \\ +)\ 2x-\sqrt{6}y=\sqrt{2} \\ \hline 5x\qquad =\sqrt{3}+\sqrt{2} \end{array}$$

よって　$x=\frac{\sqrt{2}+\sqrt{3}}{5}$

①×$\sqrt{2}$−②×$\sqrt{3}$より

$$\begin{array}{r} \sqrt{6}x+2y=\sqrt{2} \\ -)\ \sqrt{6}x-3y=\sqrt{3} \\ \hline 5y=\sqrt{2}-\sqrt{3} \end{array}$$

よって　$y=\frac{\sqrt{2}-\sqrt{3}}{5}$

037　$a=2$

解説　$\frac{ax-1}{3}-\frac{3(x-a)}{2}=1$ に $x=2$ を代入して

$\frac{2a-1}{3}-\frac{3(2-a)}{2}=1$

$2(2a-1)-9(2-a)=6$

$4a-2-18+9a=6$

$4a+9a=6+2+18$

$13a=26$

$a=2$

038 (1) $\boldsymbol{a=-1,\ b=5}$
(2) $\boldsymbol{a=6,\ b=4}$
(3) $\boldsymbol{x=2,\ y=3}$

解説 (1) $\begin{cases} 4x+3y=-1 & \cdots ① \\ ax-by=13 & \cdots ② \end{cases}$

$\begin{cases} bx-ay=7 & \cdots ③ \\ 3x-y=9 & \cdots ④ \end{cases}$

①+④×3より

$$\begin{array}{rl} & 4x+3y=-1 \\ +) & 9x-3y=27 \\ \hline & 13x \quad =26 \end{array}$$
よって $x=2$

$x=2$ を①に代入して $8+3y=-1$ $3y=-9$

よって $y=-3$

$\begin{cases} x=2 \\ y=-3 \end{cases}$ を②，③に代入して

$\begin{cases} 2a+3b=13 & \cdots ②' \\ 2b+3a=7 & \cdots ③' \end{cases}$

②′×2−③′×3より

$$\begin{array}{rl} & 4a+6b=26 \\ -) & 9a+6b=21 \\ \hline & -5a \quad =5 \end{array}$$
よって $a=-1$

$a=-1$ を②′に代入して $-2+3b=13$

$3b=15$ よって $b=5$

(2) $\begin{cases} ax+by=8 & \cdots ① \\ \dfrac{8}{x}+\dfrac{3}{y}=1 & \cdots ② \end{cases}$ $\begin{cases} bx+ay=2 & \cdots ③ \\ \dfrac{6}{x}+\dfrac{4}{y}=-1 & \cdots ④ \end{cases}$

$\dfrac{1}{x}=A$，$\dfrac{1}{y}=B$ とおくと，②，④は，

$\begin{cases} 8A+3B=1 & \cdots ②' \\ 6A+4B=-1 & \cdots ④' \end{cases}$ となる。

②′×4−④′×3より

$$\begin{array}{rl} & 32A+12B=4 \\ -) & 18A+12B=-3 \\ \hline & 14A \quad =7 \end{array}$$
よって $A=\dfrac{1}{2}$

$A=\dfrac{1}{2}$ を②′に代入して $4+3B=1$

$3B=-3$ よって $B=-1$

よって，$\dfrac{1}{x}=\dfrac{1}{2}$ より $x=2$

$\dfrac{1}{y}=-1$ より $y=-1$

$\begin{cases} x=2 \\ y=-1 \end{cases}$ を①，③に代入して

$\begin{cases} 2a-b=8 & \cdots ①' \\ 2b-a=2 & \cdots ③' \end{cases}$

①′×2+③′より

$$\begin{array}{rl} & 4a-2b=16 \\ +) & -a+2b=2 \\ \hline & 3a \quad =18 \end{array}$$
よって $a=6$

$a=6$ を①′に代入して $12-b=8$

よって $b=4$

(3) $\begin{cases} ax+by=13 & \cdots ① \\ bx+y=9 & \cdots ② \end{cases}$ $\begin{cases} bx+ay=13 & \cdots ③ \\ bx+y=9 & \cdots ④ \end{cases}$

$\begin{cases} x=\dfrac{5}{3} \\ y=4 \end{cases}$ を③，④に代入して

$\begin{cases} \dfrac{5}{3}b+4a=13 & \cdots ③' \\ \dfrac{5}{3}b+4=9 & \cdots ④' \end{cases}$

④′より $\dfrac{5}{3}b=5$ $b=3$

$b=3$ を③′に代入して $5+4a=13$

$4a=8$ よって $a=2$

$\begin{cases} a=2 \\ b=3 \end{cases}$ を①，②に代入して

$\begin{cases} 2x+3y=13 & \cdots ①' \\ 3x+y=9 & \cdots ②' \end{cases}$

②′×3−①′より

$$\begin{array}{rl} & 9x+3y=27 \\ -) & 2x+3y=13 \\ \hline & 7x \quad =14 \end{array}$$
よって $x=2$

$x=2$ を②′に代入して $6+y=9$ よって $y=3$

039 (1) (ア)**20** (イ)**−64** (2) **4**

解説 (1) もとの式に $a=1$ を代入すると，

$\begin{cases} 3x+\dfrac{1}{2}y=28 & \cdots ①' \\ \dfrac{2x-3y}{24}-\dfrac{2x-y}{12}=1 & \cdots ② \end{cases}$

②×24より $2x-3y-2(2x-y)=24$

$2x-3y-4x+2y=24$

$-2x-y=24$

$2x+y=-24 \quad \cdots ②'$

①′×2−②′より

$$\begin{array}{rl} & 6x+y=56 \\ -) & 2x+y=-24 \\ \hline & 4x \quad =80 \end{array}$$
よって $x=20$ ←(ア)

$x=20$ を②′に代入して $40+y=-24$

よって $y=-64$ ←(イ)

(2) $\begin{cases} 3ax+\frac{1}{2}y=28 & \cdots① \\ 2x+y=-24 & \cdots②' \end{cases}$

②′より $y=-2x-24$ と変形して①に代入すると

$$3ax+\frac{1}{2}(-2x-24)=28$$
$$3ax-x-12=28$$
$$3ax-x=40$$
$$(3a-1)x=40$$

ここで，x が整数であれば，$y=-2x-24$ も整数である。

また，$3a-1$ が自然数，x が整数であることに注目すると，この2数の積が40になる組み合わせは下記の8通り。このとき，a も自然数になるものが題意を満たす。

$3a-1$	1	2	4	5	8	10	20	40
x	40	20	10	8	5	4	2	1
a	$\frac{2}{3}$	1	$\frac{5}{3}$	2	3	$\frac{11}{3}$	7	$\frac{41}{3}$
		○		○	○		○	

以上より，$(a, x, y)=(1, 20, -64)$，$(2, 8, -40)$，$(3, 5, -34)$，$(7, 2, -28)$ のとき題意を満たす。

よって，a の値は4個。

040 (1) **11**　(2) **8**　(3) **7**

解説 $\begin{cases} 3x-2y=17 & \cdots① \\ ax-4y=45 & \cdots② \end{cases}$

②−①×2より

$$\begin{array}{r} ax-4y=45 \\ -)\ 6x-4y=34 \\ \hline (a-6)x=11 \end{array}$$

$$x=\frac{11}{a-6}$$

x は正の整数，a は整数であるから，$(a-6)$ は11の約数より，$a-6=1$ または $a-6=11$ である。

(i) $a=7$，$x=11$ のとき，②に代入して

$77-4y=45$　$4y=32$

よって，$y=8$ となり題意を満たす。

(ii) $a=17$，$x=1$ のとき，②に代入して

$17-4y=45$　$4y=-28$

よって，$y=-7$ となり y は正の整数であるという条件を満たさない。

以上より　$x=11$，$y=8$，$a=7$

041 (1) $\boldsymbol{x=2,\ y=-5}$

(2) $\boldsymbol{c=\frac{29a-38}{5}}$　(3) $\boldsymbol{c=91}$

解説 (1) $\begin{cases} ax+by=19 & \cdots① \\ x+y=-3 & \cdots② \end{cases}$

$\begin{cases} x-y=7 & \cdots③ \\ bx-ay=c & \cdots④ \end{cases}$

②+③より

$$\begin{array}{r} x+y=-3 \\ +)\ x-y=7 \\ \hline 2x\quad =4 \end{array}$$

よって　$x=2$

$x=2$ を②に代入して　$2+y=-3$

よって　$y=-5$

(2) $\begin{cases} x=2 \\ y=-5 \end{cases}$ を①，④に代入して

$\begin{cases} 2a-5b=19 & \cdots①' \\ 2b+5a=c & \cdots④' \end{cases}$

①′×2+④′×5より

$$\begin{array}{r} 4a-10b=38 \\ +)\ 25a+10b=5c \\ \hline 29a\qquad =38+5c \end{array}$$

$29a=38+5c$ を c について解いて　$c=\frac{29a-38}{5}$

(3) $c=\frac{29a-38}{5}=\frac{(30a-40)-(a-2)}{5}=6a-8-\frac{a-2}{5}$

よって，c が整数となるのは，$a=5n+2$（n は整数）のときである。このとき

$c=6(5n+2)-8-n=29n+4$

c が2けたで最大となるのは $n=3$ のときで

$c=29\times3+4=91$

また，このとき $a=5\times3+2=17$ となり，2桁の自然数という条件に適する。

042 (1) $\boldsymbol{\frac{1}{12}x+25}$　(2) $\boldsymbol{x-45}$

(3) $\boldsymbol{x=47\frac{59}{143}}$

解説 文字盤の5を25分の位置，9を45分の位置，のように考える。

一方，短針の進む速さは，長針の進む速さの $\frac{1}{12}$

帰宅した時間を午後9時 y 分とすると

	長針の位置(分)	短針の位置(分)
5時x分	x	$\frac{1}{12}x+25$
9時y分	y	$\frac{1}{12}y+45$

(1) $y=\frac{1}{12}x+25$より ①：$\frac{1}{12}x+25$

(2) $\begin{cases} y=\frac{1}{12}x+25 & \cdots[1] \\ x=\frac{1}{12}y+45 & \cdots[2] \end{cases}$

[1]を[2]に代入すると $x=\frac{1}{12}\left(\frac{1}{12}x+25\right)+45$

よって $\frac{1}{12}\left(\frac{1}{12}x+25\right)=x-45$ ②：$x-45$

(注意)

5時x分の長針と9時y分の短針が重なることから

$y=12x-540$ …ア

5時x分の短針と9時y分の長針が重なることから

$y=\frac{1}{12}x+25$ …イ

長針と短針のなす角が等しいことから

$x-\left(\frac{1}{12}x+25\right)=\left(\frac{1}{12}y+45\right)-y$

$y=-x+\frac{840}{11}$ …ウ

したがって，①にはア，イ，ウのいずれかの右辺の式を入れ，②には①に入れた式以外の式の右辺を$\frac{1}{12}$倍して入れればすべて正解となる。

(3) $\frac{1}{12}\left(\frac{1}{12}x+25\right)=x-45$

$\frac{1}{12}x+25=12x-540$

$x+300=144x-6480$　　$143x=6780$

$x=\frac{6780}{143}=47\frac{59}{143}$

$45<x<50$より，適する。

043 (1) 30%　　(2) $a=\frac{2}{3}$

解説 (1) 1日の仕事量を1とすると，

機械Aの1時間あたりの仕事量は $\frac{1}{3a}$

機械Bの1時間あたりの仕事量は $\frac{1}{2a}$

昨日の機械Aの仕事量は $\frac{1}{3a}\times\frac{9a}{10}=\frac{3}{10}$

よって $\frac{3}{10}\times100=30(\%)$

(2) 昨日の機械Bの仕事時間は

$1-\frac{3}{10}=\frac{7}{10}$　　$\frac{7}{10}\div\frac{1}{2a}=\frac{7a}{5}$(時間)

よって，昨日，1日の仕事量を終えるのにかかった時間は

$\frac{9a}{10}+\frac{7a}{5}=\frac{23a}{10}$(時間)

今日，1日の仕事を終えるのにかかった時間は

$1\div\left(\frac{1}{3a}+\frac{1}{2a}\right)=1\div\frac{5}{6a}=\frac{6a}{5}$(時間)

よって，次の等式が成り立つ。

$\frac{6a}{5}+\frac{44}{60}=\frac{23a}{10}$　　$\frac{6a}{5}+\frac{11}{15}=\frac{23a}{10}$

$36a+22=69a$　　$33a=22$

よって $a=\frac{2}{3}$

044 10000円

解説 定価をx円とおくと，

1個目の価格は $0.9x$(円)

2個目の価格は $0.9x\times0.9=0.81x$(円)

3個目の価格は $0.81x\times0.9=0.729x$(円)

題意より，次の等式が成り立つ。

$3x-(0.9x+0.81x+0.729x)=5610$

$3x-2.439x=5610$　　$0.561x=5610$

よって $x=\frac{5610}{0.561}=10000$

これは題意に適する。

045 140個

解説 Aをx個，Bをy個仕入れたとする。

題意より，次の連立方程式が成り立つ。

$\begin{cases} 0.3(x+y)=57 & \cdots① \\ 0.1x+0.04y=16 & \cdots② \end{cases}$

①×10より $3(x+y)=570$

よって $x+y=190$ …①′

②×100より $10x+4y=1600$

よって $5x+2y=800$ …②′

②′−①′×2より

$$\begin{array}{rl} 5x+2y&=800 \\ -)\ 2x+2y&=380 \\ \hline 3x\qquad&=420 \end{array}$$

よって $x=140$

このとき，$y=50$となり，これは題意に適する。

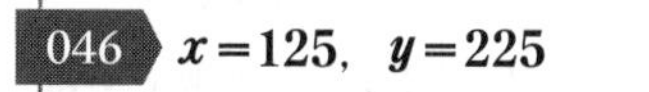

046 $x=125$, $y=225$

解説

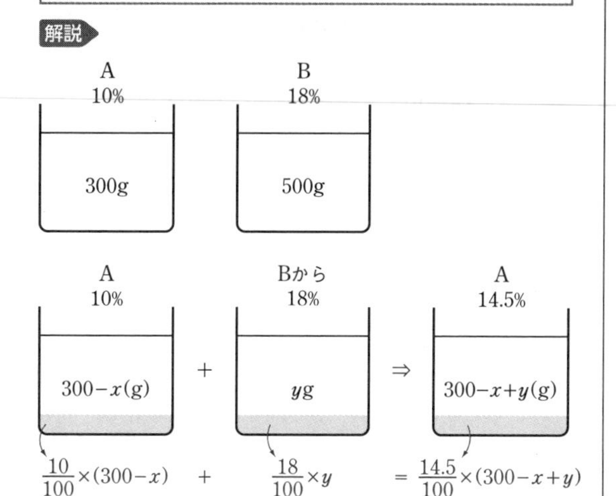

図の色の部分は溶けている食塩を表す。食塩の量で式をつくる。

$$\frac{10}{100}\times(300-x)+\frac{18}{100}\times y=\frac{14.5}{100}\times(300-x+y)$$

$$10(300-x)+18y=14.5(300-x+y)$$

$$3000-10x+18y=4350-14.5x+14.5y$$

$$4.5x+3.5y=1350$$

$$45x+35y=13500$$

$$9x+7y=2700 \quad \cdots①$$

A 10% 300−y(g) ＋ Bから 18% xg ⇒ A z% 300−y+x(g)

B 18% 500−x(g) ＋ Aから 10% yg ⇒ B z% 500−x+y(g)

A 10% 300g ＋ B 18% 500g ⇒ A+B z% 800g

$$\frac{10}{100}\times300 + \frac{18}{100}\times500 = \frac{z}{100}\times800$$

お互いに入れかえた2つの容器の濃度が一致するとは，この濃度が，容器A，Bの食塩水をすべて混ぜ合わせてできる食塩水の濃度になることを意味するから，この濃度をz%とおくと

$$\frac{10}{100}\times300+\frac{18}{100}\times500=\frac{z}{100}\times800$$

$30+90=8z$より　$z=15(\%)$

Aの容器にあてはめて

$$\frac{10}{100}\times(300-y)+\frac{18}{100}\times x=\frac{15}{100}\times(300-y+x)$$

$$10(300-y)+18x=15(300-y+x)$$

$$3000-10y+18x=4500-15y+15x$$

$$3x+5y=1500 \quad \cdots②$$

②×3−①より

$$\begin{array}{rr} & 9x+15y=4500 \\ -) & 9x+\ 7y=2700 \\ \hline & 8y=1800 \\ & y=225 \end{array}$$

$y=225$を②に代入して

$$3x+1125=1500$$

$$3x=375$$

$$x=125$$

$0<x<300$，$0<y<500$より，適する。

047

両方に入った人　…y人

プラネタリウムに入った人　…180人

天文台に入った人　…x人

両方入らなかった人　…10人

とおくと，次の連立方程式が成り立つ。

$$\begin{cases} 180+x-y+10=250 & \cdots① \\ 100\times250+400y+300(180-y) \\ \qquad +200(x-y)=97500 & \cdots② \end{cases}$$

①より　$x-y=60$　…①′

②より

$$25000+400y+54000-300y+200x-200y=97500$$

$$200x+400y-300y-200y=97500-25000-54000$$

$$200x-100y=18500$$

$$2x-y=185 \quad \cdots②'$$

②′−①′より　$x=125$

①′に代入して，$y=65$

これは題意に適する。

(答)　125人

解説　xの値を②′に代入しても同じ結果になる。

$2\times125-y=185$

$y=65$(人)　←両方に入った人の数

048 (1) **8時12分**　(2) **7時46分**

解説 (1)　列車はAC間，CB間を4分で進むから，A駅を8時5分に出発した列車は8時9分にC駅に着き，**8時10分にC駅を出発**する。一方，8時10分にB駅を出発する列車も同じ速さでC駅に向かうから，2つの列車は2分後にC駅とB駅の中間地点ですれ違う。

よって，8時12分。

(2)　市川君はAB間を40分で進み，列車はAB間を8分で進むので，市川君の速さを分速vmとすると，列車の速さは分速$5v$mと表せる。市川君がA駅を出発したのが8時x分前，A駅発の列車に追いつかれたのが8時y分とすると，

$v(x+y)=5v(y-5-1)$　が成り立つ。

整理すると　$x+y=5(y-6)$

$x+y=5y-30$

$x-4y=-30$　…①

さらに，B駅発の列車とその100秒後に出会うので，出会う時刻が8時$y+\frac{100}{60}$(分)であることから

$v\left(x+y+\frac{100}{60}\right)+5v\left(y+\frac{100}{60}-10\right)=40v$

が成り立つ。

整理すると

$x+y+\frac{5}{3}+5\left(y+\frac{5}{3}-10\right)=40$

$x+y+\frac{5}{3}+5y+\frac{25}{3}-50=40$

$x+6y=80$　…②

②−①より

$x+6y=80$

$-)\ x-4y=-30$

$10y=110$　よって　$y=11$

$y=11$を①に代入して　$x-4\times11=x-44=-30$

よって　$x=14$

よって，8時14分前だから7時46分。

049 (1) $x=40$　(2) **7人，3人**
(3) $x=25$

解説 (1)　$2000\times10+2000\times\left(1-\frac{x}{100}\right)\times5=26000$

これを解いて

$20000+10000-100x=26000$

$100x=4000$

$x=40$

(2)　大人の人数をa人，子どもの人数をb人とする。ここで，a，bはともに0以上10以下の整数である。

$2000a+1600b=15600$

両辺÷400より

$5a+4b=39$

aについて解くと

$a=\frac{39-4b}{5}$

(i)　$b=1$のとき　$a=7$

(ii)　$b=6$のとき　$a=3$

(3)　大人の人数をp人，子どもの人数をq人とする。

$p+q=20$

(i)　$p=q=10$のとき

$10\times2000-10\times1600=4000$　となり不適当。

(ii)　$p\geqq11$のとき

$10\times2000+(p-10)\left(1-\frac{x}{100}\right)\times2000$
$-(20-p)\times1600=5600$

$20000+(p-10)\left(1-\frac{x}{100}\right)\times2000$
$-32000+1600p=5600$

$200+20(p-10)\left(1-\frac{x}{100}\right)-320+16p=56$

$20(p-10)\left(1-\frac{x}{100}\right)=176-16p$

ここで右辺は$176-16p\leqq0$となり不適当。

(iii)　$q\geqq11$のとき

$(20-q)\times2000-10\times1600$
$-(q-10)\left(1-\frac{x}{100}\right)\times1600$
$=\pm5600$

$(20-q)\times20-160-16(q-10)\left(1-\frac{x}{100}\right)$
$=\pm56$

$5(20-q)-40-4(q-10)\left(1-\frac{x}{100}\right)=\pm14$

$100-5q-40-4(q-10)\left(1-\frac{x}{100}\right)=\pm14$

$60-5q-4(q-10)\left(1-\frac{x}{100}\right)=\pm14$

$4(q-10)\left(1-\frac{x}{100}\right)=60\pm14-5q$

ここで右辺が正となるのは，$q\geqq11$より$60+14-5q=74-5q$となるときなので

$4(q-10)\left(1-\frac{x}{100}\right)=74-5q$

$(4q-40)\left(1-\frac{x}{100}\right)=74-5q$

$1-\frac{x}{100}=\frac{74-5q}{4q-40}$

$100-x=\frac{7400-500q}{4q-40}$

$x=100-\dfrac{7400-500q}{4q-40}$

$=\dfrac{100(4q-40)-(7400-500q)}{4q-40}$

$=\dfrac{400q-4000-7400+500q}{4(q-10)}$

$=\dfrac{900q-11400}{4(q-10)}$

$=\dfrac{100(9q-114)}{4(q-10)}$

$=\dfrac{25(9q-114)}{q-10}=25\left\{\dfrac{9(q-10)-24}{q-10}\right\}$

$=25\left(9-\dfrac{24}{q-10}\right)$

ここで，$9q-114>0$より

$q>12.6\cdots$

$q=13$のとき　$x=25$

また，$q=14$のとき　$x=75$

すなわち　$q\geqq 14$のとき

xは50以上となり不適当。

よって，$q=13$のとき　$x=25$

050 (1) $\boldsymbol{y=7x}$　(2) **36 km**　(3) **10分**

解説 (1)　$2(y-x)=1.5(y+x)$が成り立つ。

$2y-2x=1.5y+1.5x$

$2y-1.5y=1.5x+2x$

$0.5y=3.5x$

$y=7x$

(2)　$2(y-x)=\left(2+\dfrac{24}{60}\right)\{y-(x+3)\}$が成り立つ。

$2(y-x)=\dfrac{12}{5}(y-x-3)$

$10(y-x)=12(y-x-3)$

$5(y-x)=6(y-x-3)$

$5y-5x=6y-6x-18$

$5y-6y=-6x+5x-18$

$-y=-x-18$

$y=x+18$

よって　$\begin{cases} y=7x \\ y=x+18 \end{cases}$　を解いて

$7x=x+18$　　$6x=18$　　$x=3$

よって　$y=7\times 3=21$

AB間の距離は　$2(y-x)=2\times(21-3)=36$(km)

(3)　$36\div(21+3+3)=\dfrac{4}{3}$

$\dfrac{4}{3}\times 60=80$(分)　　$90-80=10$(分)

4　2次方程式

051 (1) $\boldsymbol{x=-3\pm\sqrt{6}}$　(2) $\boldsymbol{x=-7,\ 2}$

(3) $\boldsymbol{x=\dfrac{-7\pm\sqrt{41}}{2}}$　(4) $\boldsymbol{x=\dfrac{5\pm\sqrt{17}}{4}}$

解説 (1)　$(x+3)^2=6$　　$x+3=\pm\sqrt{6}$

$x=-3\pm\sqrt{6}$

(2)　$x^2+4x-9=-x+5$　　$x^2+5x-14=0$

$(x+7)(x-2)=0$　　$x=-7,\ 2$

(3)　$x^2+7x+2=0$

$x=\dfrac{-7\pm\sqrt{49-4\times1\times2}}{2}=\dfrac{-7\pm\sqrt{41}}{2}$

(4)　$2x^2-5x+1=0$

$x=\dfrac{5\pm\sqrt{25-4\times2\times1}}{2\times2}=\dfrac{5\pm\sqrt{17}}{4}$

052 (1) $\boldsymbol{x=8,\ -5}$　(2) $\boldsymbol{x=-4\pm4\sqrt{2}}$

(3) $\boldsymbol{x=0,\ 2}$　(4) $\boldsymbol{x=\sqrt{2},\ \sqrt{3}-1}$

解説 (1)　$(x-1)^2-(x-1)-42=0$

$x-1=A$とおく。

$A^2-A-42=0$　　$(A-7)(A+6)=0$

$A=7,\ -6$　　よって，$x-1=7$より　$x=8$

$x-1=-6$より　$x=-5$

(2)　$\left(3-\dfrac{1}{2}x\right)^2=(x-1)(x+4)+1$

$9-3x+\dfrac{1}{4}x^2=x^2+3x-4+1$

$\dfrac{1}{4}x^2-x^2-3x-3x+9+4-1=0$

$-\dfrac{3}{4}x^2-6x+12=0$

$-3x^2-24x+48=0$　　$x^2+8x-16=0$

$x=-4\pm\sqrt{16+1\times16}=-4\pm4\sqrt{2}$

(3)　$0.03\left(\dfrac{1}{\sqrt{3}}x-2\sqrt{3}\right)^2=\dfrac{3}{50}-\dfrac{x-3}{10}$

両辺を100倍して

$3\left(\dfrac{1}{\sqrt{3}}x-2\sqrt{3}\right)^2=6-10(x-3)$

$3\left(\dfrac{1}{3}x^2-4x+12\right)=6-10x+30$

$x^2-12x+36=6-10x+30$

$x^2-12x+10x+36-36=0$

$x^2-2x=0$　　$x(x-2)=0$　　よって　$x=0,\ 2$

(4)　$x^2+(1-\sqrt{2}-\sqrt{3})x+\sqrt{6}-\sqrt{2}=0$

$x^2-(\sqrt{2}+\sqrt{3}-1)x+\sqrt{2}(\sqrt{3}-1)=0$

$(x-\sqrt{2})\{x-(\sqrt{3}-1)\}=0$　　$x=\sqrt{2},\ \sqrt{3}-1$

パワーアップ

▶ x の係数が偶数のときの解の公式

$ax^2+2px+q=0\ (a\neq 0)$ のとき

$$x=\frac{-p\pm\sqrt{p^2-aq}}{a}$$

053
(1) $(x,\ y)=(2,\ 6)$

(2) $(x,\ y)=\left(-3,\ \dfrac{5}{4}\right)$

(3) $(x,\ y)=\left(\dfrac{\sqrt{5}+1}{4},\ \dfrac{\sqrt{5}-1}{4}\right),\ \left(\dfrac{\sqrt{5}-1}{4},\ \dfrac{\sqrt{5}+1}{4}\right),\ \left(\dfrac{-\sqrt{5}+1}{4},\ \dfrac{-\sqrt{5}-1}{4}\right),\ \left(\dfrac{-\sqrt{5}-1}{4},\ \dfrac{-\sqrt{5}+1}{4}\right)$

(4) $(x,\ y)=\left(\dfrac{1}{5},\ \dfrac{9}{5}\right),\ \left(\dfrac{6}{5},\ \dfrac{4}{5}\right)$

解説 (1) $\begin{cases} x+y=x^2+4 & \cdots① \\ x:y=1:3 & \cdots② \end{cases}$

②より　$y=3x$　$\cdots②'$

②′を①に代入して　$x+3x=x^2+4$

$x^2-4x+4=0$　　$(x-2)^2=0$　　よって　$x=2$

$x=2$ を②′に代入して　$y=6$

(2) $\begin{cases} x^2+7x+4y+7=0 & \cdots① \\ x+4y=2 & \cdots② \end{cases}$

②より　$4y=2-x$

これを①に代入して　$x^2+7x+2-x+7=0$

$x^2+6x+9=0$　　$(x+3)^2=0$　　よって　$x=-3$

$x=-3$ を②に代入して　$-3+4y=2$　　$y=\dfrac{5}{4}$

(3) $\begin{cases} x^2+xy+y^2=1 & \cdots① \\ \dfrac{y}{x}+\dfrac{x}{y}=3 & \cdots② \end{cases}$

②×xy より　$y^2+x^2=3xy$　$\cdots②'$

①より　$x^2+y^2=1-xy$　$\cdots①'$

①′，②′より　$3xy=1-xy$　　$4xy=1$

$xy=\dfrac{1}{4}$　$\cdots③$

③を②′に代入して　$x^2+y^2=\dfrac{3}{4}$

ここで　$(x+y)^2=x^2+y^2+2xy=\dfrac{3}{4}+\dfrac{2}{4}=\dfrac{5}{4}$

よって　$x+y=\pm\sqrt{\dfrac{5}{4}}=\pm\dfrac{\sqrt{5}}{2}$

(i) $x+y=\dfrac{\sqrt{5}}{2}$ のとき　$y=\dfrac{\sqrt{5}}{2}-x$

これを③に代入して　$x\left(\dfrac{\sqrt{5}}{2}-x\right)=\dfrac{1}{4}$

$4x\left(\dfrac{\sqrt{5}}{2}-x\right)=1$　　$2\sqrt{5}x-4x^2=1$

$4x^2-2\sqrt{5}x+1=0$

$x=\dfrac{\sqrt{5}\pm\sqrt{5-4\times 1}}{4}=\dfrac{\sqrt{5}\pm 1}{4}$

$x=\dfrac{\sqrt{5}+1}{4}$ のとき

$y=\dfrac{\sqrt{5}}{2}-\dfrac{\sqrt{5}+1}{4}=\dfrac{\sqrt{5}-1}{4}$

$x=\dfrac{\sqrt{5}-1}{4}$ のとき

$y=\dfrac{\sqrt{5}}{2}-\dfrac{\sqrt{5}-1}{4}=\dfrac{\sqrt{5}+1}{4}$

(ii) $x+y=-\dfrac{\sqrt{5}}{2}$ のとき　$y=-\dfrac{\sqrt{5}}{2}-x$

これを③に代入して　$x\left(-\dfrac{\sqrt{5}}{2}-x\right)=\dfrac{1}{4}$

$4x\left(-\dfrac{\sqrt{5}}{2}-x\right)=1$　　$-2\sqrt{5}x-4x^2=1$

$4x^2+2\sqrt{5}x+1=0$

$x=\dfrac{-\sqrt{5}\pm\sqrt{5-4\times 1}}{4}=\dfrac{-\sqrt{5}\pm 1}{4}$

$x=\dfrac{-\sqrt{5}+1}{4}$ のとき

$y=-\dfrac{\sqrt{5}}{2}-\dfrac{-\sqrt{5}+1}{4}=\dfrac{-\sqrt{5}-1}{4}$

$x=\dfrac{-\sqrt{5}-1}{4}$ のとき

$y=-\dfrac{\sqrt{5}}{2}-\dfrac{-\sqrt{5}-1}{4}=\dfrac{-\sqrt{5}+1}{4}$

(4) $\begin{cases} (x+y)^2-4(x+y)+4=0 & \cdots① \\ (3x-2y)^2+(3x-2y)=6 & \cdots② \end{cases}$

$x+y=A$，$3x-2y=B$ とおくと，①，②は次のように書ける。

$\begin{cases} A^2-4A+4=0 & \cdots①' \\ B^2+B=6 & \cdots②' \end{cases}$

①′を解いて　$(A-2)^2=0$

$A=2$ より　$x+y=2$　$\cdots③$

②′を解いて　$B^2+B-6=0$

$(B+3)(B-2)=0$ より　$B=-3,\ 2$

よって　$3x-2y=-3$　$\cdots④$

または　$3x-2y=2$　$\cdots⑤$

(i) $\begin{cases} x+y=2 & \cdots③ \\ 3x-2y=-3 & \cdots④ \end{cases}$ を解く。

③×2+④より

$$\begin{array}{rl} & 2x+2y=4 \\ +) & 3x-2y=-3 \\ \hline & 5x \quad\ =1 \end{array}$$ よって $x=\dfrac{1}{5}$

$x=\dfrac{1}{5}$ を③に代入して $\dfrac{1}{5}+y=2$

よって $y=\dfrac{9}{5}$

(ii) $\begin{cases} x+y=2 & \cdots③ \\ 3x-2y=2 & \cdots⑤ \end{cases}$ を解く。

③×2+⑤より

$$\begin{array}{rl} & 2x+2y=4 \\ +) & 3x-2y=2 \\ \hline & 5x \quad\ =6 \end{array}$$ よって $x=\dfrac{6}{5}$

$x=\dfrac{6}{5}$ を③に代入して $\dfrac{6}{5}+y=2$

よって $y=\dfrac{4}{5}$

入試メモ 2元1次の連立方程式では解 x, y は1組しかなかったが，2元2次の連立方程式になると，最大で解 x, y が4組も存在する。場合分けをして，正確に解を導くことを心がけよう。

054 (1) $\boldsymbol{k=-18}$ (2) $\boldsymbol{-1680}$
(3) 順に $\boldsymbol{1+\sqrt{2}}$, $\boldsymbol{1}$, $\boldsymbol{\sqrt{2}}$

解説 (1) 2つの解を $x=a$, $2a\,(a>0)$ と表すと，これらを解にもつ2次方程式の1つは，
$(x-a)(x-2a)=0$ と表せる。
展開すると $x^2-3ax+2a^2=0$
これは，$x^2+kx+72=0$ と等しいので
$2a^2=72$ $a^2=36$ $a=\pm6$
$a>0$ より $a=6$ $k=-3a=-3\times6=-18$

(2) $x^2=8x+84$ より $x^2-8x-84=0$
$(x+6)(x-14)=0$ より $x=-6$, 14
よって $a=14$, $b=-6$
$a^2b-ab^2=ab(a-b)$
$=14\times(-6)\times(14+6)=-1680$

(3) $x^2-2x-1=0$ $x=1\pm\sqrt{1+1\times1}=1\pm\sqrt{2}$
よって $a=1+\sqrt{2}$
$x=a$ をもとの2次方程式に代入して
$a^2-2a-1=0$ よって $a^2-2a=1$
$a^4-2a^3-a-2=a^2(a^2-2a-1)+a^2-a-2$
$=a^2-a-2=(a^2-2a-1)+a-1$
$=a-1=(1+\sqrt{2})-1=\sqrt{2}$

パワーアップ

▶解と係数の関係
2次方程式 $ax^2+bx+c=0$ の解を p, q とすると
$p+q=-\dfrac{b}{a}$ $pq=\dfrac{c}{a}$

055 (1) $\boldsymbol{a=2b}$, $\boldsymbol{c=-3b}$
(2) $\boldsymbol{x=1}$, $\boldsymbol{-\dfrac{1}{3}}$

解説 (1) ①に $x=1$ を代入して
$a+b+c=0$ …①′
②に $x=2$ を代入して $4b+2c+a=0$ …②′
②′－①′×2より

$$\begin{array}{rl} & a+4b+2c=0 \\ -) & 2a+2b+2c=0 \\ \hline & -a+2b \quad\ =0 \end{array}$$ よって $a=2b$

②′－①′より

$$\begin{array}{rl} & a+4b+2c=0 \\ -) & a+\ b+\ c=0 \\ \hline & 3b+\ c=0 \end{array}$$ よって $c=-3b$

(2) ③に $a=2b$, $c=-3b$ を代入すると
$-3bx^2+2bx+b=0$
題意より $b\neq0$ だから，両辺を b でわって
$-3x^2+2x+1=0$ $3x^2-2x-1=0$
$x=\dfrac{1\pm\sqrt{1+3\times1}}{3}=\dfrac{1\pm2}{3}$ $x=1$, $-\dfrac{1}{3}$

056 (1) $\boldsymbol{-4}$ (2) $\boldsymbol{\dfrac{2+\sqrt{2}}{2}}$

解説 (1) 2つの解 $x=p$, $q\,(p>q)$ をもつ2次方程式の1つは，$(x-p)(x-q)=0$ と表せる。
展開すると $x^2-(p+q)x+pq=0$
両辺に2をかけて $2x^2-2(p+q)x+2pq=0$
これは，$2x^2+bx+c=0$ と等しいので
$b=-2(p+q)$
$p+q=2$ より $b=-2\times2=-4$

(2) $2x^2-4x+c=0$ を解いて
$x=\dfrac{2\pm\sqrt{4-2\times c}}{2}=\dfrac{2\pm\sqrt{2(2-c)}}{2}$
よって $p=\dfrac{2+\sqrt{2(2-c)}}{2}$, $q=\dfrac{2-\sqrt{2(2-c)}}{2}$
$cx^2-4x+2=0$ を解いて
$x=\dfrac{2\pm\sqrt{4-c\times2}}{c}=\dfrac{2\pm\sqrt{2(2-c)}}{c}$
よって $r=\dfrac{2+\sqrt{2(2-c)}}{c}$

$r=2p$ より　$\dfrac{2+\sqrt{2(2-c)}}{c}=2+\sqrt{2(2-c)}$

よって　$c=1$

$p=\dfrac{2+\sqrt{2(2-c)}}{2}$ に $c=1$ を代入して

$p=\dfrac{2+\sqrt{2\times1}}{2}$　　よって　$p=\dfrac{2+\sqrt{2}}{2}$

057 (1) $\boldsymbol{a=-6}$

(2) $\boldsymbol{(a,\ b)=(-1,\ -10),\ (-3,\ -5)}$

解説 (1)　$x^2-(a+4)x-(a+5)=0$

$\{x-(a+5)\}(x+1)=0$　　$x=a+5,\ -1$

解がただ1つになるのは，$a+5=-1$ となるときであるから　$a=-6$

(2)　①の解は $x=a+5,\ -1$ の2つであるから

(i)　共通の解が $x=a+5$ のとき

②に $x=a+5$ を代入して

$(a+5)^2-a(a+5)+2b=0$

$a^2+10a+25-a^2-5a+2b=0$

$5a+2b+25=0$　　$5a+2b=-25$

$a,\ b\ (a>b)$ は負の整数であるから，該当するのは

$(a,\ b)=(-1,\ -10),\ (-3,\ -5)$

〔1〕$(a,\ b)=(-1,\ -10)$ のとき

共通の解は　$x=a+5=4$

①の解は　$x=4,\ -1$

②は　$x^2+x-20=0$

$(x-4)(x+5)=0$　　$x=4,\ -5$

よって，$(a,\ b)=(-1,\ -10)$ は題意を満たす。

〔2〕$(a,\ b)=(-3,\ -5)$ のとき

共通の解は　$x=a+5=2$

①の解は　$x=2,\ -1$

②は　$x^2+3x-10=0$

$(x-2)(x+5)=0$　　$x=2,\ -5$

よって，$(a,\ b)=(-3,\ -5)$ は題意を満たす。

(ii)　共通の解が $x=-1$ のとき

②に $x=-1$ を代入すると　$1+a+2b=0$

$a+2b=-1$

$a,\ b$ は負の整数であるから，不適当。

058 (1) ① $\boldsymbol{y=2x-8}$　② **64**

(2) **2，8**　(3) **46**

解説 (1)　①$2x=y+8$ を y について解くと

$y=2x-8$

②$A=10x+y$

A の十の位の数と一の位の数を入れかえた数は

$10y+x$　　題意より　$10y+x=10x+y-18$

よって，$9x-9y=18$ より　$x-y=2$

$\begin{cases} y=2x-8 \\ x-y=2 \end{cases}$ を解いて

$x-(2x-8)=2$　　$x-2x+8=2$　　$-x=-6$

よって　$x=6,\ y=4$　　$A=10\times6+4=64$

(2)　B の十の位の数を p，一の位の数を q とすると

$B=10p+q$

題意より　$p^2+q+16=10p+q$

$p^2-10p+16=0$　　$(p-2)(p-8)=0$

p は1以上9以下の整数であるから　$p=2,\ 8$

(3)　C の十の位の数を m，一の位の数を n とすると

$C=10m+n$

題意より　$7n+50=2(10m+n)$

$7n+50=20m+2n$　　$20m-5n=50$

$4m-n=10$

また，$10m+n+64$ は3桁の数。m は1以上9以下，n は0以上9以下の整数であるから，$4m-n=10$ を満たす $m,\ n$ の組は　$(m,\ n)=(3,\ 2),\ (4,\ 6)$

このうち，$10m+n+64$ が3桁となるのは

$(m,\ n)=(4,\ 6)$　　よって　$C=46$

059 **2m**

解説

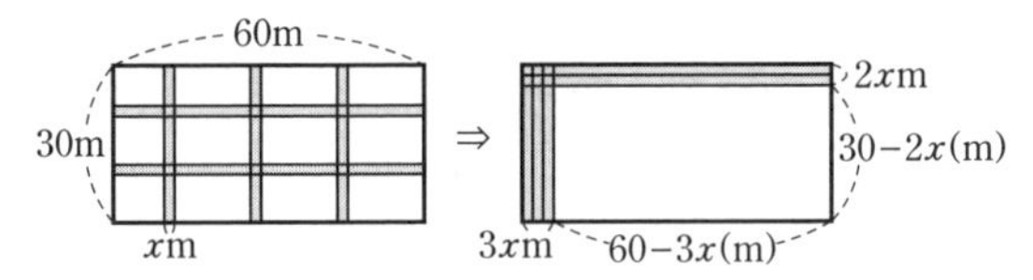

道幅を x m とすると，上の図より，

$(30-2x)(60-3x)=0.78\times30\times60$

$1800-90x-120x+6x^2=0.78\times1800$

$6x^2-210x+1800=78\times18$

$x^2-35x+300=78\times3$　　$x^2-35x+300=234$

$x^2-35x+66=0$　　$(x-2)(x-33)=0$

$x=2,\ 33$　　$0<x<15$ より　$x=2$(m)

060 (1) **3.75**　(2) **6.4**

(3) **80**

解説 (1)

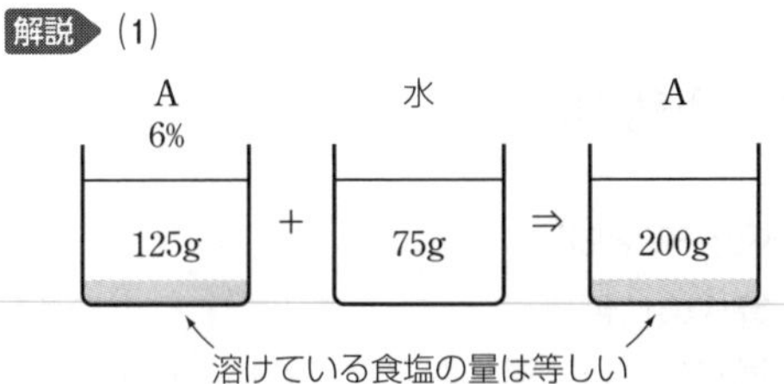

溶けている食塩の量は　$\dfrac{6}{100}\times125=\dfrac{15}{2}$(g)

よって，濃度は　$\dfrac{15}{2}\div200\times100=\dfrac{15}{4}=3.75$(%)

(2)

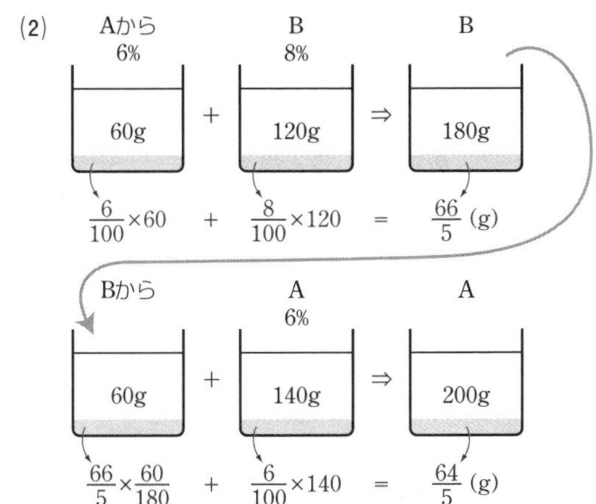

図中の式より，Aから60g取り出し，Bに入れた食塩水180gに溶けている食塩の量は　$\dfrac{66}{5}$g

このBから60g取り出し，Aに入れた食塩水200gに溶けている食塩の量は　$\dfrac{64}{5}$g

よって, Aの濃度は　$\dfrac{64}{5}\div200\times100=\dfrac{32}{5}=6.4$(%)

(3)

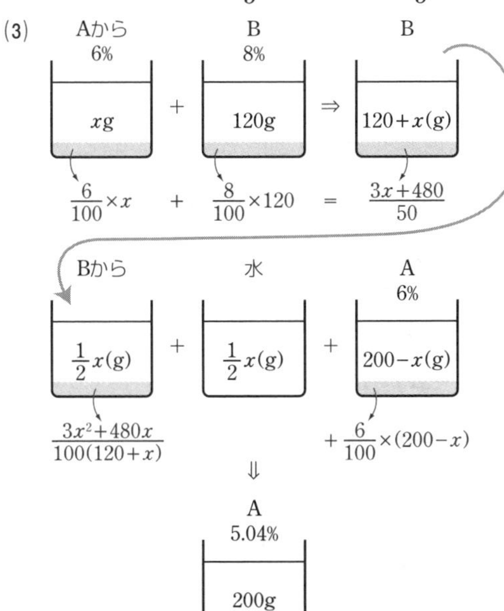

図中の式より，Aからxg取り出し，Bに入れた食塩水$120+x$(g)に溶けている食塩の量は

$\dfrac{3x+480}{50}$(g)

このBの$\dfrac{1}{2}x$(g)に溶けている食塩の量は

$$\frac{3x+480}{50}\times\frac{\frac{1}{2}x}{120+x}=\frac{(3x+480)\times x}{50\times2(120+x)}$$
$$=\frac{3x^2+480x}{100(120+x)}\text{(g)}$$

最後にAに溶けている食塩の量は

$\dfrac{5.04}{100}\times200=10.08$(g)

よって，次の等式が成り立つ。

$$\frac{3x^2+480x}{100(120+x)}+\frac{6}{100}\times(200-x)=10.08$$
$$\frac{3x^2+480x}{100(120+x)}+\frac{1200-6x}{100}=10.08$$
$$\frac{3x^2+480x}{120+x}+1200-6x=1008$$
$$\frac{3x^2+480x}{120+x}=6x-192$$
$$3x^2+480x=(120+x)(6x-192)$$
$$3x^2+480x=6(120+x)(x-32)$$
$$x^2+160x=2(120+x)(x-32)$$
$$x^2+160x=2(120x-3840+x^2-32x)$$
$$x^2+160x=2(x^2+88x-3840)$$
$$x^2+160x=2x^2+176x-7680$$
$$x^2+16x-7680=0$$
$$(x-80)(x+96)=0$$
$$x=80,\ -96$$

$0<x<200$ より　$x=80$(g)

061 (1) $x=150$　　(2) $y=2$

解説 (1)　1日目に売れた個数は　$0.2x=\dfrac{1}{5}x$(個)

2日目に売れた個数は　$0.8x\times\dfrac{3}{8}=\dfrac{3}{10}x$(個)

3日目に売れた個数は　75個

よって　$\dfrac{1}{5}x+\dfrac{3}{10}x+75=x$

$x-\dfrac{1}{5}x-\dfrac{3}{10}x=75$

$\dfrac{1}{2}x=75$　　よって　$x=150$

(2)　原価375円であるから，定価は

$1.6\times375=600$(円)

2日目の価格は　$600\left(1-\dfrac{y}{10}\right)$(円)

3日目の価格は　$600\left(1-\dfrac{y}{10}\right)\left(1-\dfrac{2y}{10}\right)$(円)

(1)より，1日目に売れた個数は30個，2日目に売れた個数は45個，3日目に売れた個数は75個であるから，売り上げ総額は

$$600\times30+600\left(1-\frac{y}{10}\right)\times45$$
$$+600\left(1-\frac{y}{10}\right)\left(1-\frac{2y}{10}\right)\times75$$
$$=600\times15\left\{2+3\left(1-\frac{y}{10}\right)+5\left(1-\frac{y}{10}\right)\left(1-\frac{2y}{10}\right)\right\}$$
$$=600\times15\left\{2+3\left(1-\frac{y}{10}\right)+(5-y)\left(1-\frac{y}{10}\right)\right\}$$
$$=600\times15\left\{2+\left(1-\frac{y}{10}\right)(8-y)\right\}$$
$$=60\times15\{20+(10-y)(8-y)\}$$
$$=60\times15(20+80-18y+y^2)$$
$$=60\times15(y^2-18y+100)\text{（円）}$$

よって，次の等式が成り立つ。

$$60\times15(y^2-18y+100)-375\times150=4950$$
$$2(y^2-18y+100)-125=11$$
$$2y^2-36y+200-125-11=0$$
$$2y^2-36y+64=0$$
$$y^2-18y+32=0$$
$$(y-2)(y-16)=0$$
$$y=2,\ 16$$

$0<2y<10$ より $0<y<5$ であるから　$y=2$

062 (1) $\boldsymbol{e=85}$　(2) $\boldsymbol{e=52}$

解説 (1)

a	b	c
d	e	f
g	h	i

⇒

$x-11$	$x-10$	$x-9$
$x-1$	x	$x+1$
$x+9$	$x+10$	$x+11$

eの値をxとおくと，表のようになる。題意より

$$(x-10)+(x-1)+x+(x+1)+(x+10)=425$$
$$5x=425$$

よって　$x=85$　（与えられた表より適する）

(2) 同じくeの値をxとおいて(1)の表を利用する。

題意より

$$(x-11)(x+11)+(x-9)(x+9)=100x+6$$

これを解いて　$x^2-121+x^2-81=100x+6$

$$2x^2-100x-208=0$$
$$x^2-50x-104=0$$
$$(x+2)(x-52)=0$$
$$x=-2,\ 52$$

$12\leqq x\leqq89$ より

$x=52$　（与えられた表より適する）

5 不等式

パワーアップ

▶不等式の性質

- 不等式の両辺に同じ数をたしても，両辺から同じ数をひいても，不等号の向きは変わらない。

　$a<b$ ならば　$a+c<b+c,\ a-c<b-c$

- 不等式の両辺に同じ正の数をかけても，両辺を同じ正の数でわっても，不等号の向きは変わらない。

　$a<b,\ m>0$ ならば　$ma<mb,\ \dfrac{a}{m}<\dfrac{b}{m}$

- 不等式の両辺に同じ負の数をかけたり，両辺を同じ負の数でわったりすると，不等号の向きは変わる。

　$a<b,\ m<0$ ならば　$ma>mb,\ \dfrac{a}{m}>\dfrac{b}{m}$

▶不等式の解き方

例　$4x-3<7x+9$

①変数の項を左辺に，定数を右辺に移項する。

　$4x-7x<9+3$

②それぞれ計算して，両辺とも1つの項にする。

　$-3x<12$

③変数の係数で両辺をわる。

　$x>-4$

063 (1) $\boldsymbol{x<-\frac{5}{9}}$　(2) $\boldsymbol{x\geqq\frac{30}{7}}$

(3) $\boldsymbol{x<\frac{41}{7}}$　(4) $\boldsymbol{a\leqq\frac{22}{17}}$

(5) $\boldsymbol{x<-4}$

解説 (1) $3(1-2x)>\dfrac{11-3x}{2}$

$$6(1-2x)>11-3x$$
$$6-12x>11-3x$$
$$-12x+3x>11-6$$
$$-9x>5$$
$$x<-\frac{5}{9}$$

両辺を負の数でわったので，不等号の向きがかわる。

(2) $\dfrac{2x-3}{3}-\dfrac{1}{5}x \geqq 1$

$$\left(\frac{2x-3}{3}-\frac{1}{5}x\right)\times 15 \geqq 1\times 15$$

$$5(2x-3)-3x \geqq 15$$

$$10x-15-3x \geqq 15$$

$$10x-3x \geqq 15+15$$

$$7x \geqq 30$$

$$x \geqq \frac{30}{7}$$

(3) $\dfrac{3x-1}{4}-\dfrac{2x-3}{5} > \dfrac{7x-7}{10}-1$

$$\left(\frac{3x-1}{4}-\frac{2x-3}{5}\right)\times 20 > \left(\frac{7x-7}{10}-1\right)\times 20$$

$$5(3x-1)-4(2x-3) > 2(7x-7)-20$$

$$15x-5-8x+12 > 14x-14-20$$

$$7x+7 > 14x-34$$

$$7x-14x > -34-7$$

$$-7x > -41$$

$$x < \frac{41}{7}$$

不等号の向き！

(4) $\dfrac{5-3a}{2} \geqq \dfrac{1}{5}\left(a+\dfrac{3}{2}\right)$

$$\frac{5-3a}{2}\times 10 \geqq \left\{\frac{1}{5}\left(a+\frac{3}{2}\right)\right\}\times 10$$

$$5(5-3a) \geqq 2\left(a+\frac{3}{2}\right)$$

$$25-15a \geqq 2a+3$$

$$-15a-2a \geqq 3-25$$

$$-17a \geqq -22$$

$$a \leqq \frac{22}{17}$$

不等号の向き！

(5) $1.4\left(0.5x+\dfrac{2}{7}\right)-0.6\left(1.5x+\dfrac{1}{3}\right) > 1$

$$\left\{1.4\left(0.5x+\frac{2}{7}\right)-0.6\left(1.5x+\frac{1}{3}\right)\right\}\times 10 > 1\times 10$$

$$14\left(0.5x+\frac{2}{7}\right)-6\left(1.5x+\frac{1}{3}\right) > 10$$

$$14\left(\frac{1}{2}x+\frac{2}{7}\right)-6\left(\frac{3}{2}x+\frac{1}{3}\right) > 10$$

$$7x+4-9x-2 > 10$$

$$7x-9x > 10-4+2$$

$$-2x > 8$$

$$x < -4$$

不等号の向き！

064 (1) $x=-5$ (2) $x=-2$
(3) **5, 7, 11** (4) $n=$ **216, 217, 218**

解説 (1)

$$3(x-4) > 5x-3$$

$$3x-12 > 5x-3$$

$$3x-5x > -3+12$$

$$-2x > 9$$

$$x < -\frac{9}{2}$$

$-\dfrac{9}{2}$より小さい数の中で最も大きい整数xは

$x=-5$

(2)

$$4x-11 < 7x-4$$

$$4x-7x < -4+11$$

$$-3x < 7$$

$$x > -\frac{7}{3}$$

$-\dfrac{7}{3}$より大きい数の中で最も小さい整数xは

$x=-2$

(3) ある素数をxとすると，題意より

$$2 < \frac{3x-2}{5} < 7$$

$$2\times 5 < 3x-2 < 7\times 5$$

$$10 < 3x-2 < 35$$

$$10+2 < 3x < 35+2$$

$$12 < 3x < 37$$

$$\frac{12}{3} < x < \frac{37}{3}$$

$$4 < x < \frac{37}{3}$$

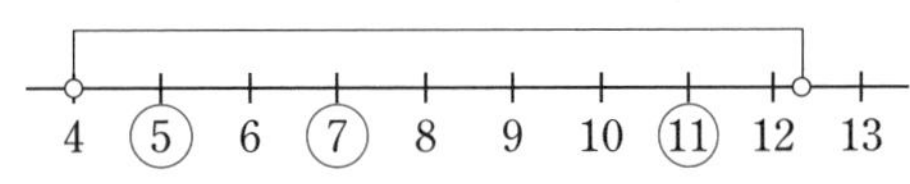

この不等式を満たす素数xは　$x=5,\ 7,\ 11$

(4) 小数第1位を四捨五入して14となる数は13.5以上14.5未満の数であるから

$$13.5 \leqq \frac{n}{16} < 14.5 \quad \cdots①$$

同じく，小数第1位を四捨五入して11となる数は，10.5以上11.5未満の数であるから

$$10.5 \leqq \frac{n}{19} < 11.5 \quad \cdots②$$

①より　$13.5\times 16 \leqq n < 14.5\times 16$

$216 \leqq n < 232$　…①′

②より　$10.5\times 19 \leqq n < 11.5\times 19$

$199.5 \leqq n < 218.5$　…②′

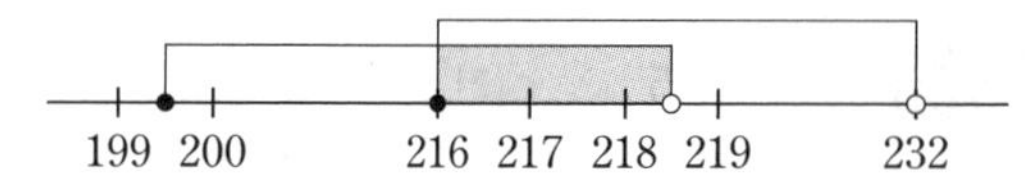

①′，②′の両方を満たす整数nは

$n=216,\ 217,\ 218$

065 (1) $-3\leqq a^2+\dfrac{3}{2}b\leqq 15$　(2) $x=2,\ 3$
(3) $-\dfrac{15}{2}\leqq a<-\dfrac{13}{2}$

解説 (1)　$-3\leqq a\leqq 2$ より　$0\leqq a^2\leqq(-3)^2$

よって　$0\leqq a^2\leqq 9$　…①

$-2\leqq b\leqq 4$ より　$-2\times\dfrac{3}{2}\leqq\dfrac{3}{2}b\leqq 4\times\dfrac{3}{2}$

よって　$-3\leqq\dfrac{3}{2}b\leqq 6$　…②

①，②の各辺を，それぞれたして

$0-3\leqq a^2+\dfrac{3}{2}b\leqq 9+6$

$-3\leqq a^2+\dfrac{3}{2}b\leqq 15$

(2) $\begin{cases}2x+5>5(x-3)+9 & \cdots① \\ -\dfrac{1}{2}x+4<3x-1 & \cdots②\end{cases}$

①より　$2x+5>5x-15+9$

$2x-5x>-15+9-5$

$-3x>-11$

$x<\dfrac{11}{3}$

②より　$\left(-\dfrac{1}{2}x+4\right)\times 2<(3x-1)\times 2$

$-x+8<6x-2$

$-x-6x<-2-8$

$-7x<-10$

$x>\dfrac{10}{7}$

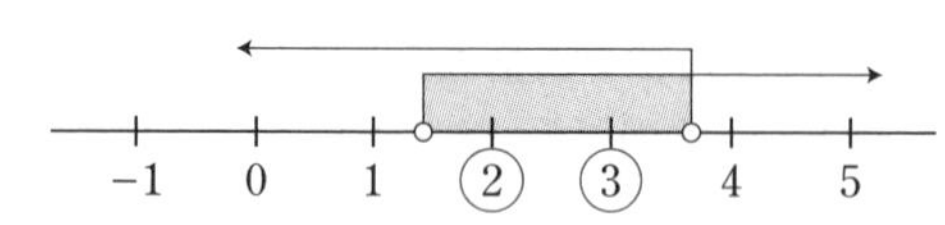

①，②の両方の式を満たす整数xは　$x=2,\ 3$

(3)　$\dfrac{x}{5}+\dfrac{1}{10}\geqq\dfrac{x+1}{2}$

$\left(\dfrac{x}{5}+\dfrac{1}{10}\right)\times 10\geqq\dfrac{x+1}{2}\times 10$

$2x+1\geqq 5(x+1)$

$2x+1\geqq 5x+5$

$2x-5x\geqq 5-1$

$-3x\geqq 4$

$x\leqq-\dfrac{4}{3}$

$2x-1>2a$

$2x>2a+1$

$x>a+\dfrac{1}{2}$

$$\text{（数直線：}-7,\ -6,\ -5,\ -4,\ -3,\ -2,\ -1,\ 0\text{、}a+\tfrac{1}{2}\text{）}$$

ここで，$a+\dfrac{1}{2}=-7$ であれば，整数5個で適するが，$a+\dfrac{1}{2}=-6$ であれば，整数4個となって適さない。$\left(x\text{は}a+\dfrac{1}{2}\text{を含まないことに注意する。}\right)$

よって　$-7\leqq a+\dfrac{1}{2}<-6$

$-7-\dfrac{1}{2}\leqq a<-6-\dfrac{1}{2}$

$-\dfrac{15}{2}\leqq a<-\dfrac{13}{2}$

066 (1) **32L**　(2) **160km**
(3) **440km**　(4) $x=47$
(5) $108<y<120$

解説 (1)　$256\div 8=32$(L)

(2)　途中で給油したガソリンの量は52Lであるから，A営業所からガソリンスタンドまでの距離は

$8\times 52=416$(km)

よって，B市からガソリンスタンドまでの距離は

$416-256=160$(km)

(3)　C市からA営業所までの距離は，少なくとも$8\times 25=200$(km)ある。B市とC市の途中のガソリンスタンドでガソリンの量を60Lにしたから，ガソリンスタンドからC市までに使ったガソリンの量は最大で

$60-25=35$(L)　　$8\times 35=280$(km)

よって，B市からC市までの距離は最長で

$160+280=440$(km)

(3)までの条件でわかることを図にまとめると下のようになる。

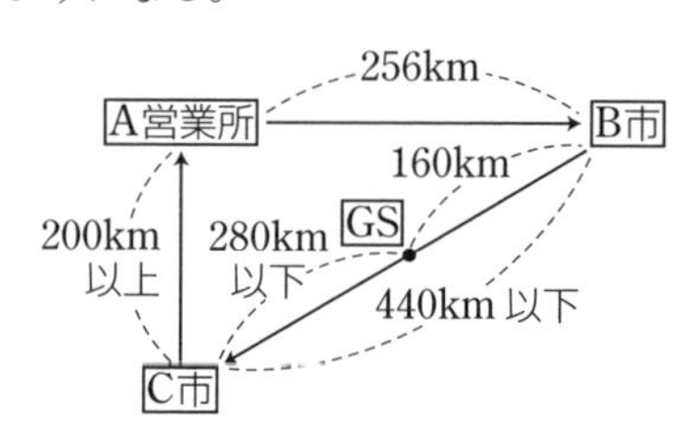

(4)　ガソリンスタンドからA営業所までに使ったガソリンの量がxLであるから，その距離は
$8x$(km)
よって，追加料金とガソリンの代金の式をつくると
$30(256+160+8x-400)+100(52+x)=21660$
$30(16+8x)+5200+100x=21660$
$480+240x+5200+100x=21660$
$340x=21660-5680$
$340x=15980$
$x=47$

(5)　(4)，(5)の条件より図は下のようになる。

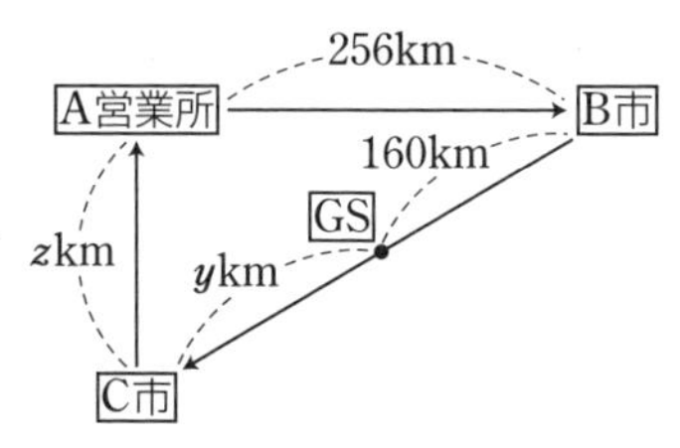

C市からA営業所までz kmであるとすると，題意より　$y+z=8\times47$　　$y+z=376$
よって　$z=376-y$
走行距離は，短い順に1日目，3日目，2日目となるから
$256<376-y<y+160$
$256<376-y$ を解いて　　$y<376-256$
よって　$y<120$　…①
$376-y<y+160$ を解いて　$-y-y<160-376$
$-2y<-216$
よって　$y>108$　…②
①，②より　$108<y<120$

6 比例・反比例

067　(1) $\boldsymbol{y=9}$　　(2) $\boldsymbol{y=8}$
(3) $\boldsymbol{x=8}$　　(4) $\boldsymbol{x=4}$

解説　(1)　yはxに比例するので　$y=ax$
$x=2$，$y=-6$を代入して
$-6=2a$　　$a=-3$　　よって　$y=-3x$
$x=-3$を代入して　$y=-3\times(-3)=9$

(2)　yはxに反比例するので　$y=\dfrac{a}{x}$
$x=2$，$y=-4$を代入して　$-4=\dfrac{a}{2}$　　$a=-8$
よって　$y=-\dfrac{8}{x}$　　$x=-1$を代入して　$y=8$

(3)　yは$x-2$に反比例するので　$y=\dfrac{a}{x-2}$
$x=3$，$y=4$を代入して
$4=\dfrac{a}{3-2}$　　$a=4$　　よって　$y=\dfrac{4}{x-2}$
$y=\dfrac{2}{3}$を代入して　$\dfrac{2}{3}=\dfrac{4}{x-2}$
$2(x-2)=3\times4$　　$x-2=6$　　$x=8$

(4)　$y+2$は$x-2$に比例するので　$y+2=a(x-2)$
また，$z-1$は$y-1$に反比例するので　$z-1=\dfrac{b}{y-1}$
$x=3$，$y=0$，$z=-2$をそれぞれの式に代入する。
$0+2=a(3-2)$より　$a=2$
よって　$y+2=2(x-2)$　…①
$-2-1=\dfrac{b}{0-1}$より　$b=3$
よって　$z-1=\dfrac{3}{y-1}$　…②
$z=4$を②に代入して　$4-1=\dfrac{3}{y-1}$　　$3(y-1)=3$
$y-1=1$　　$y=2$　　これを①に代入して
$2+2=2(x-2)$　　$x-2=2$　　よって　$x=4$

068　(1) $\boldsymbol{a=3,\ b=6}$　　(2) $\boldsymbol{a=8,\ b=2}$
(3) $\boldsymbol{-2\leqq x<0}$

解説　(1)　関数$y=\dfrac{12}{x}$で，$2\leqq y\leqq4$より，$x>0$
このとき，xが増加するとyは減少するから，
$x=a$のとき$y=4$より　$4=\dfrac{12}{a}$　　$a=3$
$x=b$のとき$y=2$より　$2=\dfrac{12}{b}$　　$b=6$

(2)　関数$y=\dfrac{a}{x}$で，$1\leqq x\leqq4$のとき$y=8$となること

から，$a>0$である。このとき，xが増加するとyは減少するから

$x=1$のとき$y=8$より　$8=\frac{a}{1}$　　$a=8$

$x=4$のとき$y=b$より　$b=\frac{a}{4}=\frac{8}{4}=2$

(3)　$y=-\frac{6}{x}$に$y=3$を代入すると　$3=-\frac{6}{x}$

$3x=-6$　　$x=-2$

右のグラフより，$y \geqq 3$となるxの変域は　$-2 \leqq x<0$

069 (1) $\mathbf{R\left(\frac{8}{9}a,\ \frac{4}{9}a\right)}$　　(2) **3：5：4**

解説 (1)　$y=3x$に$y=a$を代入して

$x=\frac{a}{3}$　より

$P\left(\frac{a}{3},\ a\right)$

$B\left(\frac{a}{3}+t,\ a\right)$

$C\left(\frac{a}{3}+t,\ 0\right)$

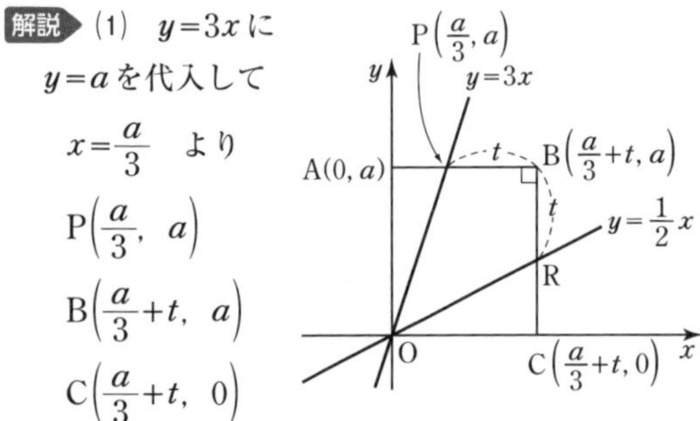

$y=\frac{1}{2}x$に$x=\frac{a}{3}+t$を代入して

$y=\frac{1}{2}\left(\frac{a}{3}+t\right)=\frac{a}{6}+\frac{t}{2}$

よって　$R\left(\frac{a}{3}+t,\ \frac{a}{6}+\frac{t}{2}\right)$

ここで，(Rのy座標)$=a-t$であるから

$\frac{a}{6}+\frac{t}{2}=a-t$　　$a+3t=6a-6t$　　$9t=5a$

よって　$t=\frac{5}{9}a$　　したがって，

$R\left(\frac{a}{3}+\frac{5}{9}a,\ \frac{a}{6}+\frac{5}{18}a\right)$より　$R\left(\frac{8}{9}a,\ \frac{4}{9}a\right)$

(2)　△BPRが直角二等辺三角形であるから，△APF，△CERも直角二等辺三角形である。

$FA=AP=\frac{a}{3}$

△APF∽△BPR∽△CER（2組の角がそれぞれ等しい）であるから

FP：RP：RE＝FA：RB：RC

$=\frac{a}{3}:t:\frac{4}{9}a=\frac{a}{3}:\frac{5}{9}a:\frac{4}{9}a=3:5:4$

入試メモ　069は座標平面上の比例のグラフの問題だが，座標を文字（パラメータ）で表すことで難度が上がっている。相似の基本知識も必要だが，文字の扱いにも慣れることが最優先である。

070 (1) **△OPQ＝1**　　(2) **△APB＝16**

解説 (1)　$y=\frac{a}{x}$のグラフは点$(-2,\ -1)$を通るから　$-1=\frac{a}{-2}$　　よって　$a=2$

したがって，反比例のグラフの式は　$y=\frac{2}{x}$

$P\left(t,\ \frac{2}{t}\right)$とおくと

$\triangle OPQ=\frac{1}{2}\times PQ\times OQ=\frac{1}{2}\times t\times\frac{2}{t}=1$

（△OPQはつねに比例定数aの$\frac{1}{2}$となる。）

(2)　$y=\frac{a}{x}$のグラフはP(3, 3)を通るから

$3=\frac{a}{3}$　　よって　$a=9$

したがって，反比例のグラフの式は　$y=\frac{9}{x}$

$x=1$を代入して　$y=9$　　よって　A(1, 9)

曲線mは，直線$y=x$に関して対称な曲線であり，直線$y=x$のグラフは点Pを通る。PA＝PBより2点A，Bは直線$y=x$に関して対称な点であるから，B(9, 1)，H(1, 1)とすると

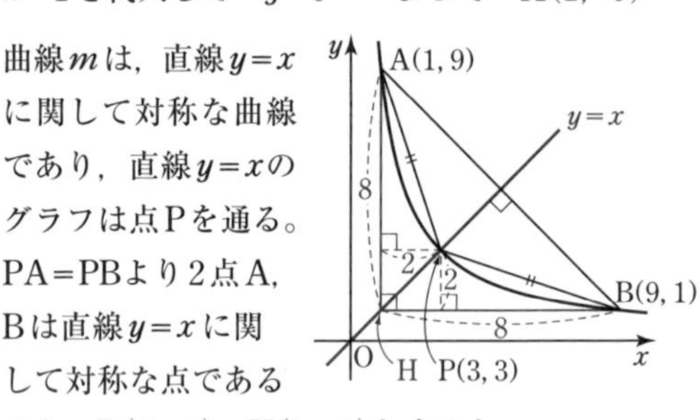

$\triangle APB=\triangle AHB-\triangle AHP-\triangle BHP$

$=\frac{1}{2}\times8\times8-\frac{1}{2}\times8\times2-\frac{1}{2}\times8\times2$

$=32-8-8=16$

071 (1) **1：4**　　(2) $\mathbf{\frac{3}{2}}$

(3) **△CAB＝$\frac{9}{4}$，△OAB＝$\frac{15}{4}$**

解説 (1)　OH$=a$,

OK$=\dfrac{2}{b}$

であるから

(四角形OHCKの面積)

$=a\times\dfrac{2}{b}=\dfrac{1}{2}$

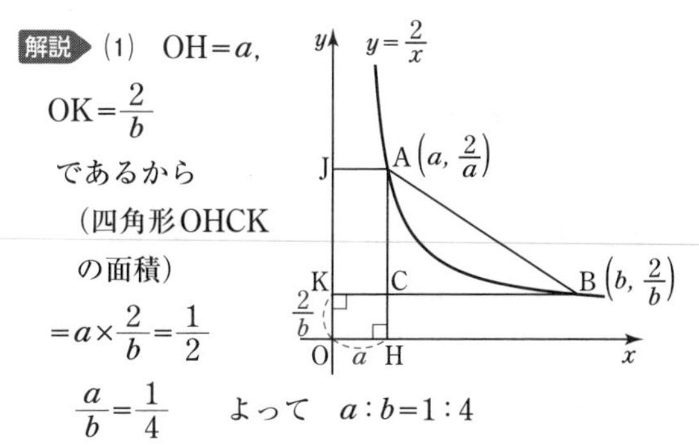

$\dfrac{a}{b}=\dfrac{1}{4}$　　よって　$a:b=1:4$

(2)　(1)より　$b=4a$

(四角形AJKCの面積)$=$JK$\times$KC

$=\left(\dfrac{2}{a}-\dfrac{2}{b}\right)a=\left(\dfrac{2}{a}-\dfrac{2}{4a}\right)a=2-\dfrac{1}{2}=\dfrac{3}{2}$

(3)　BC$=b-a=4a-a=3a$,

AC$=\dfrac{2}{a}-\dfrac{2}{b}=\dfrac{2}{a}-\dfrac{2}{4a}=\dfrac{3}{2a}$ であるから

$\triangle$CAB$=\dfrac{1}{2}\times 3a\times\dfrac{3}{2a}=\dfrac{9}{4}$

$\triangle$OAB$=\triangle$CAB$+\triangle$OAC$+\triangle$OBC

$=\dfrac{9}{4}+\dfrac{1}{2}\times\dfrac{3}{2a}\times a+\dfrac{1}{2}\times 3a\times\dfrac{2}{b}$

$=\dfrac{9}{4}+\dfrac{3}{4}+\dfrac{3a}{4a}=\dfrac{15}{4}$

072　(1)　$\boldsymbol{a=\dfrac{1}{2}}$,　$\boldsymbol{b=8}$　　(2)　$\boldsymbol{y=2x+6}$

(3)　**△OAB=15**

解説 (1)　$y=ax$ のグラフは点$(-4,\ -2)$を通るから　$-2=-4a$　　$a=\dfrac{1}{2}$

$y=\dfrac{b}{x}$ のグラフは点$(-4,\ -2)$を通るから

$-2=\dfrac{b}{-4}$　　$b=8$

(2)　$y=\dfrac{8}{x}$ に $x=1$ を代入して　$y=8$　　B$(1,\ 8)$

(直線ABの傾き)$=\dfrac{8-(-2)}{1-(-4)}=\dfrac{10}{5}=2$

直線ABの式を $y=2x+m$ とおくと，B$(1,\ 8)$を通るから　$8=2\times1+m$　　$m=6$　よって　$y=2x+6$

(3)　直線ABと y 軸の交点をCとすると

C$(0,\ 6)$

$\triangle$OAB

$=\triangle$OAC$+\triangle$OBC

$=\dfrac{1}{2}\times6\times4$

$+\dfrac{1}{2}\times6\times1=15$

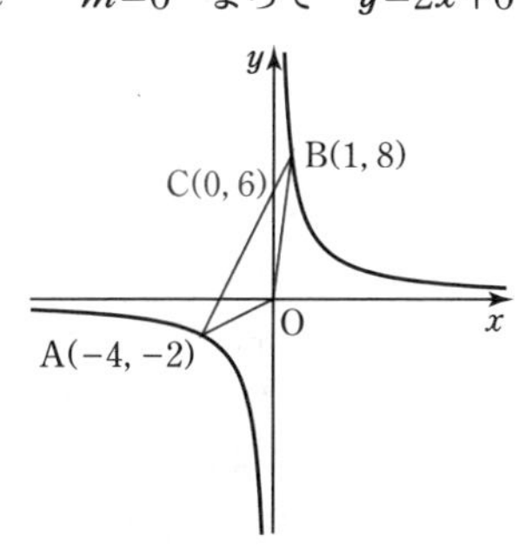

073　(1)　$\boldsymbol{m=4}$　　(2)　$\boldsymbol{t=\sqrt{2}}$

解説 (1)　$y=x$ に $x=2$ を代入して　$y=2$

よって，①と②の交点は　$(2,\ 2)$

$y=\dfrac{m}{x}$ のグラフは点$(2,\ 2)$を通るから　$2=\dfrac{m}{2}$

よって　$m=4$

(2)　B$(t,\ t)$,

A$\left(t,\ \dfrac{4}{t}\right)$であるから

AB$=\dfrac{4}{t}-t$

また　OE$=t$

正方形ABCDの面積は正方形OEBFの面積と等しいから

AB$=$OE　　よって　$\dfrac{4}{t}-t=t$

両辺$\times t$ より　$4-t^2=t^2$　　$2t^2=4$　　$t^2=2$

$t=\pm\sqrt{2}$　　$t>0$ より　$t=\sqrt{2}$

074　(1)　$\boldsymbol{y=250x}$　　(2)　**8分後**

(3)　**12分間**

解説 (1)　$y=ax$ のグラフは点$(1,\ 250)$を通るから

$a=250$

よって　$y=250x$

(2)　AさんとBさんは1分間に$250-200=50$ (m)ずつ差がつくので，$400\div50=8$(分)より，1周差がつくのは8分後である。

(3)　Aさんの速さは　分速250m

Bさんの速さは　分速200m

CさんがAさんと同じ速さで走った時間を t 分間とおくと

$250t+200(17-t)=400\times10$

$250t+3400-200t=4000$

$50t=600$

$t=12$

よって，12分間。

7　1次関数

075 (1) $y=4x-7$　(2) 878

解説 (1) 変化の割合が4だから，$y=4x+b$とおく。
グラフが点(5，13)を通るから
$13=4\times5+b$　$b=-7$　よって　$y=4x-7$
(2) 標高xmにおける気温をz℃とすると，①より
$z=-\frac{6}{1000}x+b$となる。
$x=200$のとき$z=25$であるから
$25=-\frac{6}{1000}\times200+b$
$25=-\frac{6}{5}+b$　$b=\frac{131}{5}$
よって　$z=-\frac{6}{1000}x+\frac{131}{5}$
これに，$z=18.1$を代入して
$18.1=-\frac{6}{1000}x+\frac{131}{5}$　$\frac{181}{10}=-\frac{3}{500}x+\frac{131}{5}$
$\frac{3}{500}x=\frac{262}{10}-\frac{181}{10}$　$\frac{3}{500}x=\frac{81}{10}$
$x=\frac{81\times500}{10\times3}=1350$
グラフより　$y=-\frac{1013-813}{2000}x+1013$
よって　$y=-\frac{1}{10}x+1013$
$x=1350$を代入して
$y=-\frac{1}{10}\times1350+1013=-135+1013=878$(hPa)

076 (1) $(a,\ b)=\left(\frac{3}{2},\ -1\right),\ \left(-\frac{3}{2},\ 2\right)$

(2) ① $-\frac{3}{2}$　② -4

(3) ① $\sqrt{2}$　② $-\sqrt{3}$

解説 (1) $a>0$のとき(図の①) $y=ax+b$のグラフは2点(4，5)，(−2，−4)を通るから
$\begin{cases}5=4a+b\\-4=-2a+b\end{cases}$
$9=6a$より　$a=\frac{3}{2}$
よって　$b=-1$
$a<0$のとき(図の②)
$y=ax+b$のグラフは2点(−2，5)，(4，−4)を通るから
$\begin{cases}5=-2a+b\\-4=4a+b\end{cases}$
$9=-6a$より　$a=-\frac{3}{2}$　よって　$b=2$

(2) $y=mx+5$に$x=0$を代入して　$y=5$
$y=mx+5$に$x=6$を代入して　$y=6m+5$
$y=\frac{3}{2}x+n$に$x=0$を代入して　$y=n$
$y=\frac{3}{2}x+n$に$x=6$を代入して　$y=9+n$
(i) $m>0$のとき　$\begin{cases}5=n\\6m+5=9+n\end{cases}$を解いて
$(m,\ n)=\left(\frac{3}{2},\ 5\right)$
これは，異なる2つの1次関数という題意に適さない。
(ii) $m<0$のとき　$\begin{cases}5=9+n\\6m+5=n\end{cases}$を解いて
$(m,\ n)=\left(-\frac{3}{2},\ -4\right)$　これは題意に適する。

(3) $\begin{cases}x+\sqrt{6}y=9\sqrt{2} & \cdots①\\ \frac{x}{a}+\frac{y}{b}=1 & \cdots②\end{cases}$ の交点と，
$\begin{cases}\frac{x}{b}+\frac{y}{a}=0 & \cdots③\\ \sqrt{6}x+y=8\sqrt{3} & \cdots④\end{cases}$ の交点が一致するので，
$\begin{cases}x+\sqrt{6}y=9\sqrt{2} & \cdots①\\ \sqrt{6}x+y=8\sqrt{3} & \cdots④\end{cases}$ を解いて
①−④×$\sqrt{6}$より

$$\begin{array}{rrl} & x+\sqrt{6}y & =9\sqrt{2}\\ -) & 6x+\sqrt{6}y & =24\sqrt{2}\\ \hline & -5x & =-15\sqrt{2}\\ & x & =3\sqrt{2}\end{array}$$

④に代入して　$6\sqrt{3}+y=8\sqrt{3}$　$y=2\sqrt{3}$
よって，交点の座標は　$(3\sqrt{2},\ 2\sqrt{3})$
②，③に代入して
$\begin{cases}\frac{3\sqrt{2}}{a}+\frac{2\sqrt{3}}{b}=1 & \cdots②\\ \frac{2\sqrt{3}}{a}+\frac{3\sqrt{2}}{b}=0 & \cdots③\end{cases}$
ここで，$\frac{1}{a}=A$，$\frac{1}{b}=B$とおくと
$\begin{cases}3\sqrt{2}A+2\sqrt{3}B=1 & \cdots②'\\ 2\sqrt{3}A+3\sqrt{2}B=0 & \cdots③'\end{cases}$
②′×$\sqrt{3}$−③′×$\sqrt{2}$より

$$\begin{array}{rrl} & 3\sqrt{6}A+6B & =\sqrt{3}\\ -) & 2\sqrt{6}A+6B & =0\\ \hline & \sqrt{6}A & =\sqrt{3}\end{array}$$

$A=\frac{\sqrt{3}}{\sqrt{6}}=\frac{1}{\sqrt{2}}$

よって，$\frac{1}{a}=\frac{1}{\sqrt{2}}$より　$a=\sqrt{2}$

②′より　$3+2\sqrt{3}B=1$　　$2\sqrt{3}B=-2$

$B=-\frac{1}{\sqrt{3}}$

よって，$\frac{1}{b}=-\frac{1}{\sqrt{3}}$より　$b=-\sqrt{3}$

077 $a=1,\ -2,\ -\frac{11}{3}$

解説
$$\begin{cases} y=x-6 & \cdots① \\ y=-2x+3 & \cdots② \\ y=ax+8 & \cdots③ \end{cases}$$

(i)　①のグラフと②のグラフは平行ではないので，2本の直線が平行となって，三角形ができなくなるのは，

・①のグラフと③のグラフが平行となるとき

・②のグラフと③のグラフが平行となるとき

だから　$a=1,\ -2$

(ii)　3本の直線が1点で交わるときも三角形はできない。まず，交点を求める。

$\begin{cases} y=x-6 \\ y=-2x+3 \end{cases}$ を解いて

$x-6=-2x+3$　　$3x=9$　　$x=3$

よって　$y=3-6=-3$

交点の座標は　$(3,\ -3)$

$y=ax+8$のグラフが点$(3,\ -3)$を通るとき

$-3=3a+8$　　$3a=-11$

よって　$a=-\frac{11}{3}$

078 $a=1,\ 2$

解説　二等辺三角形の性質より，頂角の頂点から底辺へひいた垂線は底辺を2等分するので，Pからy軸へひいた垂線とy軸との交点をMとすると，MはOQの中点である。

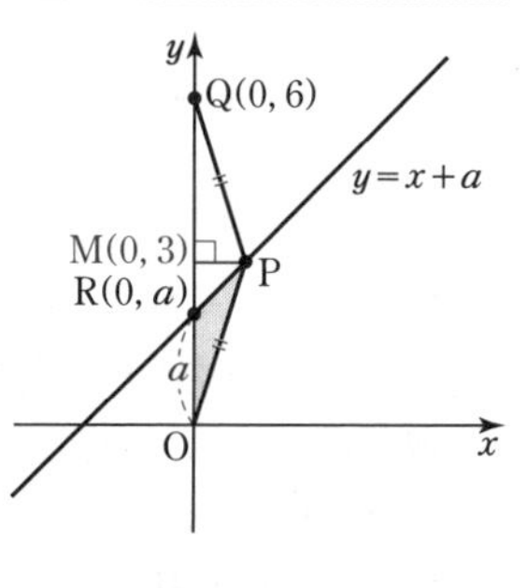

M(0, 3)であるから　(Pのy座標)=3

$y=x+a$に$y=3$を代入して　$x=3-a$

よって　$PM=3-a$

また，$OR=a$であるから

$\triangle OPR=\frac{1}{2}a(3-a)=1$

$3a-a^2=2$　　$a^2-3a+2=0$

$(a-1)(a-2)=0$

よって　$a=1,\ 2$

($0<a<3$より，ともに題意を満たす。)

079 $P\left(0,\ \frac{40}{17}\right)$

解説

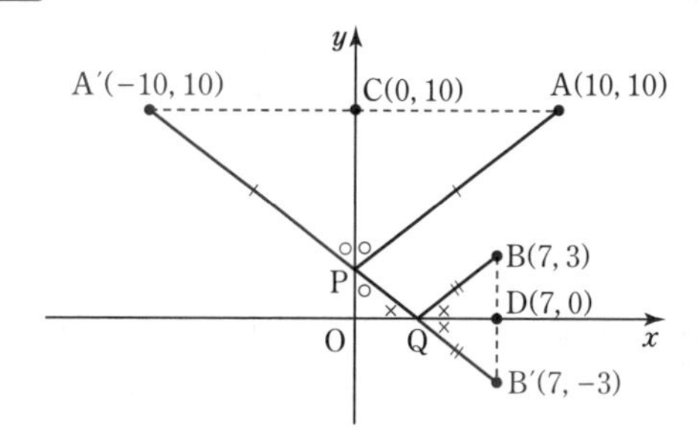

A′(−10, 10)，B′(7, −3)をとり，2点を結ぶ。直線A′B′とy軸，x軸との交点をP，Qとする。

すると△AA′P，△BB′Qは共に二等辺三角形となり，

$\angle APC=\angle A'PC=\angle QPO$

$\angle BQD=\angle B'QD=\angle PQO$

となって，題意を満たす。

(直線A′B′の傾き)$=\frac{-3-10}{7-(-10)}=-\frac{13}{17}$

直線A′B′の式を$y=-\frac{13}{17}x+b$とおいて

A′(−10, 10)を代入すると

$10=-\frac{13}{17}\times(-10)+b$

$10=\frac{130}{17}+b$

$b=10-\frac{130}{17}$

$b=\frac{40}{17}$

よって，$P\left(0,\ \frac{40}{17}\right)$

(注：このときAP+PQ+BQの値が最小となり，いわゆる「最短経路」となる。)

080 (1) $2 \leqq p \leqq 4$　(2) $p=2\sqrt{2}$

解説 (1)

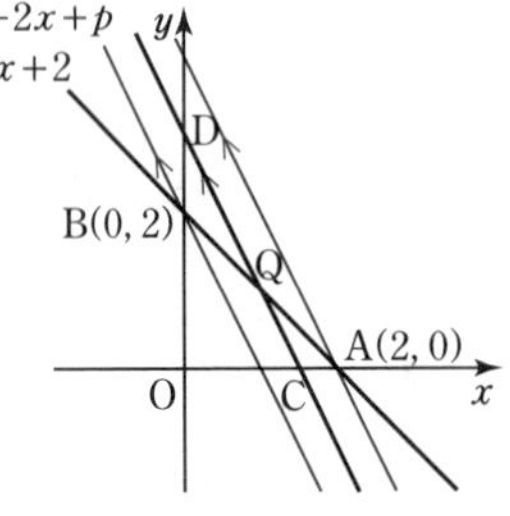

$y=-x+2$に$y=0$を代入して　$x=2$

よって　A(2, 0)　また　B(0, 2)

$y=-2x+p$のグラフがA(2, 0)を通るとき

$0=-4+p$　よって　$p=4$

$y=-2x+p$のグラフがB(0, 2)を通るとき

$2=0+p$　よって　$p=2$

Qのx座標，y座標はともに0以上であるから，

$2 \leqq p \leqq 4$のとき，Qは両端を含む線分AB上にある。

(2) △QAC=△QBDより　△OAB=△OCD

よって　$\frac{1}{2}\text{OA}\times\text{OB}=\frac{1}{2}\text{OC}\times\text{OD}$

$y=-2x+p$に$y=0$を代入して　$x=\frac{1}{2}p$

よって　$\text{C}\left(\frac{1}{2}p,\ 0\right)$

したがって　$\frac{1}{2}\times2\times2=\frac{1}{2}\times\frac{1}{2}p\times p$　$p^2=8$

$p=\pm2\sqrt{2}$　$2 \leqq p \leqq 4$より　$p=2\sqrt{2}$

081 (1) $\text{A}\left(\frac{16}{5},\ \frac{12}{5}\right)$，$\triangle\text{ABC}=\frac{36}{5}$

(2) $t=3$，$\triangle\text{PQR}=\frac{81}{5}$

(3) $t=4$，P(8, 4)

解説 (1) $\begin{cases} y=2x-4 \\ y=-\frac{1}{2}x+4 \end{cases}$ を解いて

$2x-4=-\frac{1}{2}x+4$　$\frac{5}{2}x=8$　$x=\frac{16}{5}$

また　$y=2\times\frac{16}{5}-4=\frac{12}{5}$

よって　$\text{A}\left(\frac{16}{5},\ \frac{12}{5}\right)$

また，B(2, 0)，C(8, 0)であるから

$\triangle\text{ABC}=\frac{1}{2}\times(8-2)\times\frac{12}{5}=\frac{36}{5}$

(2) 直線ℓと直線②の交点をSとすると，

△ABC∽△SQCで

$\triangle\text{ABC}:\triangle\text{SQC}=1:\frac{1}{4}=4:1$

辺の比は　$\text{BC}:\text{QC}=\sqrt{4}:\sqrt{1}=2:1$

よって，Qは辺BCの中点であるから

$2+t=\frac{2+8}{2}$　よって　$t=3$

D(0, 4)，E(0, $4+t$)とすると，CD∥REより

$\text{OC}:\text{OR}=\text{OD}:\text{OE}=4:(4+t)=4:7$

よって　$8:\text{OR}=4:7$　$4\text{OR}=56$　$\text{OR}=14$

△ABC∽△PQRで，相似比は

$\text{BC}:\text{QR}=(8-2):\{14-(2+t)\}=6:9=2:3$

面積比は　$\triangle\text{ABC}:\triangle\text{PQR}=2^2:3^2=4:9$

よって　$\triangle\text{PQR}=\frac{9}{4}\triangle\text{ABC}=\frac{9}{4}\times\frac{36}{5}=\frac{81}{5}$

(3) ∠PQCは$t>6$のとき鈍角で，

$0<t<6$のとき　$\angle\text{QPC}<\angle\text{QPR}=90°$

よって，△PQCが直角三角形となるのは，

$\angle\text{QCP}=90°$のときに限る。このとき

(点Pのx座標)=(点Cのx座標)=8

また，PC=ED=tであるから，P(8, t)となる。

直線QPの傾きは2であるから

$\frac{t-0}{8-(2+t)}=2$　$t=2(6-t)$　$3t=12$

よって，$t=4$，P(8, 4)となる。

082 (1) $\text{F}\left(1,\ \frac{11}{2}\right)$　(2) $\text{P}\left(\frac{1}{2},\ \frac{7}{2}\right)$

解説 (1)

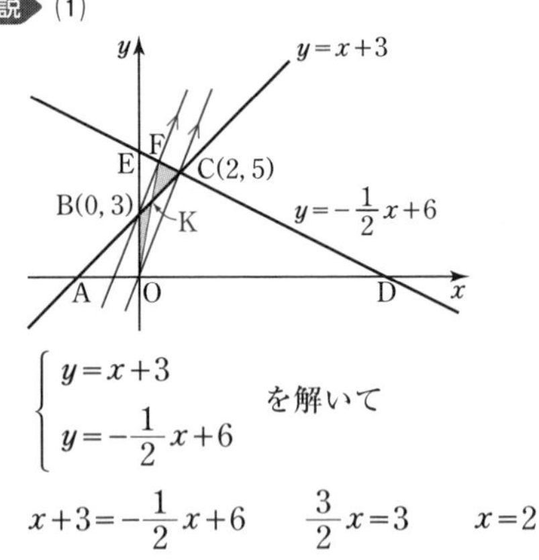

$\begin{cases} y=x+3 \\ y=-\frac{1}{2}x+6 \end{cases}$ を解いて

$x+3=-\frac{1}{2}x+6$　$\frac{3}{2}x=3$　$x=2$

このとき　$y=2+3=5$　よって　C(2, 5)

$y=x+3$と直線OFの交点をKとする。

(四角形ODCBの面積)=△ODFより

△OBK=△CFK

よって　OC∥BF

直線OCの式は$y=\frac{5}{2}x$であるから

直線BFの式は$y=\frac{5}{2}x+3$

$\begin{cases} y=-\frac{1}{2}x+6 \\ y=\frac{5}{2}x+3 \end{cases}$ を解いて

$-\frac{1}{2}x+6=\frac{5}{2}x+3$　　$-3x=-3$　　$x=1$

このとき　$y=\frac{5}{2}\times1+3=\frac{11}{2}$　よって　$F\left(1,\ \frac{11}{2}\right)$

(2)　$P(p,\ p+3)$ とおくと　(S の y 座標) $=p+3$

$y=-\frac{1}{2}x+6$ に $y=p+3$ を代入して

$p+3=-\frac{1}{2}x+6$　　$\frac{1}{2}x=3-p$　　$x=6-2p$

よって　$S(6-2p,\ p+3)$

また，$Q(p,\ 0)$ であるから　$PQ=p+3$

$PS=6-2p-p=6-3p$

(四角形PQRSの面積) $=(p+3)(6-3p)=\frac{63}{4}$

$3(p+3)(2-p)=\frac{63}{4}$　　$(p+3)(2-p)=\frac{21}{4}$

$2p-p^2+6-3p=\frac{21}{4}$　　$p^2+p-\frac{3}{4}=0$

$\left(p-\frac{1}{2}\right)\left(p+\frac{3}{2}\right)=0$　　$p=\frac{1}{2},\ -\frac{3}{2}$

$0\leqq p<2$ より　$p=\frac{1}{2}$　　よって　$P\left(\frac{1}{2},\ \frac{7}{2}\right)$

083　(1)　**-3**　　(2)　**$b=\frac{3}{5}$**

(3)　**$a=\frac{1}{3}$**

解説　(1)　$y=-2x-2$ に $y=4$ を代入して

$4=-2x-2$　　$2x=-6$

$x=-3$　　よって　$B(-3,\ 4)$

(C の x 座標) $=$ (B の x 座標) $=-3$

(2)　$y=x+b$ に $x=-3$ を代入して　$y=-3+b$

よって　$C(-3,\ -3+b)$

(C の y 座標) $=$ (D の y 座標) であるから，

$y=-2x-2$ に $y=-3+b$ を代入して

$-3+b=-2x-2$　　$2x=1-b$　　$x=\frac{1-b}{2}$

よって　$D\left(\frac{1-b}{2},\ -3+b\right)$

(D の x 座標) $=$ (E の x 座標) であるから，$y=x+b$ に $x=\frac{1-b}{2}$ を代入して　$y=\frac{1-b}{2}+b=\frac{1+b}{2}$

よって　$\frac{1+b}{2}=\frac{4}{5}$　　$1+b=\frac{8}{5}$　　$b=\frac{3}{5}$

(これは $b<4$ を満たす)

(3)　$y=ax$ に $x=-3$ を代入して　$y=-3a$

よって　$C(-3,\ -3a)$

(C の y 座標) $=$ (D の y 座標) であるから，

$y=-2x-2$ に $y=-3a$ を代入して

$-3a=-2x-2$　　$2x=3a-2$　　$x=\frac{3a-2}{2}$

よって　$D\left(\frac{3a-2}{2},\ -3a\right)$

(D の x 座標) $=$ (E の x 座標) であるから，$y=ax$ に $x=\frac{3a-2}{2}$ を代入して　$y=\frac{3a^2-2a}{2}$

よって　$\frac{3a^2-2a}{2}=-\frac{1}{6}$　　$3(3a^2-2a)=-1$

$9a^2-6a+1=0$　　$(3a-1)^2=0$　　$3a-1=0$

$a=\frac{1}{3}$ (これは $a>0$ を満たす)

084　**$y=\frac{4}{3}x-4$**

解説

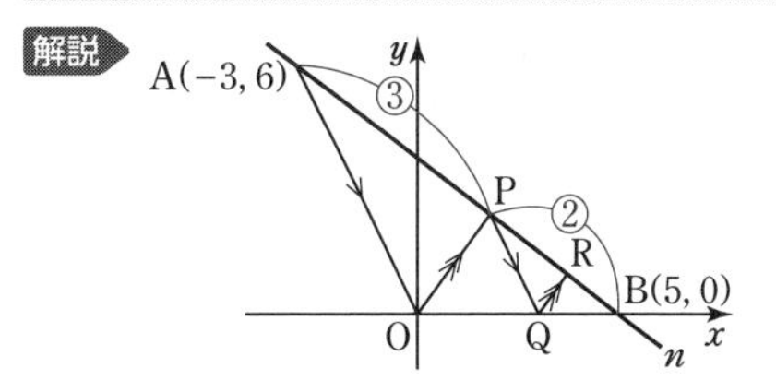

$AP:PB=3:2$ より

(点Pの x 座標) $=5-(5+3)\times\frac{2}{3+2}=5-\frac{16}{5}=\frac{9}{5}$

(点Pの y 座標) $=6\times\frac{2}{3+2}=\frac{12}{5}$

よって　(直線OPの傾き) $=\dfrac{\frac{12}{5}}{\frac{9}{5}}=\frac{4}{3}$

$OA /\!/ QP$ より，$OQ:QB=AP:PB=3:2$ であるから

(点Qの x 座標) $=5\times\frac{3}{3+2}=3$

$QR /\!/ OP$ より，直線QRの傾きは $\frac{4}{3}$ であるから，

$y=\frac{4}{3}x+b$ とおく。点 $Q(3,\ 0)$ を通るから

$0=\frac{4}{3}\times3+b$　　$b=-4$

よって，直線QRの式は　$y=\frac{4}{3}x-4$

085 (1) $y=-2x+2$　(2) $\mathrm{P}\left(\frac{2}{3},\ \frac{2}{3}\right)$

(3) $\frac{4}{9}$倍

解説 (1) (直線ABの傾き)$=-2$であるから

直線ABの式は$y=-2x+2$

(2) (直線BCの傾き)$=1$であるから

直線BCの式は$y=x+2$

(直線CDの傾き)$=-2$であるから

直線CDの式は$y=-2x-4$

(直線ADの傾き)$=4$であるから

直線ADの式は$y=4x-4$

$\mathrm{P}(p,\ -2p+2)$とおくと　(Qのy座標)$=-2p+2$

$y=x+2$に$y=-2p+2$を代入して

$-2p+2=x+2$　　$x=-2p$

よって　$\mathrm{Q}(-2p,\ -2p+2)$

(Rのx座標)$=-2p$であるから，$y=-2x-4$に$x=-2p$を代入して

$y=-2\times(-2p)-4=4p-4$

よって　$\mathrm{R}(-2p,\ 4p-4)$

したがって　$\mathrm{S}(p,\ 4p-4)$

正方形となるのは，PQ=PSとなるときであるから　$p-(-2p)=(-2p+2)-(4p-4)$

$3p=-6p+6$　　$9p=6$　　$p=\frac{2}{3}$

$-2p+2=-2\times\frac{2}{3}+2=\frac{2}{3}$

よって　$\mathrm{P}\left(\frac{2}{3},\ \frac{2}{3}\right)$

(3) $\mathrm{PQ}=3\times\frac{2}{3}=2$

(正方形PQRSの面積)$=2\times2=4$

(四角形ABCDの面積)$=\frac{1}{2}\times\mathrm{AC}\times\mathrm{BD}$

$=\frac{1}{2}\times3\times6=9$

$\frac{(\text{正方形PQRSの面積})}{(\text{四角形ABCDの面積})}=\frac{4}{9}$(倍)

入試メモ　1次関数を扱った入試問題は，座標を文字(パラメータ)でおき，図形の条件から将棋倒しの要領で，次々と座標を文字で表して処理する問題が多い。しっかり慣れておこう。

086 (1) $\mathrm{D}\left(-\frac{6}{7},\ -\frac{16}{7}\right)$，(面積)$\frac{22}{7}$

(2) $\mathrm{P}\left(-\frac{5}{8},\ 0\right)$　(3) $\frac{712}{147}\pi$

解説 (1) $\mathrm{B}(0,\ -4)$であるから　$\mathrm{C}(0,\ -2)$

よって　直線nの式は$y=\frac{1}{3}x-2$

$\begin{cases} y=-2x-4 \\ y=\frac{1}{3}x-2 \end{cases}$ を解いて

$-2x-4=\frac{1}{3}x-2$　　$-\frac{7}{3}x=2$　　$x=-\frac{6}{7}$

このとき　$y=-2\times\left(-\frac{6}{7}\right)-4=-\frac{16}{7}$

よって　$\mathrm{D}\left(-\frac{6}{7},\ -\frac{16}{7}\right)$

$y=-2x-4$に$y=0$を代入して　$0=-2x-4$

$x=-2$　　よって　$\mathrm{A}(-2,\ 0)$

(四角形OADCの面積)$=\triangle\mathrm{OAB}-\triangle\mathrm{CDB}$

$=\frac{1}{2}\times4\times2-\frac{1}{2}\times2\times\frac{6}{7}=4-\frac{6}{7}=\frac{22}{7}$

(2) $\mathrm{P}(p,\ 0)$とおく。題意より$-2<p\leqq0$である。

$\triangle\mathrm{ADP}=\frac{1}{2}\times(p+2)\times\frac{16}{7}=\frac{22}{7}\times\frac{1}{2}$

$16(p+2)=22$　　$16p+32=22$　　$16p=-10$

$p=-\frac{5}{8}$　(適する)　　よって　$\mathrm{P}\left(-\frac{5}{8},\ 0\right)$

(3) (求める回転体の体積)

$=\frac{1}{3}\times\pi\times2^2\times4$

$-\frac{1}{3}\times\pi\times\left(\frac{6}{7}\right)^2\times2$

$=\frac{16}{3}\pi-\frac{72}{49\times3}\pi$

$=\frac{16\times49-72}{49\times3}\pi$

$=\frac{784-72}{147}\pi=\frac{712}{147}\pi$

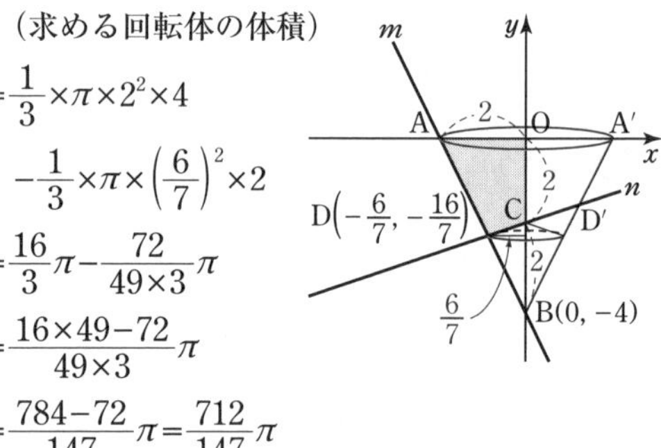

087 (1) 毎分70 m　(2) $y=-60x+4200$

(3) ①2分後　②$a=900$

(4) 52.5

解説 (1) 姉が鉄塔まで歩くのにかかった時間は35分であるから，弟が鉄塔まで歩くのにかかった時間は

$35-5=30$(分)

$2100\div30=70$(m/分)

(2) 2点$(35,\ 2100)$，$(70,\ 0)$を通る直線の式を求

める。

$$(\text{傾き})=\frac{0-2100}{70-35}=-\frac{2100}{35}=-60$$

よって　$y=-60x+b$

点(70, 0)を通るから　$0=-60\times70+b$　　$b=4200$

よって　$y=-60x+4200$

(3)　①2点(30, 2100), (70, 100)を通る直線の式を求める。

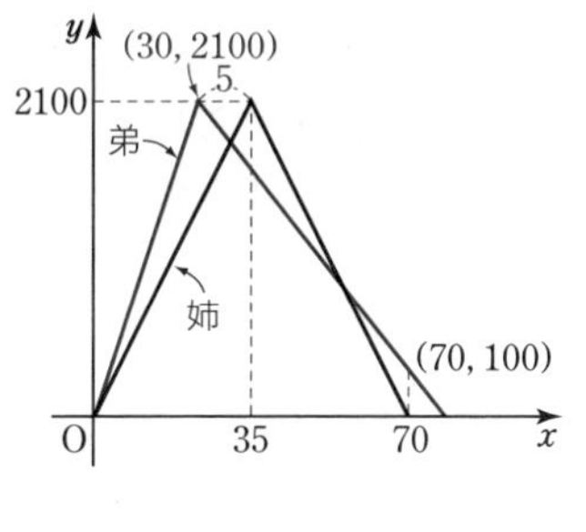

(傾き)

$$=\frac{100-2100}{70-30}$$

$$=-\frac{2000}{40}=-50$$　　よって　$y=-50x+k$

点(70, 100)を通るから

$100=-50\times70+k$　　$k=3600$

よって　$y=-50x+3600$

この式に$y=0$を代入して　$0=-50x+3600$

$50x=3600$　　$x=72$

$72-70=2$より　2分後

②$y=-50x+3600$に$y=a$を代入して

$a=-50x+3600$

$50x=3600-a$

$$x=72-\frac{a}{50}$$

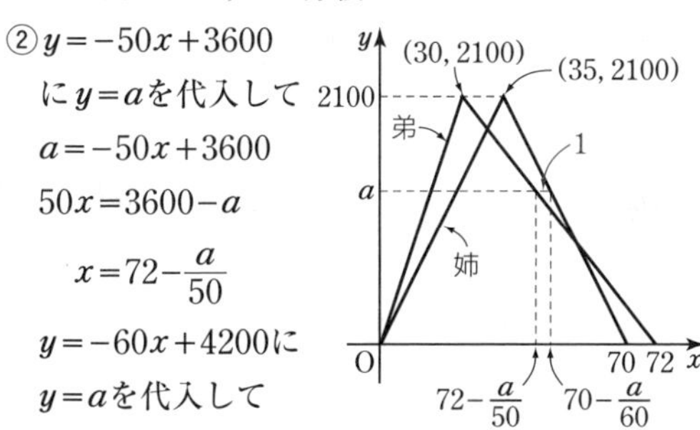

$y=-60x+4200$に$y=a$を代入して

$a=-60x+4200$

$60x=4200-a$　　$x=70-\dfrac{a}{60}$

よって　$70-\dfrac{a}{60}-\left(72-\dfrac{a}{50}\right)=1$

$70-\dfrac{a}{60}-72+\dfrac{a}{50}=1$　　$-\dfrac{5a}{300}+\dfrac{6a}{300}=3$

$\dfrac{a}{300}=3$　　$a=900$

(別解)

x軸に平行な直線と弟と姉の鉄塔から家に向かうグラフとで作られる三角形の相似を利用する。

底面を$y=2100$, $y=a$, $y=0$の直線の一部を底辺とする三角形の相似比は5：1：2であるから,

$(2100-a):a=(5-1):(1+2)$

$a=900$

(4)　2点(30, 2100), (70, 0)を通る直線の傾きを求めて

$$(\text{傾き})=\frac{0-2100}{70-30}=\frac{-2100}{40}=-\frac{105}{2}=-52.5$$

グラフの傾きは「速さ」を表し，正の数で表されるのは，基準地点から遠ざかっているとき，負の数で表されるのは，近づいているときであるから，弟が姉と同時に家に着くために必要な速さは，毎分52.5 mである。

姉は毎分60 mで歩いているから　$52.5<b<60$

088　(1) **時速60 km，(時刻) 6時20分**

(2) **6時3分**　　(3) $\mathbf{\dfrac{44}{21}}$**分**

解説　(1)　電車Aが12分間，電車Bが8分間，同じ速さで走った距離は，合わせて20 kmであるから

$20\div(12+8)=1$ (km/分)

これを時速に換算して　60 (km/時)

また　$20\div1=20$ (分)　　よって　6時20分

(2)　特急電車Cが6時a分にP駅を出発したとする。

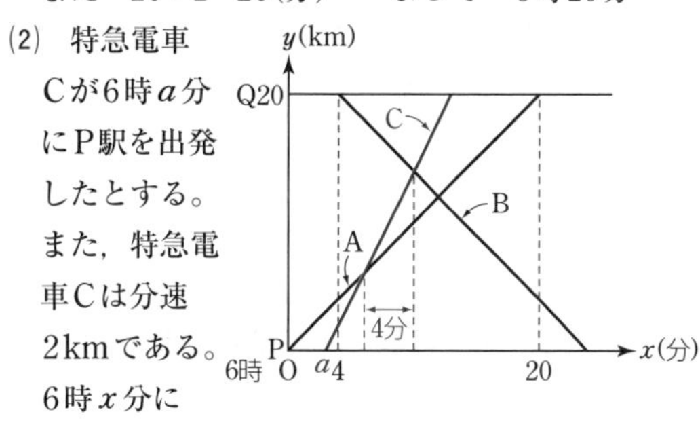

また，特急電車Cは分速2 kmである。

6時x分にP駅からy kmの地点にそれぞれの電車がいるとする。

電車Aの式は$y=x$

電車Bの式は$y=-x+24$

電車Cの式は$y=2x-2a$

$\begin{cases} y=2x-2a \\ y=x \end{cases}$　を解いて

$2x-2a=x$　　$x=2a$

特急電車Cが電車Aに追いつくのは　6時$2a$分

$\begin{cases} y=2x-2a \\ y=-x+24 \end{cases}$　を解いて

$2x-2a=-x+24$　　$3x=2a+24$　　$x=\dfrac{2}{3}a+8$

特急電車Cが電車Bと出会うのは　6時$\frac{2}{3}a+8$(分)

$2a+4=\frac{2}{3}a+8$　　$6a+12=2a+24$

$4a=12$　　よって　$a=3$

特急電車CがP駅を出発したのは，6時3分。

(3)　通常の特急電車Cの式は $y=2x-2a$ に $a=3$ を代入して

$y=2x-6$

$y=20$ を代入して

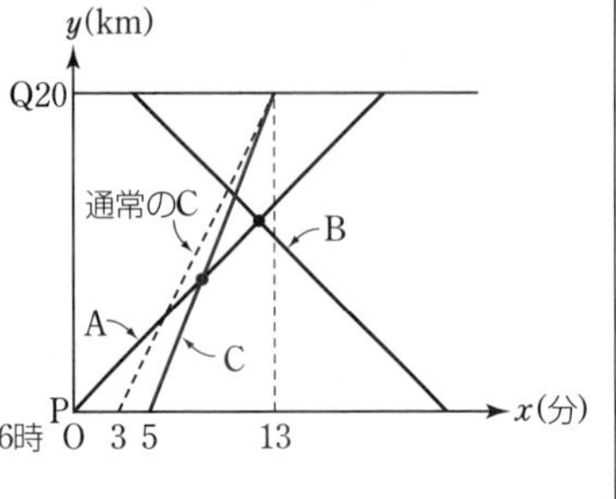

$20=2x-6$　　$2x=26$　　$x=13$

2点(5, 0)，(13, 20)を通る直線の式を求める。

$(\text{傾き})=\frac{20-0}{13-5}=\frac{20}{8}=\frac{5}{2}$

よって，$y=\frac{5}{2}x+b$ とおく。(5, 0)を通るから

$0=\frac{25}{2}+b$ より　$b=-\frac{25}{2}$

よって　$y=\frac{5}{2}x-\frac{25}{2}$

$\begin{cases} y=\frac{5}{2}x-\frac{25}{2} \\ y=x \end{cases}$ を解いて

$\frac{5}{2}x-\frac{25}{2}=x$　　$5x-25=2x$

$3x=25$　　$x=\frac{25}{3}$

$\begin{cases} y=\frac{5}{2}x-\frac{25}{2} \\ y=-x+24 \end{cases}$ を解いて

$\frac{5}{2}x-\frac{25}{2}=-x+24$　　$5x-25=-2x+48$

$7x=73$　　$x=\frac{73}{7}$

よって　$\frac{73}{7}-\frac{25}{3}=\frac{219}{21}-\frac{175}{21}=\frac{44}{21}$(分)

089　(1) $\boldsymbol{y=6x}$　　(2) **$\boldsymbol{12-2x}$(cm)**

(3) $\boldsymbol{y=-3x+27}$　　(4) $\boldsymbol{x=\frac{4}{3}}$

解説　(1)　PがAB上にあるのは，$0<x\leqq 3$ のとき。

$y=\frac{1}{2}\times 2x\times 6$ より

$y=6x$

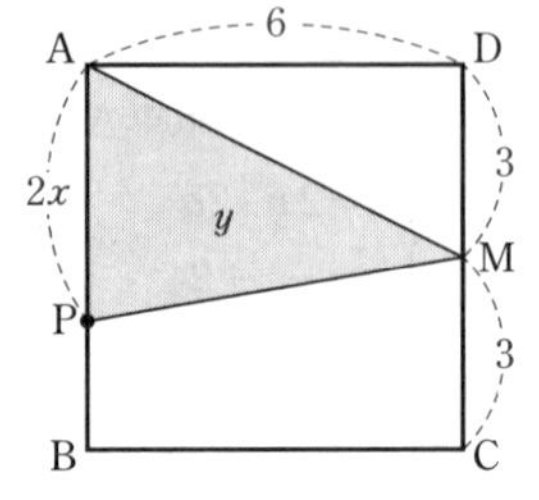

(2)　PがBC上にあるのは，$3\leqq x\leqq 6$ のとき。

$AB+BP=2x$ であるから

$PC=AB+BC-(AB+BP)$

$=6+6-2x$

$=12-2x$(cm)

(3)　$BP=2x-6$ である。

$\triangle AMP=$(正方形ABCDの面積)$-(\triangle ABP+\triangle PCM+\triangle ADM)$

であるから

$y=6\times 6-\left\{\frac{6(2x-6)}{2}+\frac{3(12-2x)}{2}+\frac{6\times 3}{2}\right\}$

$y=36-(6x-18+18-3x+9)$

$y=-3x+27$

(4)　$y=6x$ に $y=8$ を代入して　$8=6x$　　$x=\frac{4}{3}$

変域は $0<x\leqq 3$ であるから，適する。

$y=-3x+27$ に $y=8$ を代入して　$8=-3x+27$

$3x=19$　　$x=\frac{19}{3}$

変域は $3\leqq x\leqq 6$ であるから不適当。

よって，$y=8$ となるとき　$x=\frac{4}{3}$

090　(1) ① $\boldsymbol{y=-3x+64,\ 16\leqq x<\frac{64}{3}}$

② $\boldsymbol{y=3x-64,\ \frac{64}{3}<x\leqq 28}$

(2) **20秒後と$\boldsymbol{\frac{68}{3}}$秒後**

解説　(1)　PがBに着くのは8秒後，Cに着くのは32秒後。

QがCに着くのは16秒後，Bに着くのは28秒後。

PとQが重なるのは

$(4+12+4+12)\div(0.5+1)=\frac{64}{3}$(秒後)

よって，PとQが重なる前に2点がBC上にあるのは　$16\leqq x<\frac{64}{3}$

PとQが重なった後に2点がBC上にあるのは

$\frac{64}{3}<x\leqq 28$

①

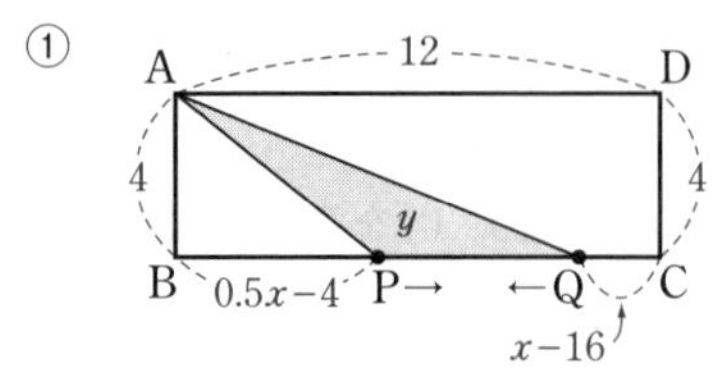

BP=0.5x−4，CQ=x−16であるから

$PQ=12-(0.5x-4)-(x-16)$

$=12-0.5x+4-x+16=32-1.5x$

よって　$y=\frac{1}{2}\times(32-1.5x)\times4$

$y=-3x+64\quad\left(16\leqq x<\frac{64}{3}\right)$

②

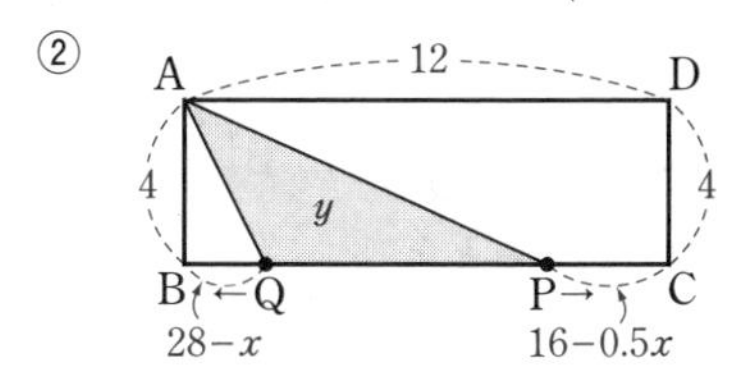

CP=16−0.5x，BQ=28−xであるから

$PQ=12-(16-0.5x)-(28-x)$

$=12-16+0.5x-28+x=1.5x-32$

よって　$y=\frac{1}{2}\times(1.5x-32)\times4$

$y=3x-64\quad\left(\frac{64}{3}<x\leqq28\right)$

(2)　$16\leqq x<\frac{64}{3}$のとき，$y=-3x+64$に$y=4$を代入して

$4=-3x+64$　　$3x=60$　　$x=20$　（適する）

$\frac{64}{3}<x\leqq28$のとき，$y=3x-64$に$y=4$を代入して

$4=3x-64$　　$3x=68$　　$x=\frac{68}{3}$　（適する）

よって，20秒後と$\frac{68}{3}$秒後。

091　(1)　$y=2x^2-12x+36$

(2)　$\triangle PQR=14\,cm^2$

(3)

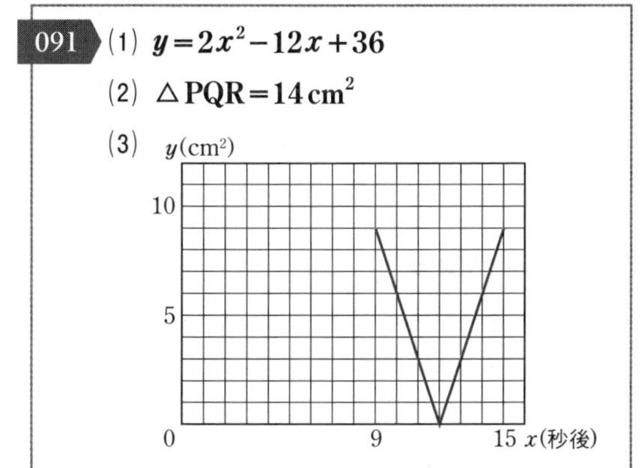

解説　(1)　点PがAB上にあるとき

$(0\leqq x\leqq6)$

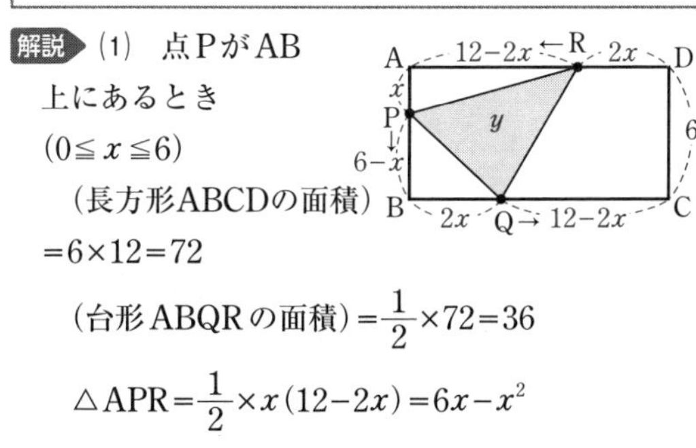

（長方形ABCDの面積）$=6\times12=72$

（台形ABQRの面積）$=\frac{1}{2}\times72=36$

$\triangle APR=\frac{1}{2}\times x(12-2x)=6x-x^2$

$\triangle BPQ=\frac{1}{2}\times2x(6-x)=6x-x^2$

$\triangle PQR=36-(6x-x^2)\times2$

よって　$\triangle PQR=2x^2-12x+36$

(2)　$x=8$のとき

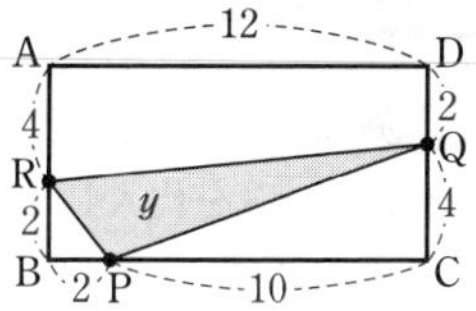

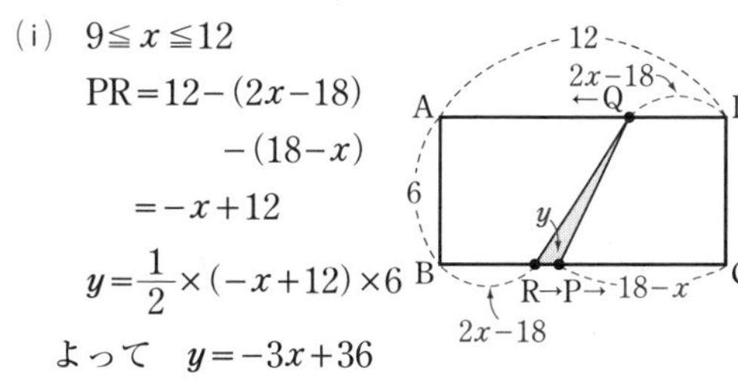

AB+BP=8より

BP=2

BC+CQ=16より

CQ=4

DA+AR=16より　BR=2

$\triangle PQR=\frac{1}{2}\times(2+4)\times12-\frac{1}{2}\times2\times2-\frac{1}{2}\times10\times4$

$=36-2-20=14(cm^2)$

(3)　$9\leqq x\leqq15$のとき

点PはBC上，点QはDA上，点RはBC上にある。点Rが点Pに追いつく前と後で変域を2つに分ける。12秒後に点Rは点Pに追いつくので

(i)　$9\leqq x\leqq12$

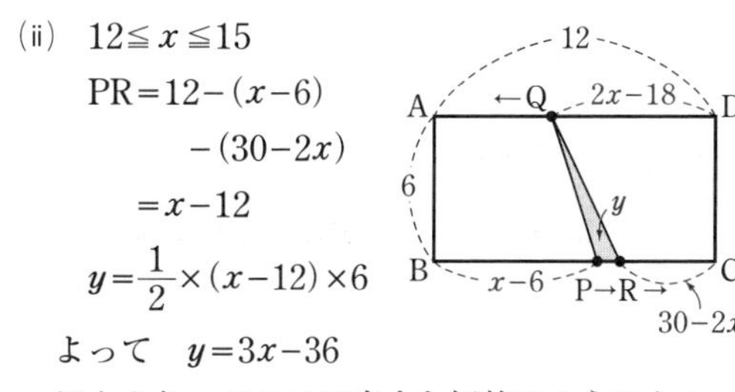

$PR=12-(2x-18)-(18-x)$

$=-x+12$

$y=\frac{1}{2}\times(-x+12)\times6$

よって　$y=-3x+36$

(ii)　$12\leqq x\leqq15$

$PR=12-(x-6)-(30-2x)$

$=x-12$

$y=\frac{1}{2}\times(x-12)\times6$

よって　$y=3x-36$

以上より，グラフに表すと解答のようになる。

入試メモ　動点問題は，動点が動く辺を変えるところで変域を区切って処理する。1つ1つの変域について，異なる式が対応することに注意しよう。

8　2乗に比例する関数

092　$-9 \leqq y \leqq 0$

解説　$y=-x^2$に，変域の両端のうち絶対値の大きい方，$x=3$を代入して　$y=-3^2=-9$
$-2 \leqq x \leqq 3$で，$x=0$のときこの関数は最大となるので，$y=-x^2$に$x=0$を代入して　$y=0$
よって　$-9 \leqq y \leqq 0$

093　(1) -2　　(2) $a=\frac{1}{2}$

解説　(1)　$y=-\frac{1}{4}x^2$に$x=2$を代入して　$y=-1$

$y=-\frac{1}{4}x^2$に$x=6$を代入して　$y=-9$

$(\text{変化の割合})=\frac{-9-(-1)}{6-2}=\frac{-8}{4}=-2$

(2)　$y=ax^2$に$x=2$を代入して　$y=4a$

$y=ax^2$に$x=4$を代入して　$y=16a$

$(\text{変化の割合})=\frac{16a-4a}{4-2}=\frac{12a}{2}=6a$

よって　$6a=3$　　$a=\frac{1}{2}$

パワーアップ

$y=ax^2$において，xの値がpからqまで増加するときの変化の割合は，$a(p+q)$と表される。
093 (1)に用いると
$(\text{変化の割合})=-\frac{1}{4}\times(2+6)=-2$

094　$a=\frac{4}{3}$

解説　$y=ax^2$に$x=-1$を代入して　$y=a$
よって　A$(-1,\ a)$
$y=ax^2$に$x=3$を代入して　$y=9a$
よって　B$(3,\ 9a)$
A，Bからx軸に垂線AA′，BB′をひく。
$\triangle$OAB=(四角形AA′B′B)−($\triangle$AA′O+$\triangle$BOB′)

$=\frac{1}{2}(a+9a)\{3-(-1)\}-\left(\frac{1}{2}\times1\times a+\frac{1}{2}\times3\times9a\right)$

$=20a-14a=6a$

$6a=8$　　$a-\frac{4}{3}$

095　$a=1,\ \frac{\sqrt{2}}{2}$

解説　$\begin{cases} y=a^2x^2 \\ y=ax+2 \end{cases}$　を解いて

$a^2x^2=ax+2$　　$a^2x^2-ax-2=0$

$(ax-2)(ax+1)=0$　　$x=\frac{2}{a},\ -\frac{1}{a}$

よって，$a>0$より　A$\left(-\frac{1}{a},\ 1\right)$，B$\left(\frac{2}{a},\ 4\right)$

(i)　$\angle$OAB=90°となるとき

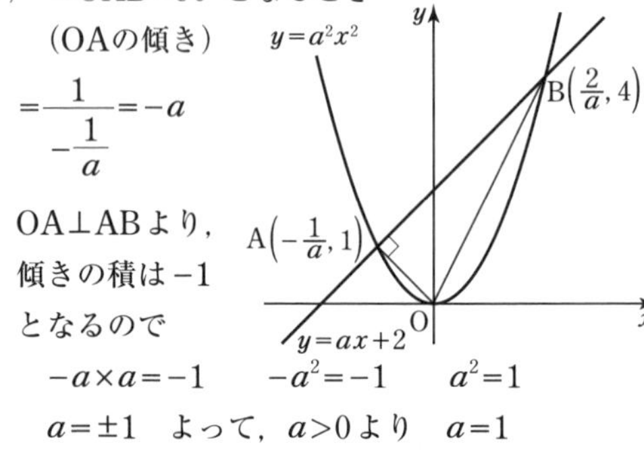

(OAの傾き)

$=\frac{1}{-\frac{1}{a}}=-a$

OA⊥ABより，傾きの積は-1となるので

$-a\times a=-1$　　$-a^2=-1$　　$a^2=1$

$a=\pm1$　よって，$a>0$より　$a=1$

(ii)　$\angle$AOB=90°となるとき

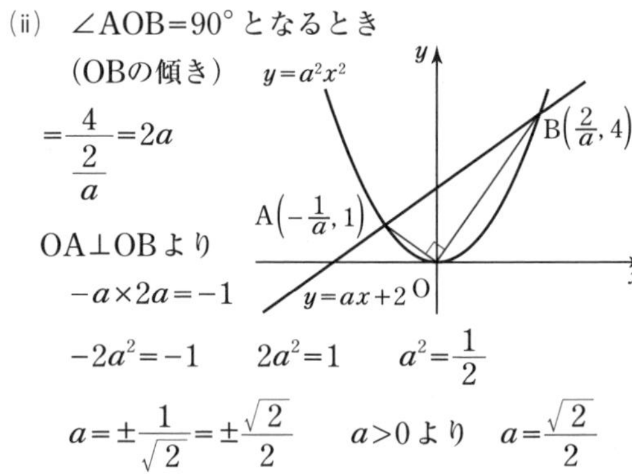

(OBの傾き)

$=\frac{4}{\frac{2}{a}}=2a$

OA⊥OBより

$-a\times2a=-1$

$-2a^2=-1$　　$2a^2=1$　　$a^2=\frac{1}{2}$

$a=\pm\frac{1}{\sqrt{2}}=\pm\frac{\sqrt{2}}{2}$　　$a>0$より　$a=\frac{\sqrt{2}}{2}$

(iii)　$\angle$ABO=90°となるとき
AB⊥OBより　$a\times2a=-1$　　$2a^2=-1$
これを満たす正の数aは存在しない。

パワーアップ

2直線が垂直であるとき，それぞれの直線の傾きの積は-1になる。

096 (1) $\boldsymbol{y=-x+8}$　(2) **C(12, 36)**
(3) **1：5**　(4) $\boldsymbol{y=7x}$

解説 (1)

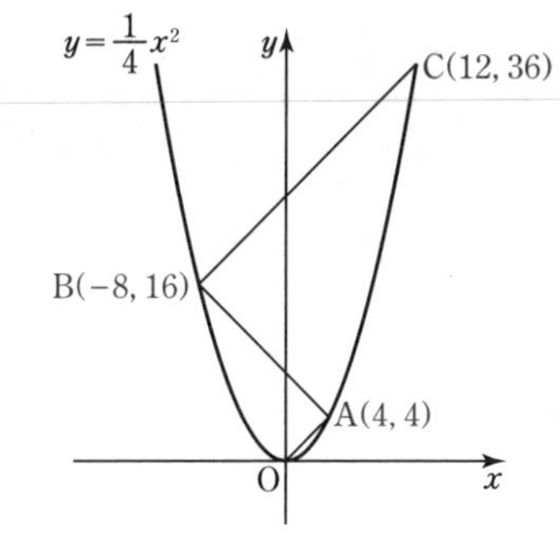

直線OAの式は
$y=x$

$$\begin{cases} y=\frac{1}{4}x^2 \\ y=x \end{cases}$$

を解いて

$\frac{1}{4}x^2=x$

$x^2=4x$

$x^2-4x=0$

$x(x-4)=0$　　$x=0,\ 4$　　よって　A(4, 4)

直線ABの式を$y=-x+b$とおく。A(4, 4)を通るから　$4=-4+b$　　$b=8$

よって　直線ABの式は$y=-x+8$

(2) $\begin{cases} y=\frac{1}{4}x^2 \\ y=-x+8 \end{cases}$　を解いて

$\frac{1}{4}x^2=-x+8$　　$x^2=-4x+32$　　$x^2+4x-32=0$

$(x+8)(x-4)=0$　　$x=-8,\ 4$

よって　B(−8, 16)

直線BCの式を$y=x+k$とおく。B(−8, 16)を通るから　$16=-8+k$　　$k=24$

よって　直線BCの式は$y=x+24$

$\begin{cases} y=\frac{1}{4}x^2 \\ y=x+24 \end{cases}$　を解いて

$\frac{1}{4}x^2=x+24$　　$x^2=4x+96$　　$x^2-4x-96=0$

$(x+8)(x-12)=0$　　$x=-8,\ 12$

よって　C(12, 36)

(3) OA∥BC
であるから
△OAB：△ABC
＝OA：BC
3点A，B，C
からx軸に垂線
AA′，BB′，CC′
をひく。
AA′∥BB′∥CC′∥y軸
であるから　OA：BC＝OA′：B′C′
＝4：(12＋8)＝4：20＝1：5
よって，△OAB：△ABC＝1：5

(4) OAの中点をLとおくと　L(2, 2)

BCの中点をNとおくと，$N\left(\frac{-8+12}{2},\ \frac{16+36}{2}\right)$

より　N(2, 26)

LNの中点をMとおくと，$M\left(2,\ \frac{2+26}{2}\right)$より

M(2, 14)

求める直線はOMだから，$y=\frac{14}{2}x$より　$y=7x$

パワーアップ

台形は上底の中点と下底の中点を結んだ線分の中点を通り，上底と下底を通過する直線により，その面積が2等分される。

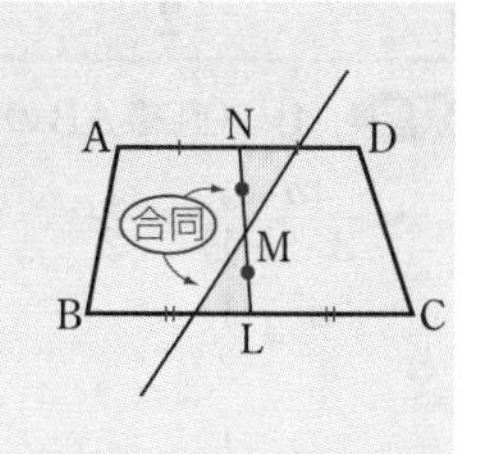

097 (1) $\boldsymbol{p=-2}$　(2) $\boldsymbol{\frac{44}{7}}$

解説 (1)　OA：BC＝1：3
より　BC＝3OA
これより
(Cのx座標)
−(Bのx座標)
＝3×(Aのx座標)
＝3×2
＝6

よって　(Cのx座標)＝$p+6$

BC∥OAより，傾きは等しいから

$$\frac{a(p+6)^2-ap^2}{6}=\frac{4a}{2}$$

$a≠0$より　$(p+6)^2-p^2=12$　　$12p+36=12$

$12p=-24$　　よって　$p=-2$

(2) $a=-p=2$　　よって　A(2, 8)，B(−2, 8)

(Cのx座標)＝$p+6=4$より，y座標は

$y=2\times4^2=32$　　よって　C(4, 32)

OA∥BCであるから

△OAC：△OBC＝OA：BC＝1：3

よって，線分OBを1：2に内分する点をRとすると，直線CRは台形OACBの面積を2等分する。

(Rのx座標)

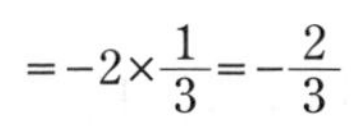
$=-2\times\frac{1}{3}=-\frac{2}{3}$

(Rのy座標)

$=8\times\frac{1}{3}=\frac{8}{3}$

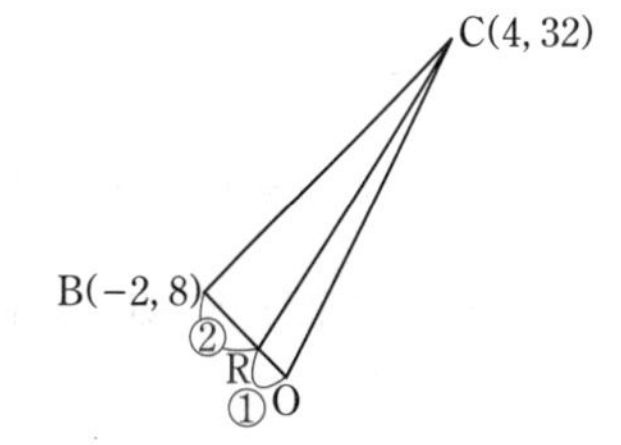

よって　$R\left(-\frac{2}{3},\ \frac{8}{3}\right)$

$$(\text{直線CRの傾き})=\frac{32-\frac{8}{3}}{4+\frac{2}{3}}=\frac{96-8}{12+2}=\frac{88}{14}=\frac{44}{7}$$

098 (1) $\boldsymbol{a=\frac{1}{2}}$　(2) $\boldsymbol{D\left(\frac{1}{2},\ \frac{1}{2}\right)}$

(3) $\boldsymbol{\frac{1\pm\sqrt{3}}{2},\ \frac{1\pm\sqrt{15}}{2}}$

解説 (1) (直線ABの傾き)

$=\frac{4a-a}{2-(-1)}=\frac{1}{2}$

$\frac{3a}{3}=\frac{1}{2}$

$a=\frac{1}{2}$

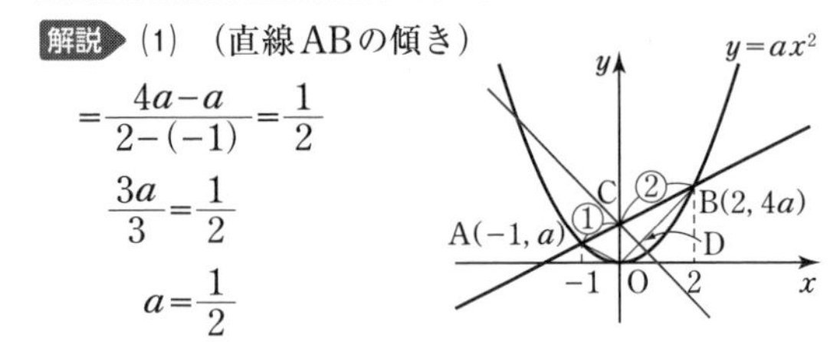

(2) $BD:DO=p:q$ とおくと

$\frac{\triangle BCD}{\triangle OAB}=\frac{2}{3}\times\frac{p}{p+q}=\frac{1}{2}$　　$\frac{p}{p+q}=\frac{3}{4}$

よって，$BD:BO=p:(p+q)=3:4$ より

$BD:DO=3:1$

$(\text{Dの}x\text{座標})=2\times\frac{1}{4}=\frac{1}{2}$

$(\text{Dの}y\text{座標})=4a\times\frac{1}{4}=4\times\frac{1}{2}\times\frac{1}{4}=\frac{1}{2}$

よって　$D\left(\frac{1}{2},\ \frac{1}{2}\right)$

(3)

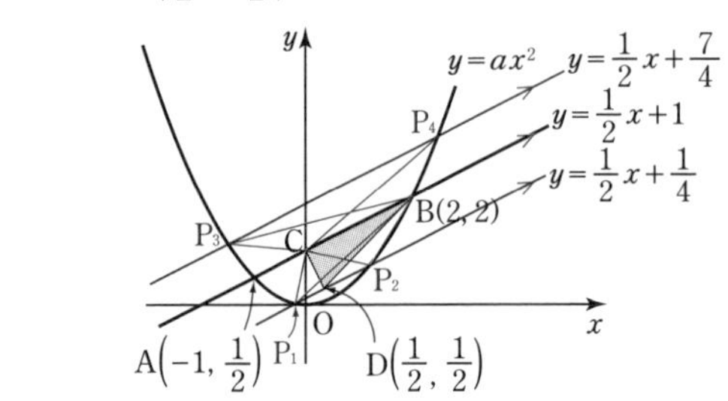

直線ABの式は $y=\frac{1}{2}x+1$

直線ABに平行で点 $D\left(\frac{1}{2},\ \frac{1}{2}\right)$ を通る直線の式は

$y=\frac{1}{2}x+\frac{1}{4}$

$\begin{cases} y=\frac{1}{2}x^2 \\ y=\frac{1}{2}x+\frac{1}{4} \end{cases}$ を解いて

$\frac{1}{2}x^2=\frac{1}{2}x+\frac{1}{4}$　　$2x^2=2x+1$

$2x^2-2x-1=0$　　$x=\frac{1\pm\sqrt{1+2\times1}}{2}=\frac{1\pm\sqrt{3}}{2}$

直線ABに平行で，切片が $1+\left(1-\frac{1}{4}\right)=\frac{7}{4}$ である直線の式は　$y=\frac{1}{2}x+\frac{7}{4}$

$\begin{cases} y=\frac{1}{2}x^2 \\ y=\frac{1}{2}x+\frac{7}{4} \end{cases}$ を解いて

$\frac{1}{2}x^2=\frac{1}{2}x+\frac{7}{4}$　　$2x^2=2x+7$

$2x^2-2x-7=0$　　$x=\frac{1\pm\sqrt{1+2\times7}}{2}=\frac{1\pm\sqrt{15}}{2}$

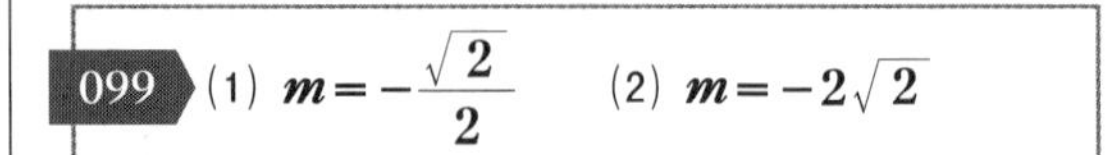

099 (1) $\boldsymbol{m=-\frac{\sqrt{2}}{2}}$　(2) $\boldsymbol{m=-2\sqrt{2}}$

解説 (1) Aの x 座標を $-3t\,(t>0)$ とおくと

Bの x 座標は　$2t$

Cの y 座標は

$-1\times(-3t)\times2t$

$=6t^2$

(パワーアップ参照)

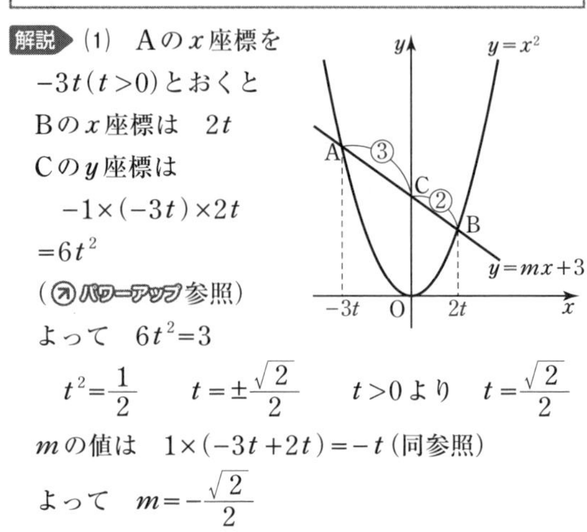

よって　$6t^2=3$

$t^2=\frac{1}{2}$　　$t=\pm\frac{\sqrt{2}}{2}$　　$t>0$ より　$t=\frac{\sqrt{2}}{2}$

m の値は　$1\times(-3t+2t)=-t$ (同参照)

よって　$m=-\frac{\sqrt{2}}{2}$

(2) Aの x 座標を p，Bの x 座標を q とおくと

$\triangle OAB$

$=\frac{1}{2}\times(q-p)\times3$

$=3\sqrt{5}$

よって

$q-p=2\sqrt{5}$　…①

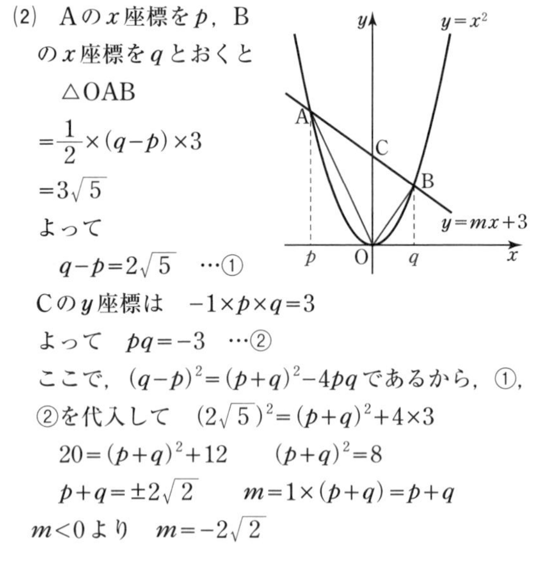

Cの y 座標は　$-1\times p\times q=3$

よって　$pq=-3$　…②

ここで，$(q-p)^2=(p+q)^2-4pq$ であるから，①，②を代入して　$(2\sqrt{5})^2=(p+q)^2+4\times3$

$20=(p+q)^2+12$　　$(p+q)^2=8$

$p+q=\pm2\sqrt{2}$　　$m=1\times(p+q)=p+q$

$m<0$ より　$m=-2\sqrt{2}$

パワーアップ

放物線$y=ax^2$と2点A, Bで交わる直線ℓの式は, 2点A, Bのx座標をそれぞれp, qとすると,

$\ell : y=a(p+q)x-apq$

これは, a, p, qの正負に関わらず成り立つ公式で, 難関校入試では必須のアイテムである。

以後 解説 に用いる。

100 (1) $a=\dfrac{2\sqrt{3}}{5}$

(2) ① BC$=4$cm　② $-\dfrac{4}{3}$

解説 (1) BC$=2$ よりC$(1,\ a)$

BC, EFとy軸の交点をI, Jとすると, △ABIは30°, 60°, 90°の直角三角形であるから, 3辺の比は$1:2:\sqrt{3}$である。

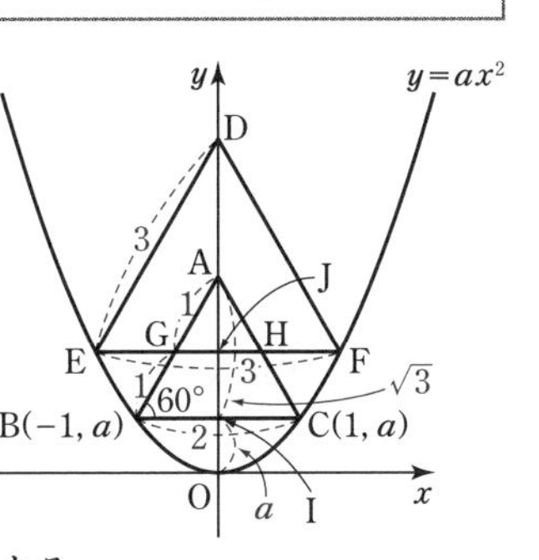

AI$=\sqrt{3}$より　IJ$=\dfrac{\sqrt{3}}{2}$

また, EF$=3$より　JF$=\dfrac{3}{2}$

よって　F$\left(\dfrac{3}{2},\ a+\dfrac{\sqrt{3}}{2}\right)$

Fは放物線$y=ax^2$上の点であるから

$a+\dfrac{\sqrt{3}}{2}=\dfrac{9}{4}a$

$\dfrac{5}{4}a=\dfrac{\sqrt{3}}{2}$　　$a=\dfrac{\sqrt{3}\times4}{2\times5}=\dfrac{2\sqrt{3}}{5}$

(2) ①BC$=2t$, EF$=3t\ (t>0)$とすると

C$\left(t,\ \dfrac{\sqrt{3}}{5}t^2\right)$, F$\left(\dfrac{3}{2}t,\ \dfrac{9\sqrt{3}}{20}t^2\right)$

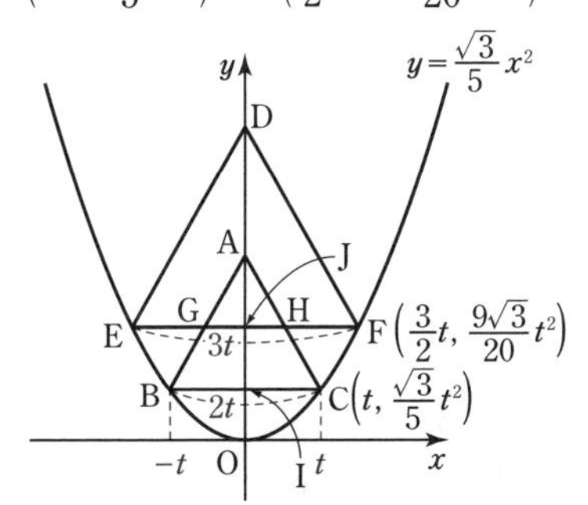

(1)と同様に, AI$=\sqrt{3}t$であるから　IJ$=\dfrac{\sqrt{3}}{2}t$

よって　(Fのy座標)$=\dfrac{\sqrt{3}}{5}t^2+\dfrac{\sqrt{3}}{2}t$

ゆえに　$\dfrac{9\sqrt{3}}{20}t^2=\dfrac{\sqrt{3}}{5}t^2+\dfrac{\sqrt{3}}{2}t$

$9\sqrt{3}t^2=4\sqrt{3}t^2+10\sqrt{3}t$

$5\sqrt{3}t^2-10\sqrt{3}t=0$　　$t^2-2t=0$

$t(t-2)=0$　　$t=0,\ 2$　　$t>0$より　$t=2$

よって　BC$=2\times2=4$(cm)

②①より　F$\left(3,\ \dfrac{9\sqrt{3}}{5}\right)$, E$\left(-3,\ \dfrac{9\sqrt{3}}{5}\right)$

ここで,

△ABC : △DEF

$=2^2:3^2=4:9$

であるから, 図のように小さい正三角形に分割することができる。

頂点K, Lを図のようにとる。

(図形DEGBCHFの面積)$=12S$

とおくと, 線分CPによって$6S$ずつに分かれる。

よって　△CPK$=S$

(四角形PLICの面積)$=4S$

△CKL : △CLI$=$CK : IL$=3:2$であるから

△CKL$=3S$

よって　△CPK : △CPL$=S:2S=1:2$

したがって, KP : PL$=1:2$であるから

DK : KP$=3:1$

DP : PE$=4:5$

よって　(Pのx座標)$=-3\times\dfrac{4}{9}=-\dfrac{4}{3}$

101 (1) $a=-\dfrac{\sqrt{2}}{2}$

(2) $y=\dfrac{\sqrt{2}}{2}x-\sqrt{2}$　　(3) $\sqrt{3}\pi$

解説 (1) A$(-2,\ 4a)$, B$(1,\ a)$と表せる。

(OAの傾き)$=\dfrac{4a}{-2}=-2a$, (OBの傾き)$=\dfrac{a}{1}=a$

よって, $-2a\times a=-1$であるから　$a^2=\dfrac{1}{2}$

$a=\pm\dfrac{\sqrt{2}}{2}$　　$a<0$より　$a=-\dfrac{\sqrt{2}}{2}$

(2) 放物線と2点で交わる直線の公式にあてはめて

$y=-\dfrac{\sqrt{2}}{2}\times(-2+1)x-\left(-\dfrac{\sqrt{2}}{2}\right)\times(-2)\times1$

$y=\dfrac{\sqrt{2}}{2}x-\sqrt{2}$

(3) A$(-2,\ -2\sqrt{2})$，B$\left(1,\ -\dfrac{\sqrt{2}}{2}\right)$より，三平方の定理を用いて

$$\mathrm{OA}=\sqrt{2^2+(2\sqrt{2})^2}=\sqrt{4+8}=\sqrt{12}=2\sqrt{3}$$

$$\mathrm{OB}=\sqrt{1^2+\left(\frac{\sqrt{2}}{2}\right)^2}=\sqrt{1+\frac{2}{4}}=\sqrt{\frac{6}{4}}=\frac{\sqrt{6}}{2}$$

(回転体の体積)

$$=\frac{1}{3}\times\pi\times\mathrm{OB}^2\times\mathrm{OA}=\frac{1}{3}\times\pi\times\left(\frac{\sqrt{6}}{2}\right)^2\times2\sqrt{3}$$

$$=\sqrt{3}\pi$$

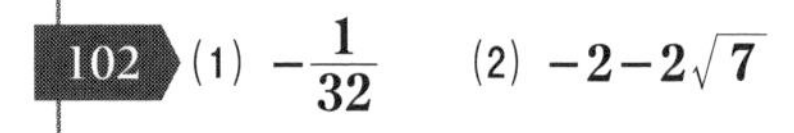

102 (1) $-\dfrac{1}{32}$　(2) $-2-2\sqrt{7}$

解説 (1)

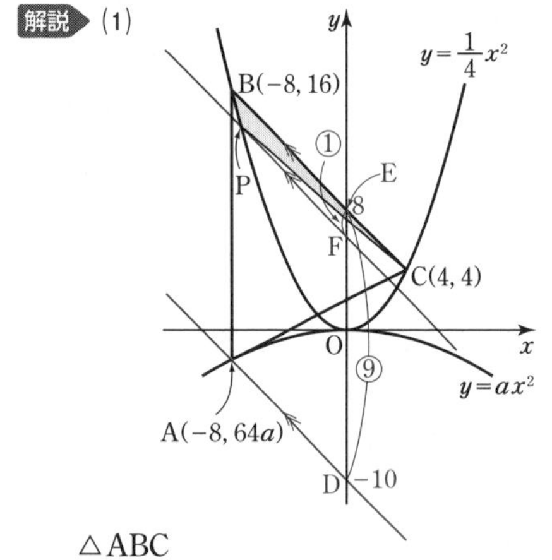

△ABC

$=\dfrac{1}{2}\times\mathrm{AB}\times\{(\mathrm{C}の x 座標)-(\mathrm{B}の x 座標)\}$

$=\dfrac{1}{2}\times(16-64a)\times(4+8)=108$

$16-64a=18$　$64a=-2$

よって　$a=-\dfrac{1}{32}$

(2) 直線BCの式は$y=\dfrac{1}{4}(-8+4)x-\dfrac{1}{4}\times(-8)\times4$

$y=-x+8$　…①

直線BCに平行な直線の式を$y=-x+b$とおく。

A$(-8,\ -2)$を通るとき

$b=-10$　よって，図のDの座標は$(0,\ -10)$

直線ADの式は$y=-x-10$　…②

①，②より，図のDEは18である。

図のようにFをとると，

△ABC：△PBC＝DE：FE＝9：1であるから，

$\mathrm{FE}=18\times\dfrac{1}{9}=2$より，切片F$(0,\ 6)$を通り①，②と平行な直線はPを通る。

$\begin{cases} y=\dfrac{1}{4}x^2 \\ y=-x+6 \end{cases}$ を解いて

$\dfrac{1}{4}x^2=-x+6$　$x^2=-4x+24$　$x^2+4x-24=0$

$x=-2\pm\sqrt{4+1\times24}=-2\pm2\sqrt{7}$

$-8<(\mathrm{P}の x 座標)<0$より　$x=-2-2\sqrt{7}$

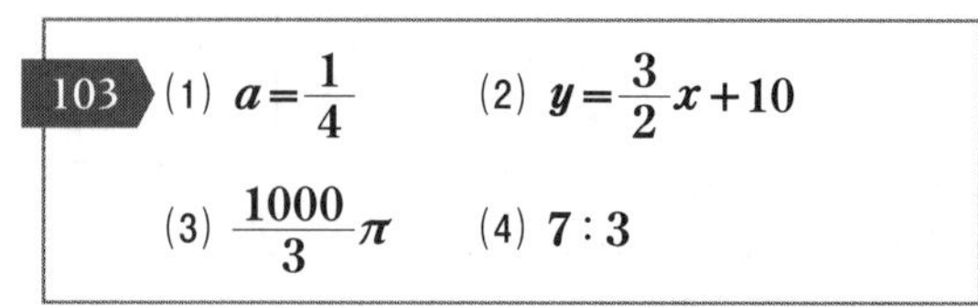

103 (1) $a=\dfrac{1}{4}$　(2) $y=\dfrac{3}{2}x+10$

(3) $\dfrac{1000}{3}\pi$　(4) 7：3

解説 (1) $y=ax^2$のグラフはA$(-4,\ 4)$を通るから

$4=16a$　$a=\dfrac{1}{4}$

(2) 直線ABの式は$y=\dfrac{1}{4}(-4+10)x-\dfrac{1}{4}\times(-4)\times10$

$$y=\frac{3}{2}x+10$$

(3) y軸上にH$(0,\ 25)$をとるとE$(0,\ 10)$より

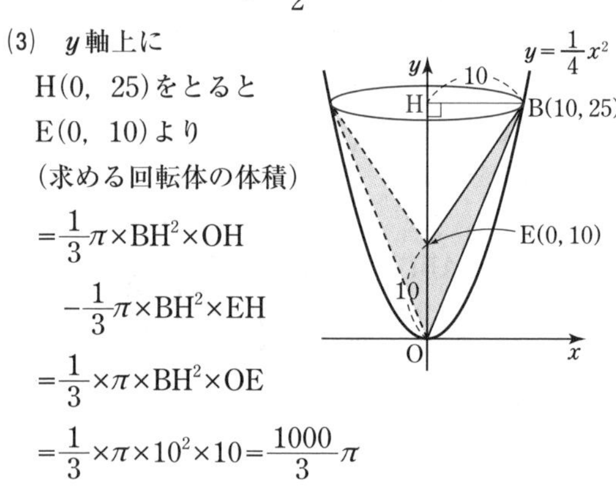

(求める回転体の体積)

$=\dfrac{1}{3}\pi\times\mathrm{BH}^2\times\mathrm{OH}$

$-\dfrac{1}{3}\pi\times\mathrm{BH}^2\times\mathrm{EH}$

$=\dfrac{1}{3}\times\pi\times\mathrm{BH}^2\times\mathrm{OE}$

$=\dfrac{1}{3}\times\pi\times10^2\times10=\dfrac{1000}{3}\pi$

(4) △AOD＝△BDCより

△AOD＋△ADB

＝△BDC＋△ADB

よって

△AOB＝△ACB

したがって

AB//OC

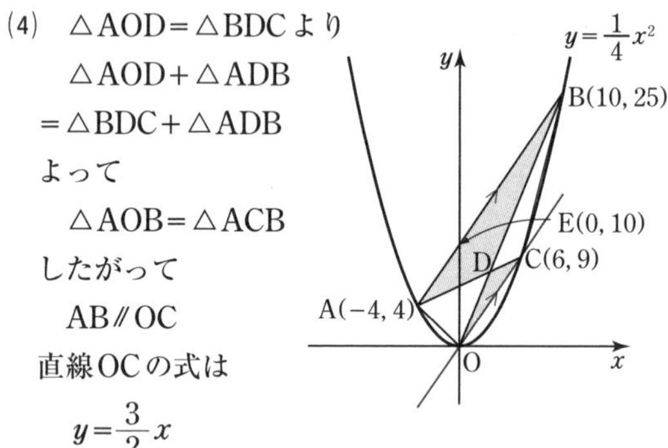

直線OCの式は

$y=\dfrac{3}{2}x$

$\begin{cases} y=\dfrac{1}{4}x^2 \\ y=\dfrac{3}{2}x \end{cases}$ を解いて

$\dfrac{1}{4}x^2=\dfrac{3}{2}x$　$x^2=6x$　$x^2-6x=0$

$x(x-6)=0$　$x=0,\ 6$

よって　C$(6,\ 9)$

AB//OCより

AD：CD＝AB：CO

＝$(10+4)：(6-0)=14：6=7：3$

よって　△BAD：△BDC＝AD：CD＝7：3

104 (1) $\mathbf{C\left(-\frac{5}{2},\ \frac{7}{2}\right)}$

(2) $\boldsymbol{y=-\frac{1}{3}x+\frac{8}{3}}$　(3) $\mathbf{\frac{1}{6},\ \frac{31}{6}}$

解説 (1) $y=\frac{1}{2}x^2$ に

$x=-1,\ 2$ を代入して

A，B の座標を求めると

$A\left(-1,\ \frac{1}{2}\right)$，$B(2,\ 2)$

2点C，Bから y 軸に平行な直線をひき，点Aを通り x 軸に平行な直線との交点をそれぞれH，Iとおくと，△ACH≡△BAI（1組の辺とその両端の角がそれぞれ等しい）である。

$AI=2-(-1)=3$，$BI=2-\frac{1}{2}=\frac{3}{2}$ であるから

$(C の x 座標)=-1-\frac{3}{2}=-\frac{5}{2}$

$(C の y 座標)=\frac{1}{2}+3=\frac{7}{2}$

よって　$C\left(-\frac{5}{2},\ \frac{7}{2}\right)$

(2) $B(2,\ 2)$，$C\left(-\frac{5}{2},\ \frac{7}{2}\right)$ より

$$(直線BCの傾き)=\frac{2-\frac{7}{2}}{2+\frac{5}{2}}=\frac{-\frac{3}{2}}{\frac{9}{2}}=-\frac{1}{3}$$

よって，直線BCの式を $y=-\frac{1}{3}x+b$ とおく。

$B(2,\ 2)$ を通るから　$2=-\frac{2}{3}+b$　$b=\frac{8}{3}$

よって　直線BCの式は $y=-\frac{1}{3}x+\frac{8}{3}$

(3) △ABC＝△BCD より，BCに関してDがAと同じ側にあるとき　BC∥AD

直線BCに平行で点Aを通る直線の式を $y=-\frac{1}{3}x+k$ とおく。

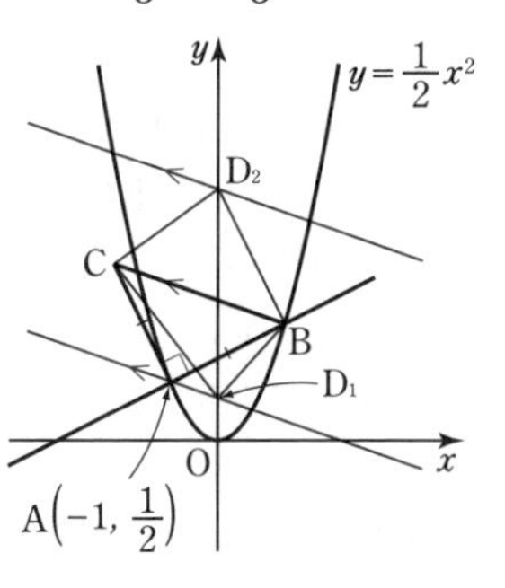

$A\left(-1,\ \frac{1}{2}\right)$ を通るから

$\frac{1}{2}=\frac{1}{3}+k$　$k=\frac{1}{6}$　よって　$y=-\frac{1}{3}x+\frac{1}{6}$

求める点Dの1つを D_1 とすると　$D_1\left(0,\ \frac{1}{6}\right)$

また，$\frac{8}{3}-\frac{1}{6}=\frac{15}{6}=\frac{5}{2}$ であるから，

$y=-\frac{1}{3}x+\frac{8}{3}$ を y 軸方向に $\frac{5}{2}$ だけ平行移動した直線上に点Dをとっても，△ABC＝△BCD を満たす。このDを D_2 とすると

$\frac{8}{3}+\frac{5}{2}=\frac{31}{6}$　よって　$D_2\left(0,\ \frac{31}{6}\right)$

105 (1) **EF＝6 cm**　(2) $\mathbf{A(\sqrt{3},\ 2)}$

(3) $\boldsymbol{a=\frac{2}{3},\ b=-\frac{4}{27}}$

解説 (1) 放物線の対称性より，台形ABDCは等脚台形である。A，BからDCに垂線AH，BIをひく。

AB：CD＝1：3 より

$CD=6\sqrt{3}$

$HI=AB=2\sqrt{3}$　よって　$CH=DI=2\sqrt{3}$

△BDIは30°，60°，90°の直角三角形であるから，3辺の比は　$1:2:\sqrt{3}$

$BI=\sqrt{3}\times DI=\sqrt{3}\times 2\sqrt{3}=6$　$EF=BI=6$

(2) $EF=6$，$EO:OF=1:2$ より　$EO=2$，$OF=4$

また，$AE=\frac{1}{2}AB=\sqrt{3}$ であるから　$A(\sqrt{3},\ 2)$

(3) $y=ax^2$ のグラフは $A(\sqrt{3},\ 2)$ を通るから

$2=3a$　よって　$a=\frac{2}{3}$

$CF=\frac{1}{2}CD=3\sqrt{3}$，$OF=4$ であるから

$C(3\sqrt{3},\ -4)$

$y=bx^2$ のグラフは $C(3\sqrt{3},\ -4)$ を通るから

$-4=27b$　よって　$b=-\frac{4}{27}$

106 (1) $\boldsymbol{a=\frac{1}{4}}$　(2) **C(6, 9)**

(3) $\mathbf{B\left(\frac{7}{2},\ \frac{3}{2}\right)}$　(4) **11：19**

解説 (1) $y=ax^2$ のグラフは $A(-4,\ 4)$ を通るから

$4=16a$

$a=\frac{1}{4}$

(2) Aを通り傾きが $\frac{1}{2}$ の直線の式を $y=\frac{1}{2}x+b$ とすると，$A(-4,\ 4)$ を通るから

$4=-2+b$

$b=6$

$y=\frac{1}{2}x+6$

$$\begin{cases} y=\frac{1}{4}x^2 \\ y=\frac{1}{2}x+6 \end{cases}$$ を解いて

$\frac{1}{4}x^2=\frac{1}{2}x+6$

$x^2=2x+24$

$x^2-2x-24=0$

$(x+4)(x-6)=0$

$x=-4,\ 6$

$x=6$ を $y=\frac{1}{4}x^2$ に代入して

$y=9$

よって，C(6，9)

(3)

図のように2点A，Cからそれぞれy軸に平行な直線をひき，点Bを通るx軸に平行な直線との交点をH，Iとすると，

△AHB≡△BIC

（1組の辺とその両端の角がそれぞれ等しい）

$AH=BI=p$

$HB=IC=q$　とすると，

$IC-AH=9-4=5$

$HB+BI=6-(-4)=10$　より

$$\begin{cases} q-p=5 \\ q+p=10 \end{cases}$$ これを解くと

$p=\frac{5}{2},\ q=\frac{15}{2}$

よって，$B\left(-4+\frac{15}{2},\ 4-\frac{5}{2}\right)$

$B\left(\frac{7}{2},\ \frac{3}{2}\right)$

(4) 図のように，点Dを通ってx軸に平行な直線と直線AHとの交点をJとすると，

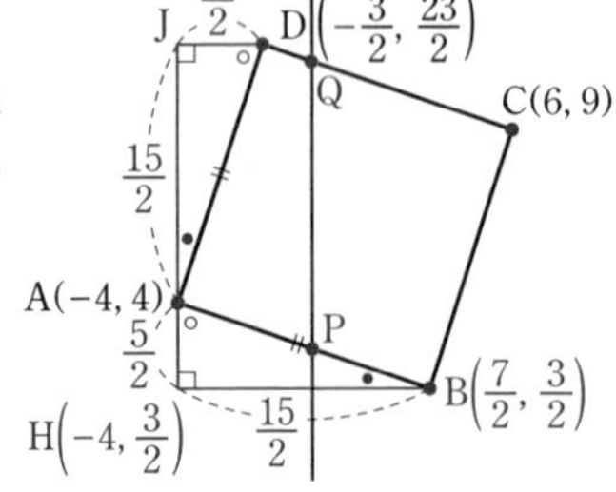

△AHB

≡△DJA

（1組の辺とその両端の角がそれぞれ等しい）

$AJ=BH=\frac{15}{2}$

$DJ=AH=\frac{5}{2}$

よって　$D\left(-\frac{3}{2},\ \frac{23}{2}\right)$

AB, CDとy軸との交点をそれぞれP, Qとすると，四角形APQDと四角形BPQCは，高さが等しい台形であるから，4点A，B，C，Dのx座標に注目して，

（左側にある部分の面積）

：（右側にある部分の面積）

＝(AP＋DQ)：(BP＋CQ)

＝（AとDのx座標の絶対値の和）

：（BとCのx座標の絶対値の和）

$=\left(4+\frac{3}{2}\right):\left(\frac{7}{2}+6\right)$

$=\frac{11}{2}:\frac{19}{2}$

$=11:19$

107 (1) ①**60**　②**($\sqrt{3}$，1)**　③$\mathbf{\frac{1}{3}}$

(2) $\mathbf{S=6\sqrt{3}}$　(3) $\mathbf{\frac{7\sqrt{3}}{3}}$

(2)，(3)の途中式や計算などは解説参照

解説 (1) ①正六角形の1つの内角の大きさは

120°

正六角形の対称性より

∠AOC＝60°

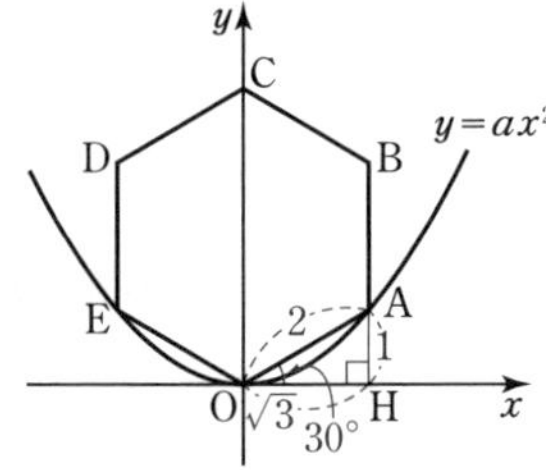

②Aからx軸に垂線AHをひく。

∠AOH＝30°であるから，△AOHの3辺の比は

$1:2:\sqrt{3}$

AO＝2より　$OH=\sqrt{3}$，AH＝1

したがって　A($\sqrt{3}$，1)

③$y=ax^2$のグラフはA($\sqrt{3}$，1)を通るから

$1=3a$　$a=\frac{1}{3}$

(2) 1辺が2の正三角形の面積は

$\frac{1}{2}\times2\times\sqrt{3}=\sqrt{3}$

よって　$S=6\times\sqrt{3}=6\sqrt{3}$

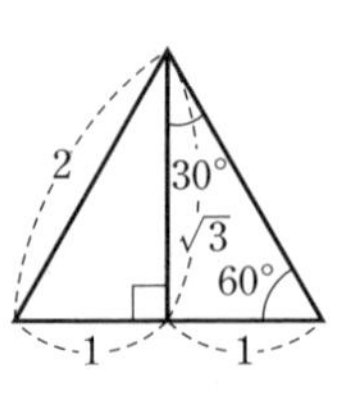

(3)　直線ℓと辺BCの交点をP，直線mと辺CDの交点をQとおくと，図形の対称性より，PとQはy軸に関して対称であるから

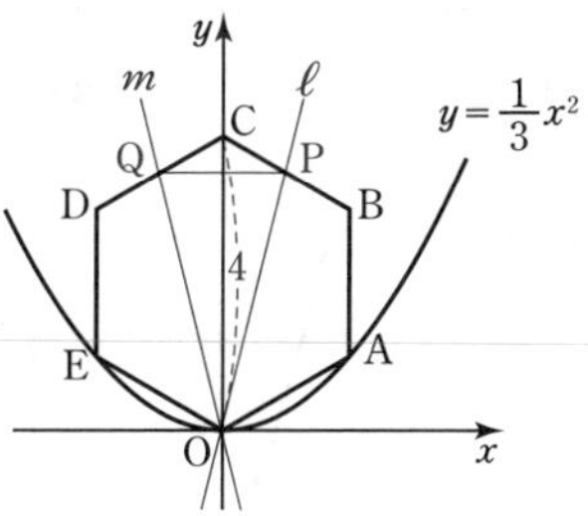

$OC\times PQ\times\frac{1}{2}=\frac{1}{3}\times S$　　$4\times PQ\times\frac{1}{2}=\frac{1}{3}\times 6\sqrt{3}$

$2\times PQ=2\sqrt{3}$　　$PQ=\sqrt{3}$

よって，Pのx座標は　$\frac{\sqrt{3}}{2}$

直線BCの式は$y=-\frac{1}{\sqrt{3}}x+4$であるから，この式に$x=\frac{\sqrt{3}}{2}$を代入すると

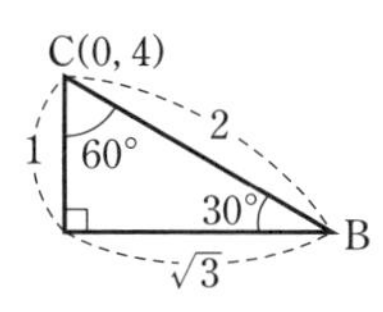

$y=-\frac{1}{2}+4=\frac{7}{2}$

よって　$P\left(\frac{\sqrt{3}}{2},\ \frac{7}{2}\right)$

ℓの式は　$y=\frac{\frac{7}{2}}{\frac{\sqrt{3}}{2}}x$　　$y=\frac{7}{\sqrt{3}}x$

よって　(ℓの傾き)$=\frac{7\sqrt{3}}{3}$

108　(1) ①$\boldsymbol{\sqrt{2a}}$　　②$\boldsymbol{a^2-4a+9}$　　③**1**

(2) $\boldsymbol{\frac{3}{2}\pi}$　　(3) **△PRS＝2$\sqrt{3}$**

解説　(1)　①$y=\frac{1}{2}x^2$に$y=a$を代入して

$a=\frac{1}{2}x^2$

$x^2=2a$

$x=\pm\sqrt{2a}$

$P(\sqrt{2a},\ a)$

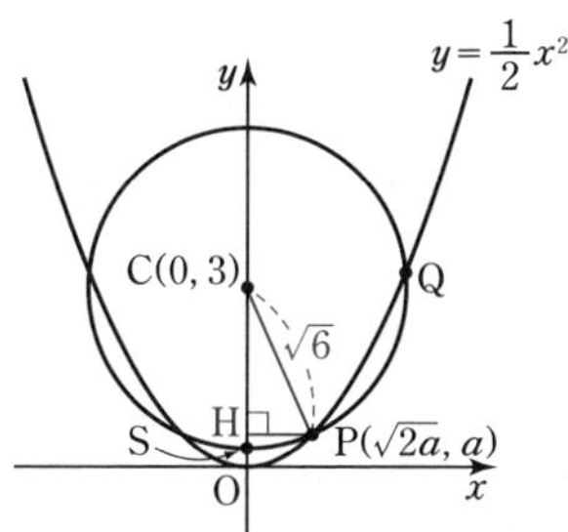

②Pからy軸に垂線PHをひく。

三平方の定理により

$CP^2=PH^2+CH^2=(\sqrt{2a})^2+(3-a)^2$

$=2a+9-6a+a^2=a^2-4a+9$

③$a^2-4a+9=(\sqrt{6})^2$　　$a^2-4a+9=6$

$a^2-4a+3=0$　　$(a-1)(a-3)=0$

$a=1,\ 3$

Qのy座標をaとしても今と同様の計算ができるから，aの2つの値はPとQのy座標を表す。

したがって　(Pのy座標)$=1$

(2)　Qのy座標は3であるから　$\angle SCQ=90°$

(おうぎ形CSQの面積)

$=\pi\times(\sqrt{6})^2\times\frac{90}{360}=\frac{3}{2}\pi$

(3)　PRは円の直径だから

RC＝PC

また，$CS=\sqrt{6}$，

$PH=\sqrt{2}$

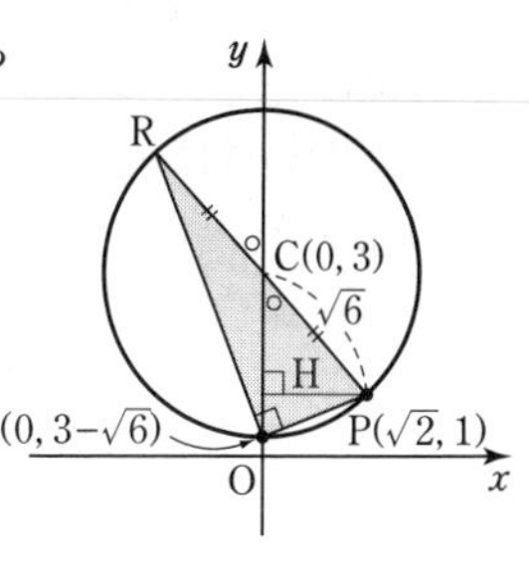

よって，

△PRS

＝2×△PCS

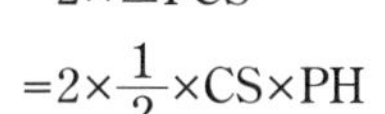

$=2\times\frac{1}{2}\times CS\times PH$

$=2\times\frac{1}{2}\times\sqrt{6}\times\sqrt{2}$

$=2\sqrt{3}$

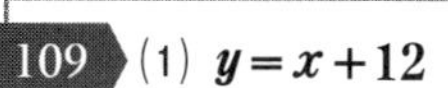

109　(1) $\boldsymbol{y=x+12}$　　(2) **(−6，6)**

(3) **3：8**　　(4) **1：6**

(5) **105**

解説　(1)　ℓの式を$y=x+b$とおく。

D(12，24)を通るから

$24=12+b$　　$b=12$

ℓの式は$y=x+12$

(2)　$\begin{cases} y=\frac{1}{6}x^2 \\ y=x+12 \end{cases}$　を解いて

$\frac{1}{6}x^2=x+12$　　$x^2=6x+72$　　$x^2-6x-72=0$

$(x+6)(x-12)=0$　　$x=-6,\ 12$

$y=x+12$に$x=-6$を代入して　$y=6$

よって　A(−6，6)

(3)　$\begin{cases} y=x^2 \\ y=x+12 \end{cases}$

を解いて

$x^2=x+12$

$x^2-x-12=0$

$(x+3)(x-4)=0$

$x=-3,\ 4$

よって

B(−3，9)，C(4，16)

△OAB：△OCD＝AB：CD

＝(−3＋6)：(12−4)＝3：8

(4) 直線OAの式は$y=-x$であるから，

$\begin{cases} y=x^2 \\ y=-x \end{cases}$ を解いて

$x^2=-x$　　$x^2+x=0$　　$x(x+1)=0$

$x=0,\ -1$　　よって　E$(-1,\ 1)$

直線ODの式は$y=2x$であるから，

$\begin{cases} y=x^2 \\ y=2x \end{cases}$ を解いて

$x^2=2x$　　$x^2-2x=0$　　$x(x-2)=0$

$x=0,\ 2$　　よって　F$(2,\ 4)$

ここで

OF : OD=4 : 24=1 : 6

OE : OA=1 : 6　より，

2組の辺の比と

その間の角が

それぞれ等しいので

△OEF∽△OAD

よって

EF : AD=OF : OD=1 : 6

(5) △OAD

$=\frac{1}{2}\times12\times6$

$+\frac{1}{2}\times12\times12$

$=\frac{1}{2}\times(12+6)\times12$

$=108$

EF : AD

=1 : 6より

△OEF : △OAD

$=1^2 : 6^2=1 : 36$

$△OEF=\frac{1}{36}\times108=3$

よって　(四角形AEFDの面積)=108−3

$=105(\text{cm}^2)$

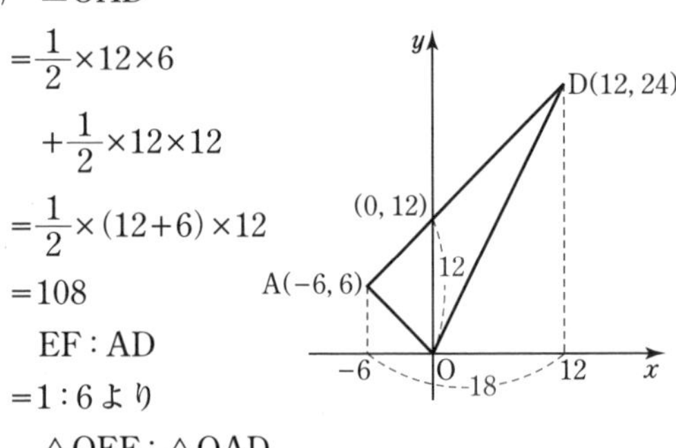

入試メモ　2次関数の基本を学んだからといって，入試問題の「2次関数」は解けない。単元的には「2次関数」に分類されても，実際の入試では，「相似」，「円」，「三平方の定理」との融合問題がほとんどである。図形を学習してから，もう一度「2次関数」の問題に取り組もう。

110 (1) $-\frac{4}{5}$　　(2) $a=\frac{5}{8}$

解説 (1)

△ABD∽△ACE(2組の角がそれぞれ等しい)

よって　BD : CE=AB : AC=1 : 25

2次関数$y=ax^2$において，yはxの2乗に比例するので

(Dのx座標)^2 : (Eのx座標)^2=1 : 25

よって　OD : OE=1 : 5

また，AD : DE=1 : 24であるから

AD : DO : OE=1 : 4 : 20　　$OD=1\times\frac{4}{5}=\frac{4}{5}$

よって　D$\left(-\frac{4}{5},\ 0\right)$

(2) 円に内接する四角形の性質により

∠OEC+∠OBC=180°

∠OEC=90°より

∠OBC=90°

$y=ax^2$に$x=-\frac{4}{5}$を代入して

$y=\frac{16}{25}a$　　よって　B$\left(-\frac{4}{5},\ \frac{16}{25}a\right)$

$OE=\frac{4}{5}\times5=4$であるから，$y=ax^2$に$x=4$を代入して

$y=16a$　　よって　C$(4,\ 16a)$

$(\text{OBの傾き})=\dfrac{\frac{16}{25}a}{-\frac{4}{5}}=-\dfrac{16a\times5}{25\times4}=-\frac{4}{5}a$

$(\text{BCの傾き})=\dfrac{16a-\frac{16}{25}a}{4+\frac{4}{5}}=\dfrac{\frac{384}{25}a}{\frac{24}{5}}$

$=\dfrac{384a\times5}{25\times24}=\frac{16}{5}a$

OB⊥BCより　$-\frac{4}{5}a\times\frac{16}{5}a=-1$　　$\frac{64}{25}a^2=1$

$a^2=\frac{25}{64}$　　$a=\pm\frac{5}{8}$　　$a>0$より　$a=\frac{5}{8}$

111 (1) $d=0,\ 12$ (2) $16:9$
(3) $t=-12$

解説 (1) 直線ACの式は

$y=1\times(-2+3)x$
$\quad -1\times(-2)\times3$

$y=x+6$

ACに平行でB(1, 1)を通る直線は $y=x$

よって，$D_1(0,\ 0)$ より $d=0$

また，直線ACに関して，$y=x$と対称な直線は

$y=x+12$

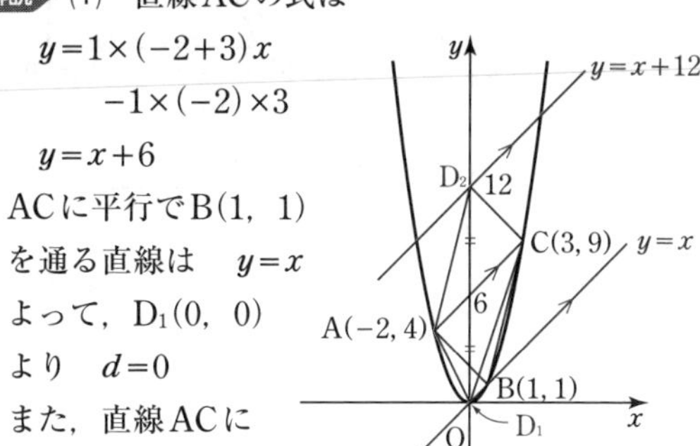

よって，$D_2(0,\ 12)$も題意を満たすので $d=12$

(2) T(4, 16)より，直線OTの式は$y=4x$

直線ABの式は$y=1\times(-2+1)x-1\times(-2)\times1$

$y=-x+2$

$\begin{cases} y=4x \\ y=-x+2 \end{cases}$ を解いて

$4x=-x+2 \qquad 5x=2$

$x=\dfrac{2}{5}$

$y=4\times\dfrac{2}{5}=\dfrac{8}{5}$

よって $E\left(\dfrac{2}{5},\ \dfrac{8}{5}\right)$

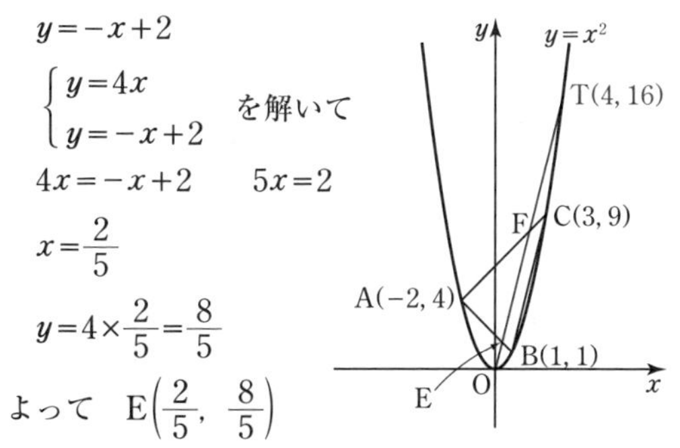

ここで

$(\text{BCの傾き})=\dfrac{9-1}{3-1}=4$ よって EF∥BC

したがって △AEF∽△ABC(2組の角がそれぞれ等しい)

相似比は

$\text{AE}:\text{AB}=\left(\dfrac{2}{5}+2\right):(1+2)=\dfrac{12}{5}:\dfrac{15}{5}=4:5$

よって $\triangle\text{AEF}:\triangle\text{ABC}=4^2:5^2=16:25$

したがって △AEF:(四角形EBCFの面積)

$=16:(25-16)=16:9$

(3) ACの中点をMとすると

$M\left(\dfrac{-2+3}{2},\ \dfrac{4+9}{2}\right)$

より $M\left(\dfrac{1}{2},\ \dfrac{13}{2}\right)$

(直線BMの傾き)

$=\dfrac{1-\dfrac{13}{2}}{1-\dfrac{1}{2}}=\dfrac{-\dfrac{11}{2}}{\dfrac{1}{2}}=-11$

直線BMの式を$y=-11x+b$とおく。B(1, 1)を通るから $1=-11+b$ $b=12$

よって $y=-11x+12$

$\begin{cases} y=x^2 \\ y=-11x+12 \end{cases}$ を解いて

$x^2=-11x+12 \qquad x^2+11x-12=0$

$(x+12)(x-1)=0 \qquad x=-12,\ 1$より

T(−12, 144) よって $t=-12$

112 (1) $y=\sqrt{3}x+6$ (2) R(3, 9)
(3) $15-5\sqrt{3}$

解説 (1) (Pのy座標)=3であるから，$y=x^2$に$y=3$を代入して

$x^2=3 \qquad x=\pm\sqrt{3}$

よって $P(-\sqrt{3},\ 3)$

ℓの式を$y=ax+6$とおく。

$P(-\sqrt{3},\ 3)$を通るから

$3=-\sqrt{3}a+6$

$a=\sqrt{3}$

よって ℓの式は$y=\sqrt{3}x+6$

(2) $R(t,\ t^2)\ (t>0)$とおく。

(直線BRの切片)

$=-1\times(-2)\times t=2t$

△BOR

$=\dfrac{1}{2}\times2t\times(t+2)=15$

$t(t+2)=15$

$t^2+2t-15=0 \qquad (t-3)(t+5)=0$

$t=3,\ -5 \qquad t>0$より $t=3$

よって R(3, 9)

(3) 直線BRをmとする。
ℓの式は$y=\sqrt{3}x+6$
mの式は$y=x+6$
ℓ，mに$y=0$を代入して
Q$(-2\sqrt{3},\ 0)$，
D$(-6,\ 0)$
△ADQ
$=\dfrac{1}{2}\times(-2\sqrt{3}+6)\times6$
$=18-6\sqrt{3}$

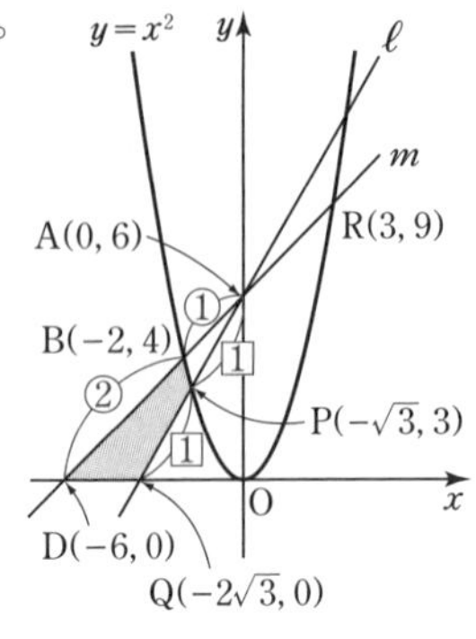

AB：AD＝1：3，AP：AQ＝1：2より
$\triangle ABP=\dfrac{1}{3}\times\dfrac{1}{2}\triangle ADQ=\dfrac{1}{6}\triangle ADQ$
よって　(四角形PBDQの面積)$=\dfrac{5}{6}\triangle ADQ$
$=\dfrac{5}{6}\times(18-6\sqrt{3})=15-5\sqrt{3}$

113 (1) $\boldsymbol{a=8}$，**PC＝4cm**

(2) ① **3**　② $\boldsymbol{x^2}$
③ **3**　④ **6**　⑤ $\boldsymbol{3x}$
⑥ **6**　⑦ $\boldsymbol{-9x+72}$

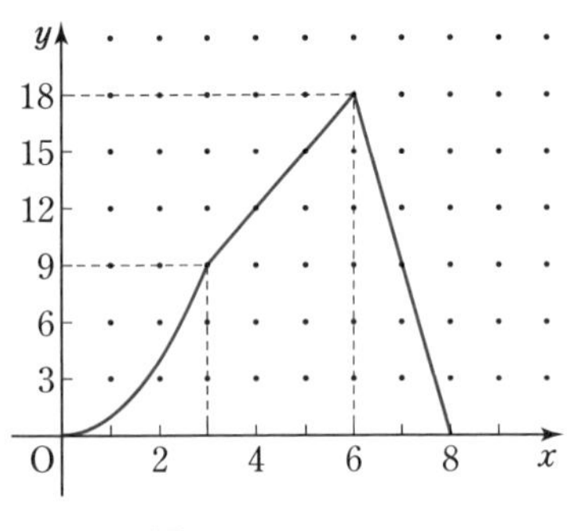

(3) $\boldsymbol{x=3}$，$\boldsymbol{\dfrac{15}{2}}$

解説 (1) P，Qが合わせて進む距離は，正方形の周の長さ24cmに等しい。
よって　$a=24\div(1+2)=8$
PC$=12-8=4$(cm)

(2) (i) QがDに到着するのは3秒後であるから，
$0<x<3$のとき
$y=\dfrac{1}{2}\times x\times2x$より
$y=x^2$

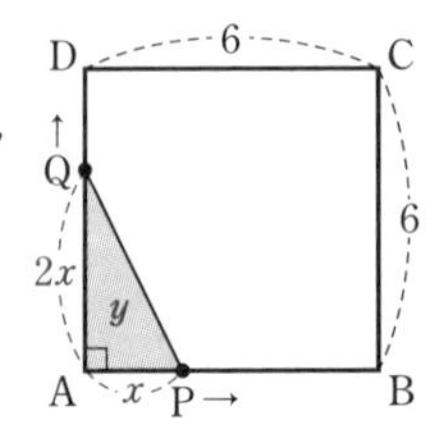

(ii) PがBに，QがCに到着するのは6秒後であるから，
$3\leqq x<6$のとき
$y=\dfrac{1}{2}\times x\times6$より
$y=3x$

(iii) PとQがBC上で出会うのは8秒後であるから，
$6\leqq x<8$のとき
図のPB$=x-6$，
CQ$=2x-12$
よって　PQ$=6-(x-6)-(2x-12)=-3x+24$
$y=\dfrac{1}{2}\times(-3x+24)\times6$より　$y=-9x+72$

(3) △ABQ＝2△APQとなるのは，次の2つの場合である。

(Ⅰ) QがDに到着するとき。
$2x=6$より
$x=3$

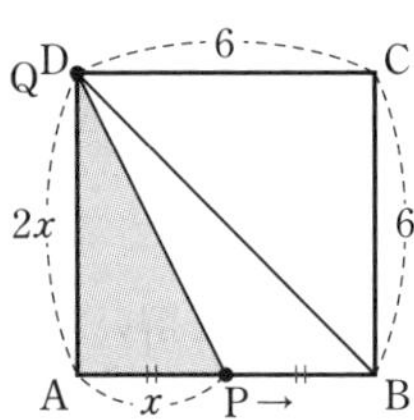

(Ⅱ) P，QがともにBC上にあって，PB＝PQとなるとき。
$x-6$
$=-3x+24$より
$x=\dfrac{15}{2}$

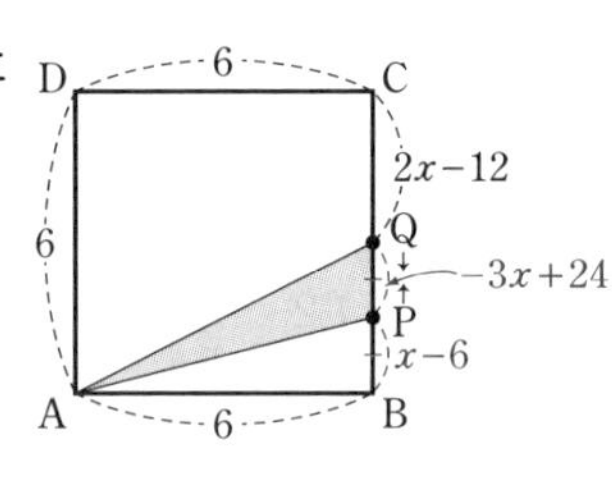

114 (1)

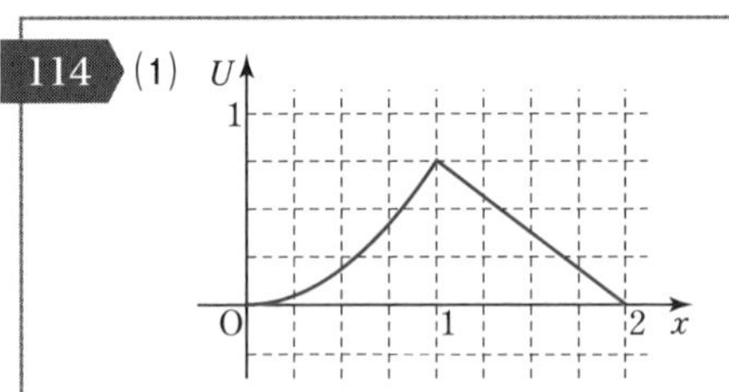

(2) $\boldsymbol{x=\dfrac{2}{3}}$**のとき**$\boldsymbol{S=\dfrac{2}{3}}$

$\boldsymbol{x=\dfrac{14}{9}}$**のとき**$\boldsymbol{S=\dfrac{4}{9}}$

解説 (1) (i) PがAD上にあるとき
$(0<x\leqq 1)$

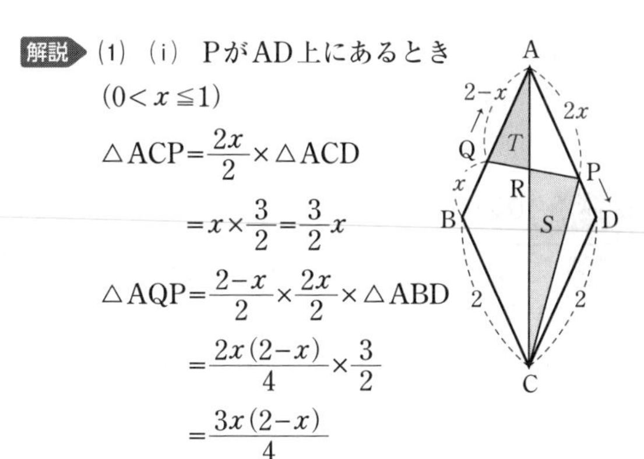

$\triangle ACP=\dfrac{2x}{2}\times\triangle ACD$

$=x\times\dfrac{3}{2}=\dfrac{3}{2}x$

$\triangle AQP=\dfrac{2-x}{2}\times\dfrac{2x}{2}\times\triangle ABD$

$=\dfrac{2x(2-x)}{4}\times\dfrac{3}{2}$

$=\dfrac{3x(2-x)}{4}$

$U=S-T=(S+\triangle ARP)-(T+\triangle ARP)$

$=\triangle ACP-\triangle AQP=\dfrac{3}{2}x-\dfrac{3x(2-x)}{4}$

$=\dfrac{6x-6x+3x^2}{4}=\dfrac{3}{4}x^2$

(ii) PがDC上にあるとき
$(1<x<2)$

$\triangle PRC\infty\triangle QRA$
(2組の角がそれぞれ等しい)

$PC:QA=2(2-x):(2-x)$
$=2:1$

よって　$CR:AR=2:1$

$S=\dfrac{2(2-x)}{2}\times\dfrac{2}{3}\times\triangle ACD$

$=(2-x)\times\dfrac{2}{3}\times\dfrac{3}{2}=2-x$

$S:T=2^2:1^2=4:1$　　よって　$T=\dfrac{2-x}{4}$

$U=S-T=(2-x)-\dfrac{2-x}{4}=\dfrac{3(2-x)}{4}=\dfrac{6-3x}{4}$

(2) (i) $U=\dfrac{3}{4}x^2$に$U=\dfrac{1}{3}$を代入して

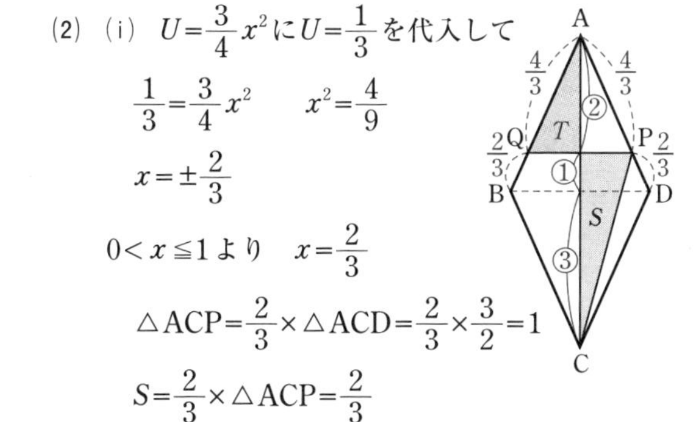

$\dfrac{1}{3}=\dfrac{3}{4}x^2$　　$x^2=\dfrac{4}{9}$

$x=\pm\dfrac{2}{3}$

$0<x\leqq 1$より　$x=\dfrac{2}{3}$

$\triangle ACP=\dfrac{2}{3}\times\triangle ACD=\dfrac{2}{3}\times\dfrac{3}{2}=1$

$S=\dfrac{2}{3}\times\triangle ACP=\dfrac{2}{3}$

(ii) $U=\dfrac{6-3x}{4}$に$U=\dfrac{1}{3}$を代入して

$\dfrac{1}{3}=\dfrac{6-3x}{4}$　　$4=18-9x$

$9x=14$　　$x=\dfrac{14}{9}$

$1<x<2$より適する。

(1)(ii)より　$S=2-\dfrac{14}{9}=\dfrac{4}{9}$

9 場合の数

115 384通り

解説 図のように領域B，C，D，Eを決める。

例えば，ループをB→C→D→Eの順にかく場合を考えると，Bのかき方は右回り，左回りと2通りある。

C，D，Eについても同様であるから
　$2\times2\times2\times2=16$(通り)

ループをかく順は，B，C，D，Eの並べ方だけあるので　$4\times3\times2\times1=24$(通り)

よって　$16\times24=384$(通り)

パワーアップ

▶順列

異なるn個のものから異なるr個を取り出し，それを1列に並べたものを，n個からr個を取る順列という。

n個からr個取る順列の数

$=\underbrace{n(n-1)(n-2)\cdots(n-r+1)}_{r\text{個の積}}$

116 16通り

解説 全部で6試合行うから，勝ち数が6，負け数が6である。したがって，1チームが3勝し，残り3チームが1勝2敗となる場合と，1チームが3敗し，残り3チームが2勝1敗となる場合を考えればよい。

(i) 1チームが3勝し，残り3チームが1勝2敗となるとき

3勝するチームはA，B，C，Dの4通り。

例えば，Aが3勝すると，残り3チームの勝敗の様子は次の2通りである。

	A	B	C	D
A	＼	○	○	○
B	×	＼	○	×
C	×	×	＼	○
D	×	○	×	＼

	A	B	C	D
A	＼	○	○	○
B	×	＼	×	○
C	×	○	＼	×
D	×	×	○	＼

よって　$4\times2=8$(通り)

(ii) 1チームが3敗し，残り3チームが2勝1敗となるとき

3敗するチームはA，B，C，Dの4通り。
例えば，Aが3敗すると，残り3チームの勝敗の様子は次の2通りである。

＼	A	B	C	D
A	＼	×	×	×
B	○	＼	×	○
C	○	○	＼	×
D	○	×	○	＼

＼	A	B	C	D
A	＼	×	×	×
B	○	＼	○	×
C	○	×	＼	○
D	○	○	×	＼

よって　4×2=8(通り)
以上より，題意を満たす場合の数は
　8+8=16(通り)
(注意)
当然であるが，(i)の表と(ii)の表は，○×がすべて逆になっている。

117 (1) 48個　(2) 28個

解説 (1)　百の位は，0が使えないので，1，2，3，4の4通りである。
十の位は，百の位に使った数字以外の4通りである。
一の位は，百の位，十の位に使った数字以外の3通りである。
よって　4×4×3=48(個)
(2)　となり合う位の数の和が5になるのは次の8通りである。

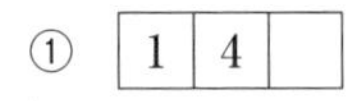

① |1|4|　|　② |　|1|4|
③ |4|1|　|　④ |　|4|1|
⑤ |2|3|　|　⑥ |　|2|3|
⑦ |3|2|　|　⑧ |　|3|2|

このうち，①，③，⑤，⑦の一の位に入る数字はそれぞれ3通りずつあり，②，④，⑥，⑧の百の位に入る数字はそれぞれ0以外の2通りずつある。
よって　4×3+4×2=20(個)
したがって　48−20=28(個)

118 19通り

解説 3文字の選び方は，(ABB)，(ABC)，(ACC)，(BBC)，(BCC)，(CCC)の6通り。このうち，
(ABB)，(ACC)，(BBC)，(BCC)の並べ方
…それぞれ3通り
(ABC)の並べ方…6通り
(CCC)の並べ方…1通り
よって　4×3+1×6+1=19(通り)

119 10通り

解説 玉4個の選び方は，次の10通りである。
(赤赤白白)，(赤赤白青)，(赤赤青青)，(赤白白白)，(赤白白青)，(赤白青青)，(赤青青青)，(白白白青)，(白白青青)，(白青青青)

パワーアップ
▶組み合わせ
異なるn個のものから，順序を考えに入れないで異なるr個を取り出したものを，n個からr個を取る組み合わせという。
n個からr個取る組み合わせ
$$=\frac{n\text{個から}r\text{個取る順列の数}}{r\text{個から}r\text{個取る順列の数}}$$

120 (1) 4通り　(2) 19通り

解説 (1)

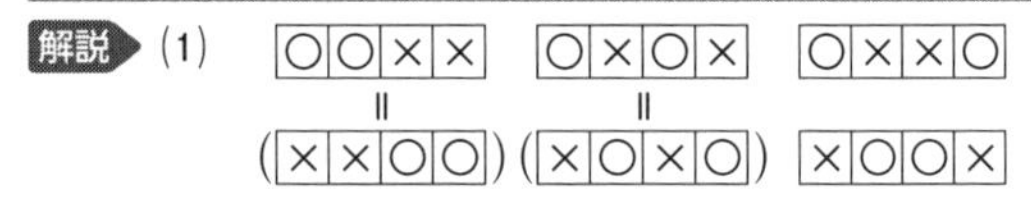

|○|○|×|×|　|○|×|○|×|　|○|×|×|○|
　‖　　　‖
(|×|×|○|○|) (|×|○|×|○|)　|×|○|○|×|

よって，4通り。
(2)　(1)からわかるように，左右対称のときにはペアは存在しないが，左右非対称のときには反転しているペアが存在する。
7つから3つ選んで×をつける場所の選び方は
$\frac{7\times6\times5}{3\times2\times1}=35$(通り)（上のパワーアップ参照）
このうち，左右対称のものは，次の3通りだけ。
|○|○|×|×|×|○|○|　|○|×|○|×|○|×|○|
|×|○|○|×|○|○|×|
よって　$3+\frac{35-3}{2}=3+16=19$(通り)

121 24通り

解説 女子2人をA，B，男子4人をC，D，E，Fとする。女子Aを固定して，残り5人を長テーブルに座らせると考えると，Bの位置は決まるので，男子4人の並べ方の数だけ座り方はある。よって
　4×3×2×1=24(通り)

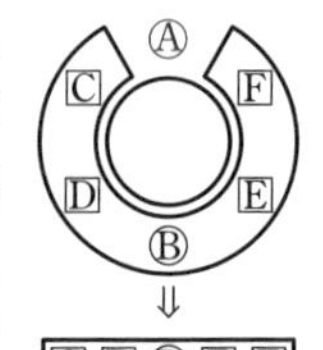

122 9通り

解説 樹形図をかいて考える。

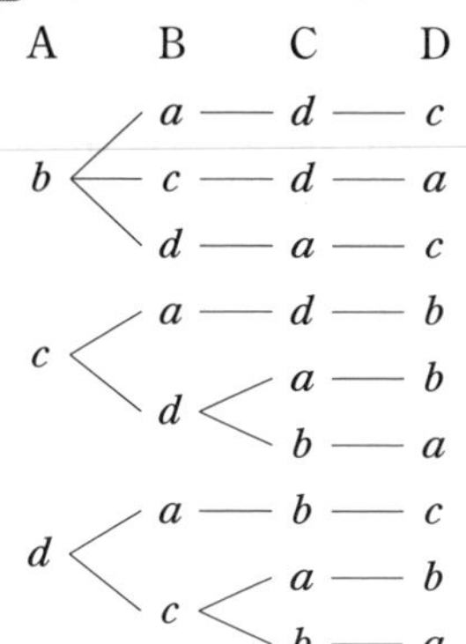

以上，9通り。

123 120個

解説 (i) 各位の数がすべて異なる場合

5つの数から3枚を取り出して並べる並べ方の総数は

$5\times4\times3=60$(個)

(ii) 同じ数を2枚使う場合

例えば1を2枚使うとすると，1の位置は次の3通り。

| 1 | 1 | |

| 1 | | 1 |

| | 1 | 1 |

あいたところには，2，3，4，5の4通りの数が使えるから，全部で　$3\times4=12$(個)

よって　$5\times12=60$(個)

(i)，(ii)より　$60+60=120$(個)

124 12通り

解説 1 1 1 1 2 2 2 3 3 4

を用いて，和が10となる数のつくり方は

$1+1+1+1+2+2+2$，$1+1+1+1+3+3$，

$1+1+1+1+2+4$，$1+1+1+2+2+3$，

$1+1+1+3+4$，$1+1+2+2+4$，$1+1+2+3+3$，

$1+2+2+2+3$，$1+2+3+4$，$2+2+2+4$，

$2+2+3+3$，$3+3+4$　の12通り。

125 (1) 9900通り　(2) 9844通り　(3) 33通り　(4) 6通り

解説 (1) 100枚から2枚を選んで並べる並べ方の総数は　$100\times99=9900$(通り)

(2) $ab<20$の場合を考える。

(i) $a=1$のとき　$b=2, 3, 4, 5, 6, \cdots, 19$

(ii) $a=2$のとき　$b=1, 3, 4, 5, 6, 7, 8, 9$

(iii) $a=3$のとき　$b=1, 2, 4, 5, 6$

(iv) $a=4$のとき　$b=1, 2, 3$

(v) $a=5$のとき　$b=1, 2, 3$

(vi) $a=6$のとき　$b=1, 2, 3$

(vii) $a=7$のとき　$b=1, 2$

(viii) $a=8$のとき　$b=1, 2$

(ix) $a=9$のとき　$b=1, 2$

(x) $a=10, 11, 12, \cdots, 19$のとき　$b=1$

以上より　$18+8+5+3\times3+2\times3+10=56$(通り)

よって　$9900-56=9844$(通り)

(3) $2a=3b$より　$a:b=3:2$

$(a, b)=(3, 2), (6, 4), (9, 6), \cdots, (99, 66)$

$99=3\times33$より，33通り。

(4) $a=\sqrt{8b}=\sqrt{2^2\times2\times b}$より

$b=2\times n^2$(nは自然数)

よって　$b=2, 8, 18, 32, 50, 72, 98$

$(a, b)=(4, 2), (8, 8), (12, 18), (16, 32), (20, 50), (24, 72), (28, 98)$

(8, 8)は不適。よって，6通り。

126 (1) 108個　(2) 26個　(3) 46620

解説 (1) 一の位が2，4，6であればよいので

$6\times6\times3=108$(個)

(2) 各位の数の和が9か18になるときだから，

3つの数の組は　①(1, 2, 6)，②(1, 3, 5)，③(1, 4, 4)，④(2, 2, 5)，⑤(2, 3, 4)，⑥(3, 3, 3)，⑦(6, 6, 6)

これらを並べかえて3桁の整数をつくると，

①，②，⑤…それぞれ6個

③，④…それぞれ3個

⑥，⑦…それぞれ1個

よって　$3\times6+2\times3+2\times1=26$(個)

(3) 一の位の数が1のものは全部で　$5\times4=20$(個)

同様に，一の位の数が2，3，4，5，6のものもそれぞれ20個ずつあるから，一の位の数の和は

$(1+2+3+4+5+6)\times20=21\times20=420$

同様にして，十の位の数の和は4200，百の位の数の和は42000であるから，求める和は

$42000+4200+420=46620$

（別解）

$(a,\ b,\ c)$でできる数の総和を考える。

$(100a+10b+c)+(100a+10c+b)$
$+(100b+10c+a)+(100b+10a+c)$
$+(100c+10a+b)+(100c+10b+a)$
$=100(2a+2b+2c)+10(2a+2b+2c)$
$+(2a+2b+2c)$
$=(200+20+2)(a+b+c)$
$=222(a+b+c)$

つまり，選んだ3つの数を加えた数の222倍になる。

また，1～6の中から3つの数を選ぶ選び方の総数は20通り。20通りの数の組の中には

$20\times3=60$（個）の数が含まれるので，

$60\div6=10$（個）より，この中には1～6までの数が10個ずつ出現する。

よって，求める総和は

$222\times10\times(1+2+3+4+5+6)$
$=222\times10\times21=46620$

127　(1) **24通り**　(2) **8種類**
(3) **2種類**

解説　(1)　頂点A，B，Cと区別がついている状態であるから，回転して同じになるかどうかは考えなくてよい。

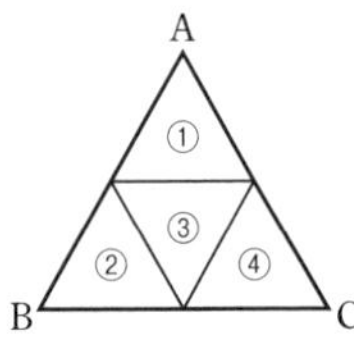

右の図の①，②，③，④に，赤，青，黄，緑の4色を塗るのだから，順列を考えて

$4\times3\times2\times1=24$（通り）

(2)　③に塗ることのできる色は4通りある。例えば赤を塗るとすると，残りの色の塗り方は，(i)と(ii)の2種類しかない。

よって　$4\times2=8$（種類）

(i)
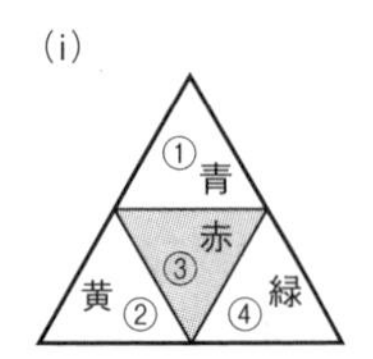

(ii)
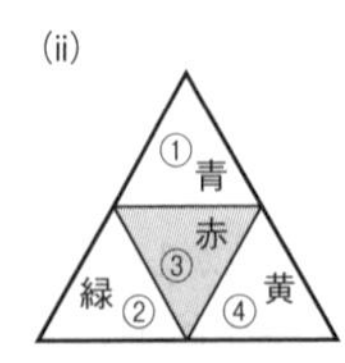

(3)　1つの底面に赤を塗り固定する。

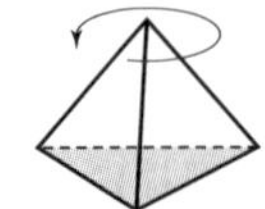

側面の塗り方は，

と

の2種類しかない。

よって，2種類。

128　(1) **30**　(2) **36**
(3) **102**

解説　(1)　正三角形となる3つの番号の選び方は，

(1，2，6)，(2，3，4)，(2，4，6)，(4，5，6)，(1，3，5)の5通り。

それぞれ，$3\times2\times1=6$（通り）の目の出方があるので　$5\times6=30$（通り）

(2)　直角三角形となる3つの番号の選び方は，

(1，3，4)，(1，4，5)，(1，2，5)，(2，3，5)，(1，3，6)，(3，5，6)の6通り。

それぞれ，6通りの目の出方があるので

$6\times6=36$（通り）

(3)　6つの番号から3つ選ぶ選び方の総数は

$\dfrac{6\times5\times4}{3\times2\times1}=20$（通り）

このうち，三角形ができないのは，(1，2，3)，(3，4，5)，(1，5，6)の3通り。

よって　$20-3=17$（通り）

それぞれ，6通りの目の出方があるので

$17\times6=102$（通り）

129　(1) **2**　(2) **24**
(3) **32**

解説　(1)　4回のじゃんけんで勝負が決まるのは，A君またはB君のいずれかが，パーで4回連続で勝ち，20m進む場合だけである。よって，2通り。

(2)　1～4回目のうち，A君が3回パーで勝ち，1回負けるかあいこになり，5回目にA君がパーで勝つ場合である。

A君が負ける場合…3通り
あいこになる場合…3通り　｝＊

＊の1回は，1回目から4回目のどこで起こってもよいから，4通り。

残りはA君がパーで勝つから，1通り。

よって　$(3+3)\times4=24$（通り）

(3)　(2)の場合のほかに，1～4回目のうち，A君がパー以外の手で1回勝つ場合を考える。

グーで勝つ場合とチョキで勝つ場合の2通り。

これは，1回目から4回目のどこで起こってもよいから，4通り。

残りはA君がパーで勝つから，1通り。

よって　$2\times4=8$（通り）

(2)と合わせて　$24+8=32$（通り）

10 確率

130 $n=15$

解説 $\frac{n}{42}=\frac{70-3n}{70}$ より　$70n=42(70-3n)$

$5n=3(70-3n)$　　$5n=210-9n$

$14n=210$　　よって　$n=15$

131 $\frac{1}{4}$

解説 4人の走る順番は，全部で

$4\times3\times2\times1=24$(通り)

AとCを1人と考え，(AC)，B，Dの3人の走る順番を求めると　$3\times2\times1=6$(通り)

よって　$\frac{6}{24}=\frac{1}{4}$

132 $\frac{3}{5}$

解説 男女5人の中から班長・副班長を1人ずつ選ぶ選び方の総数は　$5\times4=20$(通り)

男子1人の選び方は2通り，女子1人の選び方は3通り，班長・副班長の区別で2通り。

したがって，男子と女子を1人ずつ選ぶ選び方は

$2\times3\times2=12$(通り)

よって　$\frac{12}{20}=\frac{3}{5}$

133 $\frac{1}{3}$

解説 あいこになるのは

3人とも同じ手…3通り

3人とも異なる手…$3\times2\times1=6$(通り)

よって　$3+6=9$(通り)

手の出し方は，全部で　$3\times3\times3=27$(通り)

$\frac{9}{27}=\frac{1}{3}$

134 (1) $\frac{16}{25}$　　(2) $\frac{2}{7}$

(3) $\frac{11}{18}$

解説 (1)　2個の玉の取り出し方を表にすると，次のようになる。

		2個目				
		赤①	赤②	白①	白②	青
1個目	赤①			○	○	○
	赤②			○	○	○
	白①	○	○			○
	白②	○	○			○
	青	○	○	○	○	

2個の玉の取り出し方は全部で　$5\times5=25$(通り)

そのうち，玉の色が異なるのは，表より16通り。

よって　$\frac{16}{25}$

(2)　9個の玉から3個の玉を取り出すときの取り出し方は，全部で　$\frac{9\times8\times7}{3\times2\times1}=84$(通り)

赤玉1個の取り出し方は　4通り

白玉1個の取り出し方は　2通り

青玉1個の取り出し方は　3通り

あるから，3個の玉の色がすべて異なる取り出し方は，全部で　$4\times2\times3=24$(通り)

よって　$\frac{24}{84}=\frac{2}{7}$

(3)　表にして考える。Aから9を取り出したときは題意を満たさないのは明らかなので省ける。

A	B		該当するものに○
3	4	5	○
	4	7	○
	4	8	○
	5	7	○
	5	8	○
	7	8	○
6	4	5	
	4	7	○
	4	8	○
	5	7	○
	5	8	○
	7	8	○

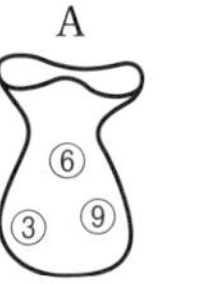

全部で$3\times6=18$(通り)の取り出し方がある。

題意を満たすのは，表より11通り。

よって　$\frac{11}{18}$

 $\dfrac{3}{8}$

解説　表を○，裏を×として樹形図をかくと右のようになる。

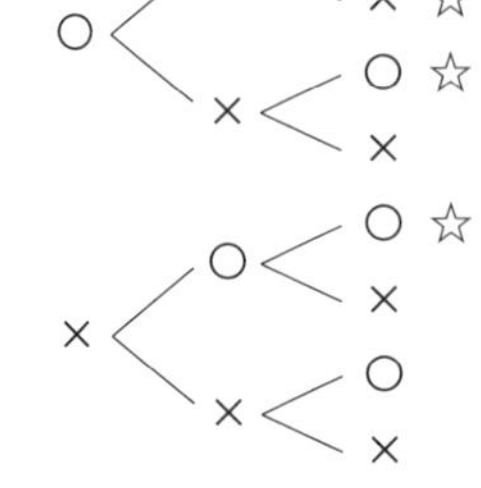

全部で　$2\times2\times2=8$(通り)
そのうち，題意を満たすのは☆のところの3通り。
よって　$\dfrac{3}{8}$

136　(1) **72通り**　(2) $\dfrac{5}{18}$

解説　(1)　Aが運転する場合，残り4人の座り方は4人の順列に等しいので　$4\times3\times2\times1=24$(通り)
Bが運転しても，Cが運転しても同様。
よって　$3\times24=72$(通り)

(2)　(i)　Aが運転する場合
BとCは後ろの座席に座る。2人が座る座席は，3つの席から隣り合った2つを選べばよいので，2通り。座り方はBとCの入れかわりがあるので　$2\times2=4$(通り)
残りの2席にDとEが座る，座り方は2通り。
よって　$4\times2=8$(通り)

(ii)　BまたはCが運転する場合
BとCは前の席に座ればよい。座り方は2通り。後ろの3つの席の座り方は，A，D，Eの並び方に等しいので　$3\times2\times1=6$(通り)
よって　$2\times6=12$(通り)

(i)，(ii)より　$\dfrac{8+12}{72}=\dfrac{20}{72}=\dfrac{5}{18}$

137　(1) $\dfrac{5}{36}$　(2) $\dfrac{1}{6}$　(3) $\dfrac{5}{6}$　(4) $\dfrac{2}{9}$

解説　(1)　縦に$(a+1)$，横に$(b-1)$をとり，積を書き入れると，右の表になる。
0以外の平方数になるのは5通りであるから
$\dfrac{5}{6\times6}=\dfrac{5}{36}$

（太字は表中で○で囲まれた数）

$a+1$ ＼ $b-1$	0	1	2	3	4	5
2	0	2	**4**	6	8	10
3	0	3	6	**9**	12	15
4	0	**4**	8	12	**16**	20
5	0	5	10	15	20	**25**
6	0	6	12	18	24	30
7	0	7	14	21	28	35

(2)　縦に$2a$，横にbをとり，和を書き入れると，右の表になる。
平方数になるのは6通りであるから
$\dfrac{6}{6\times6}=\dfrac{1}{6}$

$2a$ ＼ b	1	2	3	4	5	6
2	3	**4**	5	6	7	8
4	5	6	7	8	**9**	10
6	7	8	**9**	10	11	12
8	**9**	10	11	12	13	14
10	11	12	13	14	15	**16**
12	13	14	15	**16**	17	18

(3)　縦に$2a$，横に$3b$をとり，$\dfrac{3b}{2a}$の値を書き入れると右の表になる。
有理数になるのは6通りであるから無理数になる確率は
$1-\dfrac{6}{6\times6}=1-\dfrac{1}{6}$
$=\dfrac{5}{6}$

$2a$ ＼ $3b$	3	6	9	12	15	18
2	$\frac{3}{2}$	3	$\frac{9}{2}$	6	$\frac{15}{2}$	**9**
4	$\frac{3}{4}$	$\frac{3}{2}$	**$\frac{9}{4}$**	3	$\frac{15}{4}$	$\frac{9}{2}$
6	$\frac{1}{2}$	**1**	$\frac{3}{2}$	2	$\frac{5}{2}$	3
8	$\frac{3}{8}$	$\frac{3}{4}$	$\frac{9}{8}$	$\frac{3}{2}$	$\frac{15}{8}$	**$\frac{9}{4}$**
10	$\frac{3}{10}$	$\frac{3}{5}$	$\frac{9}{10}$	$\frac{6}{5}$	$\frac{3}{2}$	$\frac{9}{5}$
12	**$\frac{1}{4}$**	$\frac{1}{2}$	$\frac{3}{4}$	**1**	$\frac{5}{4}$	$\frac{3}{2}$

(4)　$x^2-ab=0$
$x^2=ab$
$x=\pm\sqrt{ab}$
$ab=$(平方数)のときxは整数となる。縦にa，横にbをとり，積を書き入れると右の表になる。

a ＼ b	1	2	3	4	5	6
1	**1**	2	3	**4**	5	6
2	2	**4**	6	8	10	12
3	3	6	**9**	12	15	18
4	**4**	8	12	**16**	20	24
5	5	10	15	20	**25**	30
6	6	12	18	24	30	**36**

平方数となるのは，8通りであるから
$\dfrac{8}{6\times6}=\dfrac{2}{9}$

138 順に　$\dfrac{121}{144}$，$\dfrac{23}{144}$

解説　12個の素数は，2，3，5，7，11，13，17，19，23，29，31，37である。abが奇数になるのは，a，bがともに2でない場合であるから

$\dfrac{11\times11}{12\times12}=\dfrac{121}{144}$

a^2b^3が5の倍数になるのは，a，bの少なくとも一方が5の場合である。どちらも5でない場合の余事象だから，その確率は

$1-\dfrac{11\times11}{12\times12}=1-\dfrac{121}{144}=\dfrac{23}{144}$

139 (1) $\dfrac{2}{9}$　(2) $\dfrac{5}{9}$

解説 (1)　Pの座標が，(1，1)，(1，2)，(1，3)，(1，4)，(2，1)，(2，2)，(2，3)，(3，1)のとき題意を満たす。

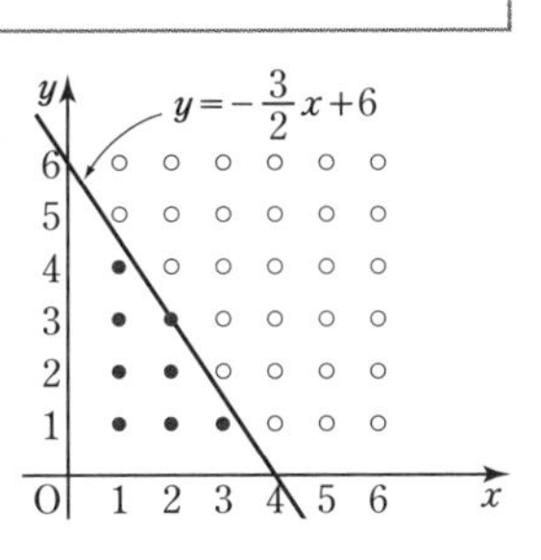

よって　$\dfrac{8}{6\times6}=\dfrac{2}{9}$

(2)　A，Bそれぞれと原点Oを通る直線の傾きは$\dfrac{2}{3}$と2であるから

$\dfrac{2}{3}\leqq\dfrac{b}{a}\leqq2$

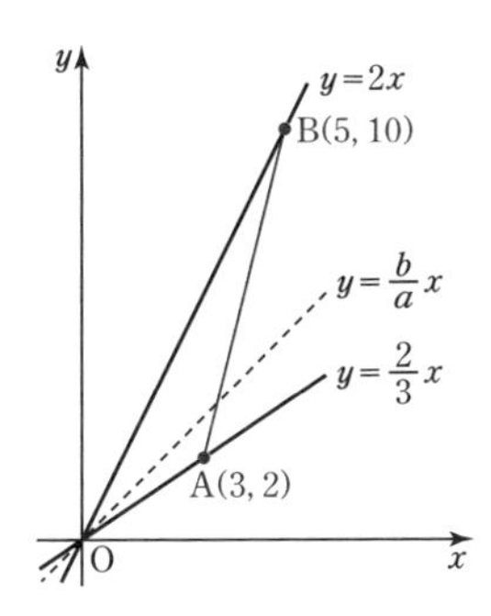

縦にa，横にbをとり，$\dfrac{b}{a}$の値を書き入れると，右の表になる。

これより

$\dfrac{20}{6\times6}=\dfrac{5}{9}$

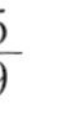

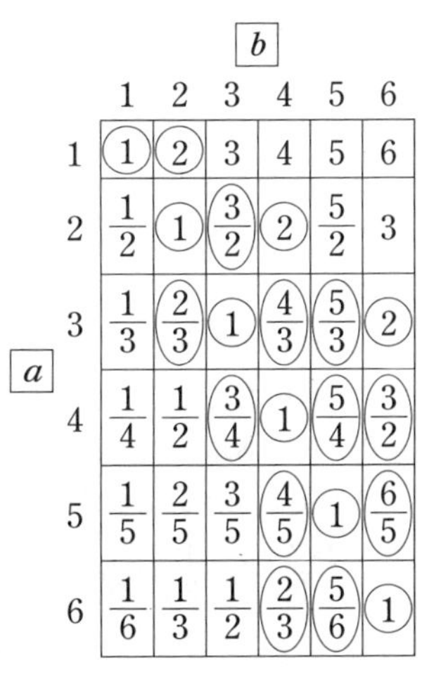

（○は表中で丸で囲まれた値）

a ＼ b	1	2	3	4	5	6
1	○1	○2	3	4	5	6
2	$\frac{1}{2}$	○1	○$\frac{3}{2}$	○2	○$\frac{5}{2}$	3
3	$\frac{1}{3}$	○$\frac{2}{3}$	○1	○$\frac{4}{3}$	○$\frac{5}{3}$	○2
4	$\frac{1}{4}$	$\frac{1}{2}$	○$\frac{3}{4}$	○1	○$\frac{5}{4}$	○$\frac{3}{2}$
5	$\frac{1}{5}$	$\frac{2}{5}$	$\frac{3}{5}$	○$\frac{4}{5}$	○1	○$\frac{6}{5}$
6	$\frac{1}{6}$	$\frac{1}{3}$	$\frac{1}{2}$	○$\frac{2}{3}$	○$\frac{5}{6}$	○1

140 (1) $\dfrac{1}{9}$　(2) $\dfrac{1}{36}$

(3) $\dfrac{5}{72}$

解説 (1)　積が6となるのは，右の表の4通り。

大	1	2	3	6
小	6	3	2	1

よって，求める確率は　$\dfrac{4}{6\times6}=\dfrac{1}{9}$

(2)　積が10となるのは，3つのさいころの目が1，2，5のときに限るから，目の出方は

$3\times2\times1=6$(通り)

よって，求める確率は　$\dfrac{6}{6\times6\times6}=\dfrac{1}{36}$

(3)　1から6までの3つの整数の積が24となるのは

①$1\times4\times6$　②$2\times2\times6$　③$2\times3\times4$

の3つの場合がある。①，③の場合は6通り，②の場合は3通りの目の出方があるから，求める確率は

$\dfrac{6\times2+3}{6\times6\times6}=\dfrac{15}{216}=\dfrac{5}{72}$

141 (1) $\dfrac{5}{24}$　(2) $\dfrac{55}{72}$

(3) $\dfrac{185}{288}$

解説 (1)　組み合わせで考えて，該当するのは次の通りである。

(1，1，□)　□=2，3，4，5，6
(2，2，□)　□=3，4，5，6
(3，3，□)　□=4，5，6
(4，4，□)　□=5，6
(5，5，□)　□=6

よって　$5+4+3+2+1=15$(通り)

それぞれ3通りの並べかえがあるので

$15\times3=45$(通り)

したがって　$\dfrac{45}{6\times6\times6}=\dfrac{5}{24}$

(2)　3個のさいころの目がすべて同じになるのは6通りであるから，求める確率は

$1-\dfrac{45+6}{6\times6\times6}=1-\dfrac{51}{216}=1-\dfrac{17}{72}=\dfrac{55}{72}$

(3)　題意を満たすのは次の2つの場合である。

(i)　1回目は3個のままで，2回目で1個になる場合。

3個のさいころの目がすべて同じになるのは6通りであるから　$\dfrac{6}{216}=\dfrac{1}{36}$

よって，(1)より　$\frac{1}{36}\times\frac{5}{24}=\frac{5}{864}$

(ii)　1回目で2個になり，2回目で1個になる場合。2回目はさいころが2個であるから，目が同じでなければよいので　$1-\frac{6}{6\times6}=\frac{5}{6}$

よって，(2)より　$\frac{55}{72}\times\frac{5}{6}=\frac{275}{432}$

(i)と(ii)は同時に起こらないので，和の法則より

$\frac{5}{864}+\frac{275}{432}=\frac{555}{864}=\frac{185}{288}$

パワーアップ

▶独立な試行の確率

試行1でAとなる確率をa，試行2でBとなる確率をbとする。試行1の結果と試行2の結果が互いに影響しないとき，試行1と試行2は独立であるという。

独立な試行1でA，試行2でBとなる確率$=ab$

142 (1) $\mathbf{\frac{2}{5}}$　(2) $\mathbf{\frac{3}{5}}$

解説　5枚のカードから3枚を取り出す取り出し方の総数は

$\frac{5\times4\times3}{3\times2\times1}=10$(通り)

(1)　数の和が3の倍数となる組み合わせは，
(1，2，3)，(1，3，5)，(2，3，4)，(3，4，5)
の4通りであるから

$\frac{4}{10}=\frac{2}{5}$

(2)　3つの数の和が偶数になるのは(奇，奇，偶)と(偶，偶，偶)のときであるが，偶数は2つしかないので，(偶，偶，偶)はありえない。

(奇，奇，偶)⇒(1，3，2)，(1，3，4)，(1，5，2)，(1，5，4)，(3，5，2)，(3，5，4)
の6通りであるから

$\frac{6}{10}=\frac{3}{5}$

143 (1) $\mathbf{\frac{7}{36}}$　(2) $\mathbf{\frac{7}{9}}$

解説　さいころ2個の目の和と，点Pが止まる位置の表をつくると次のようになる。

大＼小	1	2	3	4	5	6
1	2	3	4	5	6	7
2	3	4	5	6	7	8
3	4	5	6	7	8	9
4	5	6	7	8	9	10
5	6	7	8	9	10	11
6	7	8	9	10	11	12

⇒

大＼小	1	2	3	4	5	6
1	C	D	E	A	B	C
2	D	E	A	B	C	D
3	E	A	B	C	D	E
4	A	B	C	D	E	A
5	B	C	D	E	A	B
6	C	D	E	A	B	C

(1)　点Pが点Aに止まるのは，表より7か所あるから　$\frac{7}{36}$

(2)　点Pが点Cに止まるのは，表より8か所あるから　$\frac{8}{36}=\frac{2}{9}$

点Cに止まらない確率は　$1-\frac{2}{9}=\frac{7}{9}$

144 (1) $\mathbf{\frac{1}{6}}$　(2) $\mathbf{\frac{5}{9}}$　(3) $\mathbf{\frac{1}{18}}$　(4) $\mathbf{\frac{1}{3}}$

解説　(1)　PとQが重なるのは，AからFまでの6通りの場合があるから，求める確率は

$\frac{6}{6\times6}=\frac{1}{6}$

(2)　点Pの移動先はAを除く5通りで，点Qの移動先はA，Pの2点を除く4通りある。
よって，求める確率は

$\frac{5\times4}{36}=\frac{5}{9}$

(3)　△APQが正三角形となるのは，PがE，QがCの場合と，PがC，QがEの場合の2通りだけである。よって，求める確率は

$\frac{2}{36}=\frac{1}{18}$

(4)　対角線ADとBEの交点をOとすると，正六角形ABCDEFは点Oを中心とする半径OAの円に内接するから，△APQの3辺のうちの1辺が円Oの直径であるとき，△APQは直角三角形となる。
PがBにあるとき，QはD，Eの2通り。
PがCにあるとき，QはD，Fの2通り。
PがDにあるとき，QはB，C，E，Fの4通り。
PがEにあるとき，QはB，Dの2通り。
PがFにあるとき，QはC，Dの2通り。
以上より，求める確率は

$\frac{2\times4+4}{36}=\frac{12}{36}=\frac{1}{3}$

145 (1) $\frac{1}{3}$ (2) $\frac{2}{9}$

(3) $\frac{7}{27}$

解説 点Pが点A上にあることをA，それ以外の点にあることをOと表す。

① A→Oとなる場合の数

A→B，A→C，A→Dの3通り。

② O→Oとなる場合の数

点B，C，Dが自身以外の2点に動くから2通り。

③ O→Aとなる場合の数

点B，C，Dから点Aに動くから1通り。

また，Pが動くことのできる頂点は，つねに3点なので，t秒後のすべての場合の数は 3^t(通り)

(1)

0秒		1秒後		2秒後
	①		③	
A	→	O	→	A

場合の数は 3×1=3(通り)

すべての場合の数は 3^2(通り)

よって $\frac{3}{3^2}=\frac{1}{3}$

(2)

0秒		1秒後		2秒後		3秒後
	①		②		③	
A	→	O	→	O	→	A

場合の数は 3×2×1=6(通り)

すべての場合の数は 3^3(通り)

よって $\frac{6}{3^3}=\frac{2}{9}$

(3)

0秒		1秒後		2秒後		3秒後		4秒後
	①		②		②		③	
A	→	O	↗	O	↘	O	→	A
			↘	A	↗			
			③		①			

場合の数は

3×2×2×1+3×1×3×1=21(通り)

すべての場合の数は 3^4(通り)

よって $\frac{21}{3^4}=\frac{7}{27}$

146 $\frac{1}{2}$

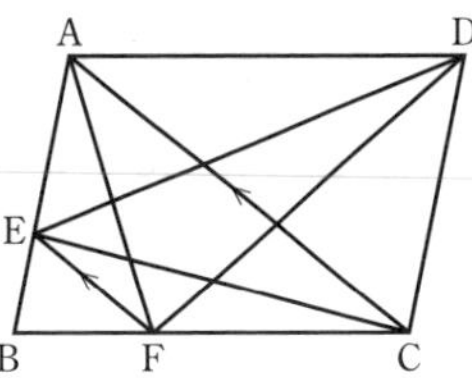

解説 共通の底辺をもち残りの頂点どうしを結んだ直線が底辺と平行であれば，2つの三角形の面積は等しいので，

AD∥FCより △DFC=△AFC

AC∥EFより △AFC=△AEC

AE∥DCより △AEC=△AED

よって，(C, F)，(C, E)，(D, E)とカードを引いたとき三角形の面積は等しくなる。

4枚のカードから2枚選ぶ選び方の総数は，

$\frac{4\times3}{2\times1}=6$(通り)

よって $\frac{3}{6}=\frac{1}{2}$

147 (1) (最大)15，(2番目)14

(2) $\frac{5}{36}$ (3) $\frac{11}{36}$

解説 (1) 例えば，1回目に4，2回目に5，3回目に6が出た場合などが，和が最も大きくなる場合で，

4+5+6=15

また，1回目に3，2回目に5，3回目に6が出た場合などが，和が2番目に大きくなる場合で，

3+5+6=14

(2)

1回目の目	2回目の目						和が5	
1	0	2	3	4	5	6	1+4	1通り
2	0	0	3	4	5	6	2+3	1通り
3	0	2	0	4	5	6	3+2	1通り
4	0	0	3	0	5	6	なし	0通り
5	0①	2	3	4	0⑤	6	5+0① 5+0⑤	2通り
6	0	0	0	4	5	0	なし	0通り

$\frac{1+1+1+2}{6\times6}=\frac{5}{36}$

(3)

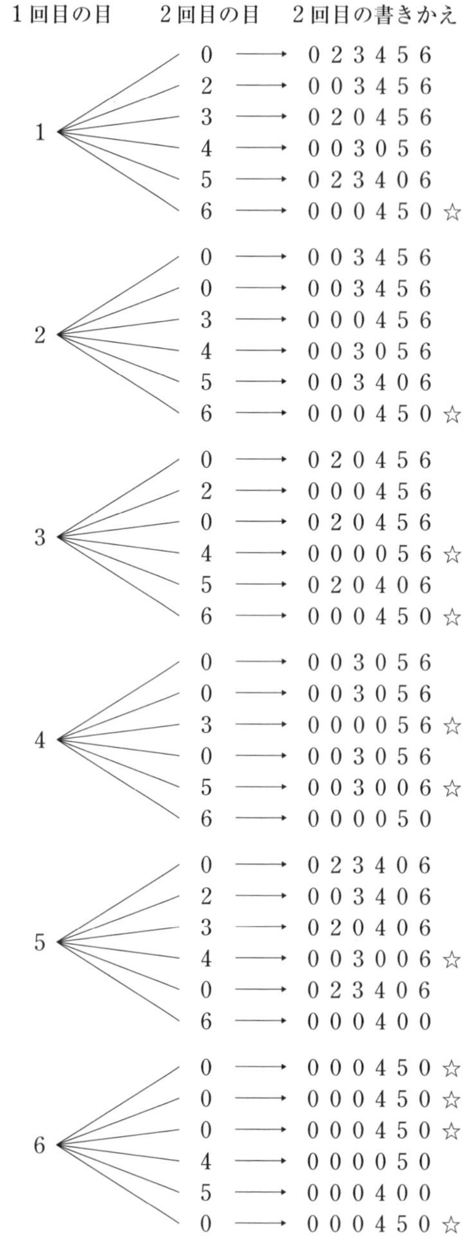

0が4つあるところは☆のところの11通りになるので，

$$\frac{11}{6\times6}=\frac{11}{36}$$

(別解)

サイコロを2回投げたとき，出た目の約数が合計4種類あればよい。

よって，求める目の組を(1回目，2回目)と表すと (1，6)，(2，6)，(3，4)，(3，6)，(4，3)，(4，5)，(5，4)，(6，1)，(6，2)，(6，3)，(6，6)

よって，$\dfrac{11}{6\times6}=\dfrac{11}{36}$

11 データの活用と標本調査

148 ウ

解説 わかりやすいものから検討する。

最頻値が8点…エは不適(エの最頻値は6点)

中央値が8点…オ，カは不適

(オ，カは，8点以上より7点以下の人数が多いことから，いずれも中央値は8点よりも小さい)

平均値が7.17点…ア，イは不適

(アは7点以下と9点以上の人数が同じ，イは7点以下より9点以上の人数が多いことから，いずれも平均点は7.17点よりも大きい)

よって，最も適切なものはウと判断できる。

149 (1) **5分**　(2) **17.5分**
(3) **ウ**　(4) **25%**

解説 (1) 5分以上10分未満，10分以上15分未満，…であるから，階級の幅は5分である。

(2) 度数が最も多い階級は15分以上20分未満であるから，この階級の階級値を求めて，17.5分である。

(3) アは円グラフ，イは度数分布多角形(または度数折れ線)，エは帯グラフである。ヒストグラムはウである。

(4) 5分以上15分未満の生徒の人数は

$3+2=5$(人)

よって $5\div20\times100=25$(%)

150 (1) **4**　(2) **81**
(3) **32**

解説 (1) 評価Aの生徒の平均点は

$(80\times5+90\times4+100\times1)\div(5+4+1)=86$(点)

よって，評価Cの生徒の平均点は，アより

$86-70=16$(点)

30点の生徒の人数をx人とすると

$(0\times4+10\times2+20\times5+30\times x)\div(4+2+5+x)=16$

$(120+30x)\div(11+x)=16$

$120+30x=16(11+x)$　$120+30x=176+16x$

$30x-16x=176-120$　$14x=56$　$x=4$

よって 4人

(2) 30点の生徒も合格者に含める場合，30点の人数が4人であるから，合格者の総得点が$30\times4=120$(点)増えることになる。それで，平均点は63点となるのだから，評価Aと評価Bの生徒数をy人とすると

$(65y+120)\div(y+4)=63$

$65y+120=63(y+4)$

$65y+120=63y+252$　　$2y=132$　　$y=66$

よって　$4+2+5+4+66=81$(人)

(3)　40点，50点，70点の生徒の合計人数は

$66-10-7=49$(人)

40点，50点，70点の生徒の総得点は

$65\times66-60\times7-86\times10=3010$(点)

70点の生徒の人数をz人，50点の生徒の人数をw人とおくと，40点の生徒の人数は

$49-z-w$(人)

よって　$40(49-z-w)+50w+70z=3010$

$1960-40z-40w+50w+70z=3010$

$30z+10w=1050$　　$3z+w=105$

$w=105-3z$

$w\geqq8$より　$105-3z\geqq8$　　$-3z\geqq-97$

よって　$z\leqq\frac{97}{3}=32.3\cdots$　…①

40点の生徒の人数は

$49-z-w=49-z-(105-3z)=2z-56$

$49-z-w\geqq8$より　$2z-56\geqq8$　　$2z\geqq64$

よって　$z\geqq32$　…②

①，②より　$z=32$(人)

このとき，70点，50点，40点の生徒はそれぞれ32人，9人，8人となり，これは題意に適する。

151　(1) a，d

(2) ①およそ**375**個

②およそ**4000**個

解説　(1)　国勢調査，健康診断などは全数調査の対象である。サンプルを抽出する標本調査として適切なのは，aとd。

(2)　①不良品の割合は$\frac{3}{80}$と考えることができるから　$10000\times\frac{3}{80}=\frac{3000}{8}=375$(個)

②①と同様に考えて

$150\div\frac{3}{80}=\frac{150\times80}{3}=50\times80=4000$(個)

152　およそ**2800**人

解説　B局の番組を見ていた学生は450人中135人であるから，その割合は　$\frac{135}{450}=\frac{3}{10}$

よって　$9300\times\frac{3}{10}=2790$　　およそ2800(人)

153　(1) 英語　　(2) **10**点

(3) 数学　　(4) **80**点

解説　(1)　第3四分位数から第1四分位数をひいた四分位範囲が大きいほどデータの散らばりは大きい。四分位範囲が40点以上ある英語がこれに該当する。最大値と最小値の差を「範囲」というが，これと区別すること。

(2)　英語の中央値は50点，国語の中央値は60点なので，差は10点となる。

(3)　第2四分位数はデータ全体の中央値であり，第2四分位数と最大値の間の中央値が第3四分位数であるから，それらの差が最も小さいのは10点程度と推量できる数学である。他の2教科は差が20点以上ある。

(4)　データの個数が42個であるからデータ全体の中央値は，上位から数えて21番目と22番目の平均値。また，上位21個のさらなる中央値は上位から数えて11番目である。よって，上位から数えて11番目のAさんは第3四分位数に一致するから80点である。

154　(1) **A中学校で1日あたり30分以上読書をしている生徒の割合は**

$$\frac{10+8+3+3}{50}=0.48$$

B中学校で1日あたり30分以上読書をしている生徒の割合は

$$\frac{12+8+4+3}{60}=0.45$$

よって，A中学校の方が割合が大きい。

(2) **100**

解説　(2)　$250\times\frac{16}{40}=250\times\frac{2}{5}=100$(人)

12 図形の基礎

155 (1) $\angle x=105°$　(2) $\angle x=30°$

解説 (1) $\ell /\!/ m /\!/ n$ となる直線nをひく。平行線の同位角は等しいので，図のようになる。

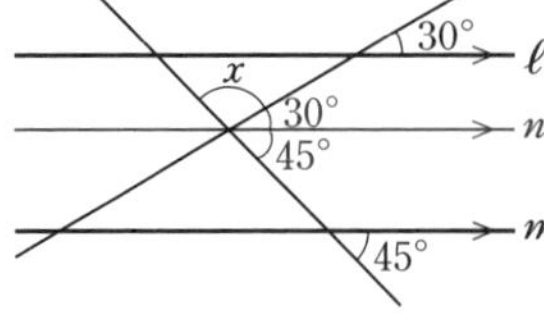

$\angle x=180°-(30°+45°)=105°$

(2) $\ell /\!/ m /\!/ n /\!/ p$ となる直線n，pをひく。平行線の錯角は等しいので，図のようになる。

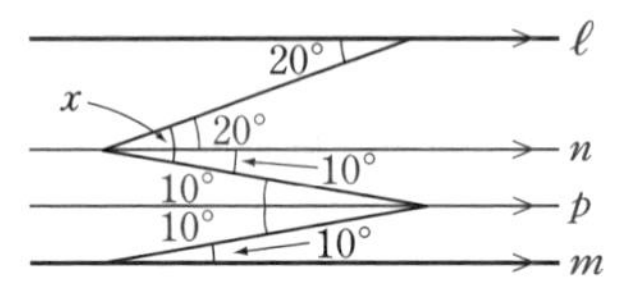

$\angle x=20°+10°=30°$

156 (1) $b=90-\dfrac{1}{2}a$　(2) $\angle x=62°$

(3) $\angle \mathrm{BDC}=46°$

解説 (1) AD$/\!/$BCより，錯角は等しいので

$\angle \mathrm{PBC}=a°$

ゆえに　$\angle \mathrm{QBC}=\dfrac{1}{2}a°$

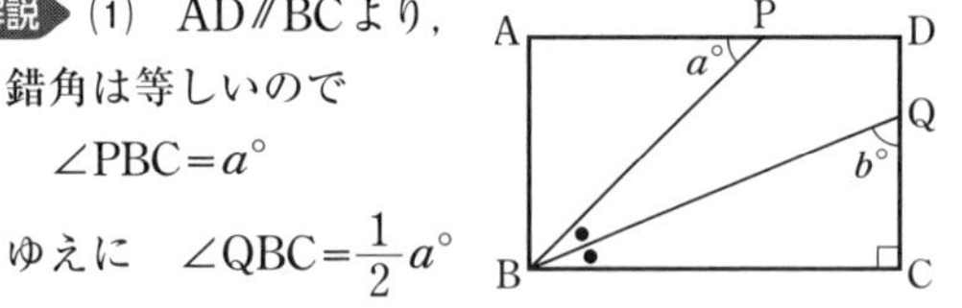

よって　$b°=\angle \mathrm{BQC}=180°-90°-\dfrac{1}{2}a°$

したがって　$b=90-\dfrac{1}{2}a$

(2) 図のように，$a°$とする。

$2a°+94°=126°$より

$2a°=32°$

また　$\angle x+2a°=94°$

$\angle x+32°=94°$

よって　$\angle x=62°$

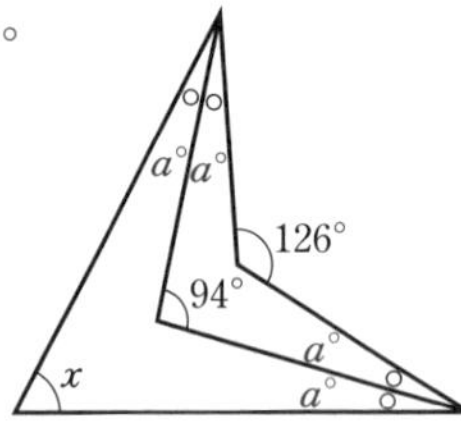

(3) 図のように，$a°$，$b°$とする。

△ABCの内角の和は180°であるから

$88°+(180°-2a°)$

$+(180°-2b°)=180°$

$2a°+2b°=268°$

よって　$a°+b°=134°$

△BDCの内角の和も180°であるから

$\angle \mathrm{BDC}=180°-(a°+b°)=180°-134°=46°$

157 順に　**36，72**

解説 $\angle d$は正五角形の1つの外角であるから

$\angle \mathrm{ABJ}=\angle \mathrm{AJB}=\angle d$であり，その大きさは

$360°\div 5=72°$

△ABJは底角が72°の二等辺三角形であるから

$\angle a=180°-72°\times 2=36°$

(別解) 正五角形の1つの内角の大きさは

$\dfrac{180°\times(5-2)}{5}=108°$

△ACIは，AC=AIより頂角が108°の二等辺三角形であるから，底角は

$\dfrac{180°-108°}{2}=36°$

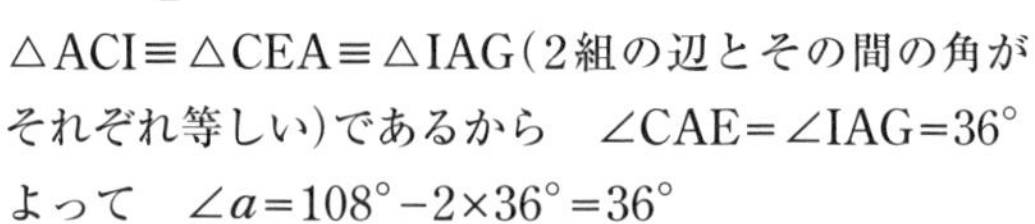

△ACI≡△CEA≡△IAG（2組の辺とその間の角がそれぞれ等しい）であるから　$\angle \mathrm{CAE}=\angle \mathrm{IAG}=36°$

よって　$\angle a=108°-2\times 36°=36°$

また　$\angle \mathrm{ACE}=108°$

△ECG≡△ACI（2組の辺とその間の角がそれぞれ等しい）より　$\angle \mathrm{ECG}=36°$

よって　$\angle \mathrm{ACD}=108°-36°=72°$

よって　$\angle d=180°-(36°+72°)=72°$

入試メモ　図形の基礎知識として，角度関係では次のものは必ず覚えておくこと。

①

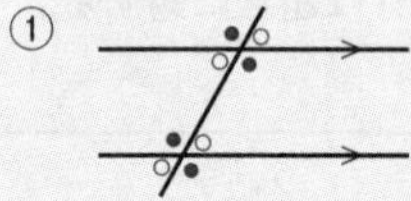

平行線の同位角，錯角は等しい。

②

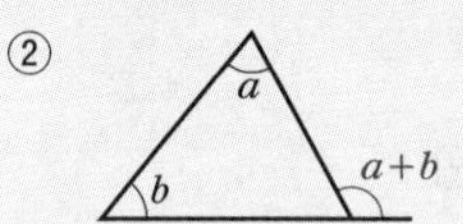

三角形の1つの外角はとなりにない残り2つの内角の和に等しい。

②'

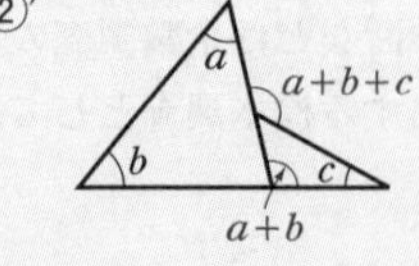

③

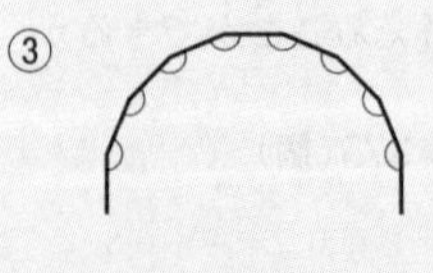

n角形の内角の和は $180°\times(n-2)$

正n角形の1つの内角の大きさは $\dfrac{180°\times(n-2)}{n}$

④

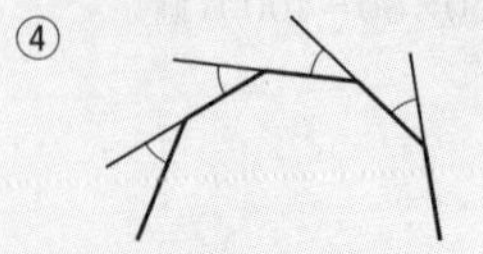

n角形の外角の和は 360°

158 (1) $x+y=110°$

(2) $\angle \mathrm{DEF}=10°$, $\angle \mathrm{CAF}=40°$

(3) CE，CF，EF，AF

(4) FA=FEより，△FAEは二等辺三角形であるから

$x-10°=y+40°$　　$x-y=50°$

よって，

$\begin{cases} x+y=110° \\ x-y=50° \end{cases}$ を解いて

$x=80°$，$y=30°$

解説 (1)　△ABCはAB=ACの二等辺三角形であるから

$\angle \mathrm{ACB}=\angle \mathrm{ABC}=20°$

また，△BCDはBC=BDの二等辺三角形であるから

$\angle \mathrm{BCD}=\angle \mathrm{BDC}=\dfrac{180°-20°}{2}=80°$

よって　$\angle \mathrm{EDC}=80°-30°=50°$

$\angle \mathrm{ACD}=80°-20°=60°$

ACとDEの交点をPとすると，対頂角は等しいから　$\angle \mathrm{APE}=\angle \mathrm{CPD}$

よって，$\angle \mathrm{PEA}+\angle \mathrm{PAE}=\angle \mathrm{PDC}+\angle \mathrm{PCD}$であるから　$x+y=50°+60°=110°$

(2)

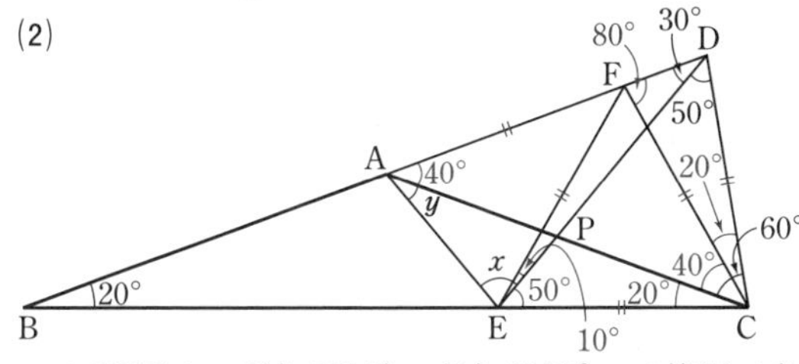

△CDFは，頂角が20°，底角が80°の二等辺三角形であるから　CD=CF

$\angle \mathrm{CED}=180°-80°-50°=50°$より，△CDEは，頂角が80°，底角が50°の二等辺三角形であるから　CD=CE

よって，CF=CE，$\angle \mathrm{FCE}=80°-20°=60°$より，△CFEは正三角形である。

よって　$\angle \mathrm{DEF}=\angle \mathrm{FEC}-\angle \mathrm{DEC}=60°-50°=10°$

また，△ABCは底角が20°の二等辺三角形であるから　$\angle \mathrm{CAF}=20°+20°=40°$

(3)　△FACにおいて，$\angle \mathrm{FAC}=40°$，

$\angle \mathrm{FCA}=80°-20°-20°=40°$より　FA=FC

また，(2)よりCD=CFで，△CFEは正三角形であるから

CD=CE=CF=EF=AF

159 29

解説 △BCEにおいて，

BG=GE，BF=FC

であるから，中点連結定理により

GF // EC，

$\mathrm{GF}=\dfrac{1}{2}\mathrm{EC}$

また，△EDBにおいて，

EG=GB，EH=HD

であるから，中点連結定理により

HG // DB，$\mathrm{HG}=\dfrac{1}{2}\mathrm{DB}$

BD=CEより，△GFHはGF=GHの二等辺三角形である。よって　$\angle \mathrm{GFH}=\angle \mathrm{GHF}$

同位角は等しいから　$\angle \mathrm{EGH}=\angle \mathrm{EBD}=30°$

$\angle \mathrm{BGF}=\angle \mathrm{BEC}=88°$であるから

$\angle \mathrm{FGE}=180°-88°=92°$

よって　$\angle \mathrm{FGH}=30°+92°=122°$

$\angle x=\dfrac{180°-122°}{2}=29°$

160

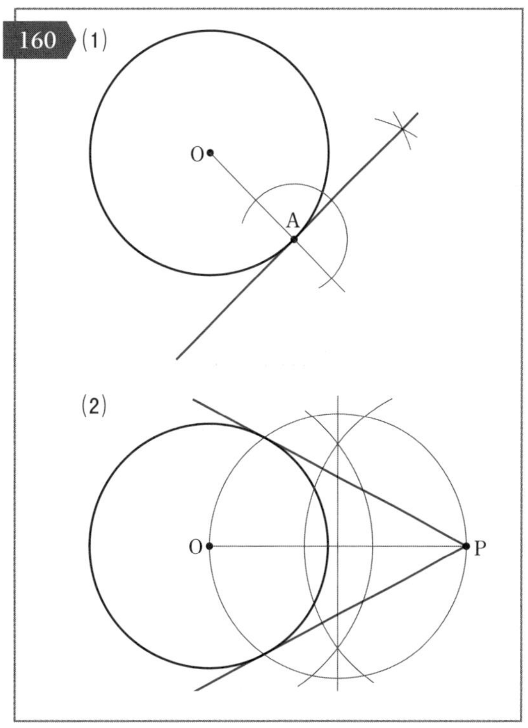

解説 (1)　点Aを通る直線OAの垂線をひく。

(2)　接点の1つをQとすると$\angle \mathrm{OQP}=90°$となる。OPを直径とする円をかき，円Oとの交点と点Pを結ぶ直線をひく。

161 (1)

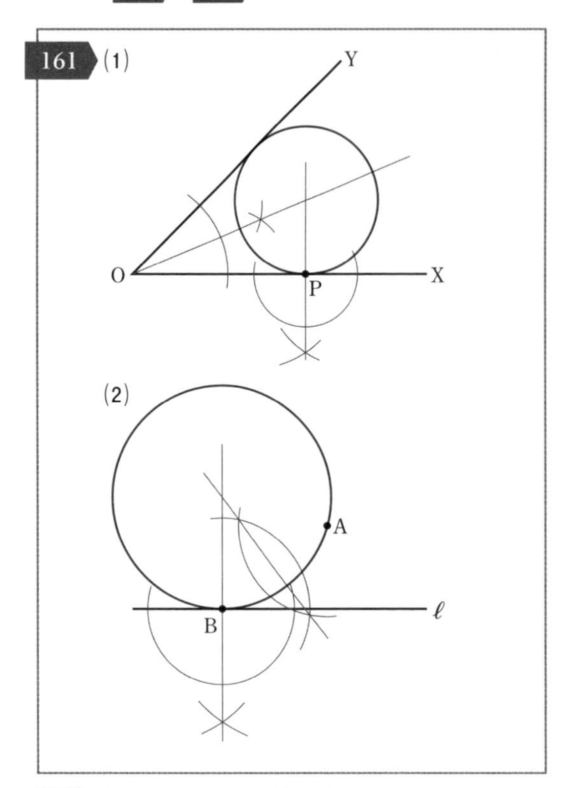

解説 (1) ∠XOYの二等分線と，Pを通るOXの垂線の交点が円の中心である。

(2) Bを通る直線ℓの垂線と線分ABの垂直二等分線の交点が円の中心である。

162 (1)

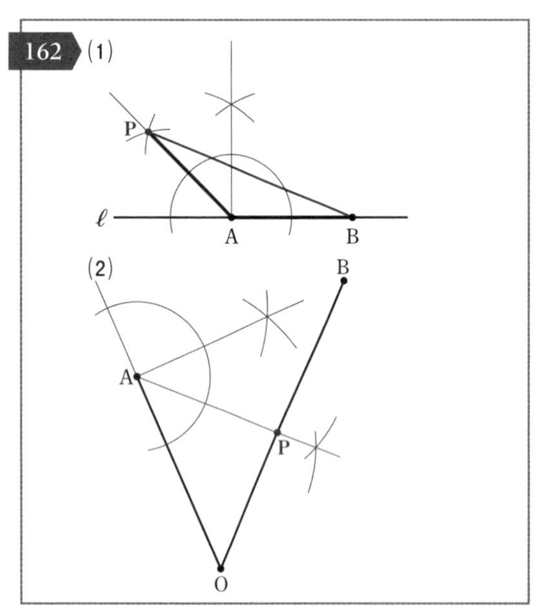

解説 (1)，(2)とも垂線と角の二等分線の作図である。

163

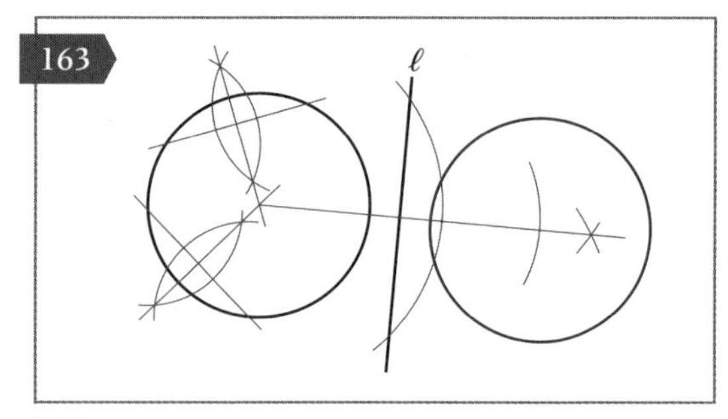

解説 円の中心Oを作図し，直線ℓに関して対称な点を求め，円の中心とする。

(別解)

円上に3点A，B，Cをとり，それらを直線ℓに関して線対称移動した点をA′，B′，C′とする。

△A′B′C′の外接円をかく。

164

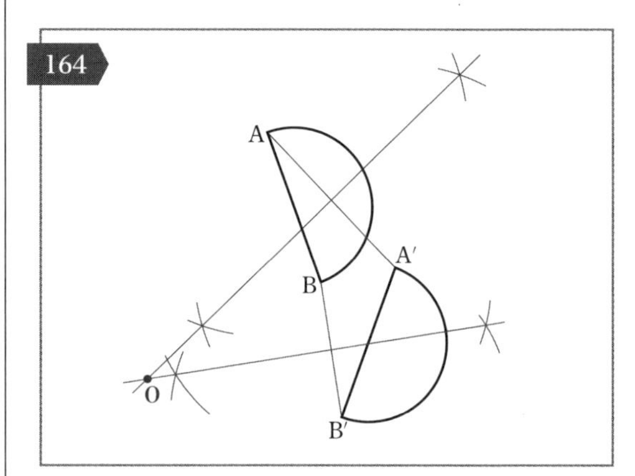

解説 AA′の垂直二等分線とBB′の垂直二等分線の交点がOである。

165

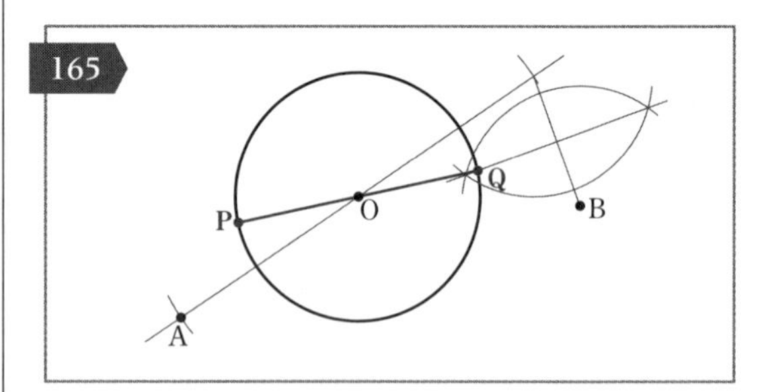

解説 中心Oに関して点Aと対称な点A′をとる。A′Bの垂直二等分線と円Oとの交点をQ，直線OQと円OのQ以外の交点をPとする。

△OAP≡△OA′Q(2組の辺とその間の角がそれぞれ等しい)であるから　AP=A′Q=BQ

166 (証明)

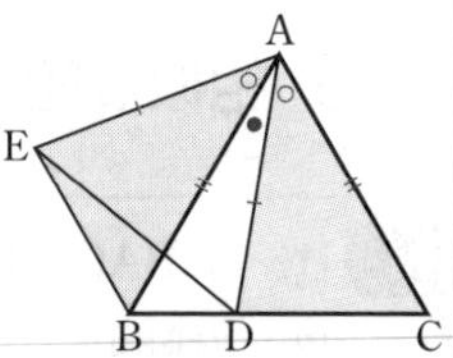

△ACDと△ABEにおいて，△ABCは正三角形なので

AC=AB …①

△ADEは正三角形なので

AD=AE …②

∠CAD=60°－∠BAD

∠BAE=60°－∠BAD

よって ∠CAD=∠BAE …③

①～③より，2組の辺とその間の角がそれぞれ等しいので △ACD≡△ABE

対応する角の大きさは等しいので

∠ABE=∠ACD=60°

よって ∠CAB=∠ABE=60°

錯角が等しいから AC∥EB

解説 (別証)

(円周角の定理の逆を利用する。)

△ABC，△ADEは正三角形なので

∠ABD=∠AED=60°より，4点A，E，B，Dは同一円周上にある。

よって，$\overset{\frown}{AE}$に対する円周角であるから

∠ABE=∠ADE=60°

∠BAC=60°なので ∠ABE=∠BAC

錯角が等しいから AC∥EB

167 (証明)

△OAEと△OCFにおいて，仮定より

OE=OF …①

平行四辺形の対角線はそれぞれの中点で交わるので

OA=OC …②

対頂角は等しいので

∠AOE=∠COF …③

①～③より，2組の辺とその間の角がそれぞれ等しいので △OAE≡△OCF

168 (証明)

△ABEと△CDFにおいて，仮定より

∠AEB=∠CFD=90° …①

平行四辺形の対辺の長さは等しいので

AB=CD …②

AB∥CDより錯角は等しいので

∠ABE=∠CDF …③

①～③より，直角三角形において斜辺と1つの鋭角がそれぞれ等しいので

△ABE≡△CDF

169 (証明)

△ADFと△EDFは折り返し図形であるから

AD=ED …①

△ABEと△DCEにおいて，

条件より BE=CE …②

四角形ABCDは長方形であるから

AB=DC …③

∠ABE=∠DCE=90° …④

②～④より，2組の辺とその間の角がそれぞれ等しいので △ABE≡△DCE

対応する辺の長さは等しいので

AE=DE …⑤

①，⑤より AE=AD=a

解説 (別証)

(三平方の定理を利用する。)

△ADFと△EDFは折り返し図形であるから

AD=ED …①

△DECは∠C=90°の直角三角形で，DE=a，

EC=$\frac{1}{2}a$だから

$$CD=\sqrt{a^2-\left(\frac{1}{2}a\right)^2}=\frac{\sqrt{3}}{2}a$$

ここで，EC：DE：CD=1：2：$\sqrt{3}$より

∠EDC=30°

∠ADE=60°より△AEDは正三角形となり，

AE=AD=aとなる。

170 (証明)

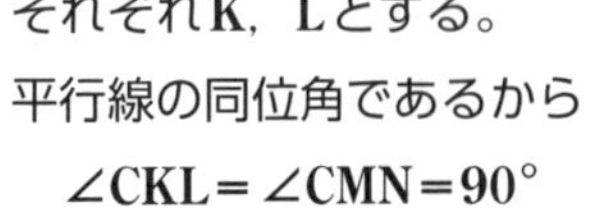

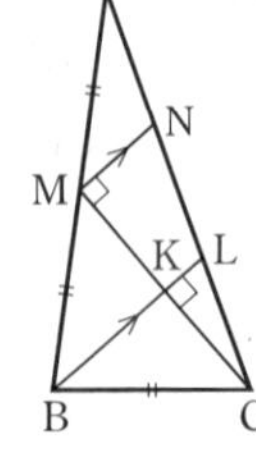

Bを通ってMNと平行な直線がMC，ACと交わる点を，それぞれK，Lとする。

平行線の同位角であるから

$\angle CKL = \angle CMN = 90°$

仮定よりBC=BMであるから，△BCMは二等辺三角形である。

二等辺三角形の頂角の頂点から底辺にひいた垂線は底辺を2等分するので

CK=KM

△CMNにおいて，CK=KM，KL∥MNより中点連結定理の逆が成り立つので

CL=LN …①

また，△ABLにおいて，AM=MB，MN∥BLより中点連結定理の逆が成り立つので

AN=NL …②

①，②より

AN : NC=1 : 2

13 相似な図形

171 (1) $\angle BAC = 40°$

(2) (証明)

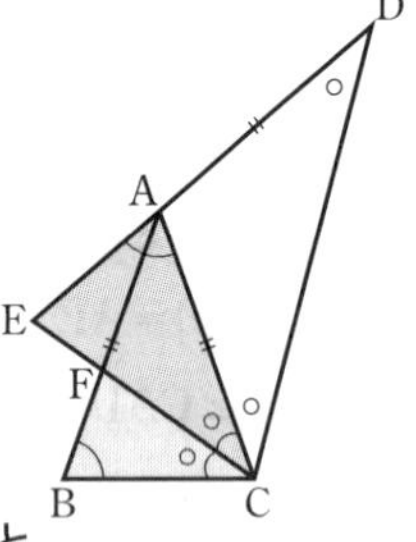

△ACEと△BCFにおいて，仮定より

$\angle ACE = \angle BCF$ …①

$\angle ACE = a°$とおくと，

仮定より $\angle ADC = a°$

△ACDはAC=ADの二等辺三角形であるから $\angle ACD = \angle ADC = a°$

よって $\angle CAE = 2a°$

また，△ABCもAB=ACの二等辺三角形であるから

$\angle CBF = \angle ACB = 2\angle ACE = 2a°$

よって $\angle CAE = \angle CBF$ …②

①，②より，2組の角がそれぞれ等しいので

△ACE∽△BCF

解説 (1) $\angle BCF = 35°$より

$\angle ACB = 70°$

△ABCはAB=ACの二等辺三角形であるから

$\angle ABC = \angle ACB = 70°$

よって

$\angle BAC = 180° - 70° \times 2$

$= 40°$

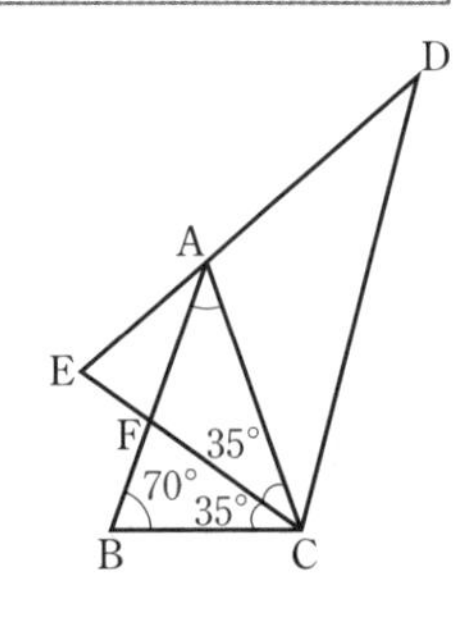

172 BC=9

解説 △ABC∽△DBAであるから

AB : DB=BC : BA

BC=xとおくと

$6 : (x-5) = x : 6$

$x(x-5) = 36 \qquad x^2 - 5x - 36 = 0$

$(x-9)(x+4) = 0 \qquad x = 9,\ -4$

$x > 5$より $x = 9$ よって BC=9

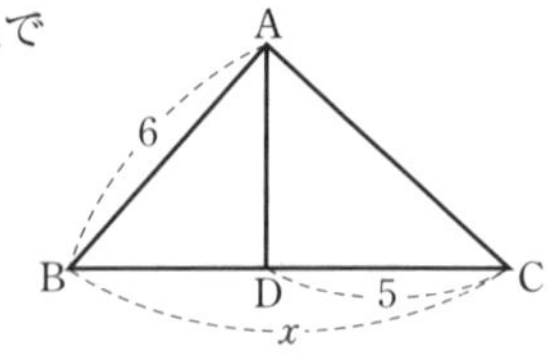

173 **EF=$\frac{15}{4}$cm**

解説 △ABE∽△DCE(2組の角がそれぞれ等しい)であるから

BE：CE=AB：DC

=3：5

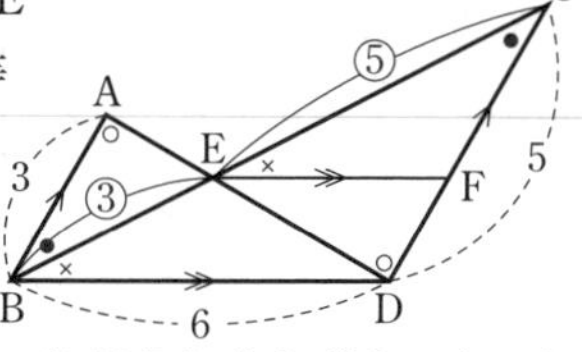

△CEF∽△CBD(2組の角がそれぞれ等しい)であるから

EF：BD=CE：CB=5：(5+3)=5：8

よって　EF：6=5：8

$EF=\frac{6\times5}{8}=\frac{15}{4}$(cm)

174 (1) **AE=$\frac{8}{3}x$cm**　(2) **$x=\frac{21}{8}$**

解説 (1) △ABD∽△AEF(2組の角がそれぞれ等しい)であるから

AB：AE=BD：EF　8：AE=3：x

$AE=\frac{8}{3}x$(cm)

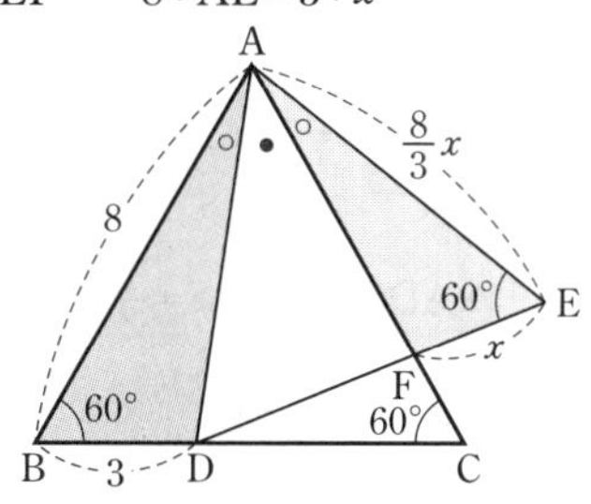

(2) △ADEは正三角形であるから　$AD=AE=\frac{8}{3}x$

BCの中点をMとすると，△ABCは正三角形で，AB=8であるから

AM⊥BC,

BM=4,

AM=$4\sqrt{3}$,

DM=4−3=1

直角三角形ADMにおいて，三平方の定理により

$\left(\frac{8}{3}x\right)^2=1^2+(4\sqrt{3})^2$　$\frac{64}{9}x^2=49$

$x^2=\frac{49\times9}{64}$　$x=\pm\sqrt{\frac{49\times9}{64}}=\pm\frac{7\times3}{8}=\pm\frac{21}{8}$

$x>0$より　$x=\frac{21}{8}$

175 **AF=4cm**

解説 AE：EC=AD：DB

=6：3=2：1

AF：FD=AE：EC=2：1

よって　$AF=\frac{2}{3}AD$

$=\frac{2}{3}\times6$

=4(cm)

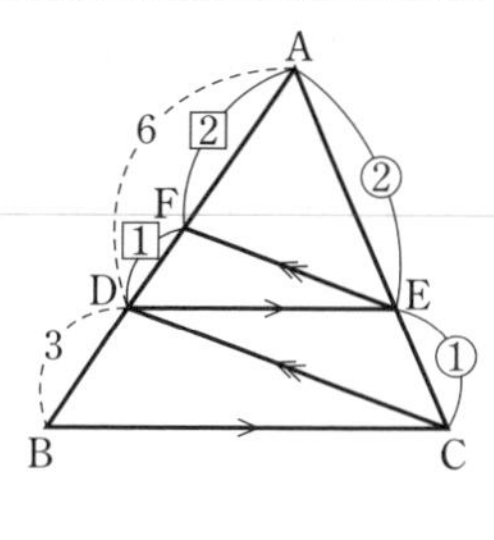

176 **FG=6**

解説 △AECにおいて，

AD=DE，AF=FC

であるから，

中点連結定理により

DF∥EC,

$DF=\frac{1}{2}EC=\frac{1}{2}\times4$

=2

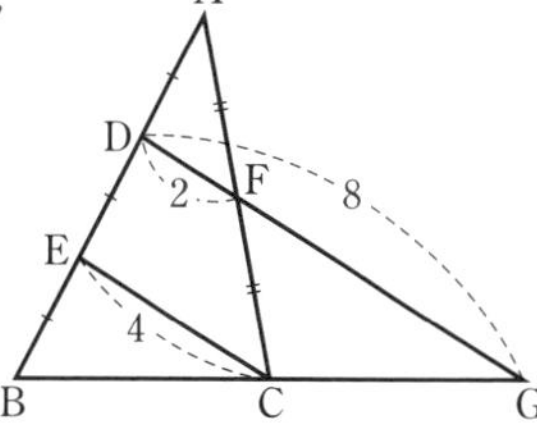

よって　DF=2

EC∥DGであるから，

EC：DG=BE：BD=1：2

よって　DG=2EC=2×4=8

FG=DG−DF=8−2=6

177 **BD=8cm**

解説

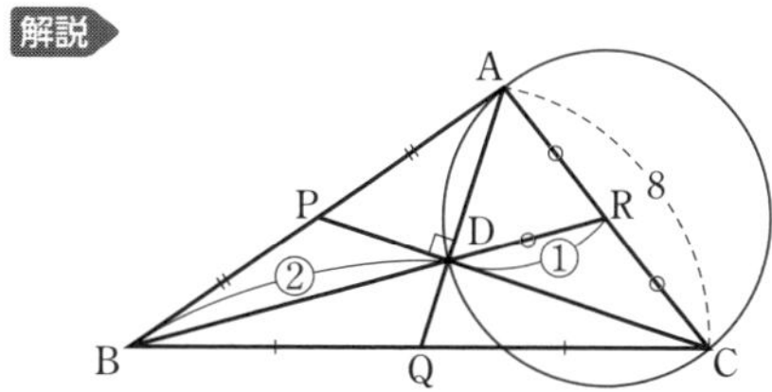

2本の中線の交点は重心であるから，点Dは△ABCの重心である。

BDの延長とACの交点をRとすると，RはACの中点である。

∠ADC=90°であるから，△ACDの外接円は点Rを中心とする半径4cmの円である。

したがって　DR=4(cm)

BD：DR=2：1であるから　BD=4×2=8(cm)

178　132

解説　Eを通ってCDに平行な直線とABとの交点をGとする。

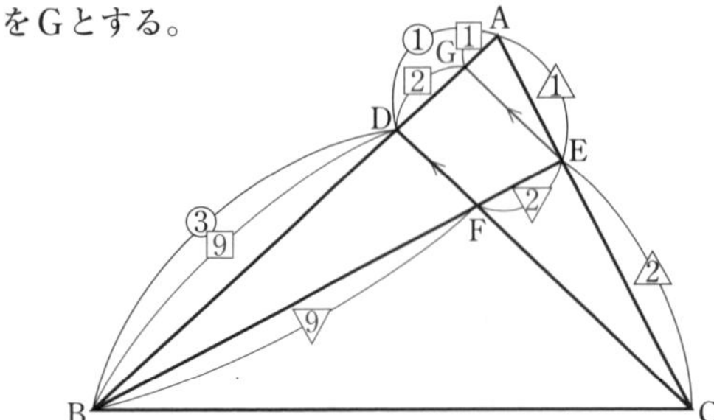

　$AG:GD=AE:EC=1:2$
$AD:DB=1:3=3:9$であるから
　$AG:GD:DB=1:2:9$
また　$BF:FE=BD:DG=9:2$
よって，△ABCの面積をSとおくと

$$\triangle ABE=\frac{AE}{AC}\times S=\frac{1}{3}S$$

$$\triangle BFD=\frac{BF}{BE}\times\frac{BD}{BA}\times\triangle ABE$$

$$=\frac{9}{11}\times\frac{3}{4}\times\frac{1}{3}S=\frac{9}{44}S$$

△ABE＝△BFD＋(四角形ADFE)であるから

$$\frac{1}{3}S=\frac{9}{44}S+17\qquad\frac{17}{132}S=17\qquad S=132(\mathrm{cm}^2)$$

パワーアップ

1角を共有する三角形の面積比はその角をはさむ2辺の比によって決定できる。
右の図で

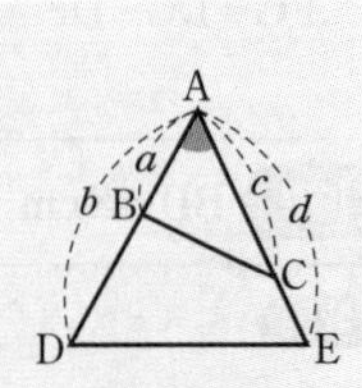

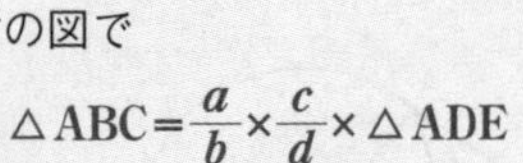

$$\triangle ABC=\frac{a}{b}\times\frac{c}{d}\times\triangle ADE$$

面積比の問題を解く場合には必須のアイテムである。
確認しておこう。

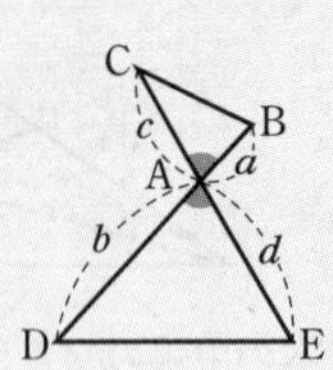

179　(1) AF：FD＝3：4　(2) 7：2

解説　(1)　Dを通ってBEに平行な直線とACとの交点をGとする。

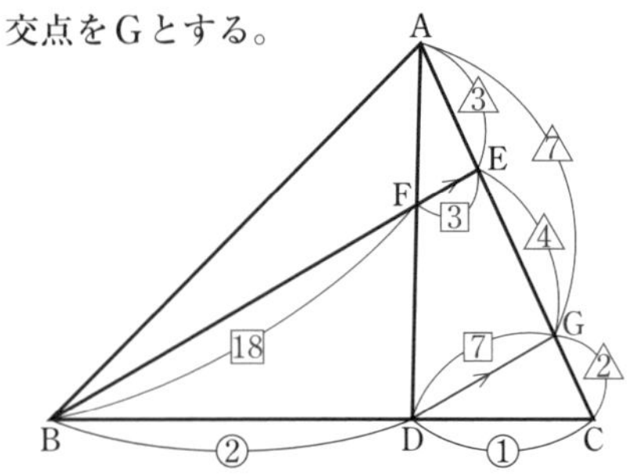

BE∥DGより　$DG:BE=CD:CB=1:3$
$BF:FE=6:1$であるから，$DG=7t$とすると
　$BE=21t$　　よって　$BF=18t$，$FE=3t$
　FE∥DGより　$AF:AD=FE:DG=3:7$
よって　$AF:FD=3:(7-3)=3:4$

(2)　FE∥DGであるから，(1)より
　$AE:EG=AF:FD=3:4$
また，BE∥DGより
　$EG:GC=BD:DC=2:1=4:2$
よって，$AE:EG:GC=3:4:2$となるから
　$AE:AC=3:(3+4+2)=3:9=1:3$
△ABCの面積をSとおくと

$$\triangle ADC=\frac{DC}{BC}\times S=\frac{1}{3}S$$

$$\triangle AFE=\frac{AF}{AD}\times\frac{AE}{AC}\times\triangle ADC$$

$$=\frac{3}{7}\times\frac{1}{3}\times\frac{1}{3}S=\frac{1}{21}S$$

(四角形CEFD)＝△ADC－△AFE

$$=\frac{1}{3}S-\frac{1}{21}S=\frac{6}{21}S=\frac{2}{7}S$$

よって　$\triangle ABC:(\text{四角形CEFD})=S:\frac{2}{7}S=7:2$

180　$\frac{12}{5}$

解説

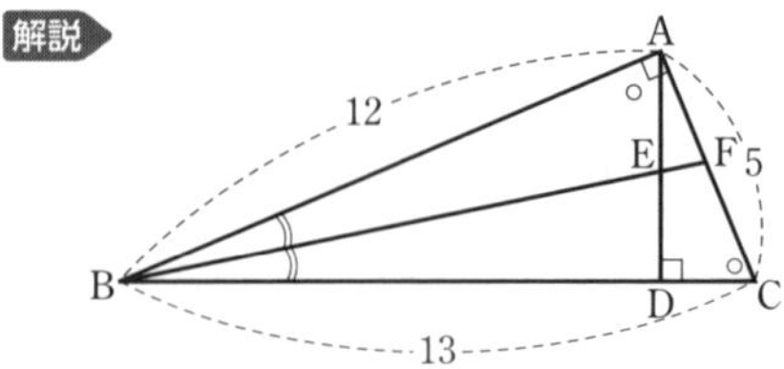

三平方の定理により
　$BC=\sqrt{12^2+5^2}=\sqrt{144+25}=\sqrt{169}=13$
△ABC∽△DBA(2組の角がそれぞれ等しい)で，
相似比は$BC:BA=13:12$であるから

$DA=5\times\frac{12}{13}=\frac{60}{13}$，$BD=12\times\frac{12}{13}=\frac{144}{13}$

角の二等分線の性質により　$AE:ED=BA:BD$

$=12:\frac{144}{13}=\frac{12\times13}{13}:\frac{12\times12}{13}=13:12$

$AE=\frac{13}{13+12}\times AD=\frac{13}{25}\times\frac{60}{13}=\frac{12}{5}$

パワーアップ

△ABCにおいて，∠BACの二等分線と辺BCとの交点をDとすると

$AB:AC=BD:DC$

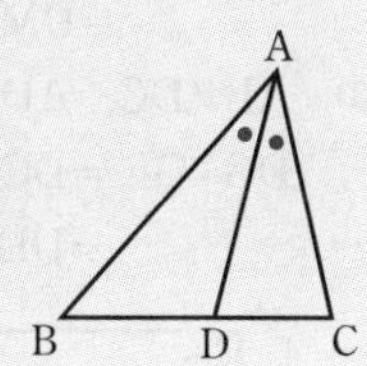

181 (1) **∠ABC=108°**

(2) (証明)

△ABCは頂角が108°の二等辺三角形であるから，底角は36°である。

また，△ABC≡△DEA≡△CDE≡△EAB(2組の辺とその間の角がそれぞれ等しい)であるから

∠ABC=∠DEA=∠CDE=∠EAB=108°

また　∠BAC=∠EAD=∠EDA=∠DEC=36°

△ACDと△AFEにおいて

∠CAD=∠EAB−∠BAC−∠EAD=108°−36°−36°=36°

∠FAE=∠EAD=36°

よって　∠CAD=∠FAE　…①

∠ADC=∠CDE−∠EDA=108°−36°=72°

∠AEF=∠DEA−∠DEC=108°−36°=72°

よって　∠ADC=∠AEF　…②

①，②より，2組の角がそれぞれ等しいので　△ACD∽△AFE

(3) **AF=2**　(4) **$AD=1+\sqrt{5}$**

解説 (1) $\frac{180°\times(5-2)}{5}=\frac{540°}{5}=108°$

(3) △AFEは∠AFE=∠AEFの二等辺三角形であるから　AF=AE=2

(4) △ACD∽△CDF(2組の角がそれぞれ等しい)より，

$AD:CF=CD:DF$

△CDFは∠CDF=∠CFDの二等辺三角形であるから

$CF=CD=2$

よって，$AD=x$とおくと

$x:2=2:(x-2)$

$x(x-2)=4$

$x^2-2x-4=0$

$x=1\pm\sqrt{1+1\times4}=1\pm\sqrt{5}$

$x>2$より　$x=AD=1+\sqrt{5}$

182 $\frac{9}{29}$倍

解説

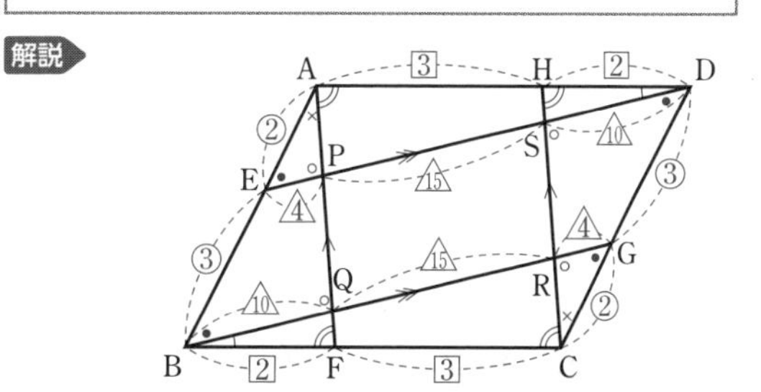

四角形AFCH，EBGDは平行四辺形(1組の向かいあう辺が等しくて平行)であるから，

AF∥HC，ED∥BG

EP∥BQより　$EP:BQ=AE:AB=2:5$

QF∥RCより　$BQ:QR=BF:FC=2:3$

△AEP≡△CGR(1組の辺とその両端の角がそれぞれ等しい)であるから　EP=GR

比をそろえて線分比は

$EP:BQ:QR=4:10:15$

よって　$BQ:QR:RG=10:15:4$

また，四角形PQRSは2組の対辺が平行なので，平行四辺形である。

台形EBQPと▱PQRSは高さが等しい図形と見なせるので，

(台形EBQPの面積)：▱PQRS

$=(4+10):(15+15)=14:30=7:15$

よって，(台形EBQPの面積)$=7S$とおくと，

▱PQRS$=15S$，▱EBGD$=7S+15S+7S=29S$

▱EBGDと▱ABCDは高さが等しい図形と見な

せるので，

$\square$EBGD：$\square$ABCD＝3：5＝$29S$：$\frac{145}{3}S$

よって　$\frac{\square PQRS}{\square ABCD}=\frac{15S}{\frac{145}{3}S}=15\times\frac{3}{145}=\frac{9}{29}$（倍）

183 ⑴ **1：2**　⑵ **3：1**
⑶ **1：3**　⑷ **27**

解説 ⑴ BH∥EDより
BH：DE
＝BF：DF
＝1：2

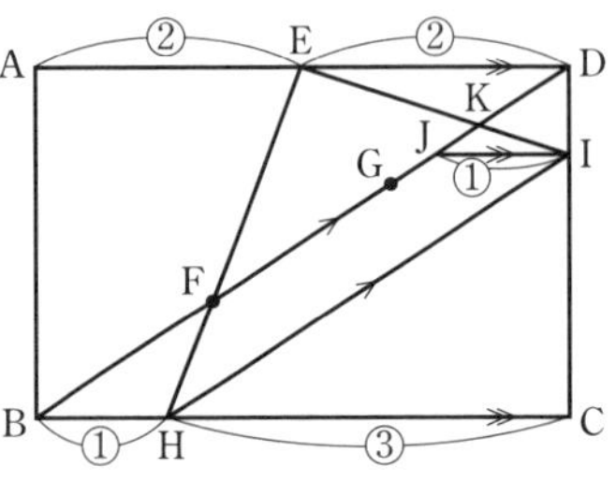

⑵ 四角形BHIJは平行四辺形であるから　BH＝JI
JI∥BCより
DJ：DB＝JI：BC＝1：4＝3：12
DG：DB＝1：3＝4：12
よって　DJ：DB：DG＝3：12：4
DJ：DG＝3：4であるから　DJ：JG＝3：1

⑶ △KED∽△KIJ（2組の角がそれぞれ等しい）より
KD：KJ＝DE：JI＝2：1
⑵より　DJ：JG＝3：1
DG＝GFであるから
KD：FK＝2：6＝1：3
よって　△KDE：△EFK＝KD：FK＝1：3

⑷ △KJIと△KDEの相似比は1：2であるから
△KJI：△KDE
$=1^2:2^2=1:4$
よって
△KDE＝4
⑶より
△EFK＝3△KDE＝3×4＝12
△EFK∽△EHI（2組の角がそれぞれ等しい）であり，相似比はEF：EH＝2：3であるから
△EFK：△EHI$=2^2:3^2=4:9$
△EHI$=12\times\frac{9}{4}=27$

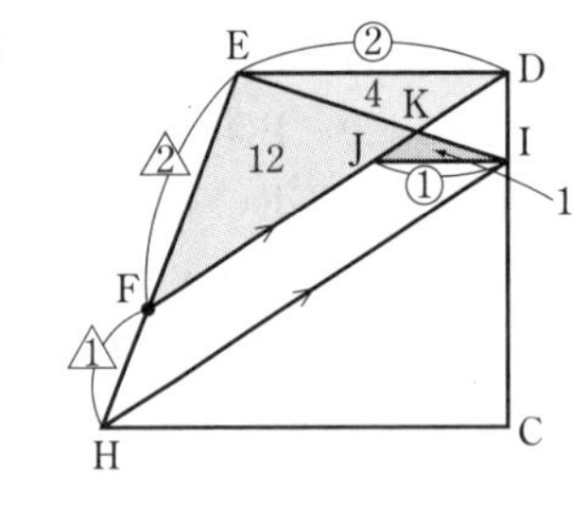

184 ⑴ **2：1**　⑵ **3：2**
⑶ **5：2**　⑷ **24：35**

解説 ⑴ AD∥MCより
DE：EM＝AD：MC＝2：1
⑵ AB∥DC，AD∥E′E∥BCより
DF：FE′＝DC：AE′＝AB：AE′
＝DM：DE＝(2＋1)：2＝3：2
⑶ AB∥DC，AD∥F′F∥BCより
DG：GF′＝DC：AF′＝AB：AF′＝AC：AF
＝DE′：FE′＝(3＋2)：2＝5：2

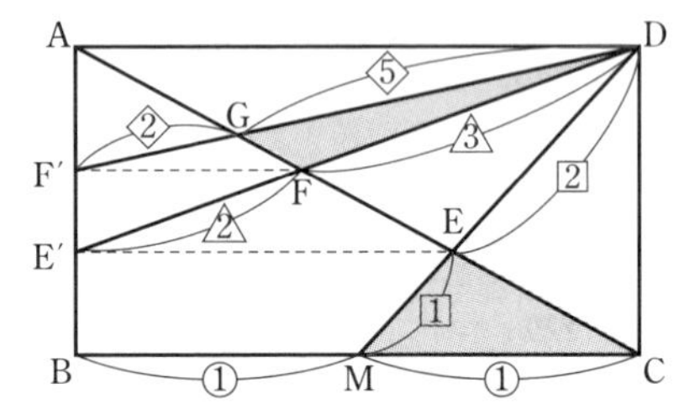

⑷ ⑶より　AC：AF＝5：2
また　AC：AG＝DF′：GF′＝(5＋2)：2＝7：2
よって　AC：AF：AG＝35：14：10
これより　AC：GF＝35：(14−10)＝35：4
△ACDの面積をSとする。

△DGF$=\frac{GF}{AC}\times$△ACD$=\frac{4}{35}S$

△EMC$=\frac{EC}{AC}\times\frac{MC}{BC}\times$△ABC

$=\frac{EM}{DM}\times\frac{1}{2}\times$△ACD$=\frac{1}{3}\times\frac{1}{2}\times S=\frac{1}{6}S$

よって　△DGF：△EMC$=\frac{4}{35}S:\frac{1}{6}S=24:35$

185 ⑴ **7：12**　⑵ **5：3**
⑶ **11：80**

解説 ⑴

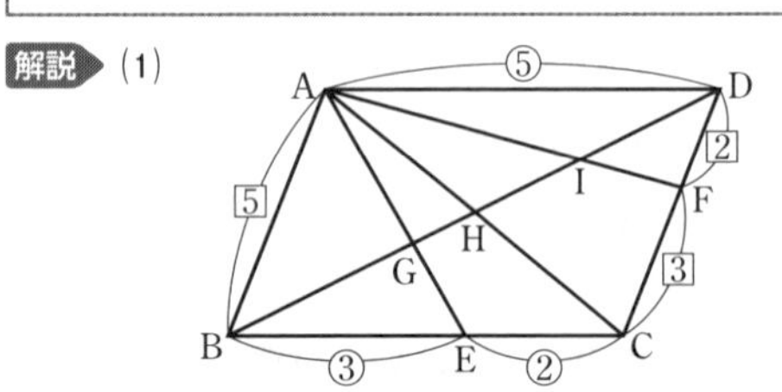

Hは平行四辺形の対角線の交点であるから

BH＝HD$=\frac{1}{2}$BD

AD∥BCより　BG：GD＝BE：AD＝3：5

よって　GH＝BH−BG$=\frac{1}{2}$BD$-\frac{3}{8}$BD$=\frac{1}{8}$BD

AB∥DCより　BI：ID＝AB：DF＝5：2

よって　$HI=HD-ID=\frac{1}{2}BD-\frac{2}{7}BD=\frac{3}{14}BD$

したがって　$GH:HI=\frac{1}{8}BD:\frac{3}{14}BD=7:12$

(2)　$\triangle BAG:\triangle BEG=AG:EG=AD:BE=5:3$

(3)　$\triangle AEC=\frac{2}{5}\triangle ABC$

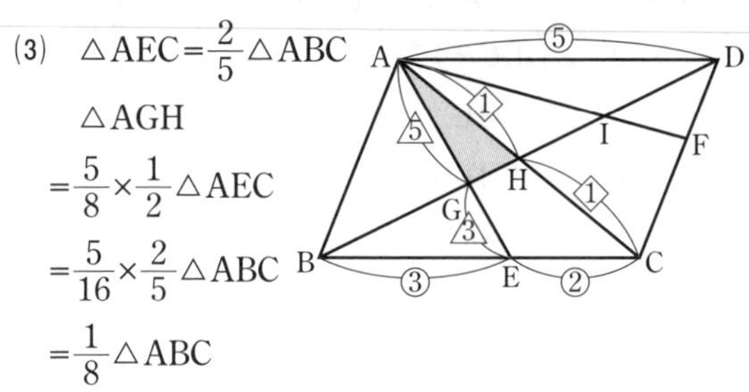

$\triangle AGH$

$=\frac{5}{8}\times\frac{1}{2}\triangle AEC$

$=\frac{5}{16}\times\frac{2}{5}\triangle ABC$

$=\frac{1}{8}\triangle ABC$

(四角形GECHの面積)$=\triangle AEC-\triangle AGH$

$=\frac{2}{5}\triangle ABC-\frac{1}{8}\triangle ABC$

$=\frac{11}{40}\triangle ABC$

$\triangle ABC=\frac{1}{2}\square ABCD$であるから

(四角形GECHの面積)$=\frac{11}{40}\times\frac{1}{2}\square ABCD$

$=\frac{11}{80}\square ABCD$

よって

(四角形GECHの面積)$:\square ABCD=11:80$

186 順に　**4, 9, 8, 15**

解説 $NP=ND-PD=\frac{1}{2}AD-\frac{1}{6}AD=\frac{1}{3}AD$,

$BQ=\frac{3}{4}BC=\frac{3}{4}AD$であるから

$NP:BQ=\frac{1}{3}AD:\frac{3}{4}AD=4:9$

点Mを通り，辺ADに平行な直線と線分NQの交点をTとすると

$MT=\frac{1}{2}(AN+BQ)=\frac{1}{2}\left(\frac{1}{2}AD+\frac{3}{4}AD\right)=\frac{5}{8}AD$

$NP /\!/ MT$より

$PR:RM=NP:MT=\frac{1}{3}AD:\frac{5}{8}AD=8:15$

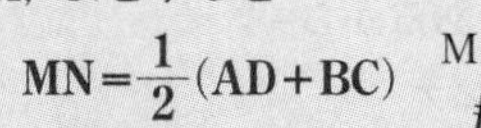

$AD /\!/ BC$である台形ABCDにおいて，辺AB，DCの中点をそれぞれM，Nとすると

$MN=\frac{1}{2}(AD+BC)$

これは，右の図から容易に証明できる。

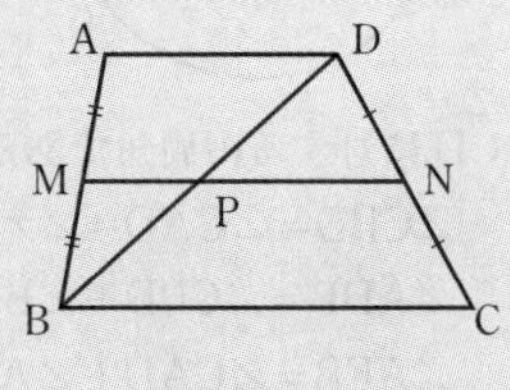

187 (1) **2：3**　(2) **1：3**

(3) **6倍**

解説 (1)　$EG /\!/ AD$より　$EG:AD=BE:BA=1:2$

$GF /\!/ BC$より　$GF:BC=DF:DC=1:2$であるから

$EG=\frac{1}{2}AD$

$GF=\frac{1}{2}BC$

$AD=2t$，$BC=3t$

とおくと

$EG:GF=\left(\frac{1}{2}\times2t\right):\left(\frac{1}{2}\times3t\right)=t:\frac{3}{2}t=2:3$

(2)　$AE=x$，$EB=y$，

$AD=2t$，$BC=3t$

とおくと

$EG=\frac{y}{x+y}\times AD$

$=\frac{y}{x+y}\times2t$

$=\frac{2ty}{x+y}$

$GF=\frac{x}{x+y}\times BC=\frac{x}{x+y}\times3t=\frac{3tx}{x+y}$

$EG:GF=2:1$であるから

$\frac{2ty}{x+y}:\frac{3tx}{x+y}=2:1$

$\frac{2ty}{x+y}=\frac{6tx}{x+y}$　　$y=3x$

$x:y=1:3$であるから　$AE:EB=1:3$

(3)　$AD /\!/ EG$より

$DG:GB=AE:EB$

$=1:3$

$\triangle BEG:\triangle DFG$

$=(2\times3):(1\times1)$

$=6:1$

よって，$\triangle BEG$の面積は$\triangle DFG$の面積の6倍。

188 (1) **$4\pi cm^2$**　(2) **$\frac{2}{5}\pi cm^2$**

(3) **$\frac{18}{35}\pi cm^2$**

解説 (1)　側面の展開図をかくと，たて4cm，横4πcmの長方形となる。

図のように長方形を$AA'D'D$とする。

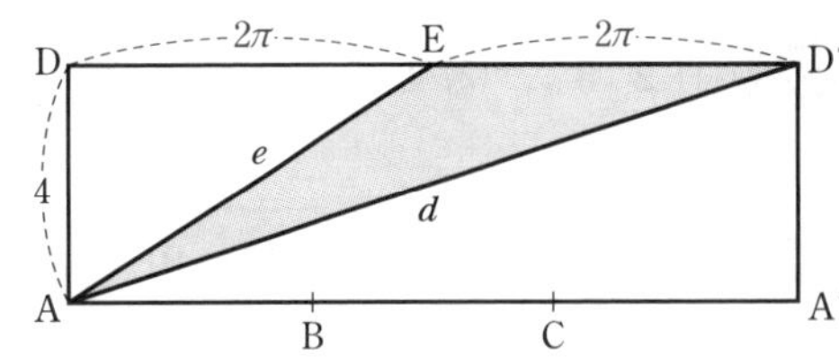

$\triangle \mathrm{AD'E}=\dfrac{1}{2}\times 2\pi\times 4=4\pi\,(\mathrm{cm}^2)$

(2)

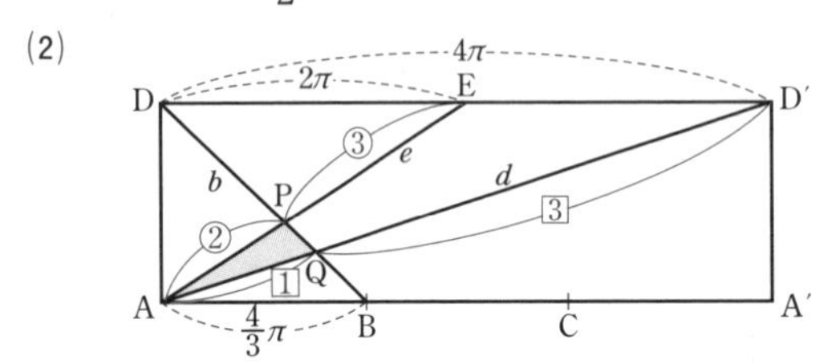

経路bと経路e, dとの交点をそれぞれP, Qとおく。

DD′∥AA′であるから

$\mathrm{AP}:\mathrm{PE}=\mathrm{AB}:\mathrm{DE}=\dfrac{4}{3}\pi:2\pi=2:3$

同様にして　$\mathrm{AQ}:\mathrm{QD'}=\mathrm{AB}:\mathrm{DD'}=\dfrac{4}{3}\pi:4\pi=1:3$

以上より　$\triangle \mathrm{AQP}=\dfrac{2}{2+3}\times\dfrac{1}{1+3}\times\triangle \mathrm{AD'E}$

$=\dfrac{2}{5}\times\dfrac{1}{4}\times 4\pi=\dfrac{1}{10}\times 4\pi=\dfrac{2}{5}\pi\,(\mathrm{cm}^2)$

(3)

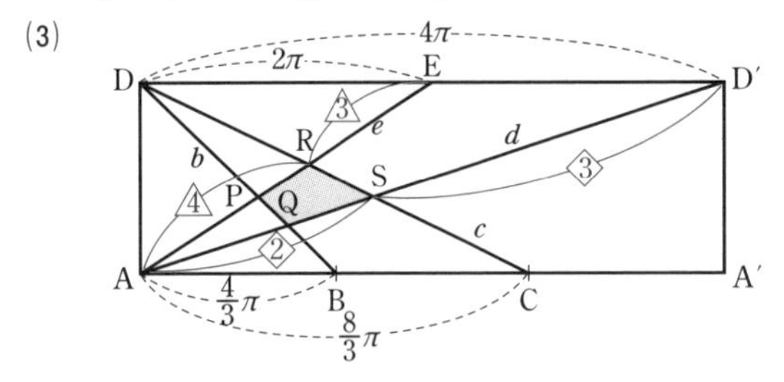

経路cと経路e, dとの交点をそれぞれR, Sとおく。

DD′∥AA′であるから

$\mathrm{AR}:\mathrm{RE}=\mathrm{AC}:\mathrm{DE}=\dfrac{8}{3}\pi:2\pi=4:3$

同様にして　$\mathrm{AS}:\mathrm{SD'}=\mathrm{AC}:\mathrm{DD'}=\dfrac{8}{3}\pi:4\pi=2:3$

以上より　$\triangle \mathrm{ASR}=\dfrac{4}{4+3}\times\dfrac{2}{2+3}\times\triangle \mathrm{AD'E}$

$=\dfrac{4}{7}\times\dfrac{2}{5}\times 4\pi=\dfrac{8}{35}\times 4\pi=\dfrac{32}{35}\pi$

よって　(四角形PQSRの面積)

$=\triangle \mathrm{ASR}-\triangle \mathrm{AQP}$

$=\dfrac{32}{35}\pi-\dfrac{2}{5}\pi=\dfrac{32-14}{35}\pi=\dfrac{18}{35}\pi\,(\mathrm{cm}^2)$

14 円の性質

189 (1) **$\angle x=66°$, $\angle y=16°$, $\angle z=32°$**

(2) **$\angle \mathrm{BDC}=17°$**

(3) **$\angle x=16°$**

(4) **$\angle x=100°$**

(5) **$\angle x=60°$, $\angle y=59°$**

(6) **$\angle \mathrm{CED}=32°$**

解説 (1)　AB=OD=OB

であるから,

△BAOは

BA=BOの二

等辺三角形。

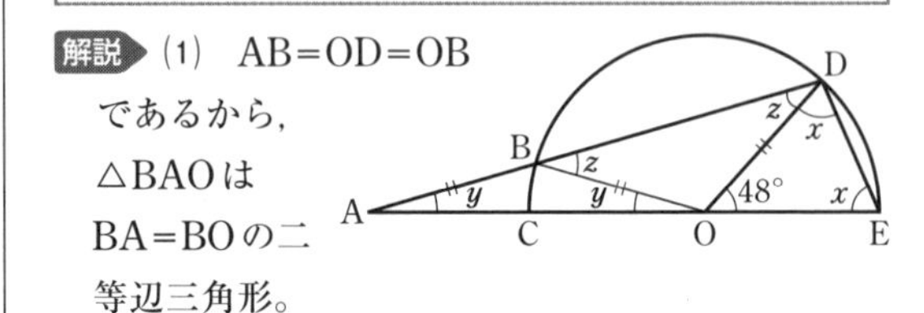

また, △ODB, △OEDはそれぞれOB=OD, OD=OEの二等辺三角形である。

$\angle x=\dfrac{180°-48°}{2}=66°$

$\begin{cases}\angle y\times 2=\angle z\\ \angle y+\angle z=48°\end{cases}$　が成り立つので,

$\angle y\times 3=48°$より　$\angle y=16°$

よって　$\angle z=32°$

(2)　∠AOB

$=180°-56°\times 2$

$=180°-112°$

$=68°$

$\overset{\frown}{\mathrm{AB}}:\overset{\frown}{\mathrm{BC}}=2:1$

より, 中心角の比も

2:1であるから

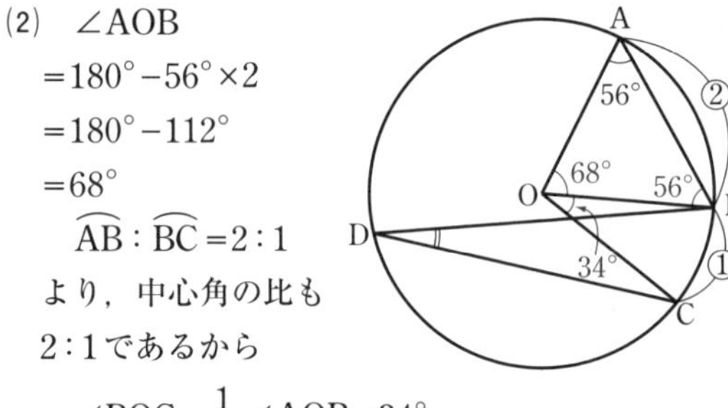

$\angle \mathrm{BOC}=\dfrac{1}{2}\angle \mathrm{AOB}=34°$

$\overset{\frown}{\mathrm{BC}}$に対する円周角であるから

$\angle \mathrm{BDC}=\dfrac{1}{2}\angle \mathrm{BOC}=17°$

(3)

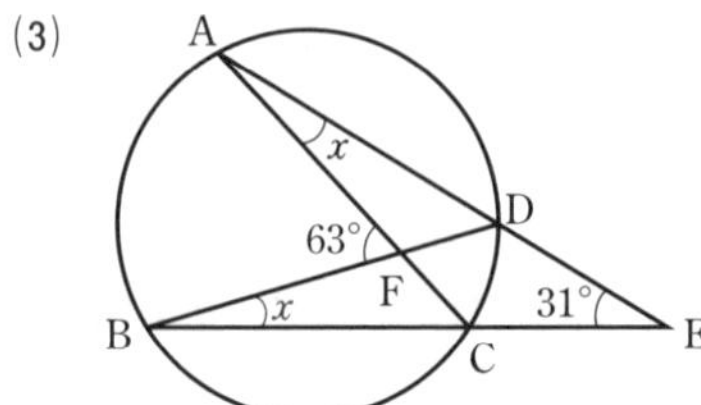

$\overset{\frown}{\mathrm{CD}}$に対する円周角であるから

$\angle \mathrm{CBD}=\angle \mathrm{CAD}=\angle x$

$\angle \mathrm{ADB}=\angle \mathrm{CBD}+\angle \mathrm{BED}=\angle x+31°$

$\angle \mathrm{AFB}=\angle \mathrm{CAD}+\angle \mathrm{ADB}=\angle x+\angle x+31°$

よって

$\angle x\times2+31^\circ=63^\circ$

$\angle x\times2=32^\circ$

$\angle x=16^\circ$

(4) AB∥CDより錯角は等しいので

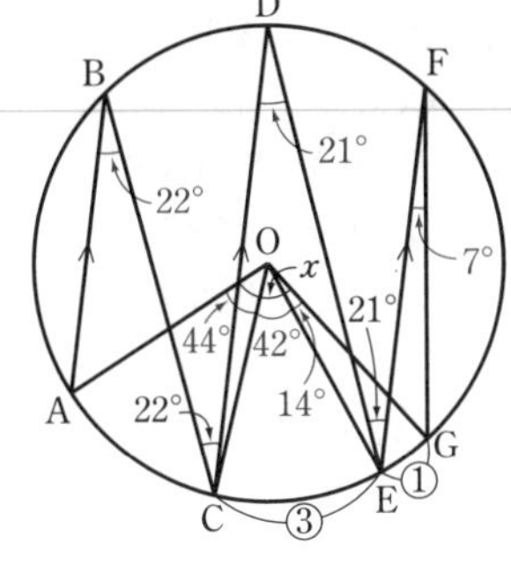

$\angle$ABC $=\angle$BCD$=22^\circ$

CD∥EFより錯角は等しいので

$\angle$CDE $=\angle$DEF$=21^\circ$

$\overset{\frown}{\mathrm{CE}}:\overset{\frown}{\mathrm{EG}}=3:1$より

$\angle\mathrm{EFG}=\frac{1}{3}\angle\mathrm{CDE}=7^\circ$

円周角と中心角の関係により

$\angle x=\angle\mathrm{AOC}+\angle\mathrm{COE}+\angle\mathrm{EOG}$

$=2\angle\mathrm{ABC}+2\angle\mathrm{CDE}+2\angle\mathrm{EFG}$

$=44^\circ+42^\circ+14^\circ=100^\circ$

(5) $\overset{\frown}{\mathrm{AFE}}$に対する円周角であるから

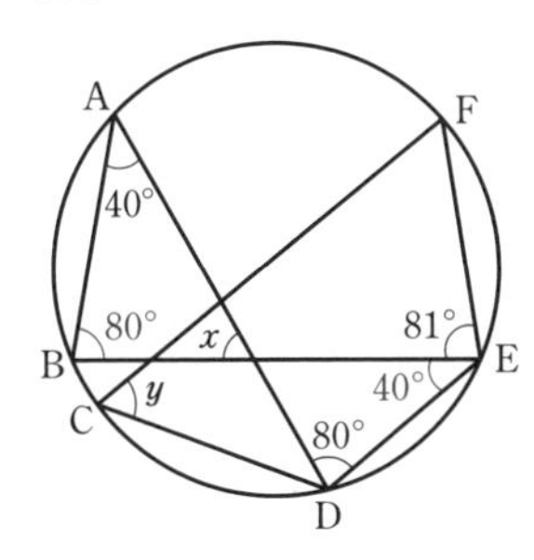

$\angle$ABE $=\angle$ADE$=80^\circ$

よって

$\angle x=180^\circ-(40^\circ+80^\circ)=60^\circ$

$\overset{\frown}{\mathrm{BCD}}$に対する円周角であるから

$\angle$BED$=\angle$BAD$=40^\circ$

四角形CDEFは円に内接するから，向かい合った内角の和は180°である。

よって，$\angle y+(81^\circ+40^\circ)=180^\circ$より　$\angle y=59^\circ$

(6) 長さの等しい弧に対する円周角は等しいので

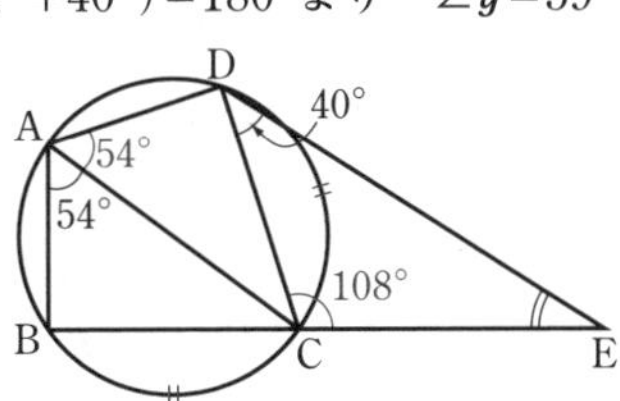

$\angle$CAD $=\angle$BAC$=54^\circ$

四角形ABCDは円に内接するから

$\angle$DCE$=\angle$BAD$=108^\circ$

よって　$\angle$CED$=180^\circ-(40^\circ+108^\circ)=32^\circ$

190 (1) $\angle x=108^\circ$　(2) $\angle x=48^\circ$

(3) $\angle\mathrm{AML}=4.5^\circ$

(4) $\angle x=30^\circ$，$\angle y=120^\circ$

解説 (1) 円周を10等分する1つの弧の中心角は

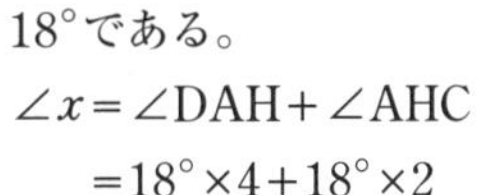

$\frac{360^\circ}{10}=36^\circ$

よって，円周角は18°である。

$\angle x=\angle\mathrm{DAH}+\angle\mathrm{AHC}$

$=18^\circ\times4+18^\circ\times2$

$=18^\circ\times6=108^\circ$

(2) 円周を15等分する1つの弧の中心角は

$\frac{360^\circ}{15}=24^\circ$

よって，円周角は12°である。

図のように，A，B，C，Dとすると

$\angle\mathrm{ACD}=\angle\mathrm{BDC}=12^\circ\times2=24^\circ$

よって　$\angle x=24^\circ+24^\circ=48^\circ$

(3) 円周を5等分する1つの弧の中心角は

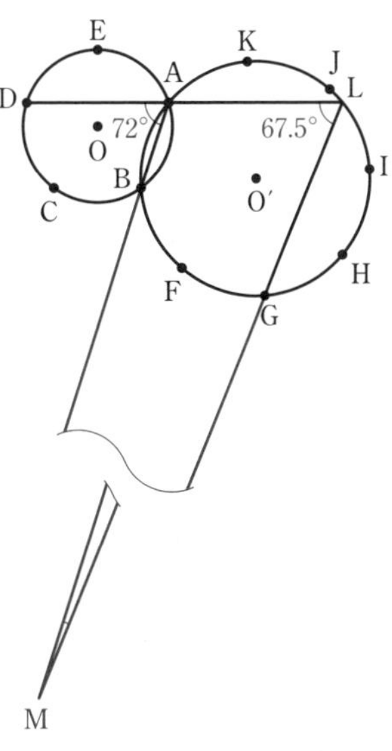

$\frac{360^\circ}{5}=72^\circ$

よって，円周角は36°である。

$\angle\mathrm{DAB}=36^\circ\times2=72^\circ$

また，円周を8等分する1つの弧の中心角は

$\frac{360^\circ}{8}=45^\circ$

よって，円周角は22.5°である。

$\angle\mathrm{ALG}=22.5^\circ\times3=67.5^\circ$

$\angle\mathrm{AML}=72^\circ-67.5^\circ=4.5^\circ$

(4) 図のように円周を12等分する点をA，B，C，D，…，Lとする。

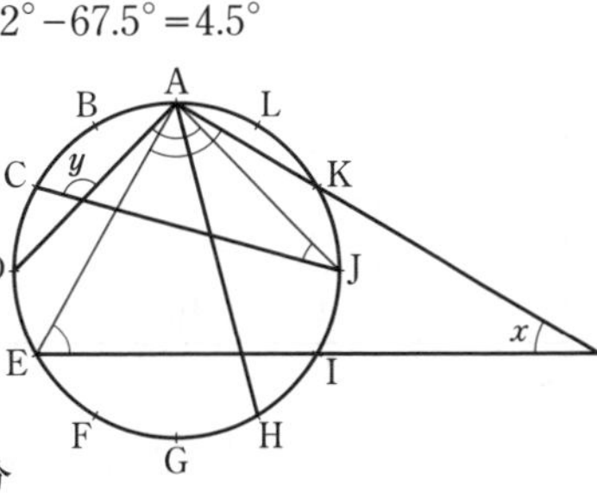

円周を12等分

する1つの弧の中心角は　$\dfrac{360^\circ}{12}=30^\circ$

よって，円周角は15°である。

　$\angle EAK=15^\circ\times6=90^\circ$，$\angle AEI=15^\circ\times4=60^\circ$

よって　$\angle x=180^\circ-(90^\circ+60^\circ)=30^\circ$

　$\angle AJC=15^\circ\times2=30^\circ$，$\angle DAJ=15^\circ\times6=90^\circ$

よって　$\angle y=30^\circ+90^\circ=120^\circ$

191 (1) $\angle EBD=x^\circ$，$\angle AOB=2x^\circ$，
$\angle CAD=mx^\circ$，$\angle CFE=(m+2)x^\circ$，
$\angle ACE=90^\circ-x^\circ$，
$\angle CEF=90^\circ-(m+1)x^\circ$

(2) $(m,\ x)=(1,\ 18)$，$(3,\ 10)$，$(6,\ 6)$，$(21,\ 2)$

解説 (1)　△OBDはOB＝ODの二等辺三角形であるから

　$\angle EBD$
$=\angle ODB=x^\circ$
　$\angle AOB$
$=2\angle ODB$
$=2x^\circ$

$\overset{\frown}{CD}:\overset{\frown}{DE}=m:1$，$\angle EBD=x^\circ$より

　$\angle CAD=mx^\circ$

　$\angle CFE=\angle FAO+\angle AOF$
　　　$=mx^\circ+2x^\circ=(m+2)x^\circ$

$\angle BCE=90^\circ$，$\angle ACB=x^\circ$より

　$\angle ACE=90^\circ-x^\circ$

　$\angle CEF=180^\circ-\angle BCE-\angle CBE$
　　　$=180^\circ-90^\circ-(m+1)x^\circ$
　　　$=90^\circ-(m+1)x^\circ$

(2)　CE＝CFより，二等辺三角形の底角は等しいので　$\angle CFE=\angle CEF$

よって　$(m+2)x=90-(m+1)x$

　$(m+2)x+(m+1)x=90$

　$x\{(m+2)+(m+1)\}=90$　　$x(2m+3)=90$

mとxが正の整数のとき，$2m+3$は5以上の奇数で，90の約数である。

$2m+3$	5	9	15	45
m	1	3	6	21
x	18	10	6	2

よって

　$(m,\ x)=(1,\ 18)$，$(3,\ 10)$，$(6,\ 6)$，$(21,\ 2)$

192 (1) $\angle POQ=72^\circ$　(2) $BR=12$
(3) $BP=3+3\sqrt{5}$

解説 (1)　$\angle AOP=x^\circ$とおくと，

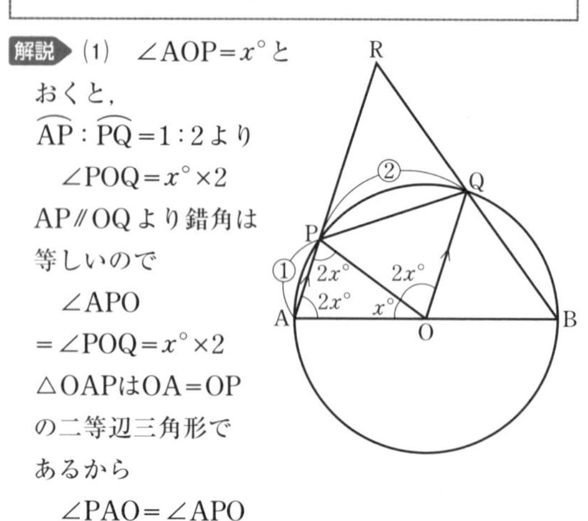

$\overset{\frown}{AP}:\overset{\frown}{PQ}=1:2$より

　$\angle POQ=x^\circ\times2$

AP∥OQより錯角は等しいので

　$\angle APO$
$=\angle POQ=x^\circ\times2$

△OAPはOA＝OPの二等辺三角形であるから

　$\angle PAO=\angle APO$
　　　$=x^\circ\times2$

△OAPの内角の和は180°であるから

　$x^\circ\times5=180^\circ$　　よって　$x^\circ=36^\circ$

　$\angle POQ=x^\circ\times2=72^\circ$

(2)　角度を求めると，右の図のようになる。

△OPQ≡△OBQ（1組の辺とその両端の角がそれぞれ等しい）より

　BQ＝PQ＝6

AR∥OQ，OA＝OBより

　BR＝2BQ＝12

(3)　BQ＝PQ＝6，

$\angle PQB=108^\circ$より，

△PQBは底角が36°の二等辺三角形である。

PQの延長上に$\angle BTQ=72^\circ$となる点Tをとると，△PBT，△BTQはそれぞれ底角が72°の二等辺三角形でPT＝PB，BT＝BQであるから，

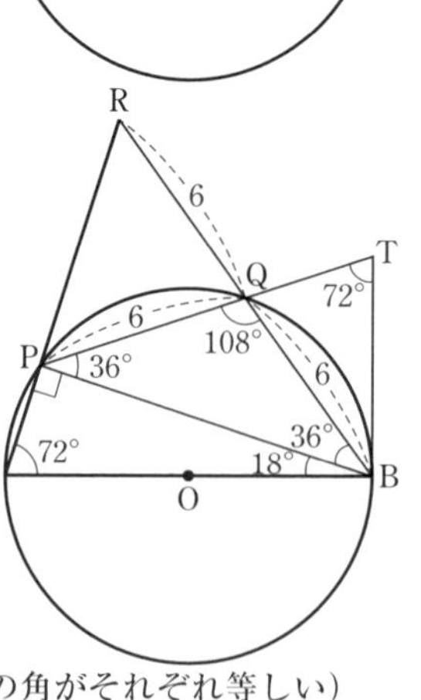

△PBT∽△BTQ（2組の角がそれぞれ等しい）

PB＝yとおくと　PB：BT＝BT：TQ

　$y:6=6:(y-6)$　　$y(y-6)=36$

　$y^2-6y-36=0$

　$y=3\pm\sqrt{9+36}=3\pm3\sqrt{5}$

$y>0$より　$y=3+3\sqrt{5}$

よって　BP$=3+3\sqrt{5}$

193 (1) **DP=2**

(2) **△ABE∽△ACD，△ADE∽△ACB**

(3) **ア：AC，イ：CD**　　(4) **56**

解説 (1)　△ABP∽△DCP
(2組の角がそれぞれ等しい)であるから

AP：DP＝BP：CP

3：DP＝6：4

DP$=\frac{12}{6}=2$

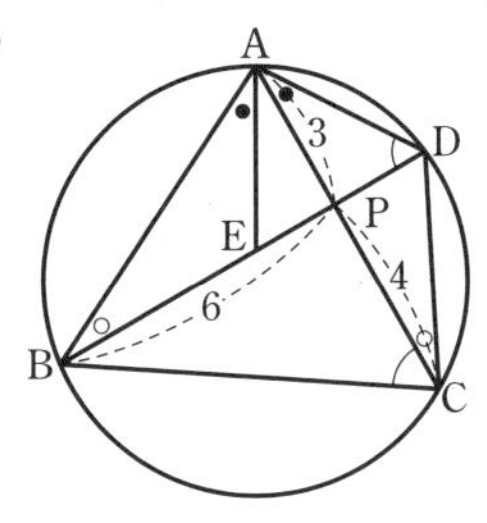

(2)　△ABEと△ACDにおいて，
仮定より

∠BAE＝∠CAD　…①

$\overset{\frown}{AD}$に対する円周角であるから

∠ABE＝∠ACD　…②

①，②より，2組の角がそれぞれ等しいから

△ABE∽△ACD

△ADEと△ACBにおいて，$\overset{\frown}{AB}$に対する円周角であるから

∠ADE＝∠ACB　…③

∠EAD＝∠CAD＋∠EAP

∠BAC＝∠BAE＋∠EAP

∠CAD＝∠BAEであるから

∠EAD＝∠BAC　…④

③，④より2組の角がそれぞれ等しいから

△ADE∽△ACB

(3)　△ABE∽△ACDであるから

AB：BE＝AC：CD
　　　　　ア　イ

(4)　(3)より　AB：BE＝AC：CD

AB：BE＝7：CD

AB×CD＝7BE

(2)の△ADE∽△ACBより

AD：DE＝AC：CB

AD：DE＝7：CB

AD×CB＝7DE

よって　AB×CD＋AD×BC
＝7BE＋7DE＝7(BE＋DE)＝7BD
＝7(BP＋PD)＝7×(6＋2)＝7×8＝56

入試メモ　193 (4)で成立した次の等式AB×CD＋AD×BC＝AC×BDは，円に内接する四角形において一般に成り立ち，「トレミーの定理」として知られている。
このように，有名定理の証明を誘導していく問題も多く出題されている。

194 (1) **∠ABI＝36°**　(2) **∠EKI＝54°**

(3) **KI**$=\sqrt{5}$　(4) $\frac{5+3\sqrt{5}}{2}$**倍**

解説 (1)　円周を10等分する1つの弧の中心角は

$\frac{360°}{10}=36°$

よって，円周角は18°である。

∠ABI＝18°×2＝36°

(2)　∠CEI
＝18°×4＝72°
∠BIE
＝18°×3＝54°
よって
∠EKI
＝180°−(72°＋54°)
＝180°−126°
＝54°

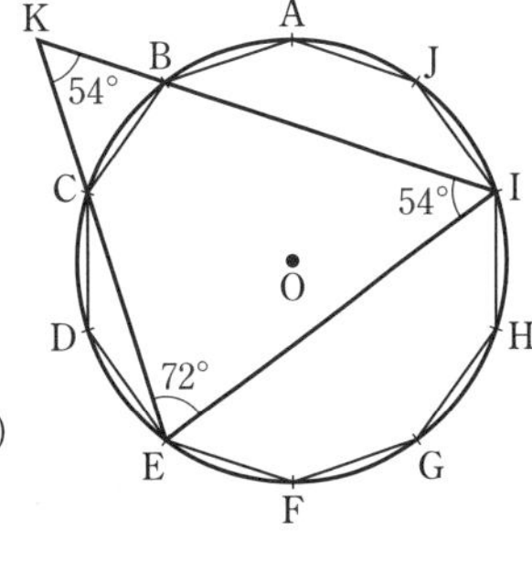

(3)　OA，OB，OIを結び，必要な角度を記入すると右のようになる。
OAとBIの交点をLとする。
△BKCはBK＝BCの二等辺三角形であるから

KB＝BC$=\frac{-1+\sqrt{5}}{2}$

△BLAもBL＝BAの二等辺三角形であるから

BL＝BA$=\frac{-1+\sqrt{5}}{2}$

△ILOは∠ILO＝∠IOLの二等辺三角形であるから　LI＝OI＝1

KI＝KB＋BL＋LI

$=\frac{-1+\sqrt{5}}{2}+\frac{-1+\sqrt{5}}{2}+1$

$=\frac{-1+\sqrt{5}-1+\sqrt{5}+2}{2}=\sqrt{5}$

(4)

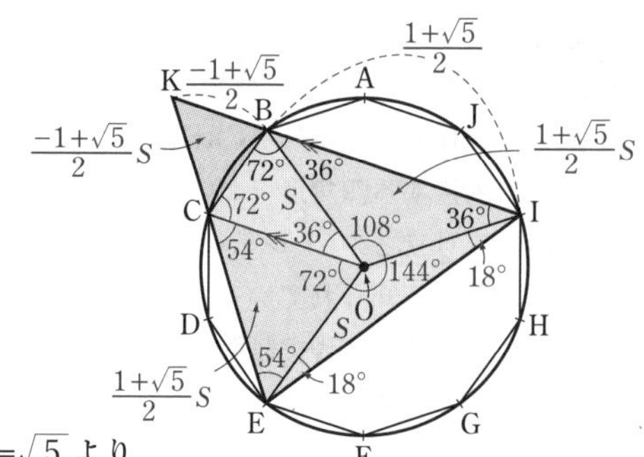

KI$=\sqrt{5}$ より

$$\mathrm{BI}=\sqrt{5}-\frac{-1+\sqrt{5}}{2}$$
$$=\frac{2\sqrt{5}+1-\sqrt{5}}{2}$$
$$=\frac{1+\sqrt{5}}{2}$$

BI∥OCであるから

$$\triangle\mathrm{OBC}:\triangle\mathrm{OIB}=\mathrm{OC}:\mathrm{IB}=1:\frac{1+\sqrt{5}}{2}$$

ここで，△OAB$=S$とおくと　△OBC$=S$

$$\triangle\mathrm{OIB}=\frac{1+\sqrt{5}}{2}S$$

KI∥OCであるから

$$\triangle\mathrm{BKC}:\triangle\mathrm{OIB}=\mathrm{BK}:\mathrm{IB}=\frac{-1+\sqrt{5}}{2}:\frac{1+\sqrt{5}}{2}$$

よって　$\triangle\mathrm{BKC}=\frac{-1+\sqrt{5}}{1+\sqrt{5}}\times\frac{1+\sqrt{5}}{2}S$

$$=\frac{-1+\sqrt{5}}{2}S$$

∠BOC$=36°$，∠EOI$=144°$で，和は180°となる。

角の和が180°となる2つの三角形の面積比は，その角をはさむ2辺の積の比に一致するから

△OEI$=$△OBC$=S$

また，同様に

∠BOI$=108°$，∠COE$=72°$

よって　$\triangle\mathrm{OCE}=\triangle\mathrm{OBI}=\frac{1+\sqrt{5}}{2}S$

以上より

△EIK

$=$△BKC$+$△OBC$+$△OCE$+$△OEI$+$△OIB

$$=\frac{-1+\sqrt{5}}{2}S+S+\frac{1+\sqrt{5}}{2}S+S+\frac{1+\sqrt{5}}{2}S$$
$$=\frac{-1+\sqrt{5}+2+1+\sqrt{5}+2+1+\sqrt{5}}{2}S$$
$$=\frac{5+3\sqrt{5}}{2}S$$

入試メモ　角の和が180°となる2つの三角形の面積比は，その角をはさむ2辺の長さによって決定される。

右の図において

△OAB：△OCD$=ab:cd$

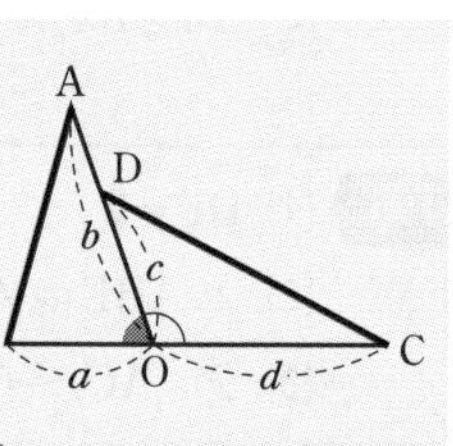

195 (1) (証明)

△PATと△PTBにおいて，共通であるから

∠TPA＝∠BPT　…①

接弦定理により

∠PTA＝∠PBT　…②

①，②より2組の角がそれぞれ等しいので

△PAT∽△PTB

対応する辺の比は等しいので

PA：PT＝PT：PB

よって　PA×PB＝PT²

(2) $S=\frac{15}{2}$

解説 (2)　$\mathrm{PT}^2=\mathrm{PA}\times\mathrm{PB}$

$=4\times9$

$=36$

PT>0より

PT$=6$

TからPBに垂線THをひく。

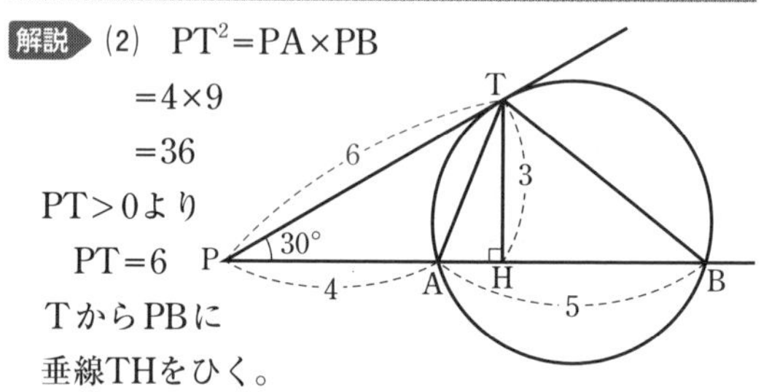

△TPHは30°，60°，90°の直角三角形であるから，3辺の比は　$1:2:\sqrt{3}$

よって　$\mathrm{TH}=6\times\frac{1}{2}=3$

$$\triangle\mathrm{ABT}=S=\frac{1}{2}\times5\times3=\frac{15}{2}$$

パワーアップ

▶接弦定理

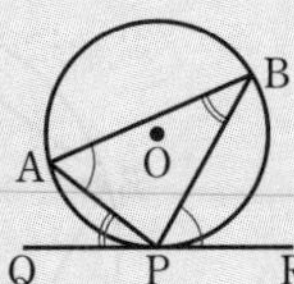

接線と接点を通る弦がつくる角は，その角の内部にある弧に対する円周角に等しい。

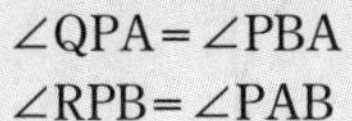

$\angle \mathrm{QPA}=\angle \mathrm{PBA}$

$\angle \mathrm{RPB}=\angle \mathrm{PAB}$

▶接弦定理の証明

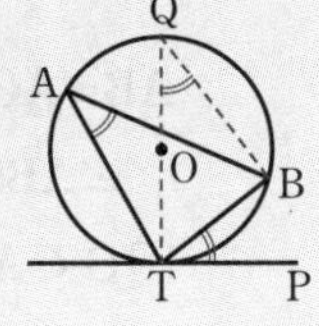

右の図のように，円周上の点Tにおける接線TPと弦TBのつくる角の内部にある弧に対する円周角を∠TABとおき，Tを通る直径をTQとするとき，

$\angle \mathrm{TBQ}=90^\circ$だから

$\angle \mathrm{TQB}+\angle \mathrm{QTB}=90^\circ$　…①

一方，QTは直径だから

$\angle \mathrm{QTB}+\angle \mathrm{BTP}=90^\circ$　…②

①，②より　$\angle \mathrm{TQB}=\angle \mathrm{BTP}$

また　$\angle \mathrm{TQB}=\angle \mathrm{TAB}$(円周角)

したがって　$\angle \mathrm{TAB}=\angle \mathrm{BTP}$

▶方べきの定理

円の2つの弦AB，CD(またはその延長)の交点をPとすると

$\mathrm{PA}\times\mathrm{PB}=\mathrm{PC}\times\mathrm{PD}$

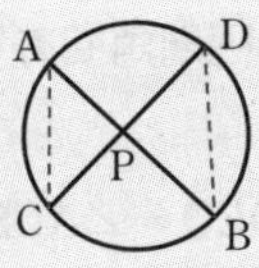

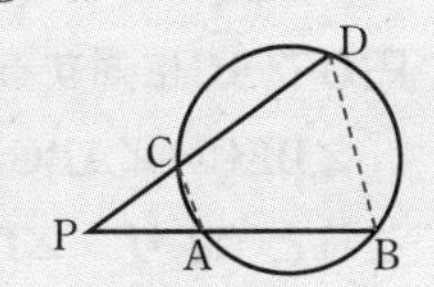

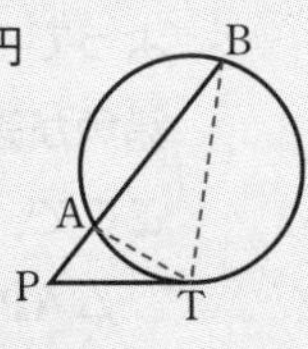

円の弦ABの延長上の点Pから円にひいた接線をPTとすると

$\mathrm{PA}\times\mathrm{PB}=\mathrm{PT}^2$

これらは難関高入試には必須の定理である。いつでも使えるようにしておくこと。

196 (証明)

$\overset{\frown}{\mathrm{DA}}$に対する円周角であるから

$\angle \mathrm{DEA}$

$=\angle \mathrm{DCA}$

CDは∠BCAの二等分線であるから

$\angle \mathrm{DCA}=\angle \mathrm{BCD}=a$

$\overset{\frown}{\mathrm{AE}}$に対する円周角であるから

$\angle \mathrm{ADE}=\angle \mathrm{ACE}=180^\circ-2a$

$\angle \mathrm{DAE}=180^\circ-\angle \mathrm{ADE}-\angle \mathrm{DEA}$

$=180^\circ-(180^\circ-2a)-a=a$

よって，$\angle \mathrm{DEA}=\angle \mathrm{DAE}=a$となり

$\mathrm{AD}=\mathrm{DE}$　…①

$\mathrm{AB}=\mathrm{AC}$より　$\angle \mathrm{ABC}=\angle \mathrm{ACB}=2a$

$\angle \mathrm{EDB}=\angle \mathrm{DAE}+\angle \mathrm{DEA}=2a$

よって，$\angle \mathrm{EDB}=\angle \mathrm{EBD}=2a$となり

$\mathrm{DE}=\mathrm{BE}$　…②

①，②より　$\mathrm{AD}=\mathrm{BE}$

パワーアップ

▶円に内接する四角形の性質

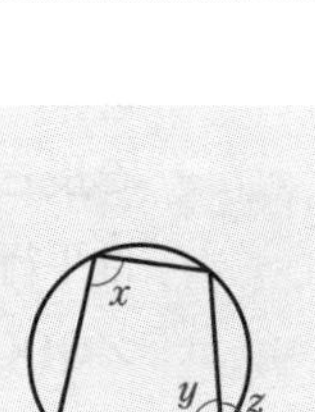

円に内接する四角形の対角の和は180°

$x+y=180^\circ$

円に内接する四角形の内角は，その対角の外角に等しい。

$x=z$

197 (1)（証明）

$\triangle APD$ と $\triangle BEA$ において，四角形ABCDは正方形であるから

　$AD=BA$　…①

また　$\angle DAP=\angle ABE=90^\circ$　…②

$\angle AHD=90^\circ$ より

　$\angle ADP=90^\circ-\angle DAH$

$\angle DAB=90^\circ$ より

　$\angle BAE=90^\circ-\angle DAH$

よって　$\angle ADP=\angle BAE$　…③

①～③より，1組の辺とその両端の角がそれぞれ等しいので

　$\triangle APD\equiv\triangle BEA$

対応する辺の長さは等しいので

　$AP=BE$

$AP=AQ$ であるから　$AQ=BE$

$QD=AD-AQ$，$EC=BC-BE$，

$AD=BC$ であるから　$QD=EC$

また，$QD /\!/ EC$ より1組の対辺が平行で長さが等しいので，四角形QECDは平行四辺形である。

$\angle QDC=\angle ECD=90^\circ$ であるから

　$\angle DQE=\angle CEQ=90^\circ$

よって，四角形QECDは長方形である。

(2)（証明）

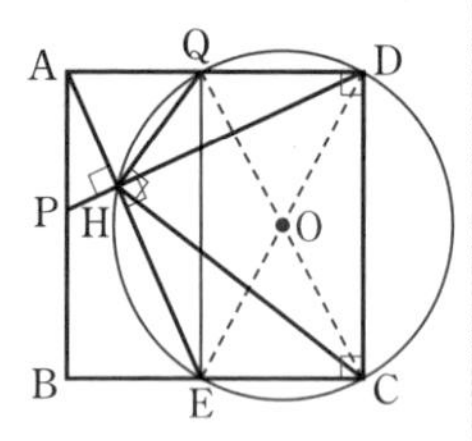

長方形QECDの対角線の交点をOとする。長方形の対角線の長さは等しく，それぞれの中点で交わるから，長方形QECDは，中心O，半径OQの円に内接する。

DEは直径で，$\angle DHE=90^\circ$ より，点Hはこの円周上の点である。

さらに，QCは直径で，点Hは円周上の点であるから　$\angle QHC=90^\circ$

よって　$QH\perp HC$

198 (1)（証明）

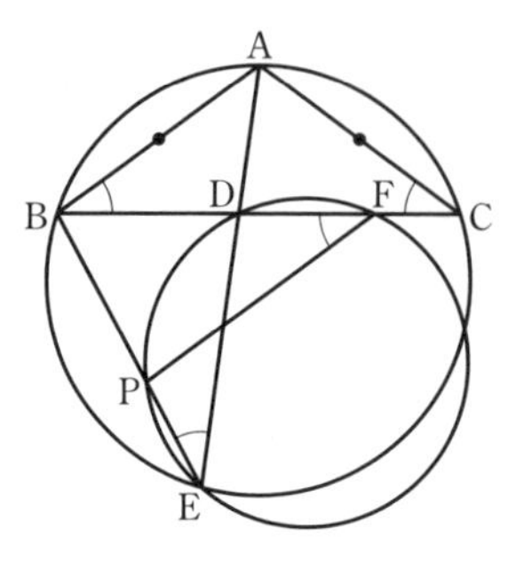

$AB=AC$ より

　$\angle ABC=\angle ACB$　…①

円Oで $\overset{\frown}{AB}$ に対する円周角であるから

　$\angle AEB=\angle ACB$

円O′で $\overset{\frown}{PD}$ に対する円周角であるから

　$\angle DEP=\angle DFP$

すなわち　$\angle AEB=\angle BFP$

よって　$\angle ABC=\angle BFP$

錯角が等しいので　$AB /\!/ FP$

(2)（証明）

四角形FDEQは円O′に内接するので

　$\angle DEQ=\angle CFQ$

円Oで $\overset{\frown}{AC}$ に対する円周角であるから

　$\angle DEC=\angle ABC$

これと①より　$\angle DEQ=\angle ACB$

よって　$\angle ACB=\angle CFQ$

錯角が等しいので　$AC /\!/ FQ$

ここで，$AB /\!/ FP$ より

　$\triangle APF=\triangle BPF$

また，$AC /\!/ FQ$ より

　$\triangle AFQ=\triangle CFQ$

$S=\triangle APF+\triangle AFQ$
　　　+（四角形FPEQの面積）
　$=\triangle BPF+\triangle CFQ$
　　　+（四角形FPEQの面積）
　$=\triangle BEC$

以上より，S と $\triangle BEC$ の面積は等しい。

199 (1) (証明)

△OPSと
△OQTに
おいて,
円Oの半
径であるから

OP=OS=OQ=OT …①

よって

∠OPS=∠OSP

∠OQT=∠OTQ

四角形POQKは円O'に内接しているので

∠OPS=∠OQT

よって

∠OPS=∠OSP=∠OQT=∠OTQ

2つの三角形の残りの内角を比べると

∠POS=∠QOT …②

また①より

OP=OQ, OS=OT …③

②, ③より, 2組の辺とその間の角がそれぞれ等しいので

△OPS≡△OQT

対応する辺の長さは等しいので

PS=QT

(2) (証明)

△OPSと
△OQRに
おいて,
円Oの半径
であるから

OP=OQ, OS=OR …①

仮定より QR=QT

(1)の証明より PS=QT

よって PS=QR …②

①, ②より3組の辺がそれぞれ等しいので

△OPS≡△OQR

∠POS=∠QORとPRが円Oの直径であることより, SQも円Oの直径であるから

∠SPQ=90°

よって ∠KPQ=90°

円O'は△KPQの外接円であるから, KQは円O'の直径である。

よって, 直線KQは点O′を通る。

200 (1) ①OP=OQ

② ∠OPB=∠OQB=90°

③円Oの半径だから

④円の接線は, 接点を通る半径に垂直であるから

(2) ①△AOB, △APO

②$AP=\dfrac{3\pm\sqrt{5}}{2}$

(3) $\dfrac{3-\sqrt{5}}{2}<AP<\dfrac{3+\sqrt{5}}{2}$

解説 (1) 直角三角形において斜辺(共通)と他の1辺が等しいことを言う。①, ③については,

①PB=QB

③円の外部の1点からその円にひいた2本の接線について, その長さは等しい。…＊

も考えられるが, ＊を定理として学習するのは高校になってからである。

①, ②は順不同であるが, 理由は対応する順に書くこと。

(2) ①ℓと円との接点をRとする。

∠RAP+∠QBP=180°
(平行線における同側内角)

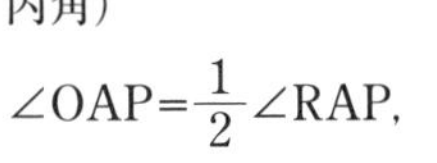

$\angle OAP=\dfrac{1}{2}\angle RAP$,

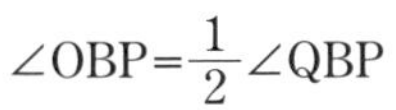

$\angle OBP=\dfrac{1}{2}\angle QBP$

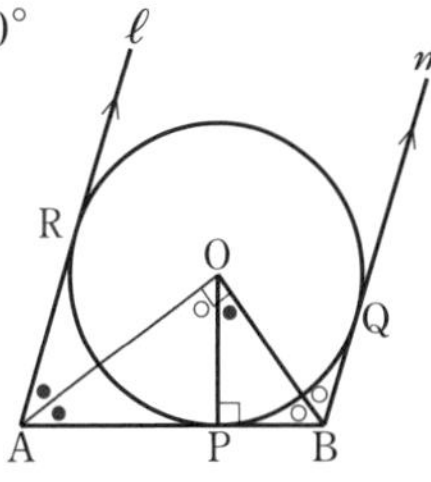

より

∠OAB+∠OBA=90°

よって ∠AOB=90°

△OPB, △AOB, △APOにおいて2組の角がそれぞれ等しいので

△OPB∽△AOB∽△APO

②AP$=x$とおくと

AP : OP = OP : BP

$x:1=1:(3-x)$

$x(3-x)=1$

$x^2-3x+1=0$

$x=\dfrac{3\pm\sqrt{9-4\times1}}{2}=\dfrac{3\pm\sqrt{5}}{2}$

$0<x<3$より，いずれも適する。AP$=\dfrac{3\pm\sqrt{5}}{2}$

(3) $\angle$OAP$=\angle a$，$\angle$OBP$=\angle b$とおくと，

$2\angle a+2\angle b<180°$のとき2直線ℓとmは交わり，三角形の周または内部に円Oが含まれる。

よって，$\angle a+\angle b<90°$より　$\angle$AOB$>90°$

(2)②より，

$\angle$AOB$=90°$となるのは

AP$=\dfrac{3\pm\sqrt{5}}{2}$のときである。

求めるAPの長さの範囲は

$\dfrac{3-\sqrt{5}}{2}<\text{AP}<\dfrac{3+\sqrt{5}}{2}$

15 三平方の定理

201 (1) ① $r=4$

② $225-\dfrac{113}{2}\pi$ (cm²)

(2) $\dfrac{13}{4}$　(3) EF$=\dfrac{125}{12}$cm

(4) CQ=1cm，(面積)は$\dfrac{70}{3}$cm²

(5) 12π

解説 (1) ① 半円O，円O′とADの接点をそれぞれH，Iとおく。

また，O′からOHに垂線O′Jをひく。

直角三角形O′JO($\angle$O′JO=90°)において，三平方の定理により

$(9+r)^2=(9-r)^2+(16-r)^2$

$81+18r+r^2=81-18r+r^2+256-32r+r^2$

$r^2-68r+256=0$　　$(r-4)(r-64)=0$

$r=4,\ 64$

$0<r<\dfrac{9}{2}$より　$r=4$

②(影の部分の面積)

=(長方形ABCDの面積)−(半円Oの面積)

−(円O′の面積)

$=9\times25-\pi\times9^2\times\dfrac{1}{2}-\pi\times4^2$

$=225-\dfrac{81}{2}\pi-16\pi$

$=225-\dfrac{81+32}{2}\pi$

$=225-\dfrac{113}{2}\pi$ (cm²)

(2) 円の中心から弦にひいた垂線は弦を2等分するので

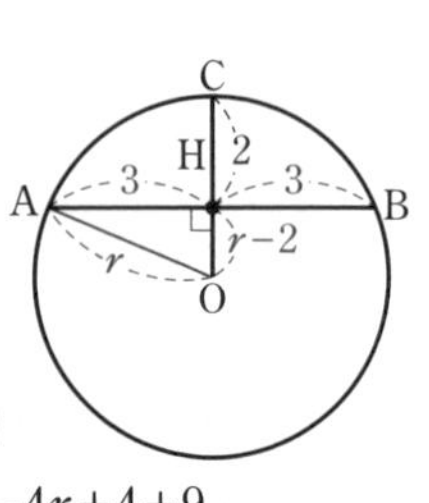

AH=BH$=\dfrac{1}{2}$AB$=3$

OA$=r$とおくと，△AOHにおいて，三平方の定理により

$r^2=(r-2)^2+3^2$　　$r^2=r^2-4r+4+9$

$4r=13$　　$r=\dfrac{13}{4}$

(3)　△ABMにおいて，三平方の定理により

$BM=\sqrt{8^2+6^2}$
$=\sqrt{64+36}$
$=\sqrt{100}=10$

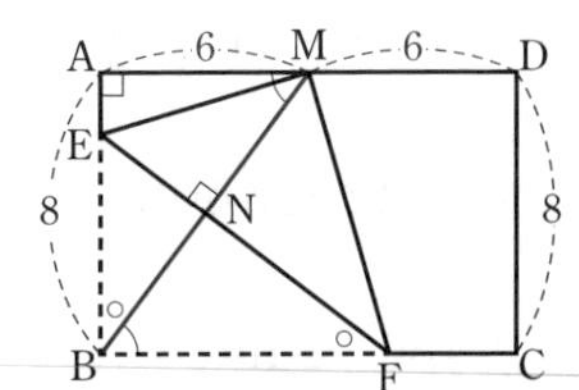

△ABMは3辺の比が3:4:5の直角三角形である。

BMとEFの交点をNとすると，図形の対称性より

BN=MN=5

△ABM∽△NBE∽△NFB（2組の角がそれぞれ等しい）であるから

$EN=5\times\frac{3}{4}=\frac{15}{4}$　　$NF=5\times\frac{4}{3}=\frac{20}{3}$

$EF=EN+NF=\frac{15}{4}+\frac{20}{3}=\frac{45}{12}+\frac{80}{12}=\frac{125}{12}$ (cm)

(4)　折り返された後のB，CをそれぞれB′，C′とし，B′C′とDCの交点をRとする。

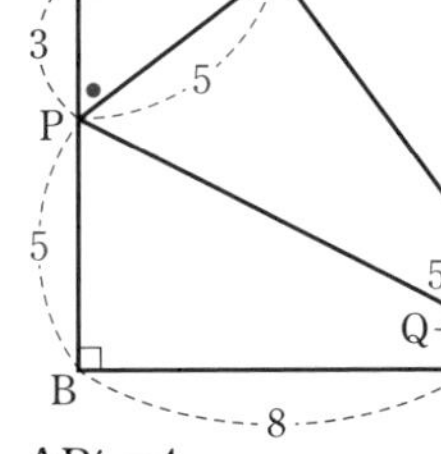

AP=3より　PB=5

よって　PB′=5

∠A=90°だから，

三平方の定理により　AB′=4

△APB′∽△DB′R∽△C′QR（2組の角がそれぞれ等しい）で，いずれも辺の比が3:4:5の直角三角形であるから

$DR=4\times\frac{4}{3}=\frac{16}{3}$

CQ=$3t$とおくと，C′Q=$3t$より　RQ=$5t$

$DC=\frac{16}{3}+5t+3t=8$　　$8t=\frac{8}{3}$　　$t=\frac{1}{3}$

よって　$CQ=C'Q=3\times\frac{1}{3}=1$ (cm)

また　$RC'=\frac{4}{3}$

（重なった部分の面積）

$=\frac{1}{2}\times(1+5)\times8-\frac{1}{2}\times1\times\frac{4}{3}$

$=24-\frac{2}{3}=\frac{70}{3}$ (cm²)

(5)　円錐の側面の展開図のおうぎ形の中心角の大きさは$360°\times\frac{半径}{母線}$であるから，母線の長さをRとすると

$360\times\frac{3}{R}=216$　　$\frac{1080}{R}=216$　　$216R=1080$

よって　$R=5$

三平方の定理により円錐の高さは

$\sqrt{5^2-3^2}=4$

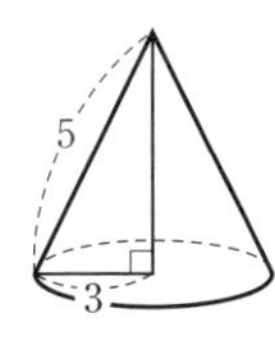

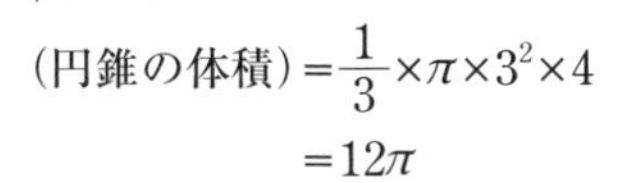

（円錐の体積）$=\frac{1}{3}\times\pi\times3^2\times4$
$=12\pi$

202　(1)　①順に　**2，2**
　　　②順に　**6，6**
(2)　**$25\pi-49$**　　(3)　**600**

解説　(1)　①$BH=x$ cm，$AH=h$ cm とおく。

∠AHB=90°，∠AHC=90°だから，三平方の定理により

$AH^2=AB^2-BH^2=AC^2-HC^2$

$h^2=(2\sqrt{5})^2-x^2=(2\sqrt{11})^2-(6\sqrt{2}-x)^2$

$20-x^2=44-(72-12\sqrt{2}x+x^2)$

$=44-72+12\sqrt{2}x-x^2$

$12\sqrt{2}x=20-44+72=48$

$x=\frac{48}{12\sqrt{2}}=\frac{4}{\sqrt{2}}=\frac{4\sqrt{2}}{2}=2\sqrt{2}$ (cm)

②$h^2=(2\sqrt{5})^2-(2\sqrt{2})^2=20-8=12$

$h=\pm\sqrt{12}=\pm2\sqrt{3}$　　$h>0$より　$h=2\sqrt{3}$

$\triangle ABC=\frac{1}{2}\times6\sqrt{2}\times2\sqrt{3}=6\sqrt{6}$ (cm²)

(2)　円に内接する台形は等脚台形であるから，図のようにA，Dから垂線AH，DIをひくと

△ABH≡△DCI

（直角三角形で斜辺と1つの鋭角が等しい）

よって　BH=CI=1

また，∠AHB=90°だから，三平方の定理により

$AH=\sqrt{(5\sqrt{2})^2-1^2}=\sqrt{50-1}=\sqrt{49}=7$

また，HC=7より

$AC=\sqrt{7^2+7^2}=\sqrt{49\times2}=7\sqrt{2}$

AEが円Oの直径となるようにEをとると

△ABE∽△AHC（2組の角がそれぞれ等しい）

AO=rとおくと　AB：AH=AE：AC

$5\sqrt{2}:7=2r:7\sqrt{2}$　　$14r=70$　　$r=5$

よって　（影のついた部分の面積）

=（円Oの面積）−（台形ABCDの面積）

$=\pi\times5^2-\frac{1}{2}\times(6+8)\times7$

$=25\pi-49$

(3) 図のように円Oと台形ABCDの接点をM，N，Eとすると

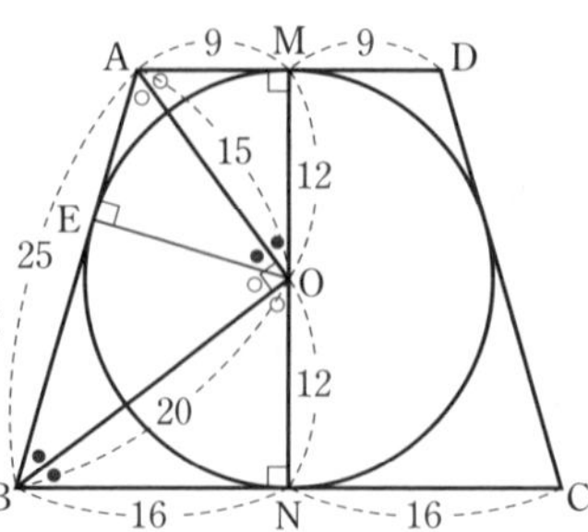

△AOM≡△AOE
（3組の辺がそれぞれ等しい）
△OEB≡△ONB
（3組の辺がそれぞれ等しい）
また，同側内角の和は180°であるから

$2\angle OAE+2\angle OBE=180°$

$\angle OAE+\angle OBE=90°$

よって　$\angle AOB=90°$

三平方の定理により

$AB=\sqrt{15^2+20^2}=\sqrt{625}=25$

△ABOは3辺の比が3：4：5の直角三角形である。
△AOM∽△OBN∽△ABO（2組の角がそれぞれ等しい）

$AM=15\times\frac{3}{5}=9$　　よって　$AD=18$

$MO=15\times\frac{4}{5}=12$　　よって　$MN=24$

$BN=20\times\frac{4}{5}=16$　　よって　$BC=32$

$(台形ABCDの面積)=\frac{1}{2}\times(18+32)\times24$

$=600(cm^2)$

203 (1) **$CR=\frac{9}{7}$**　(2) **$CP=\frac{3+2\sqrt{21}}{5}$**

(3) **$CR=\frac{25}{18}$**

解説 (1) PRはARを折り返した線分であるから，

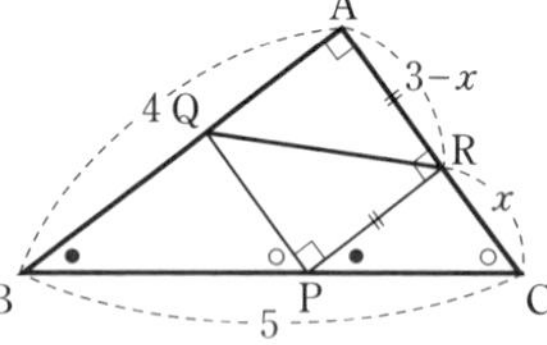

CR＝xとおくと
PR＝AR＝$3-x$
∠ARP＝90°のとき，△ABC∽△RPC（2組の角がそれぞれ等しい）で，△RPCは3辺の比が3：4：5の直角三角形であるから

$x:(3-x)=3:4$

$4x=3(3-x)$

$4x=9-3x$

$7x=9$

$x=\frac{9}{7}$

(2) CR＝1よりRA＝2
よってRP＝2
RからBCに垂線RHをひく。
△ABC∽△HRC
（2組の角がそれぞれ等しい）
3辺の比が3：4：5の直角三角形であるから

$CH=\frac{3}{5}$，$RH=\frac{4}{5}$

△RPHにおいて三平方の定理により

$PH=\sqrt{2^2-\left(\frac{4}{5}\right)^2}$

$=\sqrt{4-\frac{16}{25}}$

$=\sqrt{\frac{84}{25}}$

$=\frac{2\sqrt{21}}{5}$

よって，$CP=\frac{3}{5}+\frac{2\sqrt{21}}{5}$

$=\frac{3+2\sqrt{21}}{5}$

(3) (2)と同様にRからBCに垂線RHをひく。

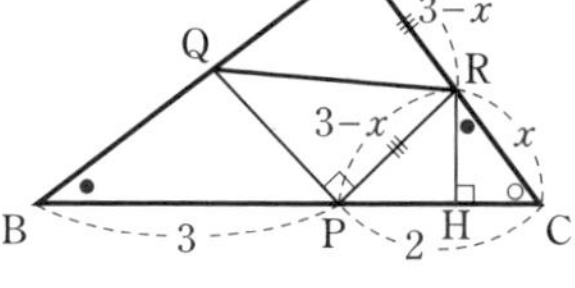

CR＝xとおくと
PR＝AR＝$3-x$
△ABC∽△HRCであるから，

$CH=\frac{3}{5}x$，$RH=\frac{4}{5}x$と表せ，

$PH=2-\frac{3}{5}x$である。

△RPHにおいて三平方の定理により

$(3-x)^2=\left(\frac{4}{5}x\right)^2+\left(2-\frac{3}{5}x\right)^2$

$9-6x+x^2=\frac{16}{25}x^2+4-\frac{12}{5}x+\frac{9}{25}x^2$

$9-6x+x^2=x^2-\frac{12}{5}x+4$

$-6x+\frac{12}{5}x=-5$

$-\frac{18}{5}x=-5$

$x=5\times\frac{5}{18}=\frac{25}{18}$

204 (1) $\dfrac{28\sqrt{2}}{3}\pi$　(2) $\dfrac{9}{5}\pi$

(3) $S=\dfrac{3-2\sqrt{2}}{2}\pi$

解説 (1) 直角二等辺三角形の3辺の比は，$1:1:\sqrt{2}$ であるから，$AD=4$ より

$AB=BD=\dfrac{4}{\sqrt{2}}=2\sqrt{2}$

CからBDに垂線CHをひくと

$CH=\dfrac{2}{\sqrt{2}}=\sqrt{2}$

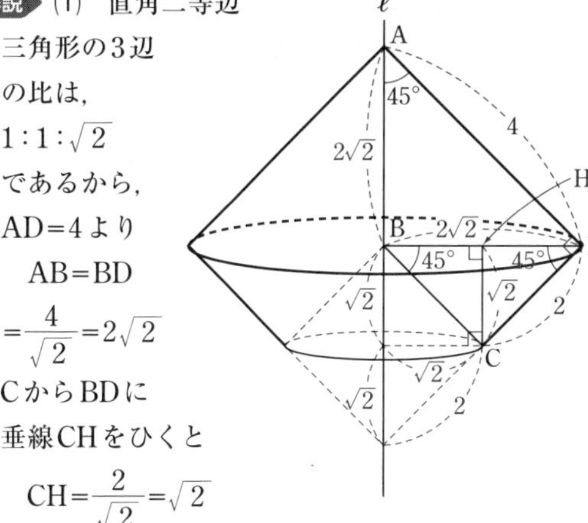

求める立体の体積は，半径$2\sqrt{2}$，高さ$2\sqrt{2}$の円錐2つから，半径$\sqrt{2}$，高さ$\sqrt{2}$の円錐2つを除いたものである。

(回転体の体積)

$=\dfrac{1}{3}\pi\times(2\sqrt{2})^2\times2\sqrt{2}\times2$

$-\dfrac{1}{3}\pi\times(\sqrt{2})^2\times\sqrt{2}\times2$

$=\dfrac{32\sqrt{2}}{3}\pi-\dfrac{4\sqrt{2}}{3}\pi$

$=\dfrac{28\sqrt{2}}{3}\pi$

(2) 直角二等辺三角形の3辺の比は$1:1:\sqrt{2}$ であるから　$AB=3\sqrt{2}$

(求める図形の面積)

$=\triangle ABC+$(おうぎ形ABB′の面積)$-\triangle AB'C'$

$=$(おうぎ形ABB′の面積)

$=\pi\times(3\sqrt{2})^2\times\dfrac{36}{360}=18\pi\times\dfrac{1}{10}$

$=\dfrac{9}{5}\pi\,(cm^2)$

(3) 半円の中心をO′，半円とOBの接点をPとすると

O′P⊥OB

であるから△OPO′は直角二等辺三角形である。半円の半径をrとすると　$OO'=\sqrt{2}r$

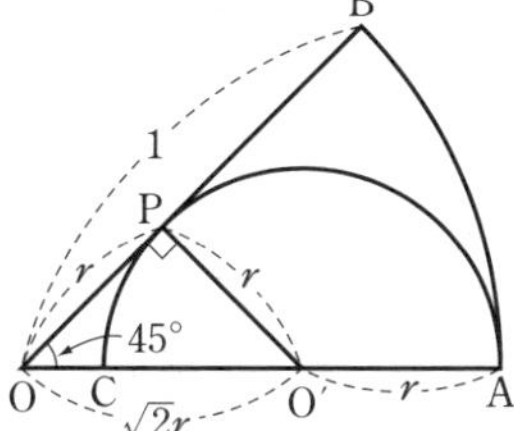

よって　$OA=\sqrt{2}r+r=1$　　$(\sqrt{2}+1)r=1$

$r=\dfrac{1}{\sqrt{2}+1}=\dfrac{1\times(\sqrt{2}-1)}{(\sqrt{2}+1)(\sqrt{2}-1)}=\dfrac{\sqrt{2}-1}{2-1}$

$=\sqrt{2}-1$

$S=\pi\times(\sqrt{2}-1)^2\times\dfrac{1}{2}$

$=(2-2\sqrt{2}+1)\pi\times\dfrac{1}{2}$

$=\dfrac{3-2\sqrt{2}}{2}\pi$

205 (1) $9\sqrt{3}-3\pi\,(cm^2)$

(2) $\dfrac{5}{3}\pi-2\sqrt{3}\,(cm^2)$

(3) $\dfrac{1}{3}\pi-\sqrt{3}+1$

解説 (1) QPは直径であるから

$\angle QAP=\angle QBP=90°$

$AP=BP=3$，$QP=3\times2=6$であるから，三平方の定理により

$QA=QB=\sqrt{6^2-3^2}=\sqrt{27}=3\sqrt{3}$

また，$OA=OP=AP$，$OB=OP=BP$より，△OAP，△OBPはともに正三角形であるから

$\angle APB=60°\times2=120°$

よって，求める面積は

$\dfrac{1}{2}\times3\times3\sqrt{3}\times2-\pi\times3^2\times\dfrac{120}{360}=9\sqrt{3}-3\pi\,(cm^2)$

(2) 半円CとOAの接点をHとする。CH⊥OAであるから，△OCHは，30°，60°，90°の直角三角形である。

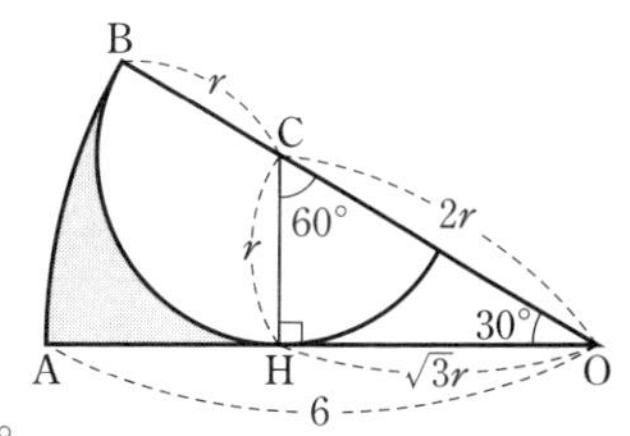

3辺の比は$1:2:\sqrt{3}$ であるから，半円の半径をrとおくと　$OC=2r$

したがって，$2r+r=6$より　$3r=6$　　$r=2$

(影の部分の面積)$=$(おうぎ形OABの面積)$-\triangle OCH-$(おうぎ形CBHの面積)である。

(おうぎ形OABの面積)$=\pi\times6^2\times\dfrac{30}{360}=3\pi$

$OH=\sqrt{3}r=2\sqrt{3}$であるから

$\triangle OCH=\dfrac{1}{2}\times2\sqrt{3}\times2=2\sqrt{3}$

(おうぎ形CBHの面積)$=\pi\times2^2\times\dfrac{120}{360}=\dfrac{4}{3}\pi$

(影の部分の面積)$=3\pi-2\sqrt{3}-\dfrac{4}{3}\pi$

$=\dfrac{5}{3}\pi-2\sqrt{3}\,(cm^2)$

(3)

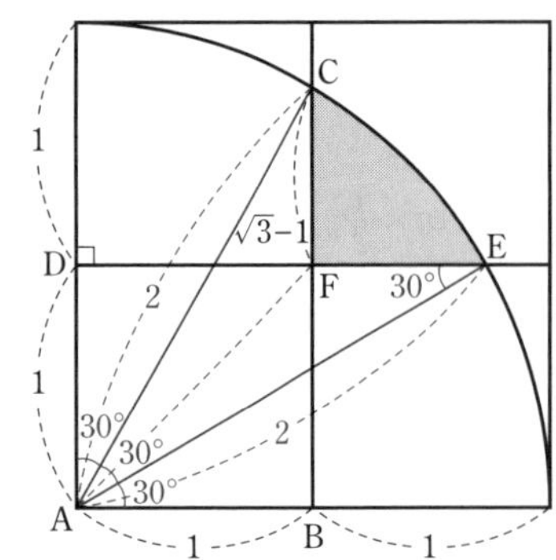

図のように，A，B，C，D，E，Fとする。△ABCは，90°をはさまない2辺の比が1：2であるから，3辺の比が$1:2:\sqrt{3}$の直角三角形である。

よって　∠BAC=60°

また，△ADE≡△ABCであるから

∠DAE=60°

よって　∠DAC=∠CAE=∠BAE=30°

おうぎ形ACEは，半径が2，中心角が30°である。

$CF=BC-FB=\sqrt{3}-1$

図形の対称性より　△AFC≡△AFE

(影の部分の面積)

=(おうぎ形ACEの面積)−△AFC−△AFE

$=\pi\times2^2\times\dfrac{30}{360}-\dfrac{1}{2}\times(\sqrt{3}-1)\times1\times2$

$=\dfrac{1}{3}\pi-(\sqrt{3}-1)$

$=\dfrac{1}{3}\pi-\sqrt{3}+1$

206 (1) $\dfrac{\sqrt{3}}{3}$　(2) $2\sqrt{2}-2$

(3) 順に　$4\sqrt{3}-6$(cm)，

$72-36\sqrt{3}$(cm²)

解説 (1) AOに関しておうぎ形OABを反転させた図形を，おうぎ形OAB′とする。

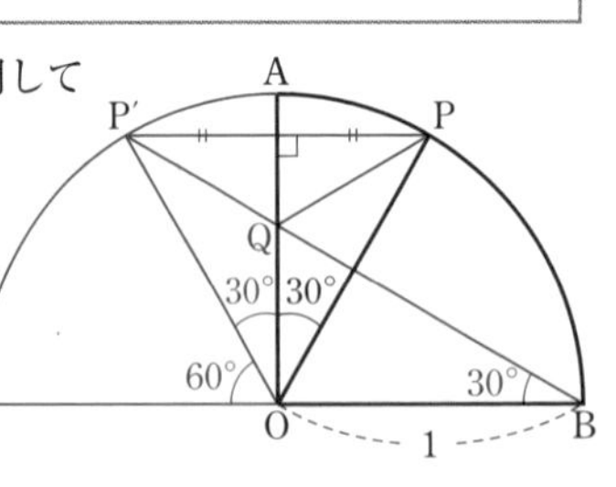

AOに関してPと対称な点P′を$\overset{\frown}{AB'}$上にとると，BP′とAOの交点がQであるとき，PQ+QBは最小となる。

$\overset{\frown}{P'B'}$の中心角∠P′OB′=60°であるから

∠P′BB′=30°

△OBQは30°，60°，90°の直角三角形であるから

$OB:OQ=\sqrt{3}:1$　　$1:OQ=\sqrt{3}:1$

よって　$OQ=\dfrac{1}{\sqrt{3}}=\dfrac{\sqrt{3}}{3}$

(2) 図形の対称性より8つの白い直角二等辺三角形はすべて合同である。等辺の長さをxとおくと3辺の比が$1:1:\sqrt{2}$であることより，図のように表せる。

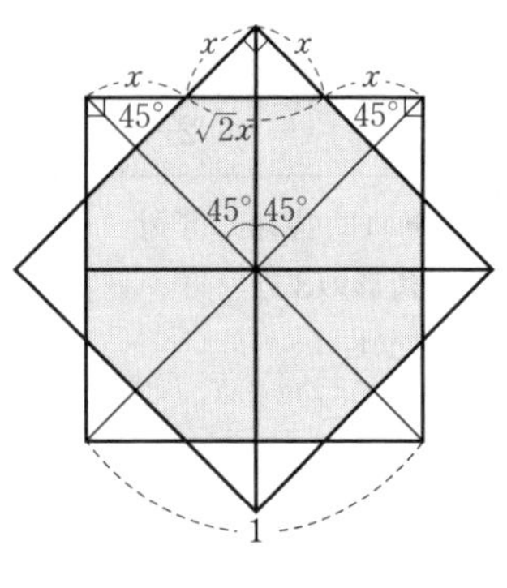

よって

$2x+\sqrt{2}x=1$　　$(2+\sqrt{2})x=1$

$x=\dfrac{1}{2+\sqrt{2}}=\dfrac{1\times(2-\sqrt{2})}{(2+\sqrt{2})(2-\sqrt{2})}=\dfrac{2-\sqrt{2}}{4-2}$

$=\dfrac{2-\sqrt{2}}{2}$

(重なった部分の面積)

$=1\times1-\dfrac{1}{2}\times\dfrac{2-\sqrt{2}}{2}\times\dfrac{2-\sqrt{2}}{2}\times4$

$=1-\dfrac{(2-\sqrt{2})^2}{2}=1-\dfrac{4-4\sqrt{2}+2}{2}=1-\dfrac{6-4\sqrt{2}}{2}$

$=1-(3-2\sqrt{2})=1-3+2\sqrt{2}=2\sqrt{2}-2$

(3) 図のように，O，A，B，P，Q，Rとする。△OABは正三角形，△APQは30°，60°，90°の直角三角形である。

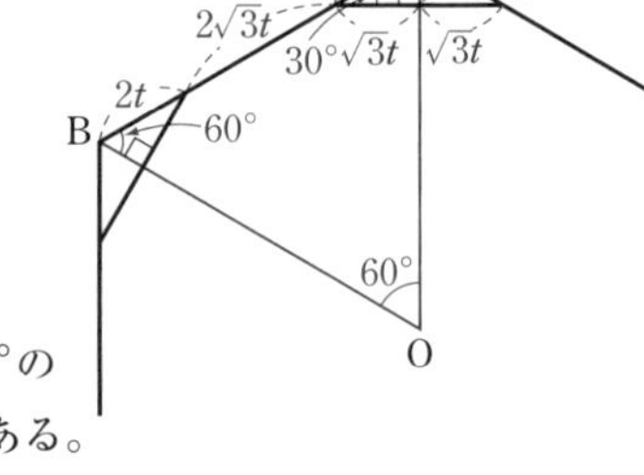

$AQ:AP:PQ=1:2:\sqrt{3}$であるから，

AQ=tとおくと

$AP=2t$，$PQ=\sqrt{3}t$，$PR=2\sqrt{3}t$

よって　$4t+2\sqrt{3}t=2$　　$2t+\sqrt{3}t=1$

$(2+\sqrt{3})t=1$

$t=\dfrac{1}{2+\sqrt{3}}=\dfrac{2-\sqrt{3}}{(2+\sqrt{3})(2-\sqrt{3})}=\dfrac{2-\sqrt{3}}{4-3}$

$=2-\sqrt{3}$

(正十二角形の1辺の長さ)=PR

$=2\sqrt{3}(2-\sqrt{3})=4\sqrt{3}-6$(cm)

ここで，1辺の長さがaの正三角形の面積をSとすると

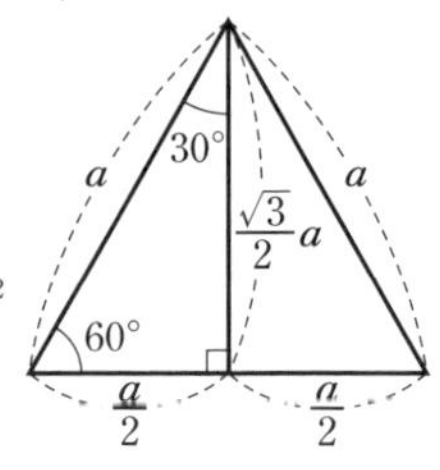

$S=\dfrac{1}{2}\times a\times\dfrac{\sqrt{3}}{2}a=\dfrac{\sqrt{3}}{4}a^2$

よって

(正六角形の面積) $=\dfrac{\sqrt{3}}{4}\times 2^2\times 6=6\sqrt{3}$

(正十二角形の面積)

$=$(正六角形の面積) $-\triangle APR\times 6$

$=6\sqrt{3}-\dfrac{1}{2}\times(4\sqrt{3}-6)(2-\sqrt{3})\times 6$

$=6\sqrt{3}-3(4\sqrt{3}-6)(2-\sqrt{3})$

$=6\sqrt{3}-3(8\sqrt{3}-12-12+6\sqrt{3})$

$=6\sqrt{3}-3(14\sqrt{3}-24)$

$=6\sqrt{3}-42\sqrt{3}+72$

$=72-36\sqrt{3}\,(\mathrm{cm}^2)$

207 (1) $\sqrt{3}$ **倍**

(2) ① **AF** $=\dfrac{\sqrt{6}}{3}$ ② $\triangle$**AOE** $=\dfrac{\sqrt{3}}{4}$

解説 (1)

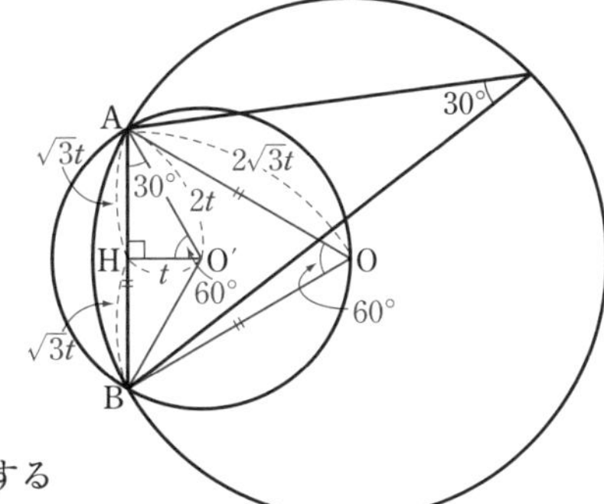

$\overset{\frown}{AB}$ に対する

円周角が30°であるから

$\angle AOB=60°$

OA=OBより，△OABは正三角形である。

また，円O′における $\overset{\frown}{AB}$ に対する円周角が60°であるから

$\angle AO'B=120°$

O′からABに垂線O′Hをひくと　AH=BH

また，△O′AHは30°，60°，90°の直角三角形である。

$O'H=t$ とおくと

$AO'=2t$，$AH=\sqrt{3}t$，$AB=2\sqrt{3}t$

$\dfrac{\text{円Oの半径}}{\text{円O′の半径}}=\dfrac{AO}{AO'}=\dfrac{AB}{AO'}=\dfrac{2\sqrt{3}t}{2t}=\sqrt{3}$ (倍)

(2) ① $\angle BAC=90°$，$\angle ABC=\dfrac{180°-90°}{2}=45°$ より

$\angle ABE=\angle ABC-\angle EBC$

$=45°-15°$

$=30°$

$\angle ACE$ は $\overset{\frown}{AE}$ に対する円周角であるから

$\angle ACF=\angle ABE=30°$

よって，△ACFは30°，60°，90°の直角三角形である。

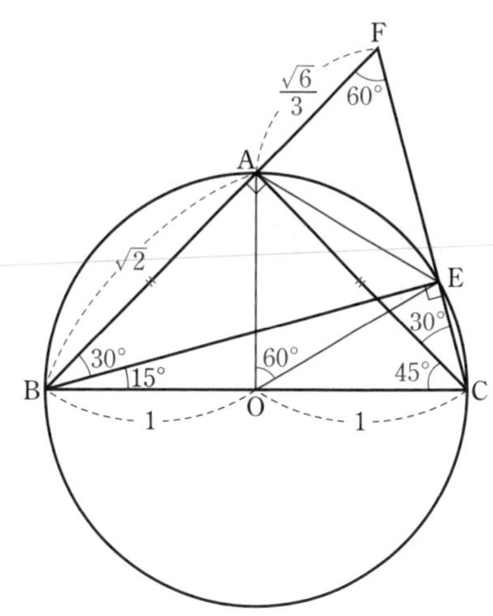

$AF:AC=1:\sqrt{3}$ で，

$AC=\sqrt{2}$ であるから

$AF:\sqrt{2}=1:\sqrt{3}$　　$\sqrt{3}AF=\sqrt{2}$

$AF=\dfrac{\sqrt{2}}{\sqrt{3}}=\dfrac{\sqrt{6}}{3}$

② $\angle AOE=60°$ であるから△AOEは1辺の長さが1の正三角形である。

1辺の長さが a の正三角形の面積 S を求める公式は　$S=\dfrac{\sqrt{3}}{4}a^2$　(206 (3)参照)　であるから

$\triangle AOE=\dfrac{\sqrt{3}}{4}\times 1^2=\dfrac{\sqrt{3}}{4}$

208 (1) 9π　(2) **24**

(3) $\dfrac{3}{2}$　(4) $15+3\pi$

解説 (1)

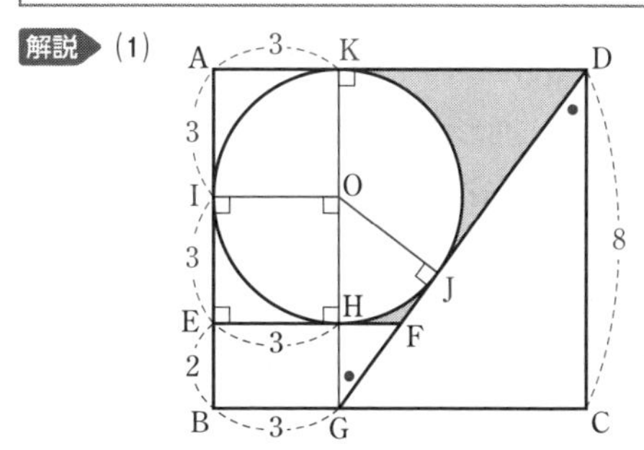

AEと円Oの接点をIとすると，四角形OIEHは正方形であるから，円Oの半径は3cm

よって　(円Oの面積) $=\pi\times 3^2=9\pi\,(\mathrm{cm}^2)$

(2) DGと円Oの接点をJとする。

OG=3+2=5，OJ=3より，△OGJは3辺の比が3:4:5の直角三角形。

また　△GOJ∽△DGC(2組の角がそれぞれ等しい)でDC=8であるから

$GC=8\times\dfrac{3}{4}=6$

よって　$\triangle DGC=\dfrac{1}{2}\times6\times8=24(cm^2)$

(3)　$\triangle GFH\backsim\triangle GOJ$(2組の角がそれぞれ等しい)でHG=2であるから

$HF=2\times\dfrac{3}{4}=\dfrac{3}{2}(cm)$

(4)　ADと円Oの接点をKとする。

(影の部分の周の長さ)

$=HF+FJ+KD+JD+\overset{\frown}{HJK}$

ここで，円外の1点から円にひいた2本の接線の1点から接点までの距離は等しいので

$FJ=HF=\dfrac{3}{2}$，$JD=KD=GC=6$

(影の部分の周の長さ)

$=\dfrac{3}{2}+\dfrac{3}{2}+6+6+2\times\pi\times3\times\dfrac{1}{2}$

$=15+3\pi(cm)$

209 (1) $\mathbf{AB=\dfrac{10\sqrt{3}}{3}+5(cm)}$

(2) $\mathbf{\triangle GHI=10\sqrt{3}+15(cm^2)}$

解説 (1)　$\overset{\frown}{EH}$に対する円周角であるから

$\angle EGH$

$=\dfrac{1}{2}\angle HOE=30^\circ$

また　$\angle OEA=90^\circ$

したがって

$\angle EAH=60^\circ$

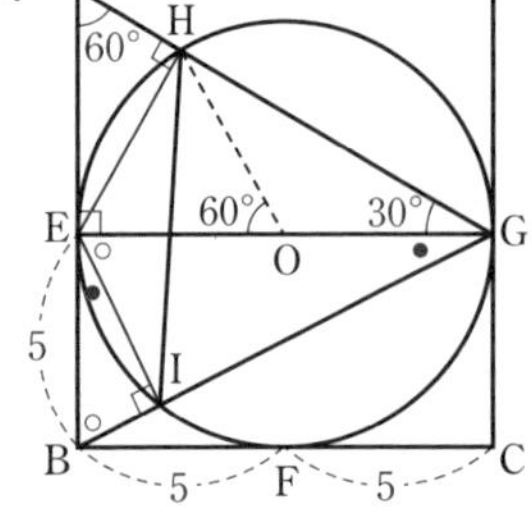

△OEHは正三角形であるから　EH=OH=5

よって　$AE=EH\times\dfrac{2}{\sqrt{3}}=\dfrac{10}{\sqrt{3}}=\dfrac{10\sqrt{3}}{3}$

$AB=AE+EB=\dfrac{10\sqrt{3}}{3}+5$

(2)　$\angle AGD=90^\circ-\angle AGE=60^\circ$より

$\angle AGD=\angle GAB$

接弦定理により

$\angle GIH=\angle AGD$

よって　$\angle GIH=\angle GAB$

2組の角がそれぞれ等しいので

$\triangle GHI\backsim\triangle GBA$

$GH=\dfrac{\sqrt{3}}{2}GE=5\sqrt{3}$

$GB=\sqrt{5^2+10^2}=5\sqrt{5}$

よって

$\triangle GHI:\triangle GBA=(5\sqrt{3})^2:(5\sqrt{5})^2=3:5$

$\triangle GHI=\dfrac{3}{5}\triangle GBA=\dfrac{3}{5}\times\dfrac{1}{2}\times\left(\dfrac{10\sqrt{3}}{3}+5\right)\times10$

$=10\sqrt{3}+15(cm^2)$

210 (1) $\mathbf{15\sqrt{7}}$　(2) $\mathbf{\dfrac{5\sqrt{7}}{2}}$

(3) $\mathbf{\dfrac{175\sqrt{7}}{96}}$

解説 (1)　AからBCに垂線AHをひく。BH=x，AH=hとすると

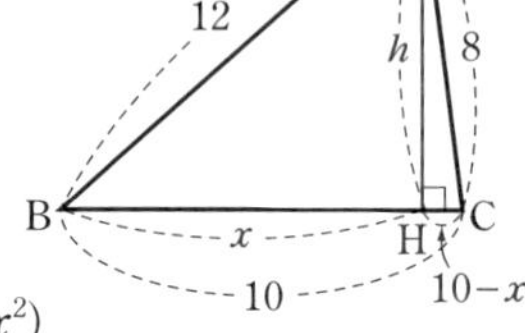

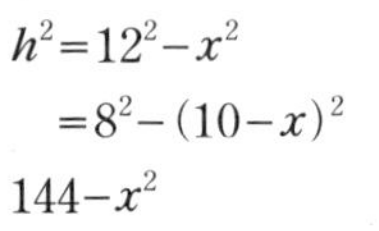

$h^2=12^2-x^2$

$=8^2-(10-x)^2$

$144-x^2$

$=64-(100-20x+x^2)$

$144-x^2=64-100+20x-x^2$　$20x=180$　$x=9$

$h^2=12^2-9^2$より

$h=\sqrt{12^2-9^2}=\sqrt{(12+9)(12-9)}=\sqrt{21\times3}=3\sqrt{7}$

よって　$\triangle ABC=\dfrac{1}{2}\times10\times3\sqrt{7}=15\sqrt{7}(cm^2)$

(2)

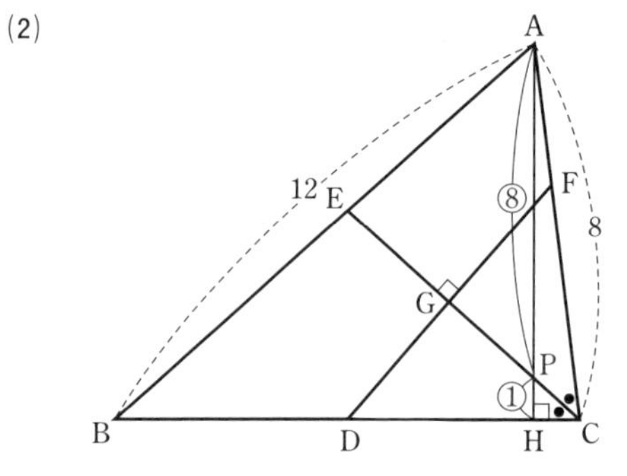

AHとCEの交点をPとおく。

角の二等分線の性質により

AP : PH=AC : CH=8 : 1

よって　$PH=\dfrac{1}{9}h=\dfrac{\sqrt{7}}{3}$

△CPHで三平方の定理により

$CP=\sqrt{CH^2+PH^2}=\dfrac{4}{3}$

$\triangle CPH\backsim CDG$(2組の角がそれぞれ等しい)より

CD : DG=CP : PH

$5:DG=\dfrac{4}{3}:\dfrac{\sqrt{7}}{3}$

$DG=\dfrac{5\sqrt{7}}{4}$

$DF=2DG=\dfrac{5\sqrt{7}}{2}(cm)$

(3)

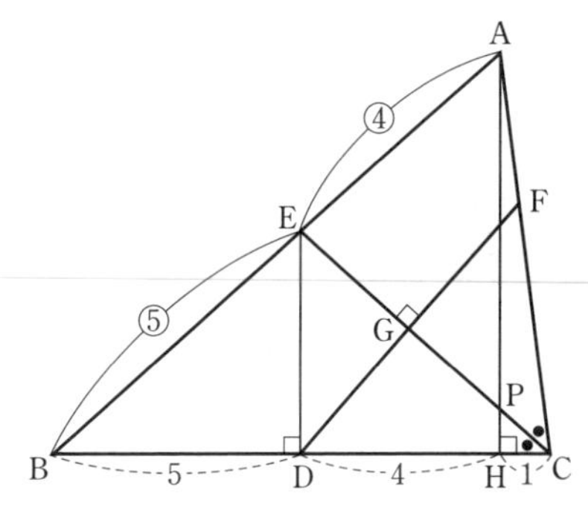

角の二等分線の性質により

AE : EB＝AC : BC＝8 : 10＝4 : 5

HD : DB＝4 : 5より　AH∥ED

よって　ED⊥BCであるから

△DGE∽△CGD∽△CHP（2組の角がそれぞれ等しい）

よって

$$\triangle DGE : \triangle CHP = DG^2 : CH^2 = \left(\frac{5\sqrt{7}}{4}\right)^2 : 1^2$$

$$\triangle DGE = \left(\frac{5\sqrt{7}}{4}\right)^2 \triangle CHP$$

$$= \left(\frac{5\sqrt{7}}{4}\right)^2 \times \frac{1}{2} \times 1 \times \frac{\sqrt{7}}{3}$$

$$= \frac{175\sqrt{7}}{96}\ (\text{cm}^2)$$

211　$\triangle PAB = \dfrac{36}{5}$

解説

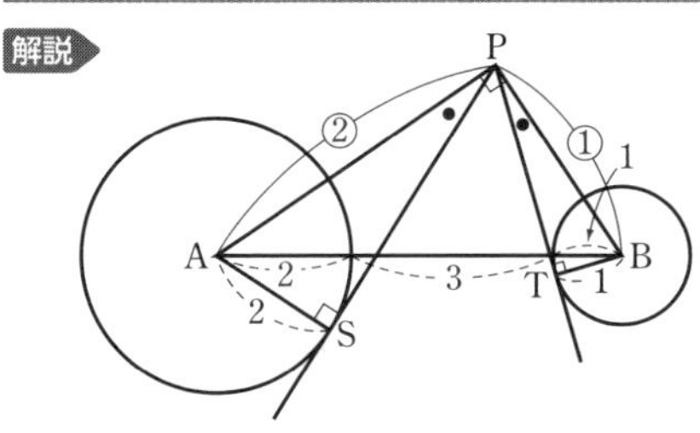

△PAS∽△PBT（2組の角がそれぞれ等しい）であるから

PA : PB＝AS : BT＝2 : 1

PB＝t，PA＝$2t$（$t>0$）とおく。

△PABにおいて，三平方の定理により

$PA^2+PB^2=AB^2$　　$(2t)^2+t^2=6^2$

$5t^2=36$　　$t^2=\dfrac{36}{5}$

$t>0$より　$t=\dfrac{6}{\sqrt{5}}=\dfrac{6\sqrt{5}}{5}$

よって，$PB=\dfrac{6\sqrt{5}}{5}$，$PA=\dfrac{12\sqrt{5}}{5}$であるから

$$\triangle PAB = \frac{1}{2} \times \frac{6\sqrt{5}}{5} \times \frac{12\sqrt{5}}{5} = \frac{36}{5}$$

212　(1) $PQ=6\sqrt{3}$ cm　　(2) $\sqrt{21}$ cm

解説　(1)　2つの円は，中心を通る直線ABについて対称であるから，ABとPQの交点をHとすると

PH⊥AB

PQ＝2PH

AH＝x，

PH＝h

とおくと

$h^2=(3\sqrt{7})^2-x^2$

$=6^2-(9-x)^2$

$63-x^2=36-(81-18x+x^2)$

$63-x^2=36-81+18x-x^2$

$18x=108$　　$x=6$

$h=\sqrt{(3\sqrt{7})^2-6^2}=\sqrt{63-36}$

$=\sqrt{27}=3\sqrt{3}$

PQ＝2PH＝$6\sqrt{3}$ (cm)

(2)　△ABPの外接円の中心をOとする。

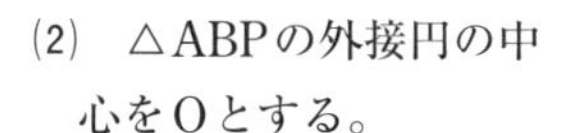

POの延長と円Oの交点をRとすると

△AHP∽△RBP（2組の角がそれぞれ等しい）

PO＝rとおくと　PA : PR＝HP : BP

$3\sqrt{7} : 2r = 3\sqrt{3} : 6$　　$6\sqrt{3}\,r = 18\sqrt{7}$

$r=\dfrac{18\sqrt{7}}{6\sqrt{3}}=\dfrac{3\sqrt{7}}{\sqrt{3}}=\dfrac{3\sqrt{21}}{3}=\sqrt{21}$ (cm)

213　(1) $\dfrac{\sqrt{5}}{2}$　　(2) $\sqrt{11}$

解説　(1)　$\overset{\frown}{CPD}$をもつ円O′をかく。

円O′と円Oの半径は等しいから

O′C＝O′D

＝O′P＝2

∠O′PO＝90°

$OO'=\sqrt{2^2+1^2}$

$=\sqrt{5}$

Mは，ひし形DOCO′の対角線の交点であるから

$OM=\dfrac{1}{2}OO'=\dfrac{\sqrt{5}}{2}$

(2)　ひし形の対角線は垂直に交わるから

∠OMD＝90°

三平方の定理により

$DM=\sqrt{2^2-\left(\frac{\sqrt{5}}{2}\right)^2}=\sqrt{4-\frac{5}{4}}=\sqrt{\frac{11}{4}}=\frac{\sqrt{11}}{2}$

よって　$CD=2\times\frac{\sqrt{11}}{2}=\sqrt{11}$

214 (1) **BD=3**　(2) **12**
(3) **DE=2**

解説 (1)　角の二等分線の性質により

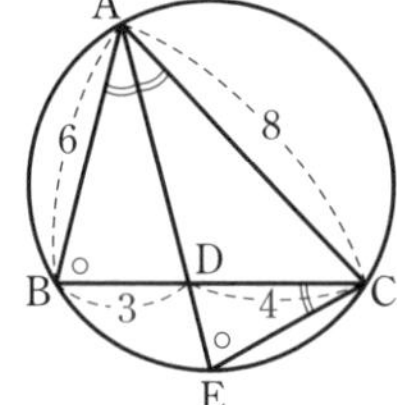

$BD:DC=AB:AC$
$=6:8=3:4$

$BD=7\times\frac{3}{3+4}=3$

(2)　△ABD∽△CED(2組の角がそれぞれ等しい)であるから

$AD:CD=BD:ED$　　$AD:4=3:ED$

$AD\times ED=12$

(3)　AからBCにひいた垂線をAHとする。

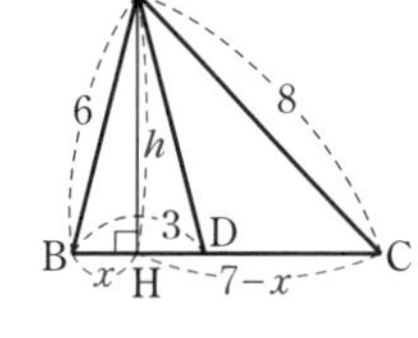

$BH=x$，$AH=h$とすると

$h^2=6^2-x^2=8^2-(7-x)^2$

$36-x^2$
$=64-(49-14x+x^2)$

$36-x^2=64-49+14x-x^2$　　$14x=21$　　$x=\frac{3}{2}$

$HD=3-\frac{3}{2}=\frac{3}{2}$であるから　△ABH≡△ADH
(2組の辺とその間の角がそれぞれ等しい)

よって　$AD=AB=6$

$AD\times DE=12$であるから　$6\times DE=12$

よって　$DE=2$

(別解)

$DE=x$とする。△CED∽△ABDより

$DE:DB=CE:AB$　　$x:3=CE:6$

よって　$CE=2x$

また，△AEC∽△CED(2組の角がそれぞれ等しい)より

$AE:CE=AC:CD$　　$AE:2x=8:4$

よって　$AE=4x$　　$AD=AE-DE=4x-x=3x$

(2)より，$AD\times DE=12$であるから　$3x\times x=12$

$x^2=4$　　$x=\pm2$　　$x>0$より　$x=2$

215 (1) **∠AOB=120°**　(2) **$AP=\frac{6\sqrt{19}}{5}$**

解説 (1)　BOの延長とAを通ってOPに平行な直線との交点をCとする。

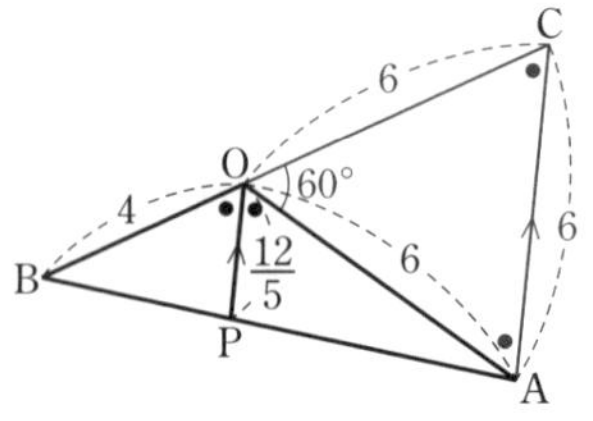

平行線の同位角は等しいので　∠BOP=∠OCA

また，錯角も等しいので　∠AOP=∠OAC

∠BOP=∠AOPであるから　∠OCA=∠OAC

よって，△OACはOA=OC(=6)の二等辺三角形である。

△BACで　OP∥CA

ゆえに　CA：OP=BC：BO

$CA:\frac{12}{5}=10:4$　　$CA=6$

3辺が等しいので，△OACは正三角形である。

よって　∠AOC=60°

ゆえに　∠AOB=120°

(2)　AからOCに垂線AHをひく。

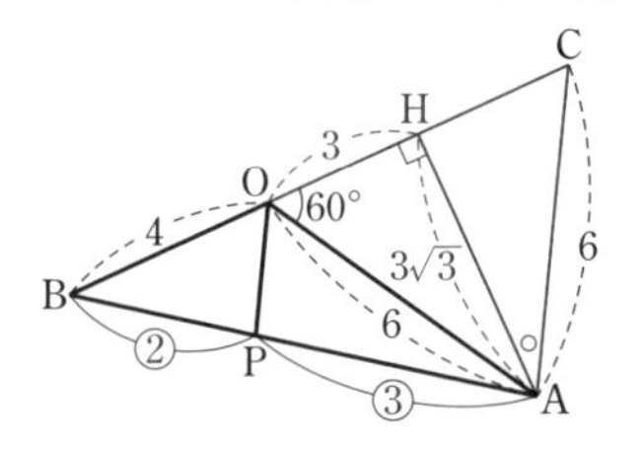

△OAHは3辺の比が$1:2:\sqrt{3}$の直角三角形であるから，OA=6より　OH=3，$AH=3\sqrt{3}$

△ABHにおいて，三平方の定理により

$AB=\sqrt{7^2+(3\sqrt{3})^2}=\sqrt{49+27}=\sqrt{76}=2\sqrt{19}$

角の二等分線の性質により

$AP:PB=OA:OB=6:4=3:2$

よって　$AP=2\sqrt{19}\times\frac{3}{5}=\frac{6\sqrt{19}}{5}$

216 (1) **$DQ=\frac{6\sqrt{7}}{7}$**　(2) **AP=6**
(3) **$\frac{2}{3}\pi$**

解説 (1)　三平方の定理により

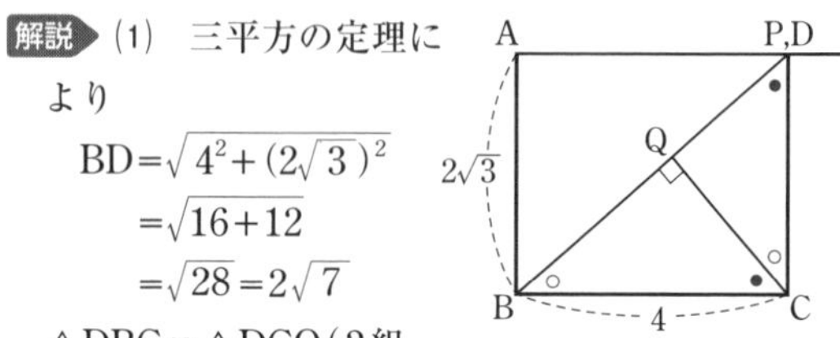

$BD=\sqrt{4^2+(2\sqrt{3})^2}$
$=\sqrt{16+12}$
$=\sqrt{28}=2\sqrt{7}$

△DBC∽△DCQ(2組の角がそれぞれ等しい)

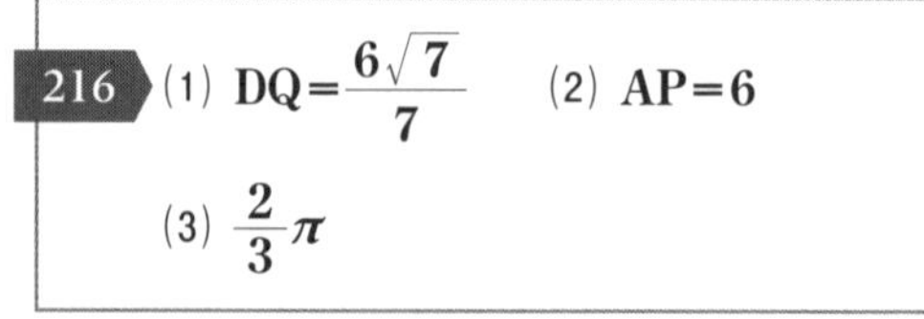

であるから

$DB:DC=DC:DQ$

$2\sqrt{7}:2\sqrt{3}=2\sqrt{3}:DQ$

$DQ=\dfrac{12}{2\sqrt{7}}=\dfrac{6}{\sqrt{7}}=\dfrac{6\sqrt{7}}{7}$

(2)

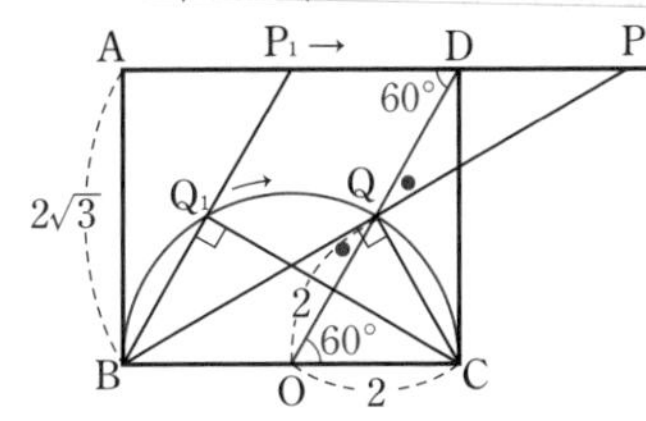

Pが半直線AD上を動くと，$\angle BQC=90^\circ$だから QはBCの中点Oを中心とする半径2の半円の周上を動く。

DQが最小となるのはQがOD上にあるときである。

△OCDは3辺の比が$1:2:\sqrt{3}$の直角三角形であるから　$OD=4$

よって　$DQ=OQ=2$

$\triangle BOQ\equiv\triangle PDQ$（1組の辺とその両端の角がそれぞれ等しい）より

$PD=BO=2$

よって　$AP=4+2=6$

(3)　DQが動いてできる図形は，右の図の色の部分である。

Dからひいた接線のC以外の接点をTとすると

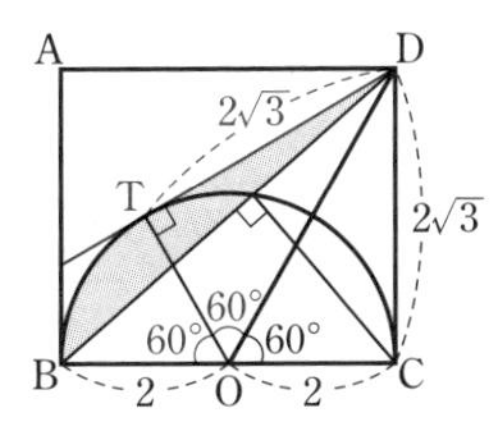

$\triangle OCD\equiv\triangle OTD$（3組の辺がそれぞれ等しい）

よって　$\angle COD=\angle TOD=\angle BOT=60^\circ$

（求める図形の面積）

$=\triangle OCD+\triangle OTD+$（おうぎ形OBTの面積）$-\triangle BCD$

$=\dfrac{1}{2}\times2\times2\sqrt{3}\times2+\pi\times2^2\times\dfrac{60}{360}-\dfrac{1}{2}\times4\times2\sqrt{3}$

$=4\sqrt{3}+\dfrac{2}{3}\pi-4\sqrt{3}=\dfrac{2}{3}\pi$

（注意）

BT∥ODより等積変形できるので，

（求める面積）＝（おうぎ形OBTの面積）となる。

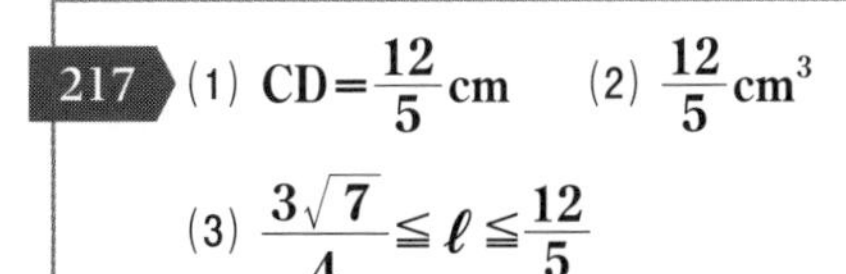

217　(1)　$CD=\dfrac{12}{5}$cm　(2)　$\dfrac{12}{5}$cm^3

(3)　$\dfrac{3\sqrt{7}}{4}\leqq\ell\leqq\dfrac{12}{5}$

解説　(1)　△ABCは3辺の比が3：4：5より，$\angle A=90^\circ$の直角三角形である。

3点A，B，CはMを中心とする半径$\dfrac{5}{2}$の半円の周上にあるから

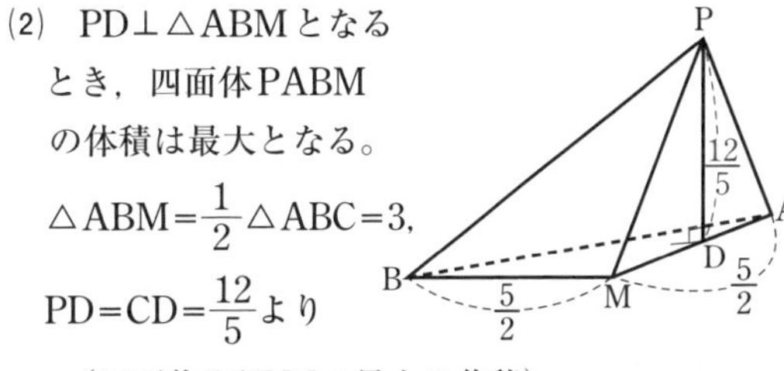

$AM=\dfrac{5}{2}$

$\triangle ABC=\dfrac{1}{2}\times3\times4=6$

$\triangle AMC=\dfrac{1}{2}\triangle ABC=3$

よって　$\dfrac{1}{2}\times AM\times CD=3$

$\dfrac{1}{2}\times\dfrac{5}{2}\times CD=3$　　$CD=3\times\dfrac{4}{5}=\dfrac{12}{5}$(cm)

(2)　$PD\perp\triangle ABM$となるとき，四面体PABMの体積は最大となる。

$\triangle ABM=\dfrac{1}{2}\triangle ABC=3$,

$PD=CD=\dfrac{12}{5}$より

（四面体PABMの最大の体積）

$=\dfrac{1}{3}\times3\times\dfrac{12}{5}=\dfrac{12}{5}$(cm^3)

(3)　ℓの最大は，(2)の場合のPD，最小は，平面ABMに垂直な直線ABを含む平面上にPがあるときで，次の図のP_0H_0（H_0は，P_0から平面ABM上にひいた垂線と平面との交点）

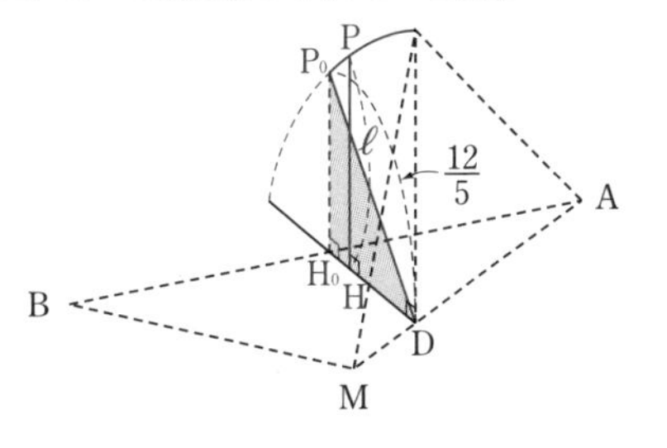

$P_0H_0=\sqrt{P_0D^2-DH_0{}^2}$

また，H_0は次の図のCDの延長とABとの交点であるから

$\triangle DAH_0\backsim\triangle DCA\backsim\triangle ABC$（2組の角がそれぞれ等しい）

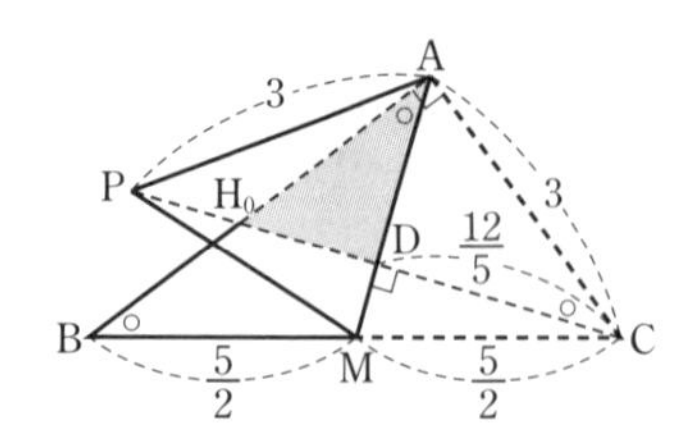

よって　$AD:DC:CA=AD:\frac{12}{5}:3=3:4:5$

であるから　$AD=3\times\frac{3}{5}=\frac{9}{5}$

$H_0D=\frac{9}{5}\times\frac{3}{4}=\frac{27}{20}$

以上より

P_0H_0

$=\sqrt{\left(\frac{12}{5}\right)^2-\left(\frac{27}{20}\right)^2}=\sqrt{\left(\frac{12}{5}+\frac{27}{20}\right)\left(\frac{12}{5}-\frac{27}{20}\right)}$

$=\sqrt{\frac{75}{20}\times\frac{21}{20}}=\sqrt{\frac{3\times5^2\times3\times7}{2^2\times5\times2^2\times5}}=\frac{3\sqrt{7}}{4}$

よって，求めるℓの値の範囲は　$\frac{3\sqrt{7}}{4}\leqq\ell\leqq\frac{12}{5}$

218 (1) $t=1$　(2) $t=\frac{3}{13}$　(3) $t=\frac{3}{5}$

解説 (1)　PA＝PB より△PABは二等辺三角形である。頂角の頂点から底辺に下ろした垂線は底辺を二等分するから，垂線をPHとすると，HはABの中点である。

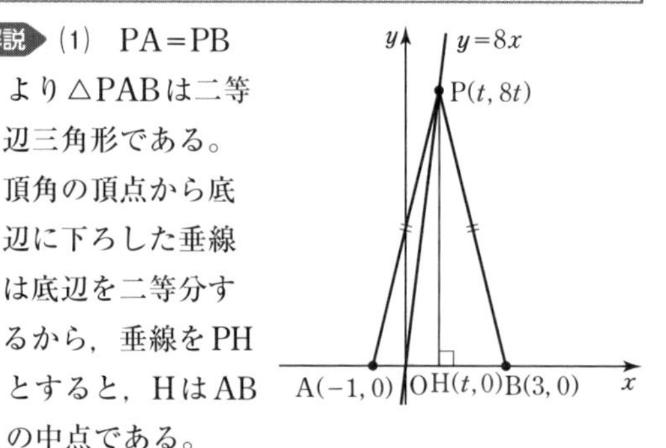

よって　$t=\frac{-1+3}{2}=1$

(2)　PA⊥PBより，直線PAとPBの傾きの積は−1となる。P(t,　8t)とおくと

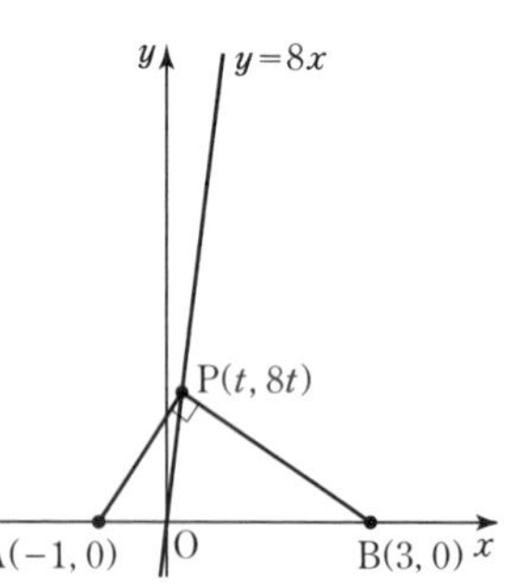

$\frac{8t-0}{t-(-1)}\times\frac{8t-0}{t-3}=-1$

$\frac{8t}{t+1}\times\frac{8t}{t-3}=-1$

$\frac{64t^2}{(t+1)(t-3)}=-1$

$64t^2=-(t+1)(t-3)$

$64t^2=-(t^2-2t-3)$

$64t^2=-t^2+2t+3$

$65t^2-2t-3=0$

$(13t-3)(5t+1)=0$

$t=\frac{3}{13},\ -\frac{1}{5}$

$t>0$より，$t=\frac{3}{13}$

△PABで三平方の定理を用いて求めてもよい。

(3)　ABの中点を(1)に合わせてHとするとH(1, 0)　Q(1, 2)をとると，△ABQは直角二等辺三角形である。

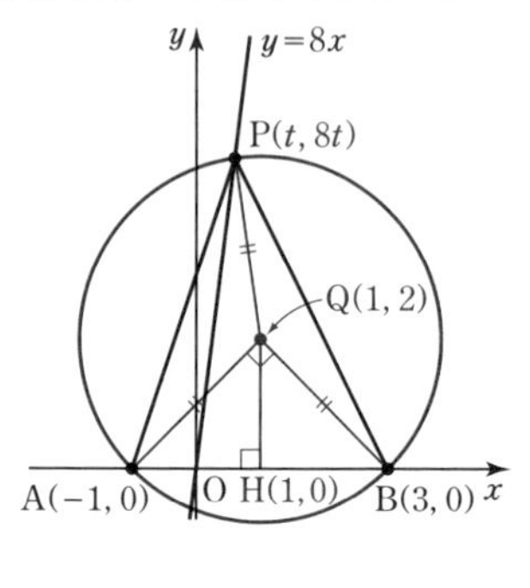

点Qを中心に半径$AQ=2\sqrt{2}$の円をかくと，求めるPはこの円の円周上にある。

$PQ=AQ=2\sqrt{2}$であるから，三平方の定理により

$\sqrt{(t-1)^2+(8t-2)^2}=2\sqrt{2}$

$(t-1)^2+(8t-2)^2=8$

$t^2-2t+1+64t^2-32t+4=8$

$65t^2-34t-3=0$

$(5t-3)(13t+1)=0$

$t=\frac{3}{5},\ -\frac{1}{13}$

$t>0$より　$t=\frac{3}{5}$

入試メモ 218の(1)(2)(3)のPの位置をP_1，P_2，P_3とすると下のようになる。

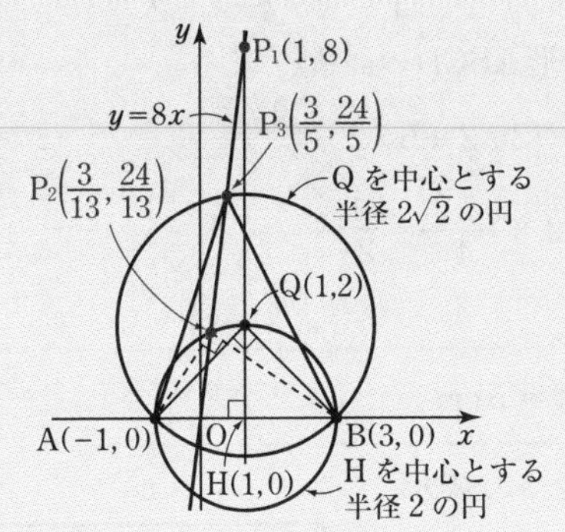

また，座標平面上における2点$A(x_1,\ y_1)$と$B(x_2,\ y_2)$の間の距離は

$$AB=\sqrt{(x_2-x_1)^2+(y_2-y_1)^2}$$

で求めることができる。

219 (1) **B(3，9)**　(2) **DE$=2\sqrt{19}$**　(3) **C(5，7)**

解説 (1) Bを通りy軸に平行な直線と，Aを通りx軸に平行な直線の交点をHとすると，直線ABの傾きが2であるから

$AH:BH=1:2$

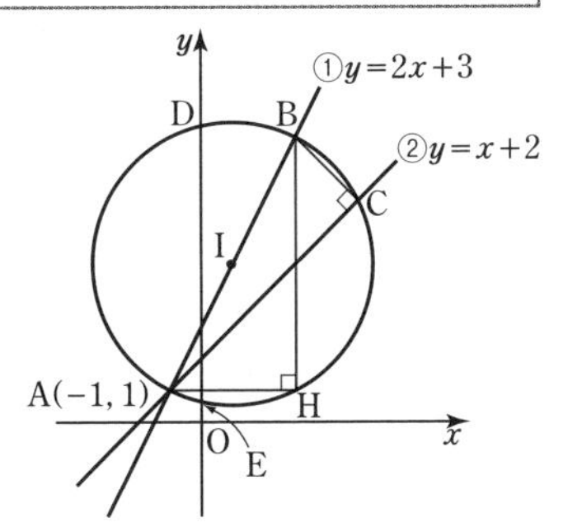

よって，△AHBは3辺の比が$1:2:\sqrt{5}$の直角三角形である。

$AB=4\sqrt{5}$より

$AH=4,\ BH=8$

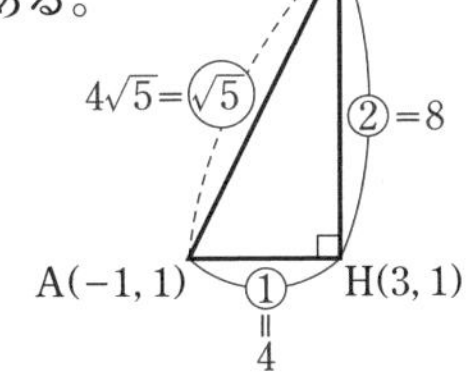

A(−1，1)であるから

$B(-1+4,\ 1+8)$

よって　B(3，9)

(2) IはABの中点であるから，

$I\left(\dfrac{-1+3}{2},\ \dfrac{1+9}{2}\right)$より　I(1，5)

Iからy軸に垂線IMをひくと

M(0，5)

△DMI(∠DMI=90°)において，三平方の定理により

$DM=\sqrt{(2\sqrt{5})^2-1^2}=\sqrt{20-1}=\sqrt{19}$

DM=EMであるから　$DE=2\sqrt{19}$

(3) 直線②の式を$y=x+b$とすると，A(−1，1)を通るから

$1=-1+b$　　$b=2$

よって　$y=x+2$

ABは直径であるから　直線BC⊥直線②

直線BCの傾きは　−1

直線BCの式を$y=-x+k$とすると，B(3，9)を通るから

$9=-3+k$　　$k=12$

よって　$y=-x+12$

点Cは直線BCと直線②の交点であるから

$\begin{cases} y=x+2 \\ y=-x+12 \end{cases}$ を解いて

$x+2=-x+12$　　$2x=10$　　$x=5$

$y=5+2=7$

したがって　C(5，7)

220 (1) **R(0，10)**，(円の半径) **6**　(2) **P$(-4\sqrt{2},\ 8)$**　(3) **$16\sqrt{2}+2\sqrt{5}$**

解説 (1) A，Bからy軸に垂線AH，BIをひく。

∠AHR=90°，∠BIR=90°だから，三平方の定理により

$AR^2=AH^2+HR^2$

$BR^2=BI^2+RI^2$

$AR=BR=r$，

R(0，a)とおくと

$r^2=(2\sqrt{5})^2+(14-a)^2=(\sqrt{11})^2+(a-5)^2$

$20+196-28a+a^2=11+a^2-10a+25$

$18a=180$　　$a=10$より　R(0，10)

$r=\sqrt{(2\sqrt{5})^2+4^2}=\sqrt{20+16}=\sqrt{36}=6$

(2) $P\left(-p,\ \dfrac{1}{4}p^2\right)$ $(p>0)$とおく。

Pからy軸に垂線PJをひく。

三平方の定理により

$$p^2+\left(10-\frac{1}{4}p^2\right)^2=6^2$$

$p^2+100-5p^2+\dfrac{1}{16}p^4=36$　　$\dfrac{1}{16}p^4-4p^2+64=0$

$p^4-64p^2+1024=0$　　$(p^2-32)^2=0$　　$p^2=32$

$p=\pm\sqrt{32}=\pm4\sqrt{2}$　　$p>0$より　$p=4\sqrt{2}$

よって　$P(-4\sqrt{2},\ 8)$

(3) PとQはy軸に関して対称であるから

$Q(4\sqrt{2},\ 8)$

PQとy軸の交点をKとする。

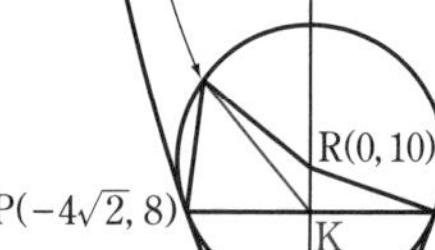

（求める図形の面積）

$=\triangle APK + \triangle AKR + \triangle RKQ$

$=\dfrac{1}{2}\times4\sqrt{2}\times(14-8)+\dfrac{1}{2}\times(10-8)\times2\sqrt{5}$

$+\dfrac{1}{2}\times4\sqrt{2}\times(10-8)$

$=12\sqrt{2}+2\sqrt{5}+4\sqrt{2}$

$=16\sqrt{2}+2\sqrt{5}$

221 (1) $18\sqrt{6}$　(2) $\dfrac{81}{2}$

解説 (1) 切り口は，図のようなひし形となる。

A，B，C以外の頂点をDとすると

$AB=\sqrt{6^2+6^2}$

$=\sqrt{36\times2}=6\sqrt{2}$

$CD=\sqrt{6^2+6^2+6^2}$

$=\sqrt{36\times3}=6\sqrt{3}$

（ひし形ADBCの面積）

$=AB\times CD\times\dfrac{1}{2}=6\sqrt{2}\times6\sqrt{3}\times\dfrac{1}{2}=18\sqrt{6}$

(2) 切り口は，図のような等脚台形となる。

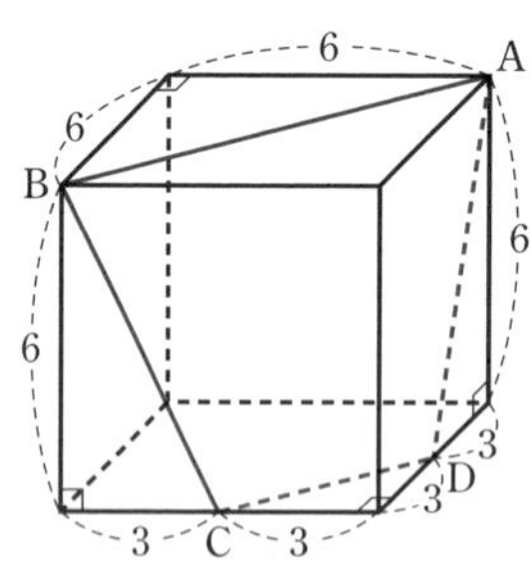

$AB=6\sqrt{2}$

$CD=3\sqrt{2}$

$BC=\sqrt{6^2+3^2}$

$=\sqrt{36+9}=\sqrt{45}$

$=3\sqrt{5}$

CからABに垂線CHをひく。

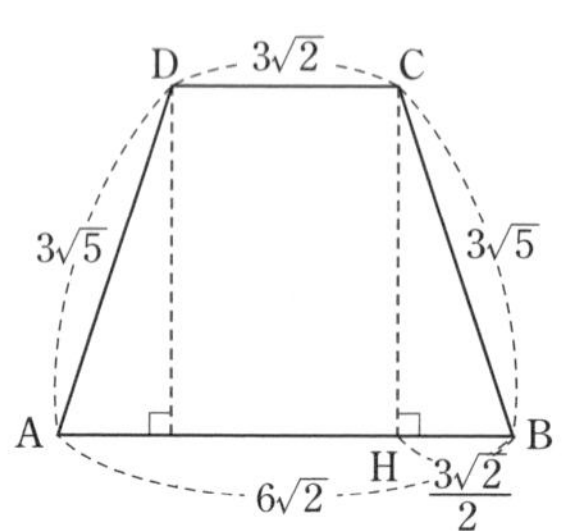

$BH=\dfrac{6\sqrt{2}-3\sqrt{2}}{2}$

$=\dfrac{3\sqrt{2}}{2}$

$CH=\sqrt{(3\sqrt{5})^2-\left(\dfrac{3\sqrt{2}}{2}\right)^2}$

$=\sqrt{45-\dfrac{18}{4}}=\sqrt{\dfrac{162}{4}}=\dfrac{9\sqrt{2}}{2}$

（台形ABCDの面積）

$=\dfrac{1}{2}\times(3\sqrt{2}+6\sqrt{2})\times\dfrac{9\sqrt{2}}{2}$

$=9\sqrt{2}\times\dfrac{9\sqrt{2}}{4}=\dfrac{81}{2}$

222 $x=5$ cm

解説 2つの球と円柱の各接点を通る平面で切断すると，右の図のようになる。大きい円の中心をO，小さい円の中心をO′とし，小さい円の半径をrとする。

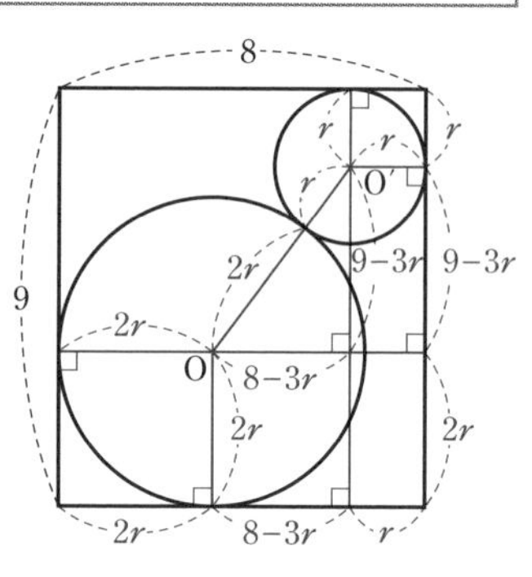

三平方の定理により

$(3r)^2=(8-3r)^2+(9-3r)^2$

$9r^2=64-48r+9r^2+81-54r+9r^2$

$9r^2-102r+145=0$　$(3r-5)(3r-29)=0$

$r=\dfrac{5}{3},\ \dfrac{29}{3}$

$8-3r>0$　$r<\dfrac{8}{3}$より　$r=\dfrac{5}{3}$

$x=OO'=3r=5$(cm)

223 (1) PB=1 cm　(2) $12\sqrt{29}$ cm²

(3) $ER=\dfrac{64\sqrt{29}}{87}$ cm

解説 (1) PB$=x$とおくと，

△ABPと△GFPにおいて，

三平方の定理により

$AP^2=PB^2+AB^2$

$PG^2=FG^2+PF^2$

切り口はひし形だから　AP=PG

よって　$x^2+8^2=4^2+(8-x)^2$

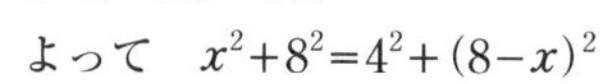

$x^2+64=16+64-16x+x^2$　$16x=16$

$x=1$(cm)

(2)　$\triangle ABP \equiv \triangle GHQ$（直角三角形で斜辺と他の1辺がそれぞれ等しい）

よって　$PB=QH$

また　$HF=\sqrt{8^2+4^2}=\sqrt{64+16}=\sqrt{80}=4\sqrt{5}$

QからFBに垂線QSをひく。

$\triangle PSQ$（$\angle PSQ=90°$）において，三平方の定理により

$PQ=\sqrt{(4\sqrt{5})^2+6^2}$

$=\sqrt{80+36}$

$=\sqrt{116}=2\sqrt{29}$

また　$AG=\sqrt{(4\sqrt{5})^2+8^2}=\sqrt{80+64}=\sqrt{144}=12$

（ひし形APGQの面積）

$=PQ\times AG\times\frac{1}{2}=2\sqrt{29}\times12\times\frac{1}{2}=12\sqrt{29}\,(cm^2)$

(3)　直方体ABCD-EFGHの対角線の交点は，ひし形APGQを含む平面上にあるので，直方体の体積はひし形APGQによって2等分される。

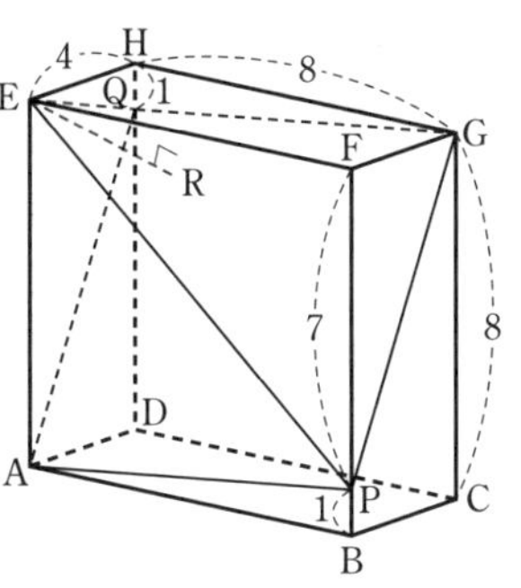

よって

（Eを含む側の立体の体積）

$=4\times8\times8\times\frac{1}{2}=128$

（三角錐E-PFGの体積）

$=\frac{1}{3}\times\frac{1}{2}\times4\times7\times8=\frac{112}{3}$

（三角錐G-EHQの体積）

$=\frac{1}{3}\times\frac{1}{2}\times4\times1\times8=\frac{16}{3}$

（四角錐E-APGQの体積）

$=128-\frac{112}{3}-\frac{16}{3}=\frac{256}{3}$

よって　$\frac{1}{3}\times$（ひし形APGQの面積）$\times ER=\frac{256}{3}$

$\frac{1}{3}\times12\sqrt{29}\times ER=\frac{256}{3}$

$ER=\frac{256}{12\sqrt{29}}=\frac{64}{3\sqrt{29}}=\frac{64\sqrt{29}}{87}\,(cm)$

224　(1)　$h=\frac{\sqrt{6}}{3}$　　(2)　$V=\frac{\sqrt{2}}{3}$

解説　(1)　AB，AC，ADの中点をそれぞれ，L，M，Nとする。Aから平面QRSへひいた垂線は正三角形LMNの重心（Gとする）を通る。

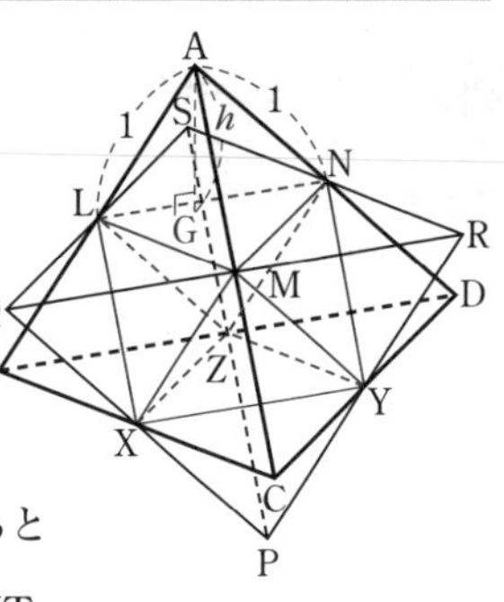

LMの中点をTとすると

$AG=h$，$GN=\frac{2}{3}NT$

$NT=\frac{\sqrt{3}}{2}$であるから　$GN=\frac{\sqrt{3}}{3}$

$\triangle AGN$（$\angle AGN=90°$）で，三平方の定理により

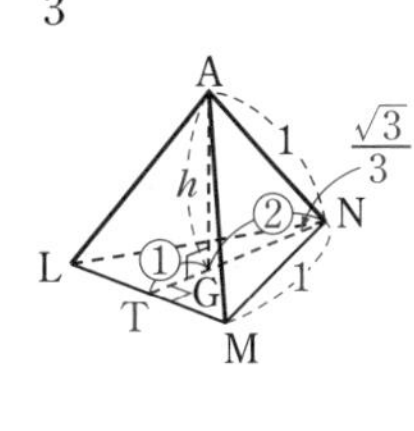

$h=\sqrt{1^2-\left(\frac{\sqrt{3}}{3}\right)^2}$

$=\sqrt{1-\frac{3}{9}}$

$=\sqrt{\frac{6}{9}}=\frac{\sqrt{6}}{3}$

(2)　BC，CD，DBの中点をそれぞれ，X，Y，Zとする。

共通部分は，正八面体MLXYNZである。

この正八面体は1辺が1であるから

$MZ=LY=\sqrt{2}$

よって

$V=\frac{1}{3}\times$（正方形LXYNの面積）$\times MZ$

$=\frac{1}{3}\times1\times1\times\sqrt{2}=\frac{\sqrt{2}}{3}$

入試メモ　「三平方の定理」はあらゆる計量の基礎となる重要な定理で，平面図形，空間図形，座標平面と活躍の場は広い。正確に理解し，自在に使えるようにしておくことが，図形問題攻略の鍵である。

16 平面図形の総合問題

225 $\angle BAC=60^\circ$

解説 $\angle BDC=\angle BEC=90^\circ$ より，BCの中点をOとすると，4点B，E，D，Cは円Oの周上にある。

$DE=\frac{1}{2}BC$ より，DEの長さは円の半径に等しい。

よって，△ODEは正三角形であるから

$\angle EOD=60^\circ$

よって　$\angle EBD=30^\circ$

$\angle BDA=90^\circ$ だから　$\angle BAC=60^\circ$

226 (1) $\triangle ABD=32\sqrt{5}$　(2) **144**
(3) $MN=2\sqrt{17}$

解説 (1) $DM\perp AB$ であるから

$DM=\sqrt{12^2-8^2}$
$=\sqrt{144-64}$
$=\sqrt{80}=4\sqrt{5}$

△ABD

$=\frac{1}{2}\times16\times4\sqrt{5}=32\sqrt{5}$

(2) CM=AMより

CM^2+DM^2
$=AM^2+DM^2$
$=AD^2=12^2=144$

(3) DCの延長上に垂線MHをひく。

三平方の定理により

$DM^2=MH^2+DH^2$ …①
$CM^2=MH^2+CH^2$ …②

①+②より

DM^2+CM^2
$=2MH^2+DH^2+CH^2$ …③

また　$MH^2=NM^2-NH^2$ …④

④を③に代入して

DM^2+CM^2
$=2(NM^2-NH^2)+DH^2+CH^2$

$=2NM^2-2NH^2+DH^2+CH^2$
$=2NM^2-2(NC+CH)^2+(2NC+CH)^2+CH^2$
$=2NM^2-2(NC^2+2NC\times CH+CH^2)$
$\qquad+4NC^2+4NC\times CH+CH^2+CH^2$
$=2NM^2-2NC^2-4NC\times CH-2CH^2+4NC^2$
$\qquad+4NC\times CH+2CH^2$
$=2NM^2+2NC^2$

$DM^2+CM^2=2(MN^2+NC^2)$
（中線定理）

ここで，(2)より　$CM^2+DM^2=144$

NC=2を代入して

$144=2(MN^2+2^2)=2MN^2+8$　　$2MN^2=136$

$MN^2=68$

MN>0より　$MN=\sqrt{68}=2\sqrt{17}$

入試メモ　△ABCにおいて，BCの中点をMとすると，

$AB^2+AC^2=2(AM^2+BM^2)$

が成り立つ。

これを，△ABCにおける中線定理という。

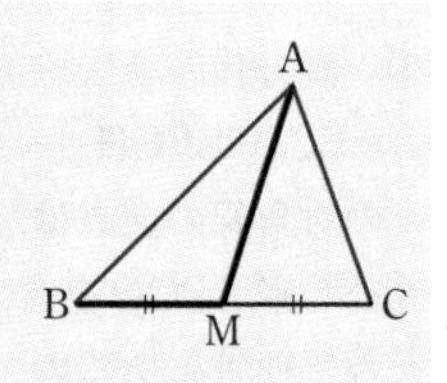

227 (1) $\frac{\sqrt{2}}{4}$　(2) $\frac{16\sqrt{3}}{9}$倍

解説 (1)

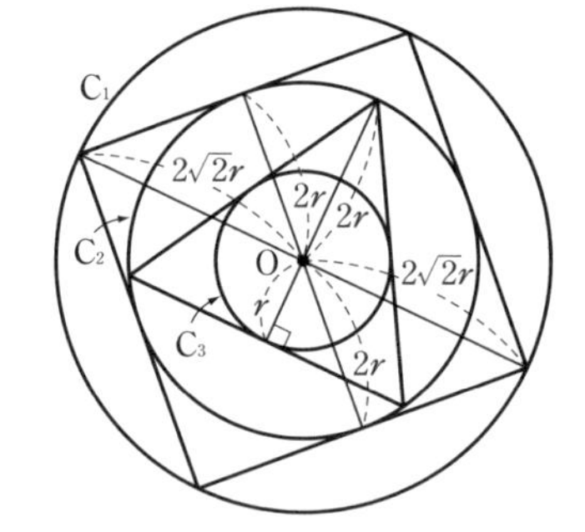

C_3 の半径を r とすると，正三角形の内接円の中心は重心であるから，C_2 の半径は $2r$

したがって，正方形の1辺の長さは $4r$

C_1 の半径は正方形の対角線の長さの $\frac{1}{2}$ であるから

$4r\times\sqrt{2}\times\frac{1}{2}=2\sqrt{2}r$

よって，$2\sqrt{2}r=1$ より　$r=\frac{1}{2\sqrt{2}}=\frac{\sqrt{2}}{4}$

(2) 正三角形の1辺の長さは

$3r\times\frac{2}{\sqrt{3}}=2\sqrt{3}r=2\sqrt{3}\times\frac{\sqrt{2}}{4}=\frac{\sqrt{6}}{2}$

正三角形の高さは

$3r=3\times\frac{\sqrt{2}}{4}=\frac{3\sqrt{2}}{4}$

したがって,

(正三角形の面積)

$=\frac{1}{2}\times\frac{\sqrt{6}}{2}\times\frac{3\sqrt{2}}{4}=\frac{3\sqrt{3}}{8}$

正方形の1辺の長さは　$4r=4\times\frac{\sqrt{2}}{4}=\sqrt{2}$

したがって　(正方形の面積)$=\sqrt{2}\times\sqrt{2}=2$

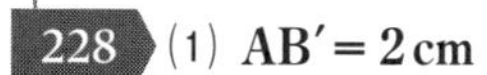

$\frac{(正方形の面積)}{(正三角形の面積)}=2\div\frac{3\sqrt{3}}{8}=\frac{2\times 8}{3\sqrt{3}}$

$=\frac{16\sqrt{3}}{9}$(倍)

228 (1) $\mathbf{AB'=2\,cm}$

(2) $\mathbf{\angle BOC=180^\circ-2x}$

(3) $\mathbf{\frac{3\sqrt{7}}{2}\,cm^2}$　(4) $\mathbf{\frac{35\sqrt{2}}{48}\pi\,cm^3}$

解説 (1)

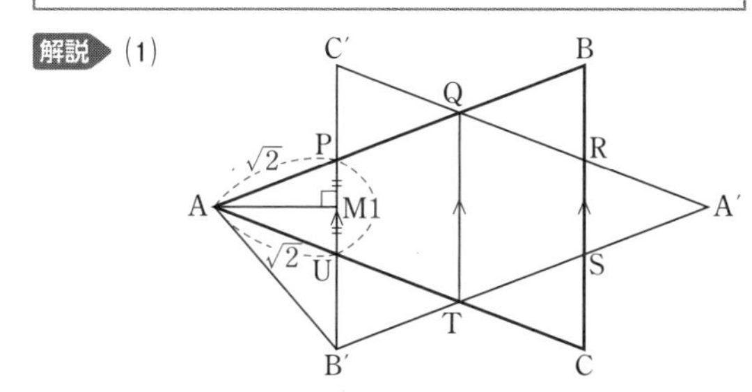

AP=PQ=QB, AU=UT=TCより

PU∥QT∥BC

よって　PU : BC=AP : AB=1 : 3

PU : 3=1 : 3　　PU=1

また, △UB′T≡△CST(1組の辺とその両端の角がそれぞれ等しい)であるから

UB′=CS=1

PUの中点をMとすると, AM⊥PUであるから

$AM=\sqrt{(\sqrt{2})^2-\left(\frac{1}{2}\right)^2}=\sqrt{2-\frac{1}{4}}=\frac{\sqrt{7}}{2}$

よって

$AB'=\sqrt{\left(\frac{\sqrt{7}}{2}\right)^2+\left(\frac{3}{2}\right)^2}=\sqrt{\frac{7}{4}+\frac{9}{4}}=\sqrt{\frac{16}{4}}$

$=\sqrt{4}=2$(cm)

(2)

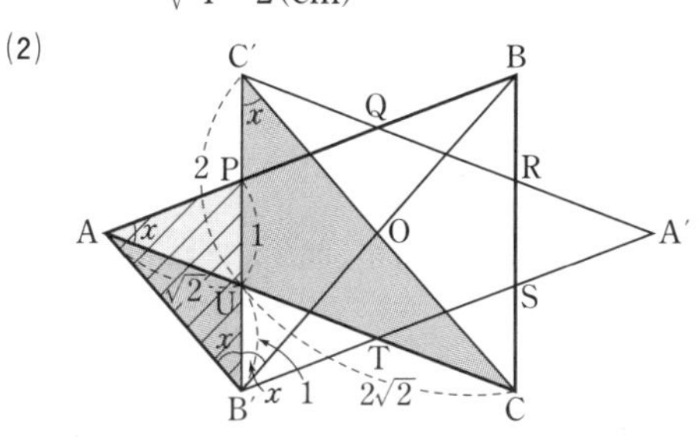

△AUPと△B′PAにおいて

AU : B′P=UP : PA=PA : AB′=1 : $\sqrt{2}$

よって, 3組の辺の比がすべて等しいので

△AUP∽△B′PA

ゆえに　∠PAU=∠AB′P=x

また, △UAB′と△UCC′において

∠B′UA=∠C′UC

UA : UC=B′U : C′U=1 : 2

よって, 2組の辺の比とその間の角がそれぞれ等しいので　△UAB′∽△UCC′

ゆえに　∠AB′U=∠CC′U=x

また, △UCC′≡PBB′(2組の辺とその間の角がそれぞれ等しい。)

ゆえに　∠CC′U=∠BB′P=x

よって　∠BOC=∠B′OC′=180°−2x

(3)

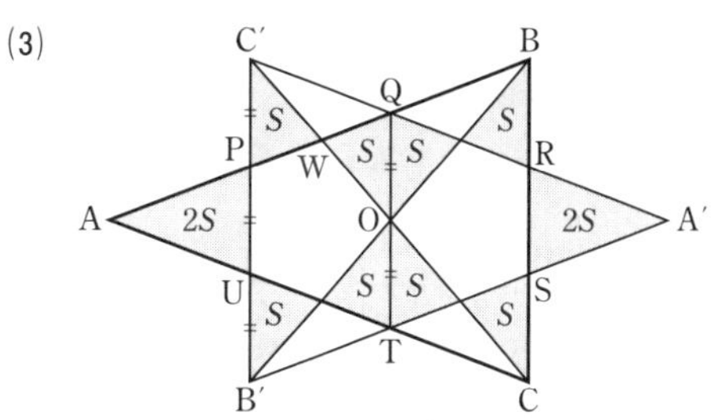

ABとCC′の交点をWとすると, (1), (2)の解説より

△AUP∽△C′PW(2組の角がそれぞれ等しい)

AU : C′P=$\sqrt{2}$: 1であるから

△AUP : △C′PW=$(\sqrt{2})^2 : 1^2$=2 : 1

また, B′C′∥QT, C′P=OQ=1より

△C′PW≡△OQW

(1組の辺とその両端の角がそれぞれ等しい)

△AUP=2Sとすると

△C′PW=△OQW=S

△AUP$=\frac{1}{2}\times 1\times\frac{\sqrt{7}}{2}=\frac{\sqrt{7}}{4}$

よって　$S=\frac{\sqrt{7}}{8}$

(影の部分の面積)

$=12S=12\times\frac{\sqrt{7}}{8}=\frac{3\sqrt{7}}{2}$(cm^2)

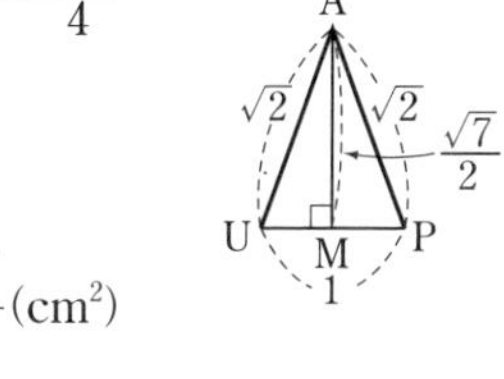

(4)

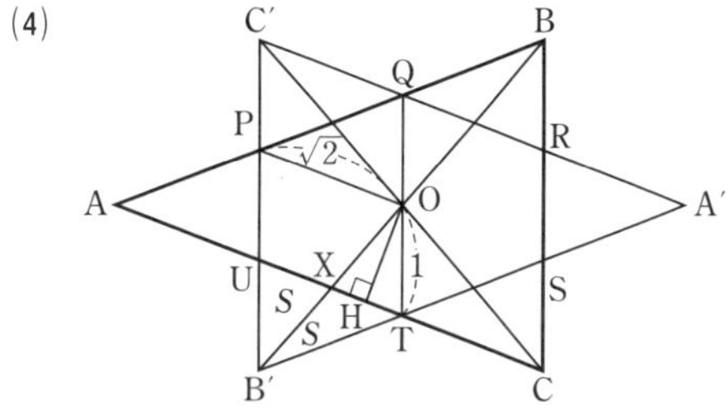

四角形C′POQにおいて

C′P∥OQ, C′P=OQ

よって，四角形C′POQは平行四辺形であるから

$PO=QC'=\sqrt{2}$

ACとBB′の交点をXとすると，(3)の解説より

△OXT∽△AUP(2組の角がそれぞれ等しい)

$OT:AP=1:\sqrt{2}$ であるから

$OH:AM=1:\sqrt{2}$

$OH:\frac{\sqrt{7}}{2}=1:\sqrt{2}$

$OH=\frac{\sqrt{7}}{2\sqrt{2}}=\frac{\sqrt{14}}{4}$

$HT=\frac{1}{2}XT=\frac{1}{2}\times\frac{1}{2}UT=\frac{\sqrt{2}}{4}$

$UH=UT-HT=\sqrt{2}-\frac{\sqrt{2}}{4}=\frac{3\sqrt{2}}{4}$

(回転体の体積)

$=\pi\times\left(\frac{\sqrt{14}}{4}\right)^2\times\frac{3\sqrt{2}}{4}$

$+\frac{1}{3}\times\pi\times\left(\frac{\sqrt{14}}{4}\right)^2$

$\times\left(\sqrt{2}-\frac{3\sqrt{2}}{4}\right)$

$=\pi\times\frac{14}{16}\times\frac{3\sqrt{2}}{4}+\frac{1}{3}\times\pi\times\frac{14}{16}\times\frac{\sqrt{2}}{4}$

$=\frac{21\sqrt{2}}{32}\pi+\frac{7\sqrt{2}}{96}\pi=\frac{70\sqrt{2}}{96}\pi=\frac{35\sqrt{2}}{48}\pi\,(\mathrm{cm}^3)$

229 (1) **C(2, 1)**　(2) $\left(\frac{4}{5},\ \frac{3}{5}\right)$

(3) $\frac{17}{10}$

解説 (1) △BOAは3辺の比が $1:1:\sqrt{2}$ の直角二等辺三角形である。

直線DCと x 軸の交点をFとすると，AB∥CDより

∠AFC=∠OAB=45°

Cから x 軸に垂線CHをひくと，△ACHは3辺の比が $1:1:\sqrt{2}$ の直角二等辺三角形である。

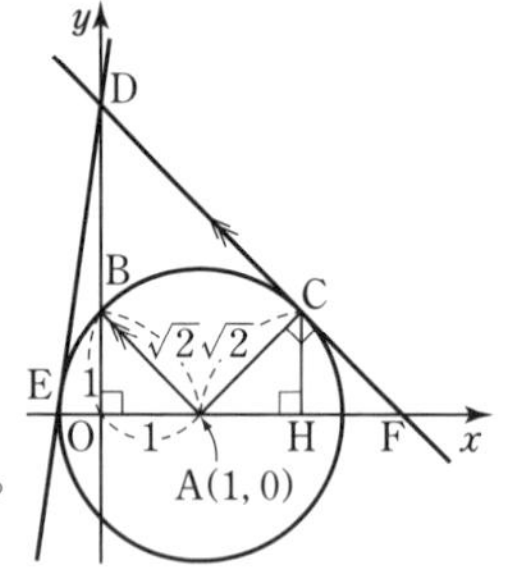

$AC=\sqrt{2}$ より　AH=CH=1　OH=2

よって　C(2, 1)

(2) 直線CDの式を

$y=-x+b$ とおく。

C(2, 1)を通るから

$b=3$

よって　D(0, 3)

$DC=\sqrt{(2-0)^2+(1-3)^2}$

$=\sqrt{8}=2\sqrt{2}$

また，線分ECの中点をMとすると，MはAD上にあるから，

△ACD∽△CMD∽△AMC(2組の角がそれぞれ等しい)である。

$AC:CD=\sqrt{2}:2\sqrt{2}=1:2$

よって　AM:MC=1:2

CM:MD=1:2

したがって

AM:MC:MD=1:2:4

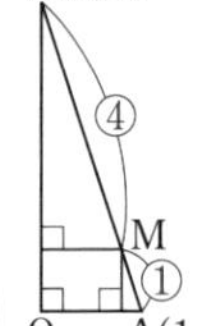

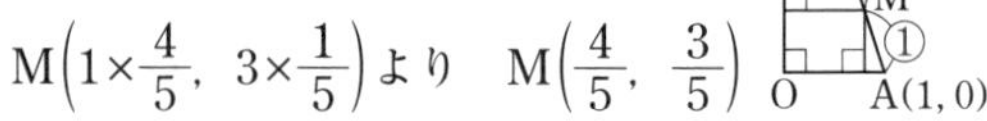

$M\left(1\times\frac{4}{5},\ 3\times\frac{1}{5}\right)$ より　$M\left(\frac{4}{5},\ \frac{3}{5}\right)$

(3) ABとCEの交点をNとおく。

AB∥CDより

NM:MC

=AN:DC

=AM:MD

=1:4

$CD=2\sqrt{2}$ より

$AN=CD\div4=\frac{\sqrt{2}}{2}$

$AB=\sqrt{2}$ であるから，NはABの中点である。

よって　△ANP=△BNP

条件△ABP=△ACEより

△ANP+△BNP=△AEN+△ANP+△APC

△BNP=△ANP=△AEN+△APC

Pの x 座標を p とすると

$p-\frac{1}{2}=\frac{1}{2}-\left(-\frac{2}{5}\right)+(2-p)$

$2p=\frac{17}{5}$

$p=\frac{17}{10}$

よって，点Pの x 座標は $\frac{17}{10}$ となる。

230 (1) $\mathbf{4+\pi}$

(2) 順に　**4**，$\mathbf{2\pi-4}$

解説 (1)　AB，DCの中点をそれぞれP，Qとおくと，求める面積は

(長方形PBCQ)＋(おうぎ形QCM)－△PBM

$=2\times6+\pi\times2^2\times\frac{90}{360}-\frac{1}{2}\times(6+2)\times2$

$=12+\pi-8=4+\pi$

(2)　(Pの面積)

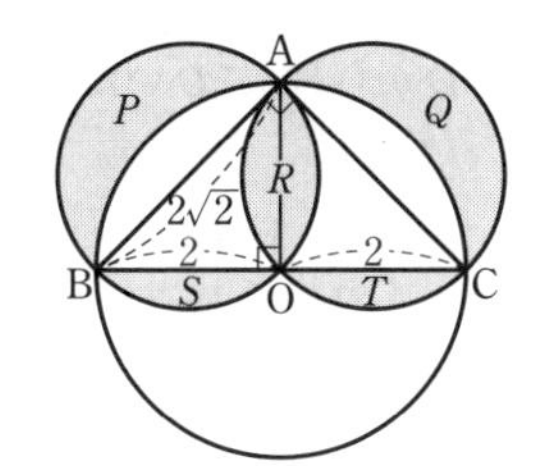

$=\pi\times(\sqrt{2})^2\times\frac{1}{2}$

$+\frac{1}{2}\times2\times2$

$-\pi\times2^2\times\frac{90}{360}$

$=\pi+2-\pi=2$

(Pの面積)＝(Qの面積)であるから

(PとQをあわせた面積)＝4

また

(Rの面積)$=\pi\times(\sqrt{2})^2\times\frac{1}{2}-\frac{1}{2}\times2\times2=\pi-2$

(Sの面積)＋(Tの面積)＝(Rの面積)であるから

(RとSとTをあわせた面積)$=2\pi-4$

231 (1) $\mathbf{AP=\sqrt{6}\ cm}$

(2) $\mathbf{2\sqrt{3}\pi\ cm^3}$　(3) $\mathbf{6\sqrt{3}\pi\ cm^3}$

解説 (1)　∠APC＝90°であるから

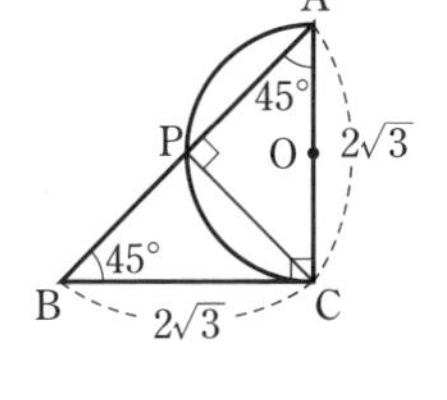

AP：AC$=1:\sqrt{2}$

AP：$2\sqrt{3}=1:\sqrt{2}$

よって

$AP=\frac{2\sqrt{3}}{\sqrt{2}}=\frac{2\sqrt{6}}{2}$

$=\sqrt{6}$ (cm)

(2)　半円の中心をOとする。

$PO=\sqrt{3}$，$AC=2\sqrt{3}$ より

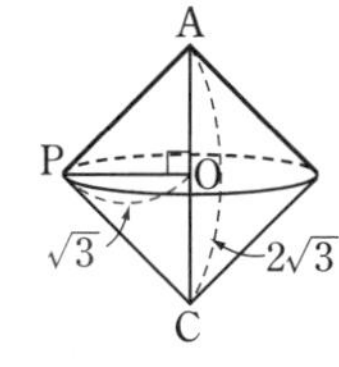

(回転体の体積)

$=\frac{1}{3}\times\pi\times(\sqrt{3})^2\times\sqrt{3}\times2$

$=2\sqrt{3}\pi$ (cm³)

(3)　△ABCをACの回りに回転させた円錐の体積をV，△APOをAOの回りに回転させた円錐の体積をW，球

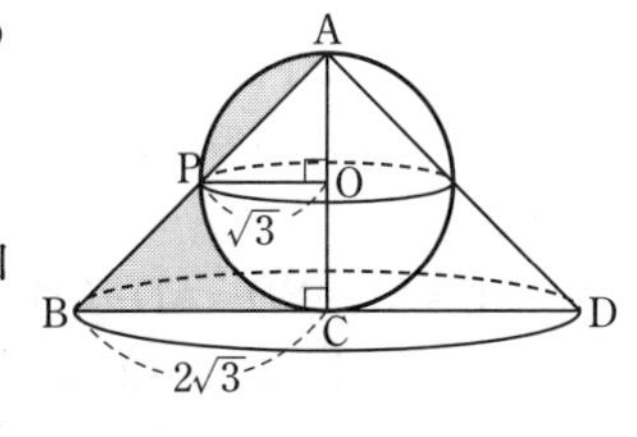

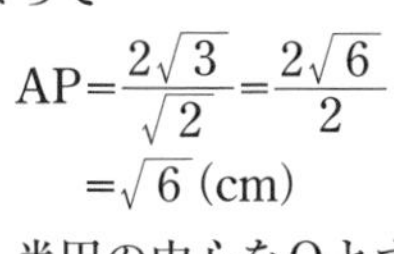

Oの体積をXとおくと，(2)より，$2W=2\sqrt{3}\pi$であるから

(求める立体の体積)$=\left(\frac{1}{2}X-W\right)+\left(V-W-\frac{1}{2}X\right)$

$=V-2W=\frac{1}{3}\times\pi\times(2\sqrt{3})^2\times2\sqrt{3}-2\sqrt{3}\pi$

$=8\sqrt{3}\pi-2\sqrt{3}\pi=6\sqrt{3}\pi$ (cm³)

232 (1) $\mathbf{AB=\sqrt{3}-1}$

(2) $\mathbf{CD=2-\sqrt{3}}$　(3) $\mathbf{\frac{6-\sqrt{3}}{4}}$

解説 (1)　正十二角形は円に内接する。その円周を12等分した1つ分の弧に対する円周角は

$\frac{360^\circ}{12}\times\frac{1}{2}=15^\circ$

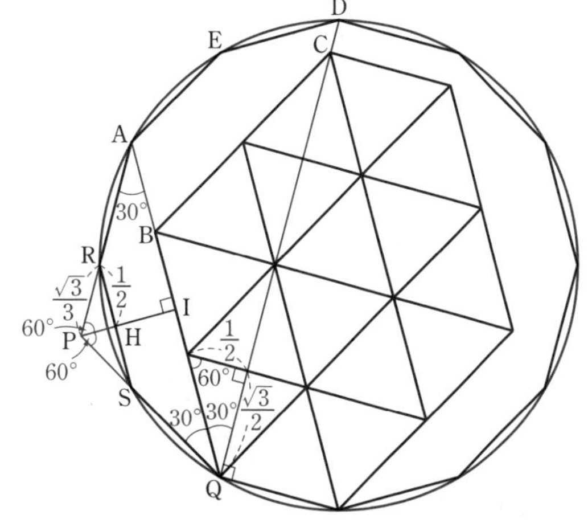

図のように，P，Q，R，Sをとると，△PAQは底角30°，頂角120°の二等辺三角形である。

PからRS，AQにひいた垂線とRS，AQとの交点をH，Iとすると，$RH=\frac{1}{2}$より　$PR=\frac{\sqrt{3}}{3}$

よって　$AP=1+\frac{\sqrt{3}}{3}=\frac{3+\sqrt{3}}{3}$

$AI=\frac{\sqrt{3}}{2}\times\frac{3+\sqrt{3}}{3}=\frac{3\sqrt{3}+3}{6}=\frac{\sqrt{3}+1}{2}$

$AQ=\sqrt{3}+1$　　また，BQ＝2であるから

$AB=\sqrt{3}+1-2=\sqrt{3}-1$

(2) AR∥CQであり，また，AR∥DQである。Qを通ってARに平行な直線はただ1本であるから，CはDQ上にある。

$ES=AQ=\sqrt{3}+1$

$ES \parallel DQ$

E，SからDQに垂線EJ，SKをひく。

$\angle EDJ=15^\circ\times4=60^\circ$

$ED=1$ より　$DJ=\dfrac{1}{2}$

よって　$DQ=\sqrt{3}+1+1$

$=\sqrt{3}+2$

1辺の長さが1の正三角形の頂点から対辺までひいた垂線の長さは$\dfrac{\sqrt{3}}{2}$であるから

$CD=DQ-CQ$

$=\sqrt{3}+2-\dfrac{\sqrt{3}}{2}\times4$

$=2-\sqrt{3}$

(3) AからBCに垂線ALをひく。

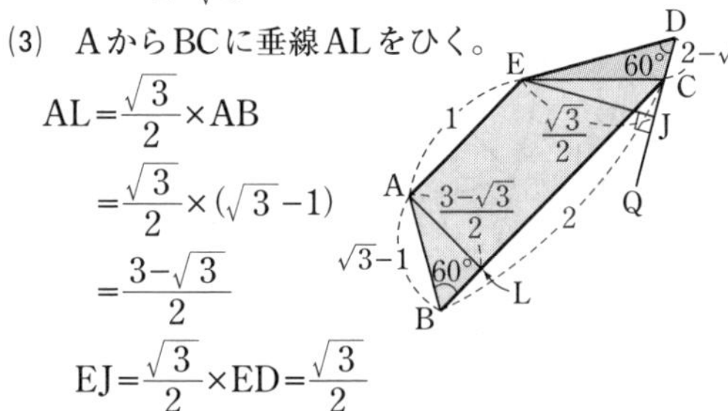

$AL=\dfrac{\sqrt{3}}{2}\times AB$

$=\dfrac{\sqrt{3}}{2}\times(\sqrt{3}-1)$

$=\dfrac{3-\sqrt{3}}{2}$

$EJ=\dfrac{\sqrt{3}}{2}\times ED=\dfrac{\sqrt{3}}{2}$

(五角形ABCDEの面積)

=(台形ABCEの面積)+△CDE

$=\dfrac{1}{2}\times(1+2)\times\dfrac{3-\sqrt{3}}{2}+\dfrac{1}{2}\times(2-\sqrt{3})\times\dfrac{\sqrt{3}}{2}$

$=\dfrac{9-3\sqrt{3}}{4}+\dfrac{2\sqrt{3}-3}{4}=\dfrac{6-\sqrt{3}}{4}$

233 (1) **$CD=5\sqrt{2}$**
(2) **24 : 25**　　(3) **$AF=2\sqrt{2}$**

解説 (1) △ABCは，3辺の比が3:4:5の直角三角形であるから

$BC=10$

$\overset{\frown}{BD}$に対する円周角であるから

$\angle BCD=\angle BAD=45^\circ$

同様に，$\overset{\frown}{CD}$に対する円周角であるから

$\angle CBD=\angle CAD=45^\circ$

△BCDは，3辺の比が$1:1:\sqrt{2}$の直角二等辺三角形であるから

$CD=10\times\dfrac{1}{\sqrt{2}}=5\sqrt{2}$

(2) AからBCに垂線AHをひく。

△ABC∽△HAC(2組の角がそれぞれ等しい)より

$AH=6\times\dfrac{8}{10}=\dfrac{24}{5}$

DからBCにひいた垂線はOD

よって　$OD=5$

△AEH∽△DEO(2組の角がそれぞれ等しい)より

$AE:ED=AH:DO=\dfrac{24}{5}:5=24:25$

(3) 角の二等分線の性質により

$BE:EC=AB:AC=8:6=4:3$

$BE=10\times\dfrac{4}{4+3}=\dfrac{40}{7}$

△ABE∽△ADC(2組の角がそれぞれ等しい)より

$AB:AD=BE:DC$

$8:AD=\dfrac{40}{7}:5\sqrt{2}$

$AD=40\sqrt{2}\div\dfrac{40}{7}=7\sqrt{2}$

$AE=AD\times\dfrac{24}{24+25}=7\sqrt{2}\times\dfrac{24}{49}=\dfrac{24\sqrt{2}}{7}$

角の二等分線の性質により

$AF:FE=AC:CE=6:\left(10-\dfrac{40}{7}\right)=6:\dfrac{30}{7}$

$=42:30=7:5$

よって　$AF=AE\times\dfrac{7}{7+5}=\dfrac{24\sqrt{2}}{7}\times\dfrac{7}{12}=2\sqrt{2}$

(別解)

(△CDFが二等辺三角形であることを利用する。)

ADの長さを求めるところまでは本解と同様にする。

$\overset{\frown}{BD}$に対する円周角だから

$\angle BCD=\angle BAD=45^\circ$

△AFCで内角と外角の関係から

$\angle CFD=\angle CAF+\angle ACF$

$=45^\circ+\angle ACF$

また　$\angle FCD=45^\circ+\angle ECF$

$\angle ACF=\angle ECF$ より

$\angle CFD=\angle FCD$

よって，底角が等しいから△CDFは二等辺三角形である。

$AF=AD-FD=AD-CD$

$=7\sqrt{2}-5\sqrt{2}=2\sqrt{2}$

234 (1) **$BD=2\sqrt{10}$ cm**

(2) ① **$AP=6$ cm**

② **$AQ=\dfrac{8}{3}$ cm**　③ **$\dfrac{9}{4}$倍**

解説 (1) A，DからBCに垂線AI，DHをひく。

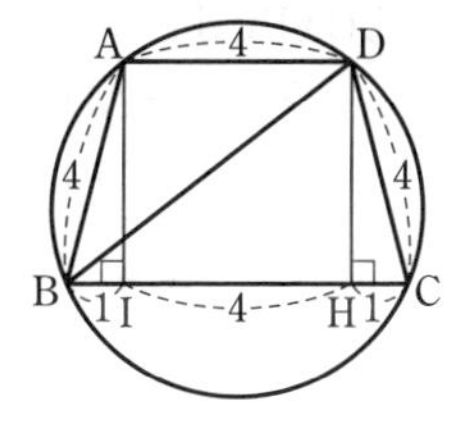

等脚台形の対称性により

$BI=CH=1$

$DH=\sqrt{4^2-1^2}=\sqrt{15}$

よって

$BD=\sqrt{(\sqrt{15})^2+5^2}=\sqrt{15+25}=\sqrt{40}=2\sqrt{10}$ (cm)

(2) ① △ABPと△BACにおいて

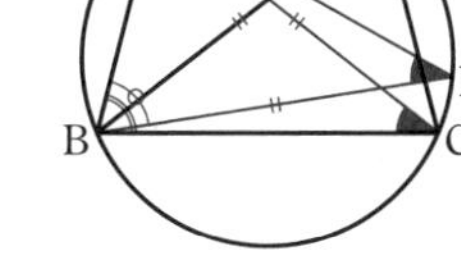

$\angle BPA=\angle ACB$

$\angle PAB=\angle CBA$

（$\overparen{BCP}=\overparen{BAD}$

$=\overparen{ADC}$ より）

さらに　$\angle CAP=\angle PBC$ であるから

$\angle ABP=\angle BAC$

ゆえに　$\overparen{ADP}=\overparen{BC}$

よって　$AP=BC=6$ (cm)

② △AQD∽△BQP（2組の角がそれぞれ等しい）で，その相似比は

$AD:BP$

$=4:2\sqrt{10}=2:\sqrt{10}$

$AQ=2p$，$BQ=\sqrt{10}p$，

$DQ=2q$，$PQ=\sqrt{10}q$ とおくと

$$\begin{cases} 2p+\sqrt{10}q=6 & \cdots[1] \\ \sqrt{10}p+2q=2\sqrt{10} & \cdots[2] \end{cases}$$

[2]×5−[1]×$\sqrt{10}$ より

$$\begin{array}{rrcl} & 5\sqrt{10}p+10q & = & 10\sqrt{10} \\ -) & 2\sqrt{10}p+10q & = & 6\sqrt{10} \\ \hline & 3\sqrt{10}p & = & 4\sqrt{10} \end{array}$$

$p=\dfrac{4}{3}$，$q=\dfrac{\sqrt{10}}{3}$

よって　$AQ=2p=\dfrac{8}{3}$ (cm)

③ A，PからBDに垂線AJ，PKをひく。BDを底辺と考えると

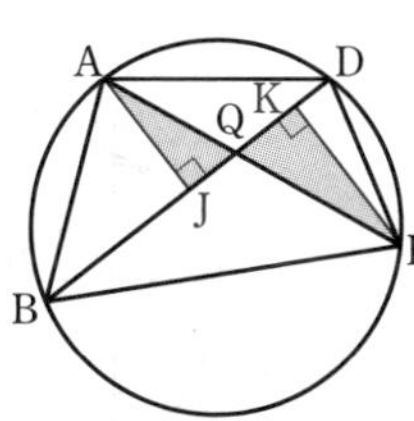

$\triangle ABD:\triangle BPD$

$=AJ:PK$

△AJQ∽△PKQ（2組の角がそれぞれ等しい）より

$AJ:PK=AQ:PQ$

$AQ=\dfrac{8}{3}$，$PQ=\sqrt{10}\times\dfrac{\sqrt{10}}{3}=\dfrac{10}{3}$ であるから

$\triangle ABD:\triangle BPD=\dfrac{8}{3}:\dfrac{10}{3}=4:5$

したがって

$\dfrac{(四角形ABPDの面積)}{\triangle ABD}=\dfrac{4+5}{4}=\dfrac{9}{4}$ (倍)

235 (1)（証明）

△AFHと△CBEにおいて，仮定より

$\angle AHF=\angle CEB=90°$　…①

$\overparen{BD}$ に対する円周角であるから

$\angle FAH=\angle BCE$　…②

①，②より，2組の角がそれぞれ等しいので

△AFH∽△CBE

(2) **$CH=4\sqrt{5}$ cm，$AH=4\sqrt{5}$ cm**

(3) **50π cm^2**

解説 (2) △AED（∠AED=90°）において，三平方の定理により

$AD=\sqrt{12^2+6^2}=\sqrt{180}$

$=6\sqrt{5}$

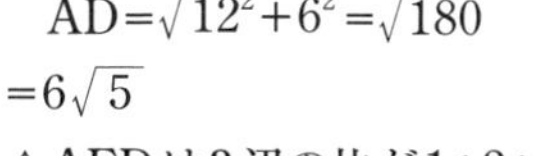

△AEDは3辺の比が $1:2:\sqrt{5}$ の直角三角形である。

△CDH∽△ADE（2組の角がそれぞれ等しい）より

△CDHの3辺の比も $1:2:\sqrt{5}$ であるから

$DH:CH:CD=1:2:\sqrt{5}$

$DH:CH:10=1:2:\sqrt{5}$

$DH=\dfrac{10}{\sqrt{5}}=2\sqrt{5}$

$CH=2DH=4\sqrt{5}$ (cm)

よって

$AH=AD-DH=6\sqrt{5}-2\sqrt{5}=4\sqrt{5}$ (cm)

(3) △AEC（∠AEC=90°）において，三平方の定理により

$AC=\sqrt{12^2+4^2}$

$=\sqrt{160}=4\sqrt{10}$

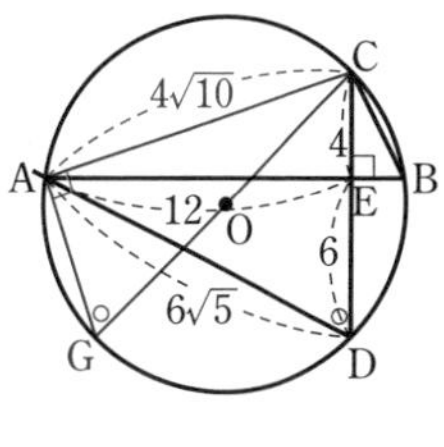

COの延長と円Oとの交点をGとする。

$CO=r$ とおくと，

△CAG∽△AED（2組の角がそれぞれ等しい）より

$2r:4\sqrt{10}=\sqrt{5}:2$

$4r=4\sqrt{50}$　　$r=\sqrt{50}=5\sqrt{2}$

よって

(円Oの面積) $=\pi\times(5\sqrt{2})^2=50\pi\,(\text{cm}^2)$

236 (1) (証明)

平行線の錯角は等しいので

$\angle\text{CAD}$

$=\angle\text{ACB}$

$\angle\text{CBD}=\angle\text{ADB}$

$\overset{\frown}{\text{AB}}$ に対する円周角であるから

$\angle\text{ACB}=\angle\text{ADB}$

よって

$\angle\text{CAD}=\angle\text{ACB}=\angle\text{CBD}=\angle\text{ADB}$

円周角が等しいから

$\overset{\frown}{\text{AB}}=\overset{\frown}{\text{CD}}$

半径が等しい円において，長さが等しい弧に対する弦の長さは等しいから

AB＝CD

(2) **AC＝7**　(3) **AP＝5，$\text{AQ}=\dfrac{35}{13}$**

(4) $\text{PQ}=\dfrac{40\sqrt{3}}{13}$

解説 (1) 円に内接する台形はすべて等脚台形となる。

(2) AからBCに垂線AHをひく。

四角形ABCDが等脚台形であることより

$\text{BH}=\dfrac{8-5}{2}=\dfrac{3}{2}$

△ABHにおいて，BH：AB＝1：2

であるから　∠ABH＝60°，$\text{AH}=\dfrac{3\sqrt{3}}{2}$

△ACHにおいて，三平方の定理により

$$\text{AC}=\sqrt{\left(\frac{3\sqrt{3}}{2}\right)^2+\left(8-\frac{3}{2}\right)^2}=\sqrt{\frac{27}{4}+\frac{169}{4}}$$

$$=\sqrt{\frac{196}{4}}=\frac{14}{2}=7$$

(3) ∠ABC＝60°であるから，△PBCは正三角形である。

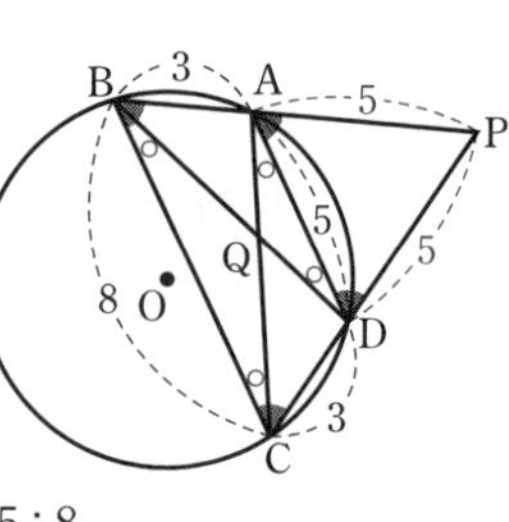

PB＝BC＝8より

AP＝8－3＝5

AD∥BCより

AQ：CQ＝AD：CB＝5：8

よって　AQ：AC＝5：(5＋8)＝5：13

ゆえに　$\text{AQ}=\dfrac{5}{13}\text{AC}=\dfrac{5}{13}\times7=\dfrac{35}{13}$

(4) PからBCに垂線PKをひき，ADとの交点をJとする。

JKは(2)で求めたAHに等しいので　$\text{JK}=\dfrac{3\sqrt{3}}{2}$

また　$\text{PJ}=\dfrac{5\sqrt{3}}{2}$

JQ：QK＝5：8より

$$\text{PQ}=\frac{5\sqrt{3}}{2}+\frac{3\sqrt{3}}{2}\times\frac{5}{5+8}=\frac{40\sqrt{3}}{13}$$

237 (1) **AR＝1**　(2) **180°**

(3) (証明)

四角形RSUQは円に内接しているので

∠AQR＝∠RSU　…①

また，4点B，R，Q，Cは，BCを直径とする円周上にあるので

∠AQR＝∠RBC　…②

①，②より　∠RSU＝∠RBC

同位角が等しいので　SU∥BC

(4) **4：49**

解説 (1) AR＝x，CR＝h とおくと

$h^2=7^2-x^2=8^2-(5-x)^2$

$49-x^2=64-(25-10x+x^2)$

$49-x^2=64-25+10x-x^2$　　$10x=49-64+25$

$x=1$　　よって　AR＝1

(2)

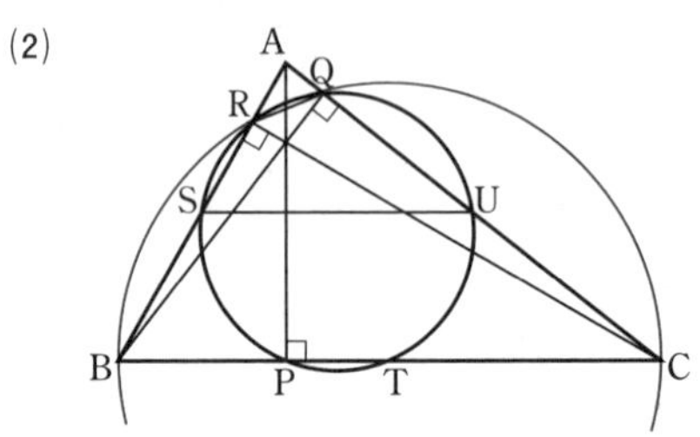

4点B，R，Q，CはBCを直径とする半円の周上にあるので，円に内接する四角形の性質により

$\angle CQR + \angle RBC = 180^\circ$

(4)

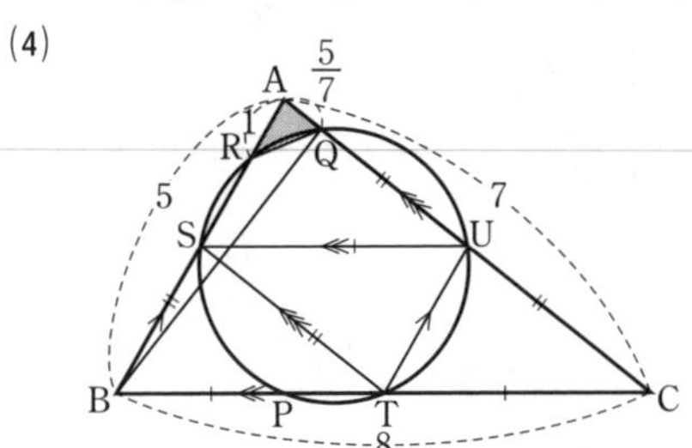

(3)より　$\angle AQR = \angle ABC$

$\angle A$は共通であるから　$\triangle AQR \backsim \triangle ABC$

相似比は$1:7$，面積比は$1^2:7^2=1:49$であるから

$\triangle AQR = \dfrac{1}{49}\triangle ABC$　…①

SU∥BC，UT∥AB，TS∥CAより，四角形BTUS，ASTU，STCUはすべて平行四辺形である。

BT=SU=TCより，Tは辺BCの中点

AU=ST=UCより，Uは辺ACの中点となる。

したがって

$\triangle UTC = \dfrac{1}{2}\times\dfrac{1}{2}\triangle ABC = \dfrac{1}{4}\triangle ABC$　…②

①，②より　$\triangle AQR : \triangle UTC$

$= \dfrac{1}{49}\triangle ABC : \dfrac{1}{4}\triangle ABC$

$= 4:49$

パワーアップ

AP, BQ, CRの交点(垂心)をH, AHの中点をV, BHの中点をW, CHの中点をXとすると，P，Q，R，S，T，U，V，W，Xの9点は同一円周上にあり，「9点円」と呼ばれる。S，T，Uが各辺の中点とわかっていれば，それを用いる解法もある。

238 (1) (証明)

$\triangle ABD$と$\triangle GEF$において，$\overset{\frown}{AC}$に対する円周角であるから

$\angle ABD = \angle AEC$

対頂角であるから

$\angle AEC = \angle GEF$

よって

$\angle ABD = \angle GEF$　…[1]

AC∥FGより錯角は等しいので

$\angle CAD = \angle EGF$

仮定より

$\angle BAD = \angle CAD$

よって　$\angle BAD = \angle EGF$　…[2]

[1]，[2]より，2組の角がそれぞれ等しいので

$\triangle ABD \backsim \triangle GEF$

(2) ① **$\triangle ABC = 2$**　② **$CF = \dfrac{4\sqrt{5}}{3}$**

③ **$\triangle GEF = \dfrac{125}{36}$**

解説 (2) ①DはBCの中点で，AD⊥BCであるから

$AD = \sqrt{(\sqrt{5})^2 - 1^2} = \sqrt{4} = 2$

$\triangle ABC = \dfrac{1}{2}\times 2\times 2 = 2$

②FからAGに垂線FHをひく。

$\triangle ABD \backsim \triangle AEC \backsim \triangle CED \backsim \triangle FEH \backsim \triangle GFH \backsim \triangle GEF$

(いずれも2組の角がそれぞれ等しい)で，辺の比は

$AB : BD : AD = \sqrt{5} : 1 : 2$

よって　$AE = \sqrt{5}\times\dfrac{\sqrt{5}}{2} = \dfrac{5}{2}$

$DE = 1\times\dfrac{1}{2} = \dfrac{1}{2}$，$CE = 1\times\dfrac{\sqrt{5}}{2} = \dfrac{\sqrt{5}}{2}$

$EH = t$とおくと　$FH = 2t$

よって　$HG = 4t$

$\triangle AFG$は二等辺三角形であるから　$AH = GH$

よって　$\dfrac{5}{2} + t = 4t$　　$3t = \dfrac{5}{2}$　　$t = \dfrac{5}{6}$

$EF = \sqrt{5}\,t = \dfrac{5\sqrt{5}}{6}$

よって　$CF = \dfrac{\sqrt{5}}{2} + \dfrac{5\sqrt{5}}{6} = \dfrac{4\sqrt{5}}{3}$

③ $\triangle GEF=\frac{1}{2}\times(4t+t)\times 2t=5t^2=5\times\frac{25}{36}$
$=\frac{125}{36}$

パワーアップ

3辺の比が3:4:5の大きい方の鋭角の二等分線によって作られる直角三角形の3辺の比は$1:2:\sqrt{5}$である。
この知識を使えば，△ACFは3辺の比が3:4:5の直角三角形であることがわかるので，
$CF=\sqrt{5}\times\frac{4}{3}=\frac{4\sqrt{5}}{3}$ と導ける。

239 (1) **BG=3**　(2) **$BF=\frac{12\sqrt{2}}{5}$**

解説 (1) △CODにおいて，
CO=12，OD=16より，
△CODは3辺の比が3:4:5の直角三角形である。
△CODと△GOCにおいて
$\angle COD=\angle GOC=90^\circ$ …①
$\angle ECB=a$とおくと，$\angle OBC=45^\circ$であるから
$\angle CDO=45^\circ-a$
また，$\angle OCB=45^\circ$，$\angle BCF=\angle ECB=a$であるから
$\angle GCO=45^\circ-a$
よって　$\angle CDO=\angle GCO$ …②
①，②より，2組の角がそれぞれ等しいから
△COD∽△GOC
よって　OG:OC=OC:OD=3:4より　OG=9
BG=OB−OG=12−9=3
(2) $\overset{\frown}{BE}=\overset{\frown}{BF}$より　BE=BF
△EBD∽△ACD(2組の角がそれぞれ等しい)であるから
EB:AC=BD:CD
△AOCは$1:1:\sqrt{2}$の直角三角形であるから
$AC=12\sqrt{2}$
△CODは3:4:5の直角三角形であるから
CD=20
よって　$EB:12\sqrt{2}=4:20$
$EB=\frac{48\sqrt{2}}{20}=\frac{12\sqrt{2}}{5}$　$BF=\frac{12\sqrt{2}}{5}$

240 (1) **DE=2cm**
(2) **$CD=2\sqrt{7}$ cm**　(3) **$\frac{2\sqrt{21}}{3}$cm**
(4) **$4\sqrt{3}$ cm²**

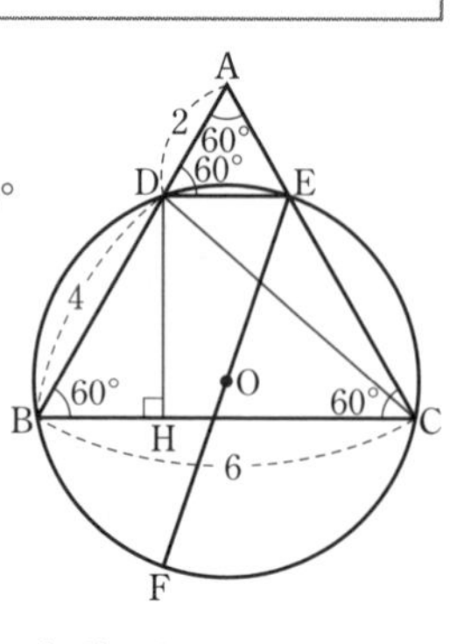

解説 (1) 円に内接する四角形の性質により
$\angle ADE=\angle BCA=60^\circ$
よって，△ADEは1辺が2cmの正三角形であるから
DE=2(cm)
(2) DからBCに垂線DHをひく。△BDHは3辺の比が$1:2:\sqrt{3}$の直角三角形であるから
BH=2，$DH=2\sqrt{3}$
よって　HC=6−2=4
△DCHにおいて，三平方の定理により
$CD=\sqrt{(2\sqrt{3})^2+4^2}=\sqrt{12+16}=\sqrt{28}=2\sqrt{7}$ (cm)
(3) 四角形DBCEは等脚台形であるから
DB=EC
△DBC≡△ECB
(2組の辺とその間の角がそれぞれ等しい)
であるから
$BE=CD=2\sqrt{7}$
$\angle BFE=\angle BCE=60^\circ$
$\angle FBE=90^\circ$より，△BEFは3辺の比が$1:2:\sqrt{3}$の直角三角形であるから
$EF=2\sqrt{7}\times\frac{2}{\sqrt{3}}=\frac{4\sqrt{21}}{3}$
よって，円の半径は　$\frac{2\sqrt{21}}{3}$(cm)
(4) $\angle EDF=90^\circ$，
DE//BCより，
D，H，Fは同一直線上にある。
$DF=\sqrt{\left(\frac{4\sqrt{21}}{3}\right)^2-2^2}$
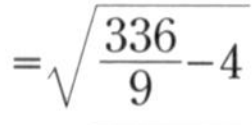
$=\sqrt{\frac{336}{9}-4}$
$=\sqrt{\frac{336-36}{9}}=\sqrt{\frac{300}{9}}=\frac{10\sqrt{3}}{3}$
よって　$HF=DF-DH=\frac{10\sqrt{3}}{3}-2\sqrt{3}=\frac{4\sqrt{3}}{3}$
$\triangle BCF=\frac{1}{2}\times 6\times\frac{4\sqrt{3}}{3}=4\sqrt{3}$ (cm²)

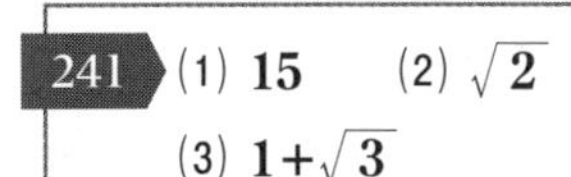

241 (1) **15**　(2) $\sqrt{2}$
(3) $1+\sqrt{3}$

解説 (1)

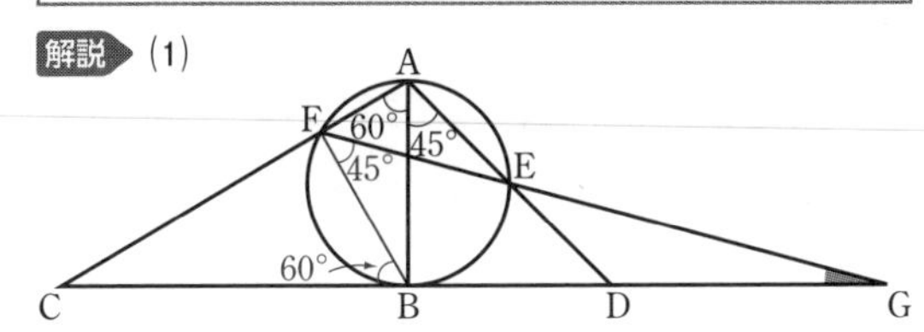

接弦定理により　$\angle CBF=\angle BAF=60°$
円周角の定理により　$\angle BFE=\angle BAE=45°$
$\angle DGE=\angle CBF-\angle BFE=60°-45°=15°$

(2) $\triangle EDG$と$\triangle CFG$において
共通なので　$\angle DGE=\angle FGC$　…①
$\angle DEG=\angle BDE-\angle DGE=45°-15°=30°$
$\angle FCG=90°-60°=30°$
よって　$\angle DEG=\angle FCG$　…②
①，②より，2組の角がそれぞれ等しいから
$\triangle EDG \backsim \triangle CFG$
$GD:GF=ED:CF$
また　$ED=BD\times\dfrac{1}{\sqrt{2}}=\dfrac{2}{\sqrt{2}}=\sqrt{2}$
$CB=AB\times\sqrt{3}=2\sqrt{3}$，$CF=CB\times\dfrac{\sqrt{3}}{2}=3$
よって　$GD:GF=\sqrt{2}:3$

(3)

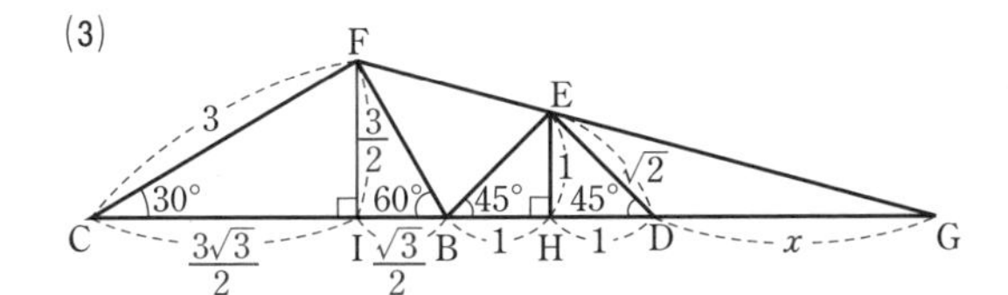

E，FからCGに垂線EH，FIをひくと
$EH=1$，$FI=\dfrac{3}{2}$
$EH /\!/ FI$であるから　$GH:GI=EH:FI$
ここで，$GD=x$とおくと
$GH=x+1$，$HB=1$，$BI=\dfrac{\sqrt{3}}{2}$より
$GI=x+1+1+\dfrac{\sqrt{3}}{2}=x+2+\dfrac{\sqrt{3}}{2}$
$(x+1):\left(x+2+\dfrac{\sqrt{3}}{2}\right)=1:\dfrac{3}{2}=2:3$
$3(x+1)=2\left(x+2+\dfrac{\sqrt{3}}{2}\right)$
$3x+3=2x+4+\sqrt{3}$
$x=1+\sqrt{3}$　　よって　$GD=1+\sqrt{3}$

242 (1) $\triangle BPQ=\dfrac{35\sqrt{3}}{2}cm^2$
(2) $\triangle BPQ=8\sqrt{3}\ cm^2$
(3) **2秒後**　(4) $12-2\sqrt{5}$ **(秒後)**

解説 (1) $AP=1\times5=5$
$BQ=2\times5=10$
PからBCに垂線PHをひくと，$\triangle PBH$は3辺の比が$1:2:\sqrt{3}$の直角三角形であるから
$PH=PB\times\dfrac{\sqrt{3}}{2}=7\times\dfrac{\sqrt{3}}{2}=\dfrac{7\sqrt{3}}{2}$
$\triangle BPQ=\dfrac{1}{2}\times10\times\dfrac{7\sqrt{3}}{2}=\dfrac{35\sqrt{3}}{2}(cm^2)$

(2) $AP=1\times8=8$
$BC+CQ=2\times8=16$
$BC=12$であるから
$CQ=4$
$\triangle BPQ=\dfrac{1}{3}\triangle ABQ$
$\triangle ABQ=\dfrac{2}{3}\triangle ABC$
1辺の長さがaの正三角形の面積Sは，$S=\dfrac{\sqrt{3}}{4}a^2$
であるから
$\triangle ABC=\dfrac{\sqrt{3}}{4}\times12^2=36\sqrt{3}$
よって　$\triangle BPQ=\dfrac{1}{3}\times\dfrac{2}{3}\times36\sqrt{3}=8\sqrt{3}(cm^2)$

(3) t秒後$(0<t<6)$とすると，PはAB上，QはBC上にあるから
$AP=t$，$BQ=2t$
$PB=12-t$より

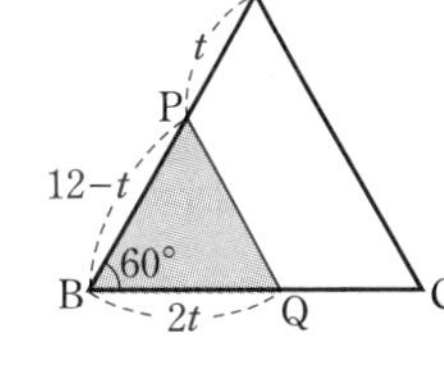

$\triangle BPQ$
$=\dfrac{12-t}{12}\times\dfrac{2t}{12}\triangle ABC=\dfrac{5}{18}\triangle ABC$
よって　$\dfrac{12-t}{12}\times\dfrac{t}{6}=\dfrac{5}{18}$
$(12-t)t=20$　　$12t-t^2=20$
$t^2-12t+20=0$　　$(t-2)(t-10)=0$
$t=2$，10　　$0<t<6$より　$t=2$
よって，2秒後。

(4) t秒後$(6<t<12)$とすると，PはAB上，QはCA上にある。

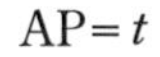

$AP=t$
よって　$PB=12-t$

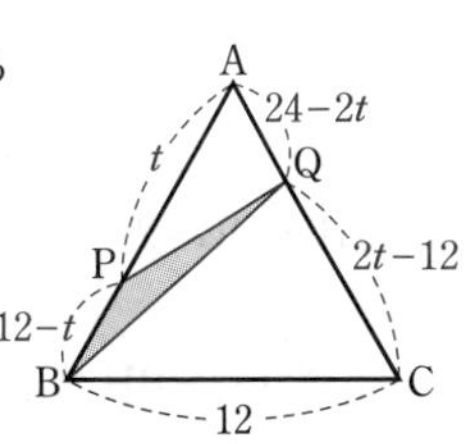

$BC+CQ=2t$ より

$CQ=2t-12$

また　$AQ=24-2t$

$\triangle BPQ=\dfrac{12-t}{12}\triangle ABQ$

$=\dfrac{12-t}{12}\times\dfrac{24-2t}{12}\triangle ABC$

$=\dfrac{(12-t)^2}{72}\triangle ABC$

$=\dfrac{5}{18}\triangle ABC$

ゆえに　$\dfrac{(12-t)^2}{72}=\dfrac{5}{18}$　　$(12-t)^2=20$

$12-t=\pm2\sqrt{5}$　　$t=12\pm2\sqrt{5}$

$6<t<12$ より　$t=12-2\sqrt{5}$

よって，$12-2\sqrt{5}$（秒後）

243 (1) $\sqrt{2}\pi$　　(2) $\sqrt{2}$

解説 (1)　$\angle BOD=90°$ より，Pが，$\overset{\frown}{CAD}$ 上にあるとき，$\angle BPD=45°$ であるから，QはBから直線PDにひいた垂線との交点である。

$\angle BQD=90°$ であるから，QはBDを直径とする円上を動く。

点Pが円周上をCからDまで動くとき，Qは中心Oから図のようにBDの中点（Mとする）を中心とする半径 $\sqrt{2}$ cmの円の周上を半周する。（図中の $\overset{\frown}{ODH}$）

よって　$2\pi\times\sqrt{2}\times\dfrac{180}{360}=\sqrt{2}\pi$ (cm)

(2) 図のように，正方形ODHBとする。題意を満たすQは $\overset{\frown}{DH}$ の中点である。$MQ /\!/ BH$ となるから

$\triangle EMQ \backsim \triangle EHB$（2組の角がそれぞれ等しい）

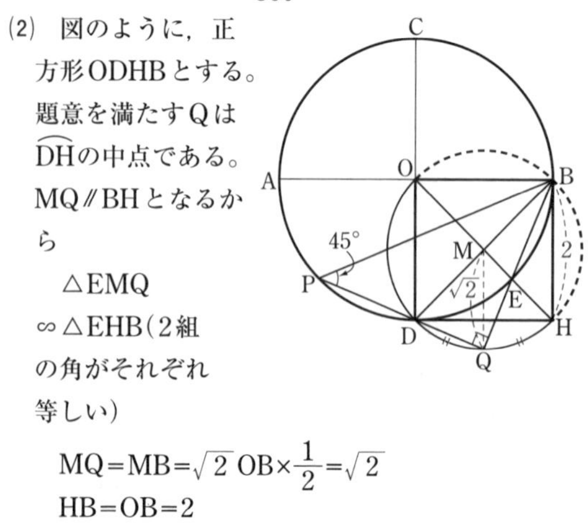

$MQ=MB=\sqrt{2}\,OB\times\dfrac{1}{2}=\sqrt{2}$

$HB=OB=2$

よって

$BE:EQ=BH:QM$

$=2:\sqrt{2}=\dfrac{2}{\sqrt{2}}:1$

$=\sqrt{2}:1$

17 空間図形の総合問題

244　288

解説　QからDHに垂線QIをひく。△PFE≡△RQI
(直角三角形において斜辺と他の1辺がそれぞれ等しい)から

$RI=PE=3$

よって　$RH=9$

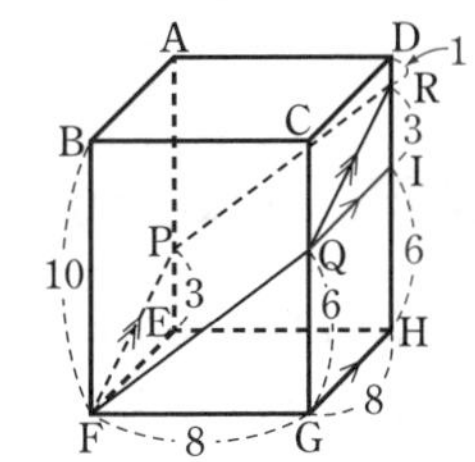

Rを通り底面EFGHに平行な平面で直方体を切断すると，右の図のような直方体STUR-EFGHができ，切断面PFQRはこの直方体の対角線FRを含む平面となる。
直方体は，対角線の交点を含む平面で切断すると体積が2等分されるから

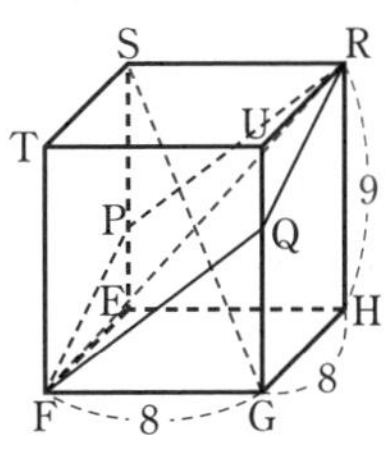

$$(\text{求める立体の体積})=8\times8\times9\times\frac{1}{2}=288(\text{cm}^3)$$

入試メモ　右の図において，3点P，Q，Rを通る平面で直方体を切断すると，切り口PQRSは平行四辺形となり，$QF+SH=PE+RG$となる。
また，点Hを含む側の立体の体積は底面が長方形EFGH，高さが$\dfrac{QF+SH}{2}$の直方体の体積に等しい。

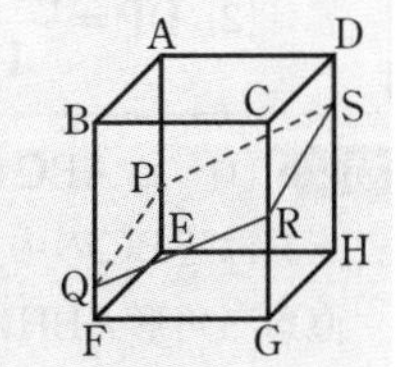

245　189π cm³

解説　(求める立体の体積)
=(半径6の半球の体積)
　+(半径6，高さ6の円錐の体積)
　−(半径3，高さ3の円錐の体積)
　−(半径3の半球の体積)
よって
(求める立体の体積)

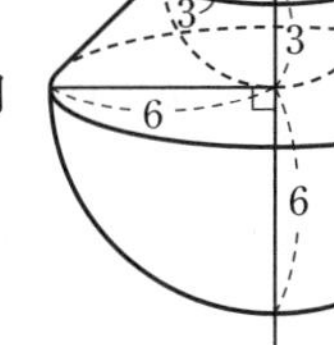

$$=\frac{4}{3}\pi\times6^3\times\frac{1}{2}+6^2\times\pi\times6\times\frac{1}{3}$$
$$-3^2\times\pi\times3\times\frac{1}{3}-\frac{4}{3}\pi\times3^3\times\frac{1}{2}$$
$$=144\pi+72\pi-9\pi-18\pi$$
$$=189\pi(\text{cm}^3)$$

246　(1) $4\sqrt{2}$　　(2) $\dfrac{4\sqrt{6}}{3}$
　(3) $2\sqrt{3}$

解説　(1)　$AM=\sqrt{4^2-2^2}$
$=\sqrt{12}=2\sqrt{3}$
$BM=\sqrt{4^2-2^2}=2\sqrt{3}$
ABの中点をNとすると$AB\perp MN$であるから，三平方の定理により
$MN=\sqrt{(2\sqrt{3})^2-2^2}$
$=\sqrt{12-4}=\sqrt{8}=2\sqrt{2}$
よって
$$\triangle ABM=\frac{1}{2}\times4\times2\sqrt{2}=4\sqrt{2}(\text{cm}^2)$$

(2)　点Aから△BCDに垂線AGをひくと，直角三角形で斜辺と他の1辺(AG)が等しいことから
△ABG≡△ACG
　≡△ADG

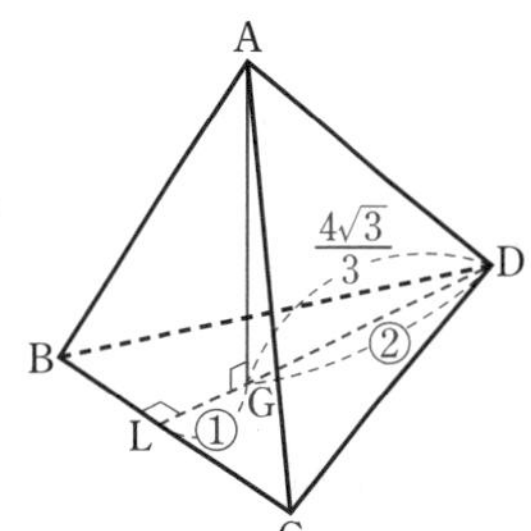

よって，$BG=CG=DG$より，Gは△BCDの外心である。正三角形の外心は，重心と重なる。
BCの中点をLとすると　$DG:GL=2:1$
$DL=2\sqrt{3}$より　$DG=\dfrac{2}{3}\times2\sqrt{3}=\dfrac{4\sqrt{3}}{3}$
△ADGで三平方の定理により
$$AG=\sqrt{4^2-\left(\frac{4\sqrt{3}}{3}\right)^2}=\sqrt{16-\frac{16\times3}{9}}$$
$$=\sqrt{\frac{16\times9-16\times3}{9}}=\sqrt{\frac{16\times6}{9}}=\frac{4\sqrt{6}}{3}(\text{cm})$$

(3)　CQ=CP=xとおく。
頂点を共有する三角錐の体積比は，共有する頂点に集まる3辺の比の積で表される。

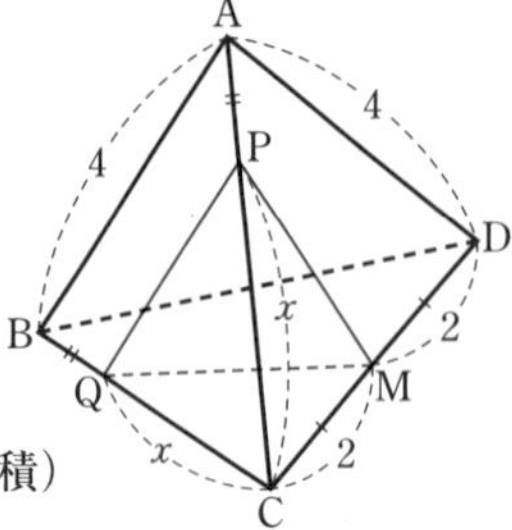

よって
(三角錐C-PQMの体積)
$=\dfrac{x}{4}\times\dfrac{x}{4}\times\dfrac{1}{2}\times$(正四面体A-BCDの体積)
$=\dfrac{x^2}{32}\times$(正四面体A-BCDの体積)
ここで
(三角錐C-PQMの体積)
$=\dfrac{3}{3+5}\times$(正四面体A-BCDの体積)
であるから　$\dfrac{x^2}{32}=\dfrac{3}{8}$　　$x^2=12$　　$x=\pm2\sqrt{3}$
$0<x<4$より　$x=2\sqrt{3}$
よって　$CQ=2\sqrt{3}$(cm)

247　(1) **4**　(2) **$4\sqrt{22}$**
(3) **$\dfrac{6\sqrt{22}}{11}$**

解説　(1)　(四面体CAFHの体積)
=(直方体ABCD-EFGHの体積)
−(三角錐C-FGHの体積)
−(三角錐B-ACFの体積)
−(三角錐D-ACHの体積)
−(三角錐A-EFHの体積)　　であるから

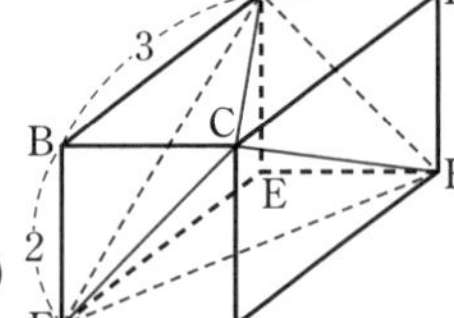

(四面体CAFHの体積)
$=3\times2\times2-\left(\dfrac{1}{3}\times\dfrac{1}{2}\times2\times3\times2\right)\times4$
$=12-8=4$

(2)　$AF=FH=CH=AC=\sqrt{2^2+3^2}=\sqrt{13}$
$CF=AH=\sqrt{2^2+2^2}=2\sqrt{2}$
二等辺三角形AFCの高さをAIとすると
$AI=\sqrt{(\sqrt{13})^2-(\sqrt{2})^2}=\sqrt{11}$
(四面体CAFHの表面積)
$=\triangle AFC\times4$
$=\left(\dfrac{1}{2}\times2\sqrt{2}\times\sqrt{11}\right)\times4$
$=4\sqrt{22}$

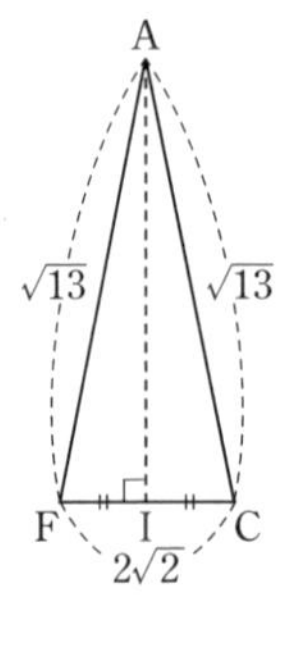

(3)　Cから平面AFHにひいた垂線の長さをhとすると
(四面体CAFHの体積)$=\dfrac{1}{3}\times\triangle AFH\times h$
よって　$\dfrac{1}{3}\times\dfrac{1}{2}\times2\sqrt{2}\times\sqrt{11}\times h=4$
$\dfrac{\sqrt{22}}{3}h=4$　　$h=4\times\dfrac{3}{\sqrt{22}}=\dfrac{12\sqrt{22}}{22}=\dfrac{6\sqrt{22}}{11}$

248　**$\angle AEG=60^\circ$**

解説　EGの延長上に$\angle DHE=45^\circ$となる点Hをとる。
△DEHは，$\angle HDE=90^\circ$の直角二等辺三角形になるから
$AD=ED=HD=4$

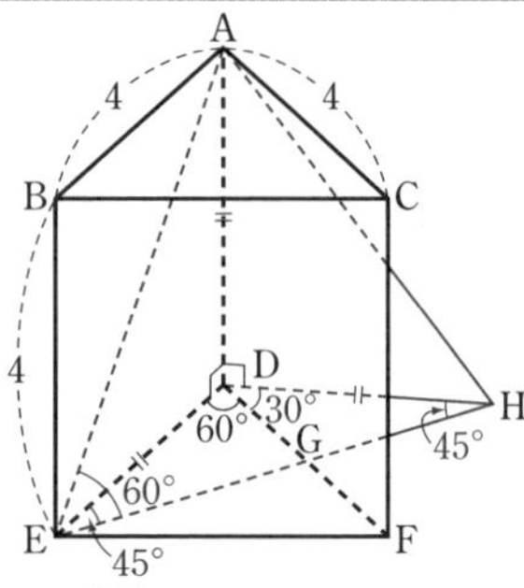

よって，$AE=EH=HA=4\sqrt{2}$となり，△AEHは正三角形である。よって　$\angle AEG=60^\circ$

249　(1) **$AH=2\sqrt{2}$ cm**
(2) **$DP=\dfrac{6\sqrt{11}}{11}$ cm**　(3) **$\dfrac{32\sqrt{2}}{11}$ cm^3**

解説　(1)　△ABCは，AB=ACの二等辺三角形で，点Hは辺BCの中点であるから　AH⊥BC
直角三角形ABHにおいて，三平方の定理により
$AH=\sqrt{3^2-1^2}=\sqrt{8}=2\sqrt{2}$(cm)

(2)　△ADHは直角三角形であるから
$HD=\sqrt{(2\sqrt{2})^2+6^2}=\sqrt{8+36}=\sqrt{44}=2\sqrt{11}$
△DPG∽△DAH(2組の角がそれぞれ等しい)より
DP：DA=GD：HD
$DP:6=2:2\sqrt{11}$　　$DP=\dfrac{12}{2\sqrt{11}}=\dfrac{6\sqrt{11}}{11}$(cm)

(3)　$DP=\dfrac{6\sqrt{11}}{11}$より　$HP=2\sqrt{11}-\dfrac{6\sqrt{11}}{11}=\dfrac{16\sqrt{11}}{11}$
よって　DP：HP=3：8
(三角錐PEFHの体積)
$=\dfrac{8}{3+8}\times$(三角錐DEFHの体積)
$=\dfrac{8}{11}\times\dfrac{1}{3}\times\dfrac{1}{2}\times2\times6\times2\sqrt{2}=\dfrac{32\sqrt{2}}{11}$(cm^3)

250 (1) $\dfrac{2\sqrt{6}}{3}$　(2) $\dfrac{\sqrt{2}}{6}$

(3) $\dfrac{\sqrt{6}}{9}$

解説 (1) 正四面体の頂点Gから底面ABCにひいた垂線は，△ABCの外心を通る。この点をOとすると，正三角形の外心は重心と一致するから，BCの中点をMとすると

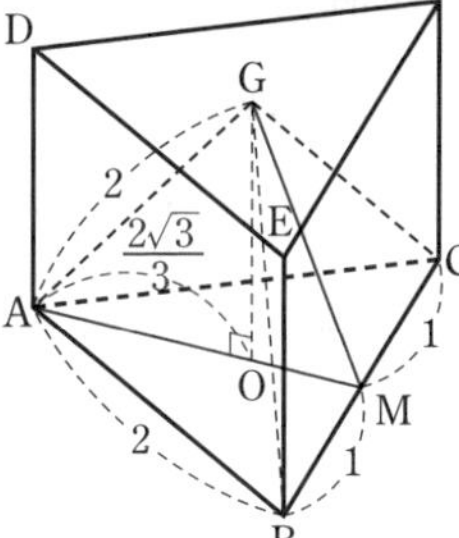

$AM=\sqrt{3}$

$AO:MO=2:1$ より

$AO=\dfrac{2\sqrt{3}}{3}$

△GAOにおいて，三平方の定理により

$GO=\sqrt{2^2-\left(\dfrac{2\sqrt{3}}{3}\right)^2}$

$=\sqrt{4-\dfrac{12}{9}}=\sqrt{\dfrac{24}{9}}=\dfrac{2\sqrt{6}}{3}$

よって　$AD=\dfrac{2\sqrt{6}}{3}$

(2) Hは(1)でOとした点である。AGとDHの交点をP，BGとEHの交点をQ，CGとFHの交点をRとすると，共通部分は六面体GPQRHである。四角形ADGH，BEGH，CFGHは平行四辺形（長方形）であるから，

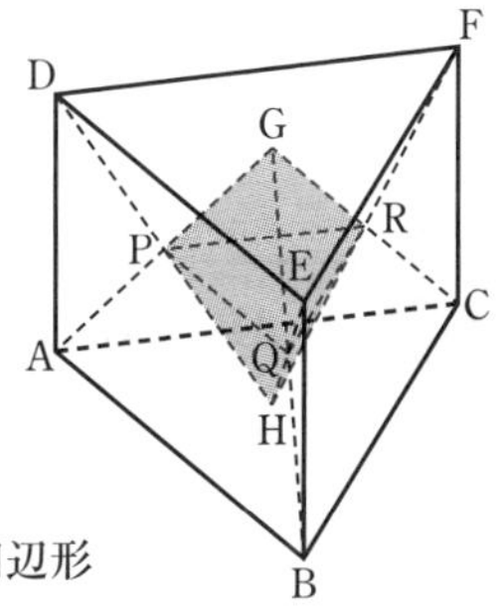

P，Q，Rは，それぞれGA，GB，GCの中点である。

（正四面体G-PQRの体積）

：（正四面体G-ABCの体積）

$=1^3:2^3=1:8$

よって，立体Vの体積をVで表すと

$\dfrac{1}{2}V=\dfrac{1}{8}\times$（正四面体G-ABCの体積）

$\dfrac{1}{2}V=\dfrac{1}{8}\times\dfrac{1}{3}\times\dfrac{1}{2}\times2\times\sqrt{3}\times\dfrac{2\sqrt{6}}{3}$

$\dfrac{1}{2}V=\dfrac{\sqrt{2}}{12}$

よって　$V=\dfrac{\sqrt{2}}{6}$

(3) 球の中心をO，半径をrとすると，

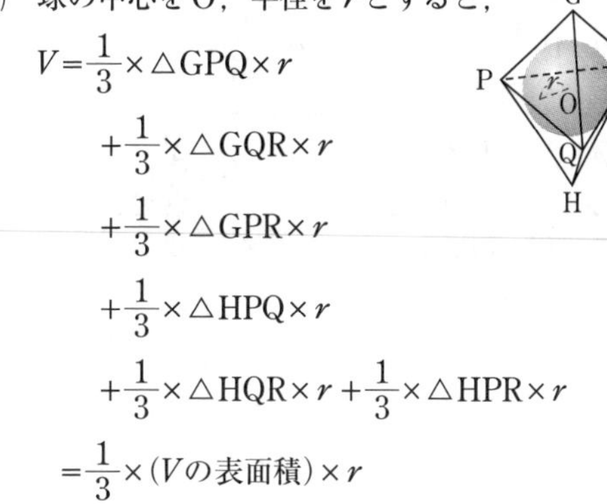

$V=\dfrac{1}{3}\times\triangle GPQ\times r$

$+\dfrac{1}{3}\times\triangle GQR\times r$

$+\dfrac{1}{3}\times\triangle GPR\times r$

$+\dfrac{1}{3}\times\triangle HPQ\times r$

$+\dfrac{1}{3}\times\triangle HQR\times r+\dfrac{1}{3}\times\triangle HPR\times r$

$=\dfrac{1}{3}\times$（Vの表面積）$\times r$

よって　$\dfrac{1}{3}\times\dfrac{\sqrt{3}}{4}\times1^2\times6\times r=\dfrac{\sqrt{2}}{6}$

$\dfrac{\sqrt{3}}{2}r=\dfrac{\sqrt{2}}{6}$　　$r=\dfrac{\sqrt{2}\times2}{6\times\sqrt{3}}=\dfrac{\sqrt{2}}{3\sqrt{3}}=\dfrac{\sqrt{6}}{9}$

251 (1) **12 cm**　(2) **9 cm**

解説 (1) 正四角錐とその外接球の対称性よりACとBDの交点をHとすると，P，O，Hは同一直線上にある。またPH⊥ACである。

したがって，正四角錐P-ABCDの高さはPHである。$PH=h$とおく。

また，△ABCは直角二等辺三角形であるから，3辺の比は$1:1:\sqrt{2}$

よって，$AC=12\sqrt{2}$　　$AH=\dfrac{1}{2}AC=6\sqrt{2}$

△PAHにおいて，三平方の定理により

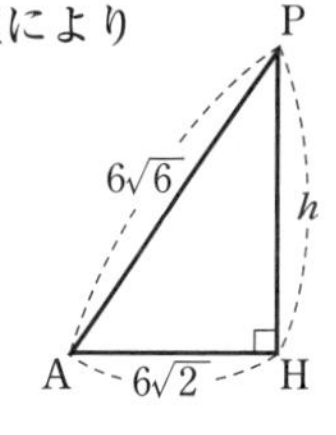

$h=\sqrt{(6\sqrt{6})^2-(6\sqrt{2})^2}$

$=\sqrt{36\times6-36\times2}$

$=\sqrt{36\times4}$

$=6\times2$

$=12$(cm)

(2) $PO=AO=r$とおくと，△OAHにおいて，三平方の定理により

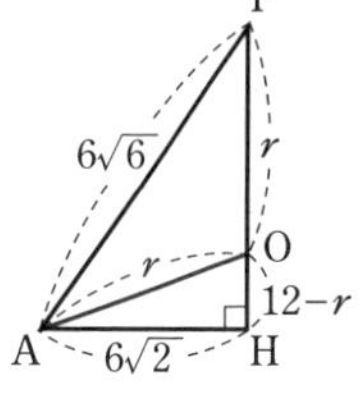

$r^2=(12-r)^2+(6\sqrt{2})^2$

$r^2=144-24r+r^2+72$

$24r=216$

$r=9$(cm)

252 (1) $\mathbf{\dfrac{64\sqrt{2}}{9}}$ (2) $\mathbf{\dfrac{128}{27}}$

解説 (1) ABの中点をX，CDの中点をY，OYとPQの交点をZとする。

△OXYにおいて，Hを通ってXZに平行な直線をひき，OYとの交点をRとする。

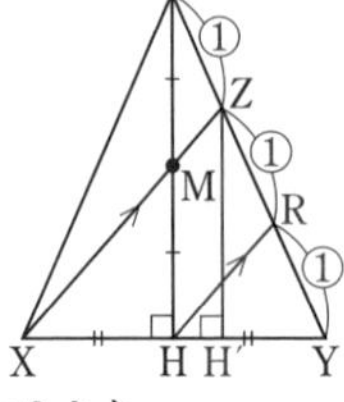

YR : RZ＝YH : HX＝1 : 1

また

OZ : ZR＝OM : MH＝1 : 1

よって　OZ : ZY＝1 : 2

△OPQと△OCDの相似比が1 : 3より

PQ : CD＝1 : 3

$PQ=\dfrac{1}{3}CD=\dfrac{4}{3}$

$OH=\sqrt{OA^2-AH^2}$

$=\sqrt{(2\sqrt{6})^2-\left(4\times\sqrt{2}\times\dfrac{1}{2}\right)^2}=4$

$MH=\dfrac{1}{2}OH=2$

XH＝MH＝2より，△XMHは直角二等辺三角形であるから

$XM=2\sqrt{2}$

ZからXYに垂線ZH′をひくと

$HH'=\dfrac{1}{3}HY=\dfrac{2}{3}$

$XH'=2+\dfrac{2}{3}=\dfrac{8}{3}$

$ZH'=OH\times\dfrac{2}{3}=\dfrac{8}{3}$ より，△XZH′は直角二等辺三角形であるから

$ZX=\dfrac{8\sqrt{2}}{3}$

(台形ABPQの面積)

$=\dfrac{1}{2}\times\left(\dfrac{4}{3}+4\right)\times\dfrac{8\sqrt{2}}{3}=\dfrac{64\sqrt{2}}{9}$

(2) $\triangle OXZ=\dfrac{1}{3}\triangle OXY$

$=\dfrac{1}{3}\times\dfrac{1}{2}\times4\times4=\dfrac{8}{3}$

OからXZにひいた垂線の長さをhとすると

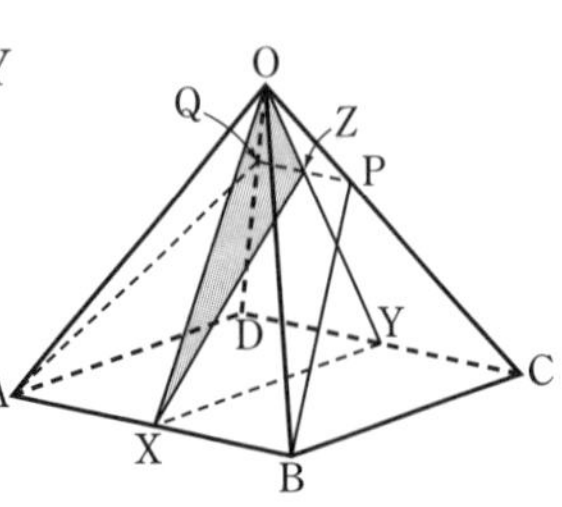

$\triangle OXZ=\dfrac{1}{2}\times\dfrac{8\sqrt{2}}{3}\times h=\dfrac{4\sqrt{2}}{3}h=\dfrac{8}{3}$

$h=\sqrt{2}$

(四角錐O-ABPQの体積)

$=\dfrac{1}{3}\times\dfrac{64\sqrt{2}}{9}\times\sqrt{2}=\dfrac{128}{27}$

(別解)

$\triangle OXY=\dfrac{1}{2}\times4\times4=8$

$\triangle OXZ=\dfrac{1}{3}\triangle OXY=\dfrac{8}{3}$

(四角錐O-ABPQの体積)

$=\triangle OXZ\times\dfrac{PQ+AB}{3}$

$=\dfrac{8}{3}\times\left(\dfrac{4}{3}+4\right)\times\dfrac{1}{3}=\dfrac{8}{3}\times\dfrac{16}{9}=\dfrac{128}{27}$

入試メモ 「屋根型立体」の体積は図のように3辺に垂直な平面で切断した，切断平面を底面とし，3辺の平均を高さとした三角柱の体積に等しい。252(2)では1辺が点になっている場合である。

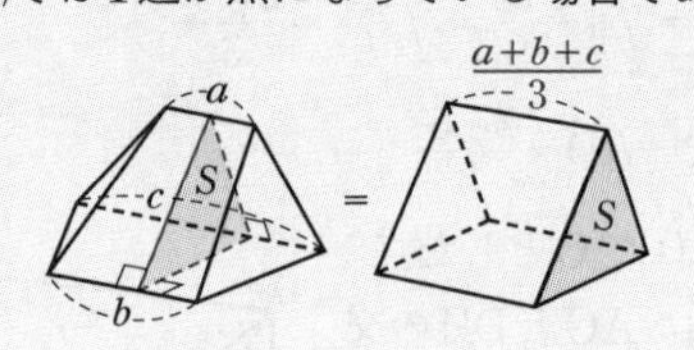

253 (1) **AP＝$\sqrt{13}$ cm** (2) **10 : 3**

(3) ①**5 : 2** ②**CS＝$\dfrac{4\sqrt{2}}{5}$ cm**

解説 (1) △ABCは直角二等辺三角形であるから

$AC=2\sqrt{2}\times\sqrt{2}=4$

よって，△OACは正三角形である。

OCの中点をMとすると，△OAMは3辺の比が$1:2:\sqrt{3}$の直角三角形であるから

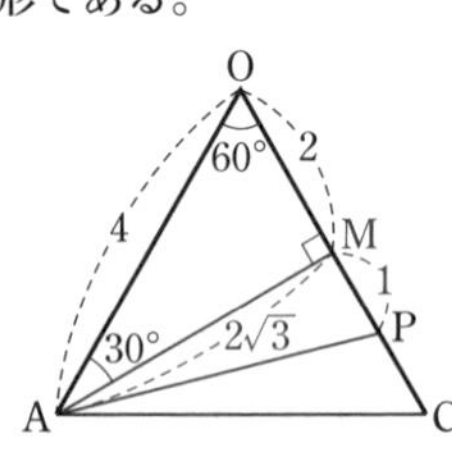

$AM=2\sqrt{3}$

また，MP＝1より，

△APMにおいて，三平方の定理により

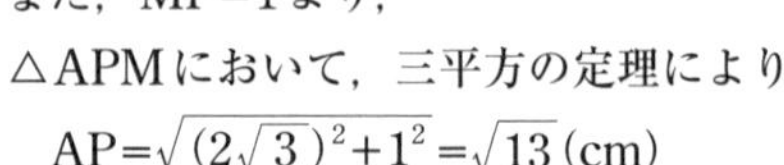

$AP=\sqrt{(2\sqrt{3})^2+1^2}=\sqrt{13}$ (cm)

(2) $AQ=x$, $OQ=h$ とおくと

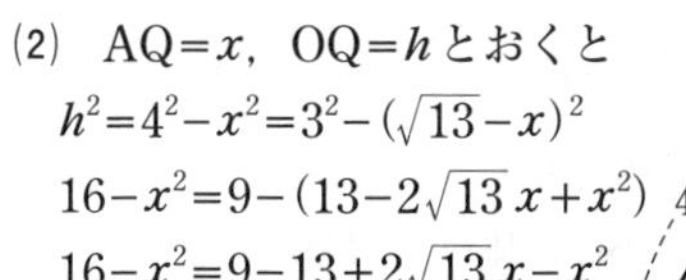

$h^2=4^2-x^2=3^2-(\sqrt{13}-x)^2$

$16-x^2=9-(13-2\sqrt{13}x+x^2)$

$16-x^2=9-13+2\sqrt{13}x-x^2$

$2\sqrt{13}x=20$

$x=\dfrac{20}{2\sqrt{13}}=\dfrac{10}{\sqrt{13}}=\dfrac{10\sqrt{13}}{13}$

よって　$QP=\sqrt{13}-\dfrac{10\sqrt{13}}{13}=\dfrac{3\sqrt{13}}{13}$

$AQ:QP=\dfrac{10\sqrt{13}}{13}:\dfrac{3\sqrt{13}}{13}=10:3$

(3) ①PからORに平行な直線をひき，ACとの交点をTとする。

$CT:TR=CP:PO$
$=1:3$

$AR:RT=AQ:QP$
$=10:3$

よって

$AR:RC=10:4$
$=5:2$

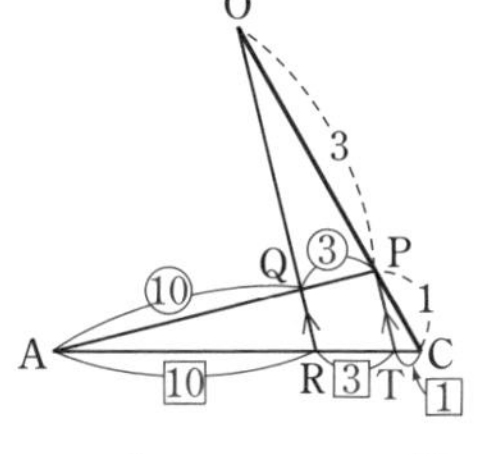

②△ABR∽△CSR(2組の角がそれぞれ等しい)より

$AB:CS=AR:CR$

$2\sqrt{2}:CS=5:2$

$CS=\dfrac{4\sqrt{2}}{5}$(cm)

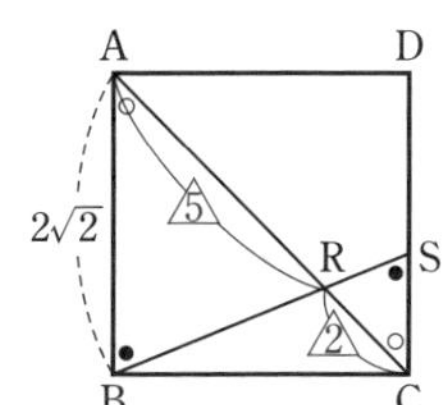

254 (1) **14 cm³**　(2) **ON＝$2\sqrt{11}$ cm**

(3) **DH＝$\dfrac{6\sqrt{22}}{11}$ cm**　(4) **7 : 4**

(5) **11 : 2**

解説 (1) (三角錐O-DEFの体積)

$=\dfrac{1}{3}\times\dfrac{1}{2}\times4\times4\times6$

$=16$

(三角錐O-ABCの体積)

$=\dfrac{1}{3}\times\dfrac{1}{2}\times2\times2\times3$

$=2$

(求める立体の体積)

$=16-2=14$(cm³)

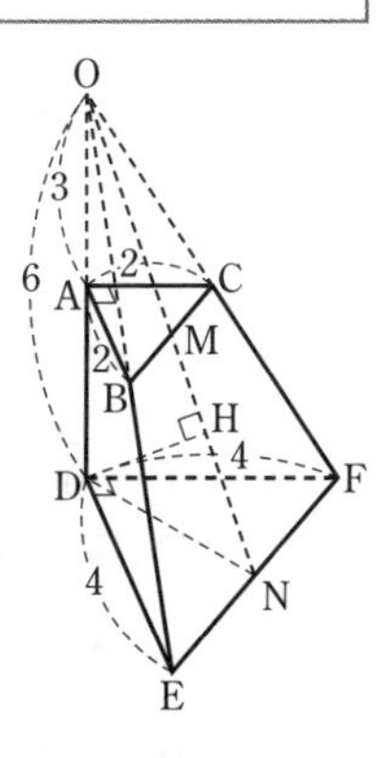

(2) $DN=\dfrac{1}{2}EF=2\sqrt{2}$

$ON=\sqrt{6^2+(2\sqrt{2})^2}$

$=\sqrt{36+8}=\sqrt{44}$

$=2\sqrt{11}$(cm)

(3) △DNH∽△OND (2組の角がそれぞれ等しい)より

$DH:OD=DN:ON$

$DH:6=2\sqrt{2}:2\sqrt{11}$

$DH=\dfrac{12\sqrt{2}}{2\sqrt{11}}=\dfrac{6\sqrt{22}}{11}$(cm)

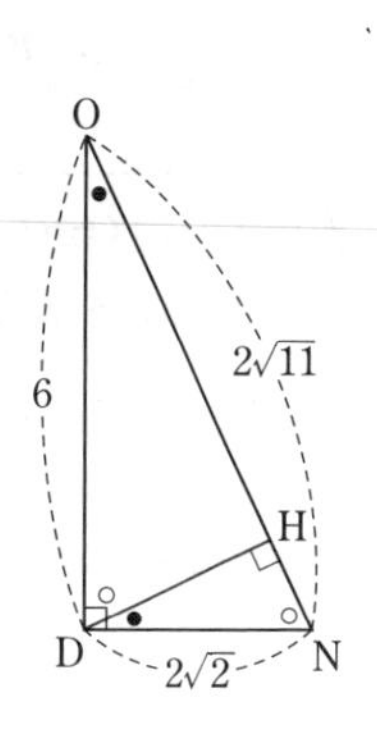

(4) 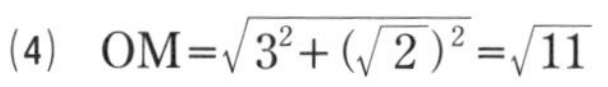 $OM=\sqrt{3^2+(\sqrt{2})^2}=\sqrt{11}$

△ODH∽△OMA(2組の角がそれぞれ等しい)より

$OH:OA=OD:OM$

$OH:3=6:\sqrt{11}$

$OH=\dfrac{18}{\sqrt{11}}=\dfrac{18\sqrt{11}}{11}$

よって

$MH=\dfrac{18\sqrt{11}}{11}-\sqrt{11}=\dfrac{7\sqrt{11}}{11}$

また　$HN=2\sqrt{11}-\dfrac{18\sqrt{11}}{11}=\dfrac{4\sqrt{11}}{11}$

したがって　$MH:HN=\dfrac{7\sqrt{11}}{11}:\dfrac{4\sqrt{11}}{11}=7:4$

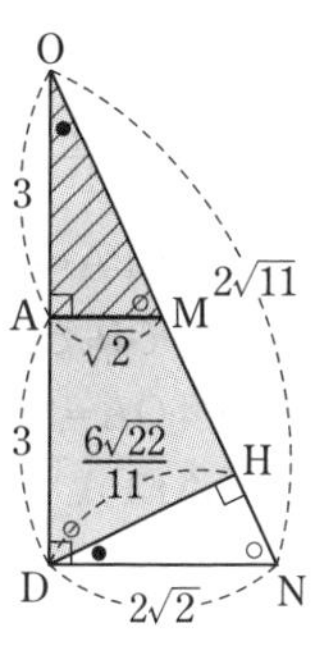

(5) $OH:HN=\dfrac{18\sqrt{11}}{11}:\dfrac{4\sqrt{11}}{11}$
$=9:2$

Aを通ってDHに平行な直線をひき，ONとの交点をIとする。

$OI:IH=OA:AD=1:1$

よって

$OI:IH:HN=9:9:4$

$HK:IA=NH:NI=4:13$

$AI:DH=OA:OD=1:2$

よって　$HK:AI:DH=4:13:26$

したがって　$DK:KH=(26-4):4=22:4$
$=11:2$

255 (1) $\dfrac{\sqrt{23}}{3}$ **cm³**　(2) $\dfrac{5}{9}$ 倍

(3) (周) $\dfrac{8\sqrt{2}}{3}+2$ (cm)，(体積) $\dfrac{2}{9}$ 倍

解説 (1)　Oから△ABCにひいた垂線は，△ABCの重心Gを通る。

$AG=\dfrac{2\sqrt{3}}{3}$，OA=3であるから

$$OG=\sqrt{3^2-\left(\dfrac{2\sqrt{3}}{3}\right)^2}=\sqrt{9-\dfrac{12}{9}}$$

$$=\sqrt{\dfrac{81-12}{9}}=\sqrt{\dfrac{69}{9}}=\dfrac{\sqrt{69}}{3}$$

(三角錐OABCの体積)

$$=\dfrac{1}{3}\times\dfrac{\sqrt{3}}{4}\times2^2\times\dfrac{\sqrt{69}}{3}=\dfrac{\sqrt{3}\times\sqrt{3\times23}}{9}=\dfrac{\sqrt{23}}{3}\,(\mathrm{cm}^3)$$

(2)　△BPA∽△OAB(2組の角がそれぞれ等しい)，

BP：OA=2：3より

△BPA：△OAB$=2^2:3^2$

=4：9

よって

△OPB：△OAB=5：9

(三角錐OPBCの体積)

：(三角錐OABCの体積)

=△OPB：△OAB

=5：9

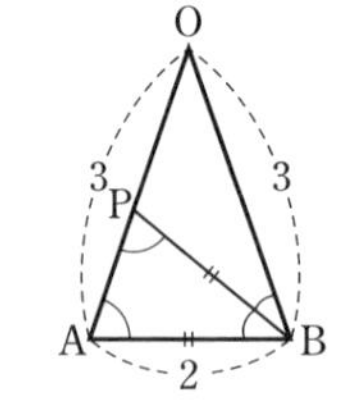

(三角錐OPBCの体積)は

(三角錐OABCの体積)の $\dfrac{5}{9}$ 倍

(3)　側面の展開図において，図のBCがPB+PCが最短となるときの長さである。

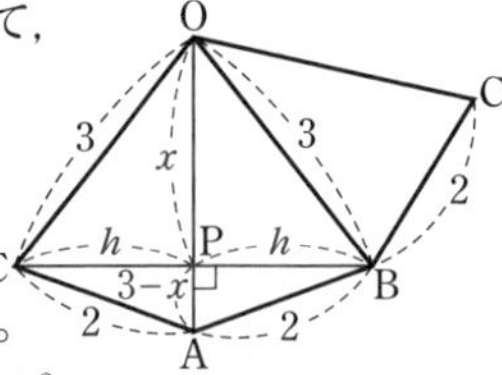

OP=x，BP=hとおく。

$h^2=3^2-x^2=2^2-(3-x)^2$

$9-x^2=4-(9-6x+x^2)$

$9-x^2=4-9+6x-x^2$

$6x=14$　　$x=\dfrac{7}{3}$

$$h=\sqrt{3^2-\left(\dfrac{7}{3}\right)^2}=\sqrt{9-\dfrac{49}{9}}=\sqrt{\dfrac{32}{9}}=\dfrac{4\sqrt{2}}{3}$$

よって　展開図上の$BC=2h=\dfrac{8\sqrt{2}}{3}$

△PBCの周の長さの最小は　$\dfrac{8\sqrt{2}}{3}+2$

また，(2)と同様に考えて，$OP=\dfrac{7}{3}$ であるから

$$\triangle PAB:\triangle OAB=\left(3-\dfrac{7}{3}\right):3=\dfrac{2}{3}:3=2:9$$

(三角錐PABCの体積)

：(三角錐OABCの体積)=2：9

(三角錐PABCの体積)は

(三角錐OABCの体積)の $\dfrac{2}{9}$ 倍

256 (1) ①**IP=3**　② $\dfrac{4\sqrt{6}}{9}$

(2) ①**IQ=** $\dfrac{3\sqrt{6}}{4}$　② $\dfrac{28\sqrt{6}}{81}$

解説 (1)　ABの中点をMとする。

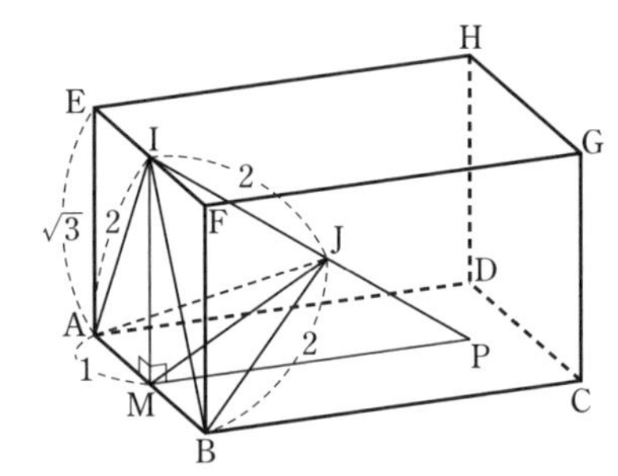

①AM=1，AI=2より

$IM=\sqrt{3}$

JからIMに垂線JRをひくと，Rは△ABIの重心である。

よって

IR：RM=2：1

IJ：JP=IR：RM

よって

IJ：IP=2：3

IJ=2より　IP=3

②右の図のように切り口を△JXYとする。

$IR=\sqrt{3}\times\dfrac{2}{3}=\dfrac{2\sqrt{3}}{3}$

△IRJ(∠IRJ=90°)で，

三平方の定理により

$$JR=\sqrt{2^2-\left(\dfrac{2\sqrt{3}}{3}\right)^2}$$

$$=\sqrt{4-\dfrac{12}{9}}$$

$$=\sqrt{\dfrac{24}{9}}=\dfrac{2\sqrt{6}}{3}$$

XY：AB=2：3　　XY：2=2：3

よって　$XY=\dfrac{4}{3}$

$$\triangle JXY=\dfrac{1}{2}\times\dfrac{4}{3}\times\dfrac{2\sqrt{6}}{3}=\dfrac{4\sqrt{6}}{9}$$

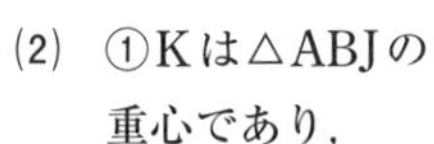

(2) ①Kは△ABJの重心であり，$JM=\sqrt{3}$ であるから

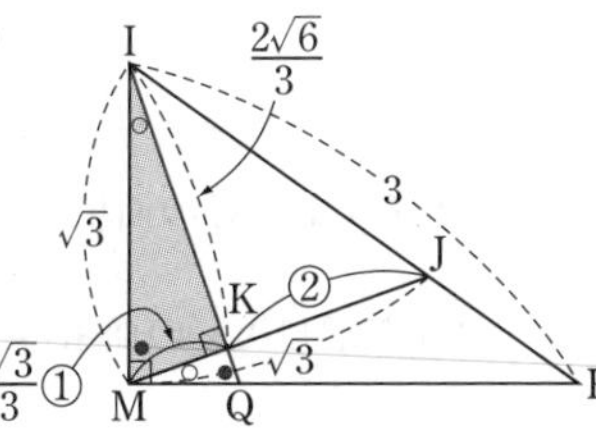

$KM=\frac{\sqrt{3}}{3}$

また

$IK=JR=\frac{2\sqrt{6}}{3}$

△IMQ∽△IKM（2組の角がそれぞれ等しい）より

$IQ:IM=IM:IK$

$IQ:\sqrt{3}=\sqrt{3}:\frac{2\sqrt{6}}{3}$

$IQ=3\div\frac{2\sqrt{6}}{3}=\frac{9}{2\sqrt{6}}=\frac{3\sqrt{6}}{4}$

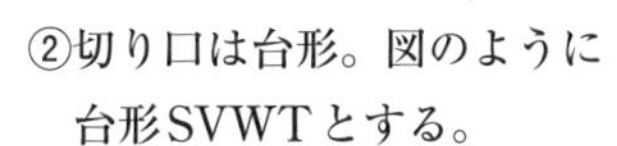

②切り口は台形。図のように台形SVWTとする。

また，VWとIMの交点をNとする。

$ST:AB=JK:JM=2:3$

$ST:2=2:3$

よって　$ST=\frac{4}{3}$

$VW:AB=IN:IM$

$=IK:IQ=\frac{2\sqrt{6}}{3}:\frac{3\sqrt{6}}{4}$

$=8:9$

$VW:2=8:9$

よって　$VW=\frac{16}{9}$

$JR:KN=3:1$より

$\frac{2\sqrt{6}}{3}:KN=3:1$

$KN=\frac{2\sqrt{6}}{9}$

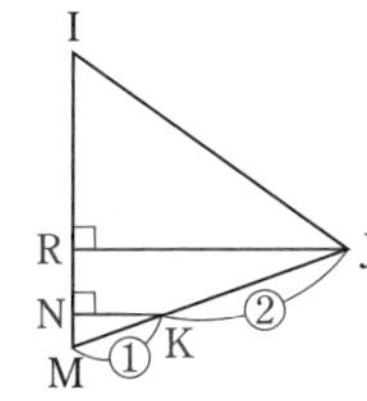

よって（台形SVWTの面積）

$=\frac{1}{2}\times\left(\frac{4}{3}+\frac{16}{9}\right)\times\frac{2\sqrt{6}}{9}=\frac{28\sqrt{6}}{81}$

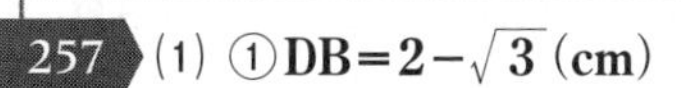

257 (1) ①**DB=2−$\sqrt{3}$(cm)**

②**2cm**

(2) **$2\sqrt{2}$ cm**

解説 (1) ①側面の展開図をかく。AとA′は，組み立てたときに重なる点である。糸の長さが最短となるのは，図のACのときである。

DB=x，AD=hとおくと

$h^2=2^2-(2-x)^2=(\sqrt{6}-\sqrt{2})^2-x^2$

$4-(4-4x+x^2)=6-2\sqrt{12}+2-x^2$

$4-4+4x-x^2=6-4\sqrt{3}+2-x^2$

$4x=8-4\sqrt{3}$　　$x=2-\sqrt{3}$ (cm)

②$h=\sqrt{2^2-(2-2+\sqrt{3})^2}=\sqrt{4-3}=1$

$AC=2h=2$(cm)

(2) OA=AC=CO=2より，△OACは正三角形。

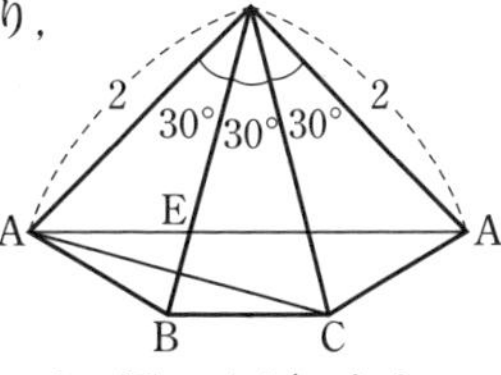

よって，

∠AOB=30°より

∠AOA′=90°

糸の長さが最短となるのは，図のAA′のとき。

△OAA′は直角二等辺三角形であるから

$AA'=2\sqrt{2}$(cm)

258 (1) $\mathbf{\frac{16\sqrt{2}\pi}{3}}$

(2) ①**$2\sqrt{7}$**

②**MH=$\frac{12\sqrt{2}-2\sqrt{6}}{3}$**

(3) **$S=12\pi-6\sqrt{7}$**

解説 (1) 底面の円の中心をO′とする。

$OO'=\sqrt{6^2-2^2}=\sqrt{36-4}=\sqrt{32}=4\sqrt{2}$

よって

（直円錐の体積）

$=\frac{1}{3}\times\pi\times2^2\times4\sqrt{2}=\frac{16\sqrt{2}\pi}{3}$

(2) ①展開図をかくと，側面の中心角の大きさは

$$360°\times\frac{O'A}{OA}=360°\times\frac{2}{6}=120°$$

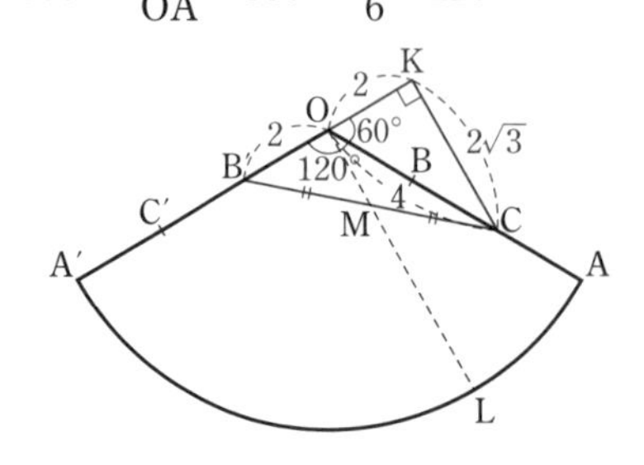

AとA′，BとB′，CとC′は組み立てたときに重なる点である。

糸の長さが最短となるのは，図のCB′のときである。

A′Oの延長上にCから垂線CKをひく。

∠KOC=60°，OC=4より　OK=2，KC=$2\sqrt{3}$

△KB′C(∠K=90°)において，三平方の定理により

$$CB'=\sqrt{4^2+(2\sqrt{3})^2}=\sqrt{16+12}=\sqrt{28}=2\sqrt{7}$$

②B′O：OK=B′M：MC=1：1であるから，

中点連結定理により　$OM=\frac{1}{2}KC=\sqrt{3}$

OMの延長と$\overset{\frown}{AA'}$の交点をLとする。

$ML=6-\sqrt{3}$

△MLH∽△OLO′

(2組の角がそれぞれ等しい)より

MH：OO′=ML：OL

$=(6-\sqrt{3})：6$

$MH：4\sqrt{2}=(6-\sqrt{3})：6$

$$MH=\frac{4\sqrt{2}(6-\sqrt{3})}{6}=\frac{2\sqrt{2}(6-\sqrt{3})}{3}$$

$$=\frac{12\sqrt{2}-2\sqrt{6}}{3}$$

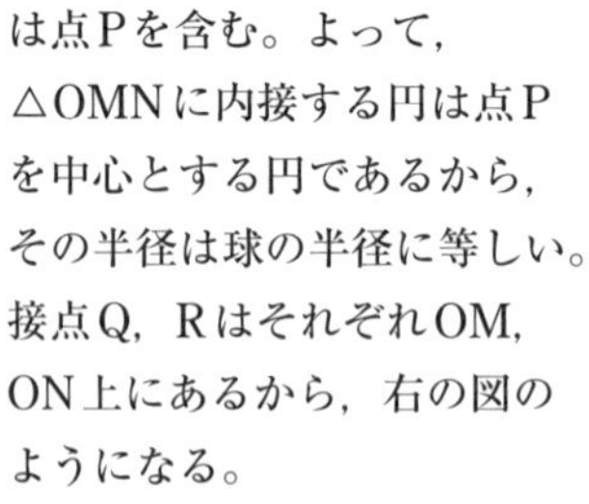

(3) S(色の部分)の面積が最小となるのは，四角形OB′NCの面積が最大となるときである。

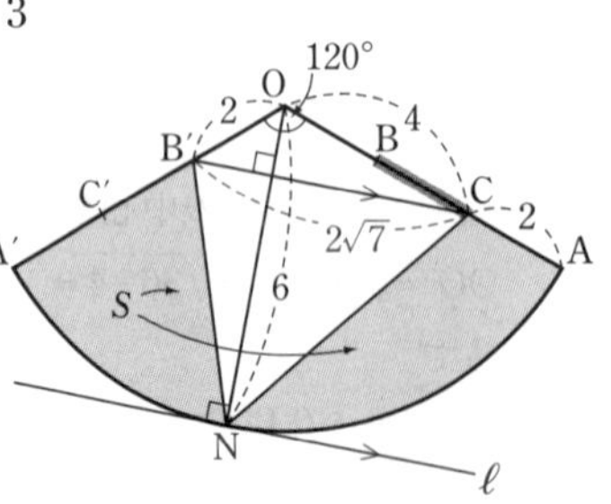

△OB′Cの面積は一定であるから，△B′NCの面積が最大となるときを考える。

CB′を底辺とし，高さが最も高くなる位置にNをとればよい。

CB′に平行で$\overset{\frown}{AA'}$に接する直線をℓとすると，接点がNになる。

ℓ⊥ONより　CB′⊥ON

$$(\text{四角形OB'NCの面積})=2\sqrt{7}\times6\times\frac{1}{2}=6\sqrt{7}$$

$$(\text{おうぎ形OAA'の面積})=\pi\times6^2\times\frac{120}{360}=12\pi$$

よって　$S=12\pi-6\sqrt{7}$

259 (1) $\frac{8\sqrt{6}}{3}$**cm³**　(2) **24cm²**

(3) $\frac{\sqrt{6}}{3}$**cm**

解説 (1) Oから底面にひいた垂線をOHとすると，Hは正方形ABCDの対角線の交点である。

AC=$2\sqrt{2}$より　AH=$\sqrt{2}$

$$OH=\sqrt{(\sqrt{26})^2-(\sqrt{2})^2}=\sqrt{26-2}=\sqrt{24}=2\sqrt{6}$$

よって　(正四角錐O-ABCDの体積)

$$=\frac{1}{3}\times2\times2\times2\sqrt{6}=\frac{8\sqrt{6}}{3}(\text{cm}^3)$$

(2) ABの中点をMとする。

$$OM=\sqrt{(\sqrt{26})^2-1^2}=\sqrt{25}=5$$

よって　(正四角錐O-ABCDの表面積)

$$=\frac{1}{2}\times2\times5\times4+2\times2=24(\text{cm}^2)$$

(3) 球の中心をPとする。また，△OABと球Pの接点をQ，△OCDと球Pの接点をR，CDの中点をNとする。

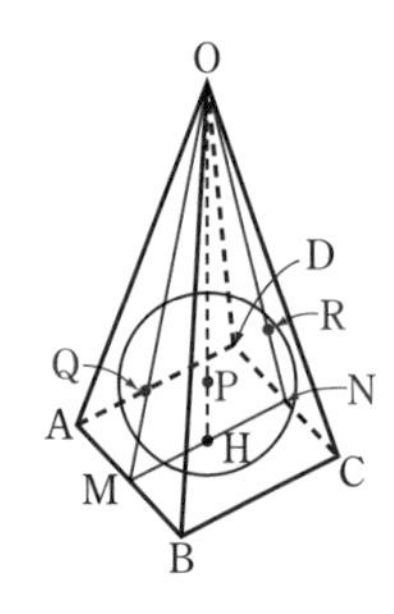

3点O，M，Nを通る平面で立体を切断すると，切断面は点Pを含む。よって，△OMNに内接する円は点Pを中心とする円であるから，その半径は球の半径に等しい。

接点Q，RはそれぞれOM，ON上にあるから，右の図のようになる。

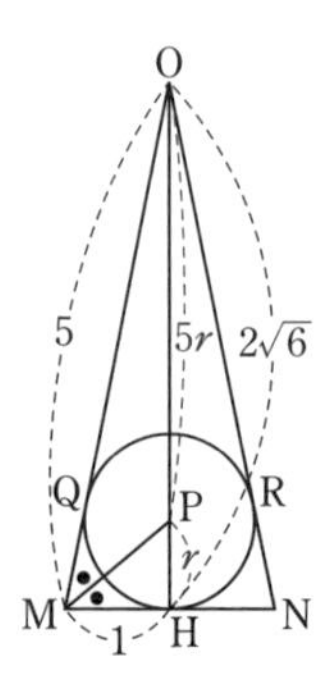

円Pは∠OMNをなす2辺に接するので，中心Pは∠OMNの二等分線上にある。

PH：OP=MH：MO=1：5

球の半径をrとすると

$OH=6r=2\sqrt{6}$

よって　$r=\frac{\sqrt{6}}{3}$(cm)

（別解）

正四角錐O-ABCDの体積は，正四角錐P-ABCD，三角錐P-OAB，三角錐P-OBC，三角錐P-OCD，三角錐P-OADの体積の和に等しいから，次のような等式が成り立つ。

（正四角錐O-ABCDの体積）

$=\frac{1}{3}\times$（正四角錐O-ABCDの表面積）$\times$（球の半径）

よって，球の半径をrとすると

$\frac{1}{3}\times24\times r=\frac{8\sqrt{6}}{3}$　　$8r=\frac{8\sqrt{6}}{3}$

$r=\frac{\sqrt{6}}{3}$(cm)

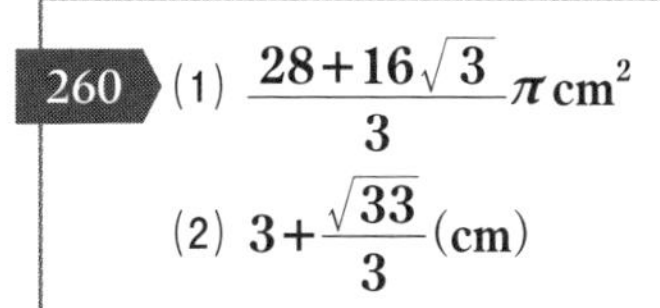

260 (1) $\boldsymbol{\frac{28+16\sqrt{3}}{3}\pi\,\mathrm{cm}^2}$

(2) $\boldsymbol{3+\frac{\sqrt{33}}{3}}$ **(cm)**

解説 (1) 図のように半径2cmの球の中心をP，Q，Rとし，3点P，Q，Rを通る平面で円柱を切断する。球Pと円柱との接点をSとし，正三角形PQRの重心をOとすると，円柱の底面の半径はOSである。

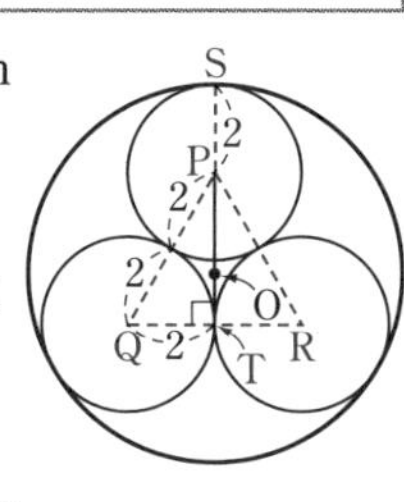

QRの中点をTとすると，△PQTは3辺の比が$1:2:\sqrt{3}$の直角三角形であるから　$\mathrm{PT}=2\sqrt{3}$

$\mathrm{PO}:\mathrm{OT}=2:1$より　$\mathrm{PO}=\frac{4\sqrt{3}}{3}$

よって　$\mathrm{OS}=2+\frac{4\sqrt{3}}{3}$

（底面積）$=\left(2+\frac{4\sqrt{3}}{3}\right)^2\pi=\left(\frac{6+4\sqrt{3}}{3}\right)^2\pi$

$=\frac{36+48\sqrt{3}+48}{9}\pi=\frac{84+48\sqrt{3}}{9}\pi$

$=\frac{28+16\sqrt{3}}{3}\pi\,(\mathrm{cm}^2)$

(2) 半径1cmの球の中心をUとすると，求める円柱の高さは，大きい球1つ分の半径と，小さい球の半径の和にUOの長さを加えたものに等しい。

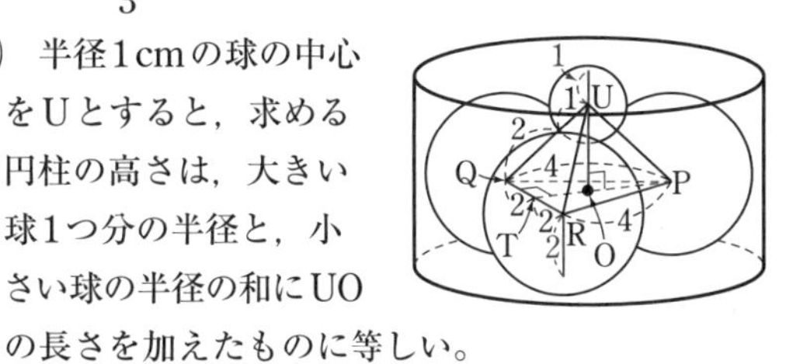

△PUOにおいて，$\mathrm{PU}=3$，$\mathrm{PO}=\frac{4\sqrt{3}}{3}$より

$\mathrm{UO}=\sqrt{3^2-\left(\frac{4\sqrt{3}}{3}\right)^2}=\sqrt{9-\frac{48}{9}}$

$=\sqrt{\frac{81-48}{9}}=\sqrt{\frac{33}{9}}=\frac{\sqrt{33}}{3}$

よって

（円柱の高さ）$=2+1+\frac{\sqrt{33}}{3}=3+\frac{\sqrt{33}}{3}$(cm)

261 (1) $\boldsymbol{\mathrm{AC}=\sqrt{2}\,a}$　　(2) $\boldsymbol{\mathrm{AB}=4}$

(3) $\boldsymbol{64-\frac{32}{3}\pi}$　　(4) $\boldsymbol{16-4\pi}$

(5) $\boldsymbol{32-\frac{22}{3}\pi}$

解説 (1) $\mathrm{AB}:\mathrm{AC}=1:\sqrt{2}$であるから

$\mathrm{AC}=\sqrt{2}\,a$

(2) $\mathrm{AB}=a$とすると，△AEGにおいて，三平方の定理により

$\mathrm{AG}=\sqrt{a^2+(\sqrt{2}\,a)^2}=\sqrt{3a^2}=\sqrt{3}\,a$

よって，$\sqrt{3}\,a=4\sqrt{3}$より　$a=4$

(3) （立方体Kの体積）$=4\times4\times4=64$

（球Vの体積）$=\frac{4}{3}\pi\times2^3=\frac{32}{3}\pi$

（立体Lの体積）$=64-\frac{32}{3}\pi$

(4) 円柱Tが通過できない部分は図の色をつけた部分で，全部で4か所ある。

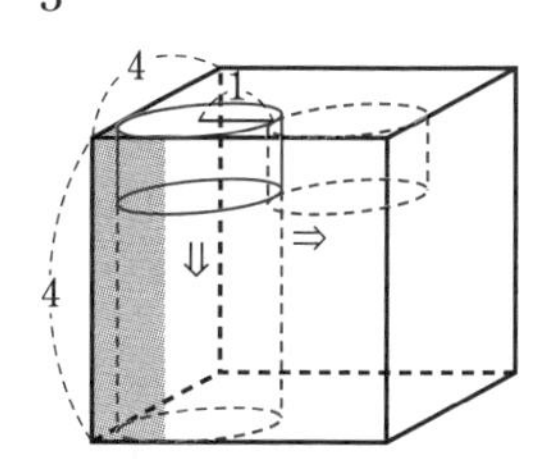

$\left(1\times1\times4-\pi\times1^2\times\frac{1}{4}\times4\right)\times4$

$=(4-\pi)\times4=16-4\pi$

(5) 球Wが通過できない部分のうち，8か所ある角の部分を立体Aとすると，立体Aは1辺の長さが1の立方体から半径1の球の$\frac{1}{8}$を除いたものである。

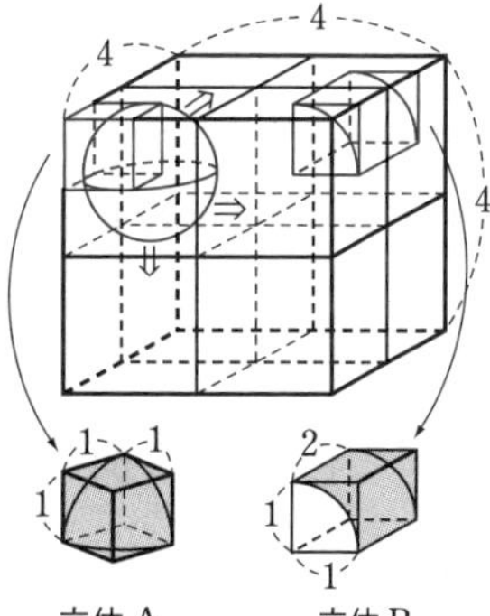

また，各辺上で立体Bのように球Wが通過できない部分が存在する。これは，底辺が1辺の長さが1の正方形で高さが2の直方体から半径1，中心角90°のおうぎ形を底面とする高さ2の柱体の体積を除いたものである。辺の数は全部で12ある。

よって

$\left(1\times1\times1-\frac{4}{3}\pi\times1^3\times\frac{1}{8}\right)\times8$

$+\left(1\times1\times2-\pi\times1^2\times\frac{1}{4}\times2\right)\times12$

$=8-\frac{4}{3}\pi+24-6\pi=32-\frac{22}{3}\pi$

262 (1) **$PG=\frac{\sqrt{6}}{3}$**

(2) **$OQ=r-\frac{\sqrt{6}}{12}$** $\left(\sqrt{r^2-\frac{3}{64}}\text{ も可}\right)$

(3) **$r=\frac{17\sqrt{6}}{192}$**

解説 (1)　$CM=\frac{\sqrt{3}}{2}$，$CG:GM=2:1$より

$CG=\frac{\sqrt{3}}{2}\times\frac{2}{3}=\frac{\sqrt{3}}{3}$

よって

$PG=\sqrt{1^2-\left(\frac{\sqrt{3}}{3}\right)^2}=\sqrt{1-\frac{3}{9}}=\sqrt{\frac{6}{9}}=\frac{\sqrt{6}}{3}$

(2)　DEの中点をNとする。

$MG=\frac{\sqrt{3}}{2}\times\frac{1}{3}=\frac{\sqrt{3}}{6}$

△PNQ∽△PMG(2組の角がそれぞれ等しい)より

$PG:QG=PM:NM=4:1$

であるから

$\frac{\sqrt{6}}{3}:QG=4:1$　　$QG=\frac{\sqrt{6}}{3\times4}=\frac{\sqrt{6}}{12}$

ここで　$OQ=OG-QG=r-\frac{\sqrt{6}}{12}$

また　$NQ:MG=PN:PM=3:4$

よって　$NQ:\frac{\sqrt{3}}{6}=3:4$　　$NQ=\frac{\sqrt{3}\times3}{6\times4}=\frac{\sqrt{3}}{8}$

$OQ=\sqrt{ON^2-NQ^2}$

$=\sqrt{r^2-\left(\frac{\sqrt{3}}{8}\right)^2}=\sqrt{r^2-\frac{3}{64}}$

(3)　$r-\frac{\sqrt{6}}{12}=\sqrt{r^2-\frac{3}{64}}$

両辺を2乗して　$r^2-\frac{\sqrt{6}}{6}r+\frac{6}{144}=r^2-\frac{3}{64}$

$\frac{\sqrt{6}}{6}r=\frac{6}{144}+\frac{3}{64}=\frac{1}{24}+\frac{3}{64}=\frac{8}{192}+\frac{9}{192}=\frac{17}{192}$

$r=\frac{17\times6}{192\times\sqrt{6}}=\frac{17}{32\sqrt{6}}=\frac{17\sqrt{6}}{192}$

入試メモ　262の問題に与えられた図は正確ではない。

(点Oと辺PCとの距離)$=\frac{47\sqrt{2}}{192}\fallingdotseq0.35$,

$r=\frac{17\sqrt{6}}{192}\fallingdotseq0.22$だから　$r<$(点Oと辺PCとの距離)

よって，(2)の図のように円Oは辺PCとは交わらない。入試問題では，与えられた図が正確ではない場合があることに注意しよう。

263 (1) **6個**　(2) **点I，点J**

(3) **6 cm**　(4) **$3\sqrt{3}$ cm**

解説 (1)　正八面体の頂点の数は6である。

(2)　展開図を組み立てると右の図のようになる。1辺を共有している2つの正三角形をとり出し，順番に頂点を入れていくと重なる点がわかってくる。頂点Aと重なるのは，頂点IとJの2つである。

(3)　BからGまで辺に沿って移動すると，その最短は辺を2本移動すればよいから　$3\times2=6$(cm)

(4)　△ABDと△ADGを平面上に広げ，線分BGの長さを求めれば，それが題意を満たす最短距離となる。

BGとADの交点をMとすると，△ABMは3辺の比が$1:2:\sqrt{3}$の直角三角形であるから，

$AB=3$より　$BM=\frac{3\sqrt{3}}{2}$

したがって　$BG=\frac{3\sqrt{3}}{2}\times2=3\sqrt{3}$(cm)

264 (1) **$4\sqrt{7}$**　(2) **$\frac{16\sqrt{7}}{3}$**

(3) **$\frac{2\sqrt{210}}{15}$**

解説 (1)　BFとDHの交点をMとする。

$BF=8\sqrt{2}$であるから　$BM=4\sqrt{2}$

$AB=12$より

$AM=\sqrt{12^2-(4\sqrt{2})^2}=\sqrt{144-32}=\sqrt{112}=4\sqrt{7}$

(2) △PQRと△BDFにおいて，

PQ：BD＝1：2

QR：DF＝1：2

PR：BF＝1：2

3組の辺の比がすべて等しいので　△PQR∽△BDF

相似比が1：2だから，

面積比は　1：4

$\triangle PQR=\dfrac{1}{4}\triangle BDF$

$=\dfrac{1}{4}\times\dfrac{1}{2}\times8\times8=8$

△PQRを底面とすると，

高さは　$\dfrac{1}{2}AM=2\sqrt{7}$

よって　(四面体PQRDの体積)

$=\dfrac{1}{3}\times8\times2\sqrt{7}=\dfrac{16\sqrt{7}}{3}$

(3) △DRPはDP＝DRの二等辺三角形であるから，PRの中点をNとすると

$DN\perp PR$

NはAMの中点でもあるから　$NM=2\sqrt{7}$

$DM=4\sqrt{2}$ より

$DN=\sqrt{(4\sqrt{2})^2+(2\sqrt{7})^2}=\sqrt{32+28}$

$=\sqrt{60}=2\sqrt{15}$

よって　$\triangle DRP=\dfrac{1}{2}\times PR\times DN$

$=\dfrac{1}{2}\times4\sqrt{2}\times2\sqrt{15}=4\sqrt{30}$

求める長さをhとすると，四面体PQRDの体積に着目して

$\dfrac{1}{3}\times\triangle DRP\times h=\dfrac{16\sqrt{7}}{3}$

$h=\dfrac{16\sqrt{7}}{4\sqrt{30}}=\dfrac{4\sqrt{210}}{30}=\dfrac{2\sqrt{210}}{15}$

265 (1) **点H，点P**

(2) **$\triangle GJM=16\sqrt{3}\ cm^2$**

(3) **$GL=4\sqrt{5}\ cm$**

解説 (1) 展開図を組み立てると1辺の長さが12cmの正四面体の頂点を4か所切り落とした八面体となる。点Vと重なるのは図より，点Hと点Pである。

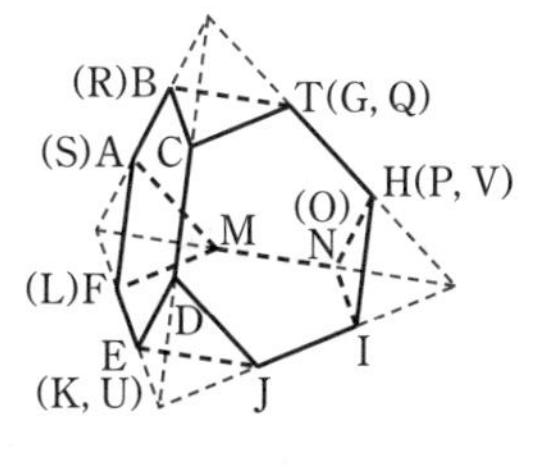

(2) △GJMは1辺の長さが8cmの正三角形であるから，1辺の長さがaの正三角形の面積の公式

$S=\dfrac{\sqrt{3}}{4}a^2$ を用いて

$\triangle GJM=\dfrac{\sqrt{3}}{4}\times8^2=16\sqrt{3}\ (cm^2)$

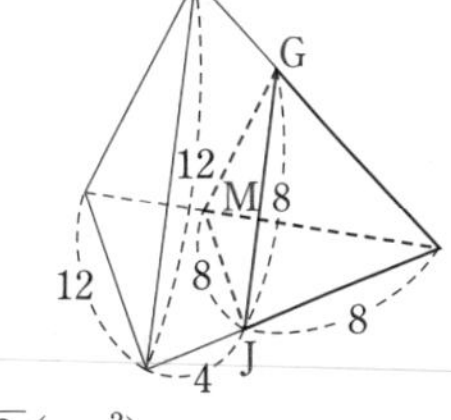

(3) (2)の図の正四面体で，Gを含む辺の中点をX，その辺とねじれの位置にある辺を図のようにYZとする。

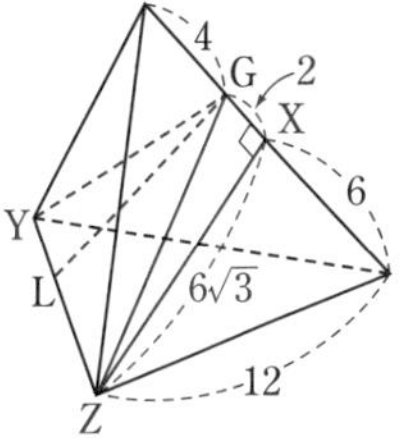

$ZX=6\sqrt{3}$ より

$GZ=\sqrt{(6\sqrt{3})^2+2^2}=\sqrt{108+4}=\sqrt{112}=4\sqrt{7}$

図形の対称性より

$GY=GZ=4\sqrt{7}$

YZの中点をWとする。

$GW=\sqrt{(4\sqrt{7})^2-6^2}$

$=\sqrt{112-36}$

$=\sqrt{76}=2\sqrt{19}$

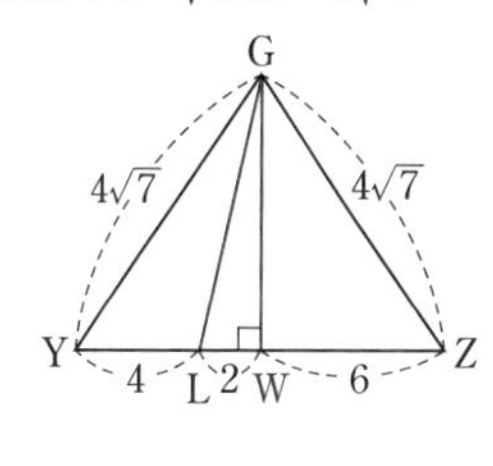

よって

$GL=\sqrt{(2\sqrt{19})^2+2^2}=2\sqrt{19+1}$

$=2\sqrt{20}=4\sqrt{5}\ (cm)$

266 (1) **$9\sqrt{2}$**　(2) **24個**

(3) **$8\sqrt{2}$**

解説 (1) 展開図を組み立てると，1辺の長さが3の正八面体になる。

よって

$\dfrac{1}{3}\times3\times3\times3\sqrt{2}=9\sqrt{2}$

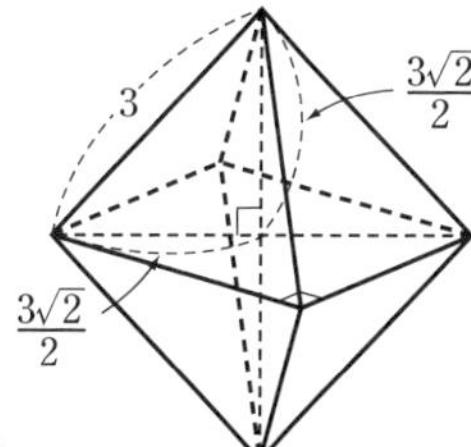

(2) 正六角形が全部で8つあり，正方形が全部で6つある。

また，1つの頂点に3つの面が集まっているので

$\dfrac{6\times8+4\times6}{3}=\dfrac{48+24}{3}=\dfrac{72}{3}=24$(個)

(3) 展開図を組み立てると，各辺の長さが3の正八面体から各辺の長さが1の正四角錐を頂点ごとに6つ取り除いた立体となる。正八面体の半分の体積にあたる，各辺の長さが3の正四角錐の体積をV，取り除いた，各辺の長さが1の正四

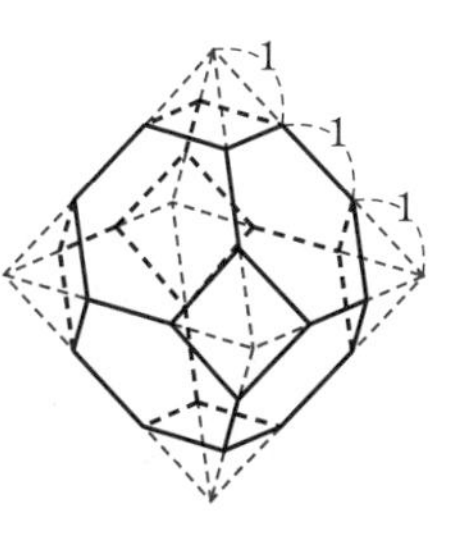

角錐の体積をWとすると　$V:W=3^3:1^3=27:1$

$2V=9\sqrt{2}$ であるから　$V=\dfrac{9\sqrt{2}}{2}$

よって　$W=\dfrac{9\sqrt{2}}{2}\times\dfrac{1}{27}=\dfrac{\sqrt{2}}{6}$

(求める立体の体積)$=9\sqrt{2}-6\times\dfrac{\sqrt{2}}{6}=8\sqrt{2}$

267 (1) $\dfrac{7\sqrt{2}}{6}$ **cm³**　(2) $\dfrac{\sqrt{6}+\sqrt{2}}{4}$ **cm**

解説 (1) 展開図を組み立てると，図のようになる。EAの延長とFBの延長との交点をPとする。求める水の体積は四角錐台ABCD-EFHJの体積に等しい。

EHの中点をMとすると，$EM=\sqrt{2}$，$PE=2$ であるから

$PM=\sqrt{2}$

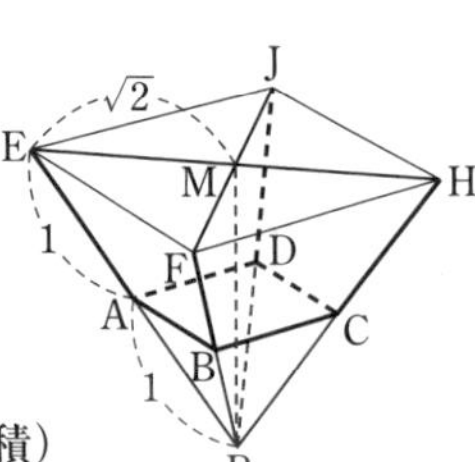

(四角錐P-ABCDの体積)

:(四角錐P-EFHJの体積)

$=1^3:2^3=1:8$

よって　(四角錐台ABCD-EFHJの体積)

$=\dfrac{7}{8}\times$(四角錐P-EFHJの体積)

$=\dfrac{7}{8}\times\dfrac{1}{3}\times2\times2\times\sqrt{2}$

$=\dfrac{7\sqrt{2}}{6}$ (cm³)

(2) EJ，FHの中点をそれぞれX，Yとし，ADとPXの交点をQ，BCとPYの交点をR，QRの中点をSとする。3点P，X，Yを通る平面で立体を切断すると，XQ，QR，RYに内接する円の中心が，内接球の中心である。円の中心をO，半径をrとする。

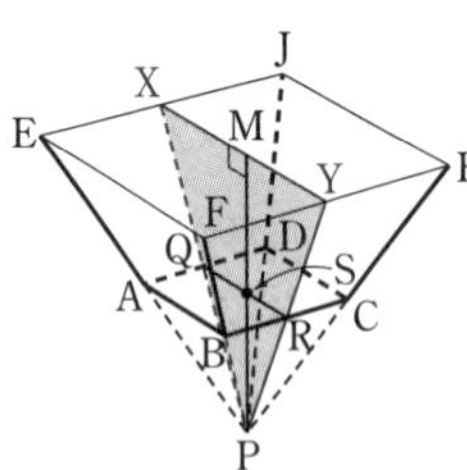

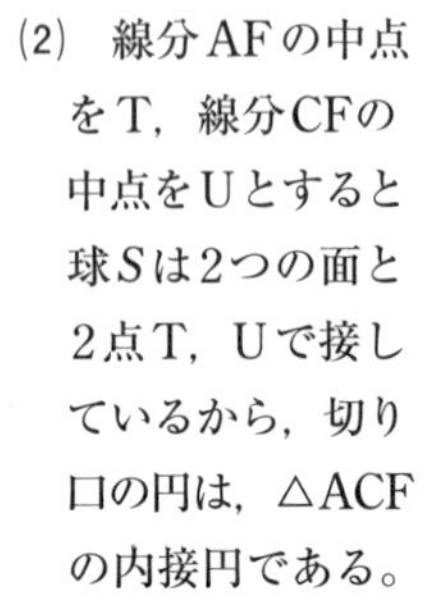

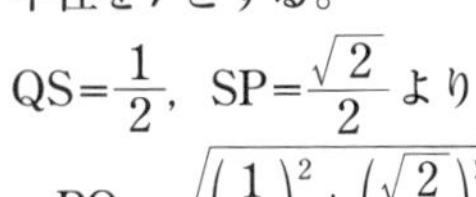

$QS=\dfrac{1}{2}$，$SP=\dfrac{\sqrt{2}}{2}$ より

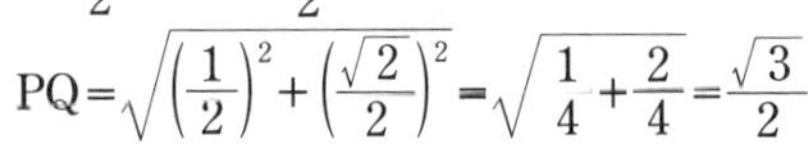

$PQ=\sqrt{\left(\dfrac{1}{2}\right)^2+\left(\dfrac{\sqrt{2}}{2}\right)^2}=\sqrt{\dfrac{1}{4}+\dfrac{2}{4}}=\dfrac{\sqrt{3}}{2}$

円OとPX，PYの接点をU，Tとすると

△PQS∽△POU(2組の角がそれぞれ等しい)

QS : OU=QP : OPより

$\dfrac{1}{2}:r=\dfrac{\sqrt{3}}{2}:\left(r+\dfrac{\sqrt{2}}{2}\right)$

$\dfrac{\sqrt{3}}{2}r=\dfrac{1}{2}\left(r+\dfrac{\sqrt{2}}{2}\right)$　　$\dfrac{\sqrt{3}}{2}r=\dfrac{1}{2}r+\dfrac{\sqrt{2}}{4}$

$\dfrac{\sqrt{3}}{2}r-\dfrac{1}{2}r=\dfrac{\sqrt{2}}{4}$　　$\dfrac{\sqrt{3}-1}{2}r=\dfrac{\sqrt{2}}{4}$

$r=\dfrac{\sqrt{2}\times2}{4\times(\sqrt{3}-1)}=\dfrac{\sqrt{2}}{2(\sqrt{3}-1)}$

$=\dfrac{\sqrt{2}(\sqrt{3}+1)}{2(\sqrt{3}-1)(\sqrt{3}+1)}$

$=\dfrac{\sqrt{6}+\sqrt{2}}{2\times2}=\dfrac{\sqrt{6}+\sqrt{2}}{4}$ (cm)

268 (1) $\dfrac{2\sqrt{5}}{5}$　(2) $\dfrac{\sqrt{6}}{3}$　(3) $\dfrac{\sqrt{3}}{3}$

解説 (1) 線分ADの中点をNとし，線分MNの中点をPとする。また，線分AB，EF，GH，CDの中点をそれぞれI，J，K，Lとし，線分JKの中点をQ，切り口の円の中心をR，球の中心をOとする。

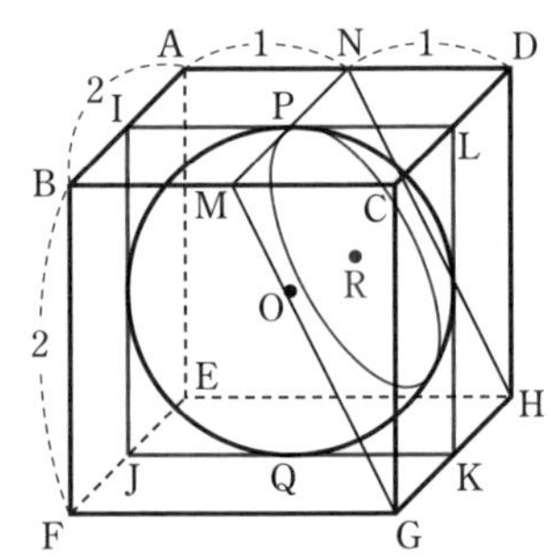

△POR∽△PKQ(2組の角がそれぞれ等しい)であるから

$PK=\sqrt{2^2+1^2}=\sqrt{5}$

$PR=r$とすると

$PR:PQ=PO:PK$

$r:2=1:\sqrt{5}$

$r=\dfrac{2}{\sqrt{5}}=\dfrac{2\sqrt{5}}{5}$

(2) 線分AFの中点をT，線分CFの中点をUとすると球Sは2つの面と2点T，Uで接しているから，切り口の円は，△ACFの内接円である。

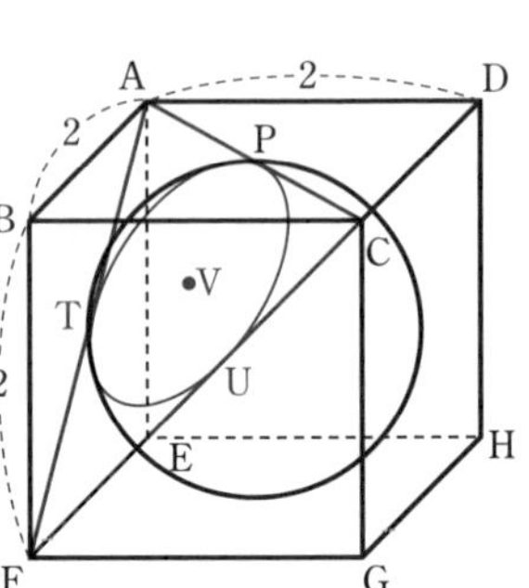

切り口の円の中心をVとし，PV$=k$とすると，△ABCは直角二等辺三角形であるから，

AC$=2\sqrt{2}$

また，△ACFは正三角形であるから

PF$=\sqrt{2}\times\sqrt{3}=\sqrt{6}$

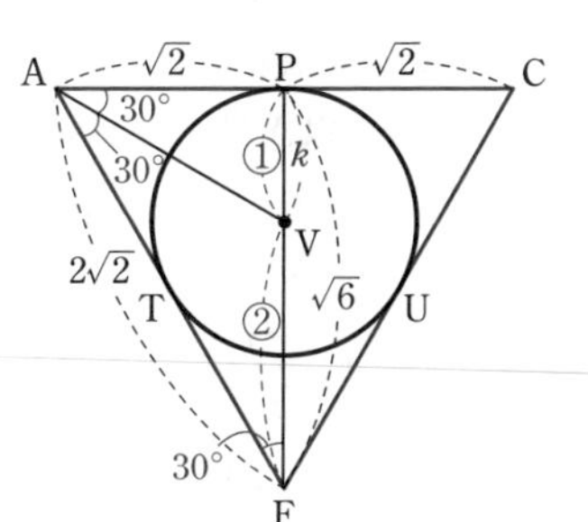

角の2等分線の性質より

PV : VF$=$AP : AF$=1:2$

$k:(\sqrt{6}-k)=1:2$

$2k=\sqrt{6}-k$

$3k=\sqrt{6}$

$k=\dfrac{\sqrt{6}}{3}$

(3) 線分DGの中点をWとおくと，Wは線分CHの中点でもある。

切り口の円の中心をXとおく。Xは線分MW上にあることに注意する。

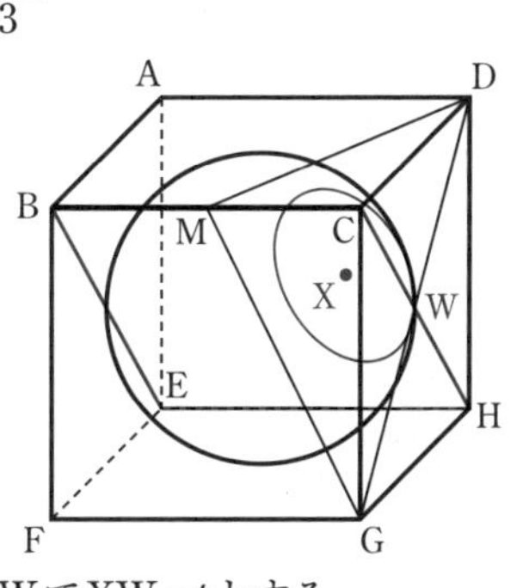

求める円の半径はXWでXW$=t$とする。

△OMWで　MW$=\sqrt{(\sqrt{2})^2+1^2}=\sqrt{3}$

△OXW∽△MOW

(2組の角がそれぞれ等しい)であるから

XW : OW

$=$OW : MW

$t:1=1:\sqrt{3}$

$t=\dfrac{1}{\sqrt{3}}=\dfrac{\sqrt{3}}{3}$

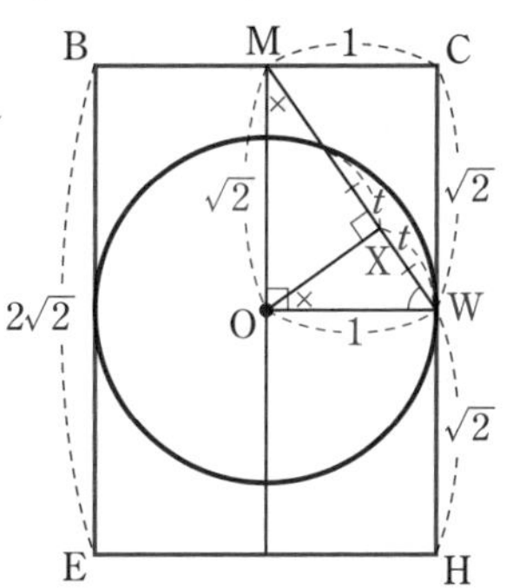

269 (1) **$450\sqrt{3}$ cm^3**　(2) **$80\sqrt{3}$ cm^2**

(3) **$\dfrac{425}{27}$ cm**

解説 (1) 1辺の長さが$6\sqrt{3}$の正三角形の面積は

$\dfrac{\sqrt{3}}{4}\times(6\sqrt{3})^2=27\sqrt{3}$

よって　(正三角柱の体積)$=27\sqrt{3}\times10=270\sqrt{3}$

1辺の長さが$2\sqrt{3}$の正三角形の面積は

$\dfrac{\sqrt{3}}{4}\times(2\sqrt{3})^2=3\sqrt{3}$

よって，正六角柱の底面の面積は

$3\sqrt{3}\times6=18\sqrt{3}$

よって　(正六角柱の体積)$=18\sqrt{3}\times10=180\sqrt{3}$

したがって　(求める立体の体積)

$=270\sqrt{3}+180\sqrt{3}=450\sqrt{3}$ (cm^3)

(2) 右の図のように正三角形，正六角形の頂点を決める。図のように置いたとき，BCを底辺としたときの△ABCの高さは9cm，HIを底辺としたときの正六角柱の高さは6cmである。

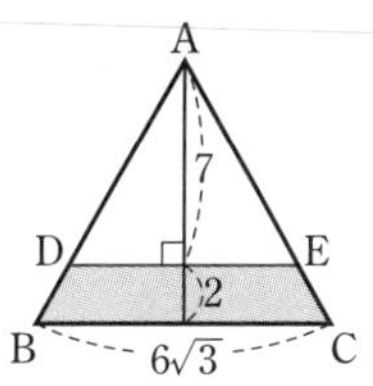

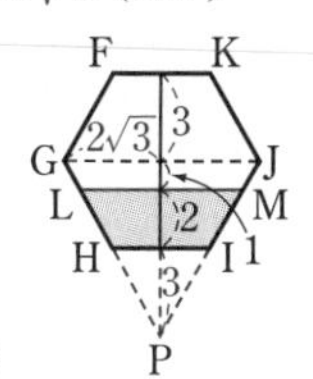

DE，LMは水面の位置を表す。またPはGHとJIの交点である。

DE : BC$=7:9$　　DE : $6\sqrt{3}=7:9$

DE$=\dfrac{14\sqrt{3}}{3}$

LM : GJ$=5:6$　　LM : $4\sqrt{3}=5:6$

LM$=\dfrac{10\sqrt{3}}{3}$

よって，

水面の面積は

$\dfrac{14\sqrt{3}}{3}\times10+\dfrac{10\sqrt{3}}{3}\times10$

$=\dfrac{24\sqrt{3}}{3}\times10=80\sqrt{3}$ (cm^2)

(3) 右の図のように，正三角柱の水面の位置をD′E′，正六角柱の水面の位置をL′M′とし，四角形L′GNM′が平行四辺形となるように点Nをとる。

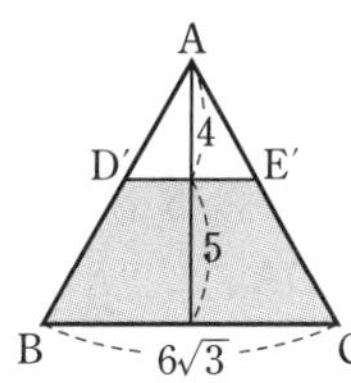

△AD′E′$=\dfrac{1}{2}$D′E′$\times4=2$D′E′

▱L′GNM′$=2$D′E′

△AD′E′と▱L′GNM′の面積が等しいから，▱L′GNM′の部分の水は△AD′E′の部分に流れこむ。

正六角形FGHIJKの面積をSとすると

(台形GHIJの面積)$=\dfrac{1}{2}S$

正六角形FGHIJKの中心を点Oとすると

△OJK$=\dfrac{1}{6}S$,

ON : NJ$=$KM′ : M′J$=1:2$より

△M′NJ$=S\times\dfrac{1}{6}\times\dfrac{2}{3}\times\dfrac{2}{3}=\dfrac{2}{27}S$

よって，正三角柱と正六角柱をつないだ面から水面までの高さを$h$cmとすると

$$Sh=\left(\frac{1}{2}+\frac{2}{27}\right)S\times10$$

$$h=\frac{155}{27}$$

よって，水の高さは底面から

$$10+\frac{155}{27}=\frac{425}{27}\text{(cm)}$$

270 (1) $\mathbf{1+\sqrt{5}}$ **(cm)**

(2) ① $\boldsymbol{x^2=10+2\sqrt{5}}$

② $\boldsymbol{h^2=\frac{14+6\sqrt{5}}{3}}$

解説 (1)　右の図のようにP，Q，R，Sを決める。

△PQR∽△SQP（2組の角がそれぞれ等しい）より

QP : QS＝QR : QP

QS＝tとおくと

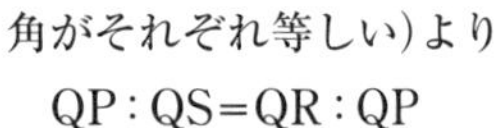

$2 : t=(t+2) : 2$

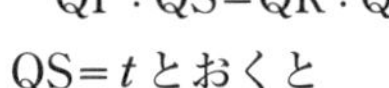

$t(t+2)=4$　　$t^2+2t-4=0$

$t=-1\pm\sqrt{1+4}=-1\pm\sqrt{5}$

$0<t<2$より　$t=-1+\sqrt{5}$

よって　QR＝$-1+\sqrt{5}+2=1+\sqrt{5}$(cm)

(2)　①五角形AE′B′DCは1辺の長さが2の正五角形である。

(1)より　AD＝$1+\sqrt{5}$

また，AD′∥DA′，AD∥D′A′，AA′＝DD′より四角形ADA′D′は長方形である。

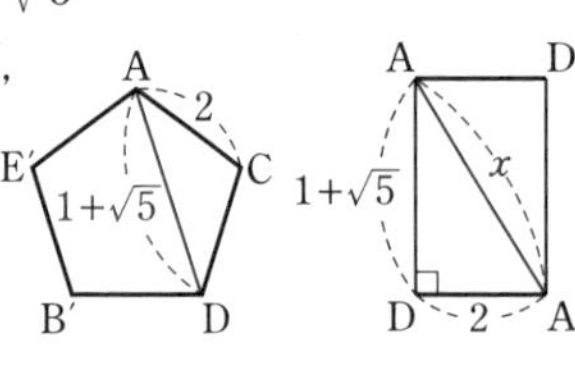

△ADA′において，三平方の定理により

$x^2=(1+\sqrt{5})^2+2^2=1+2\sqrt{5}+5+4$

よって　$x^2=10+2\sqrt{5}$

②(平面AE′F′)∥(平面FA′E)

△AE′F′の重心をG，△FA′Eの重心をG′とする。

GG′⊥平面AE′F′

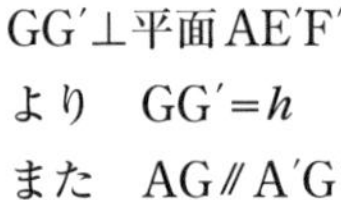

より　GG′＝h

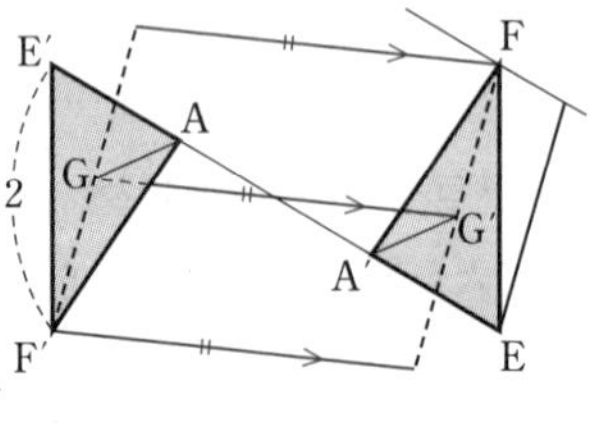

また　AG∥A′G′

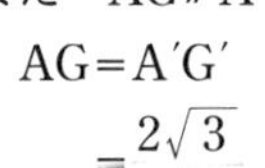

AG＝A′G′

$=\frac{2\sqrt{3}}{3}$

AGの延長にA′から垂線A′Hをひく。

AA′＝x，

HA′＝GG′＝h

であるから

$$x^2=h^2+\left(\frac{4\sqrt{3}}{3}\right)^2$$

$$h^2=x^2-\frac{16}{3}$$

$x^2=10+2\sqrt{5}$を代入して

$$h^2=10+2\sqrt{5}-\frac{16}{3}=\frac{14+6\sqrt{5}}{3}$$

271 (1) **AP**$\boldsymbol{=\sqrt{6}-\sqrt{2}}$ **(cm)**

(2) $\boldsymbol{\frac{8\sqrt{3}-12}{3}}$ $\mathbf{(cm^3)}$

解説 (1)　CP＝xとおくと，PQ＝$\sqrt{2}x$であるから

AP＝$\sqrt{2}x$

また　PB＝$1-x$

△ABPで，三平方の定理により

$(\sqrt{2}x)^2=(1-x)^2+1^2$

$2x^2=1-2x+x^2+1$

$x^2+2x-2=0$

$x=-1\pm\sqrt{3}$

$0<x<1$より　$x=\sqrt{3}-1$

よって　AP＝$\sqrt{2}(\sqrt{3}-1)=\sqrt{6}-\sqrt{2}$(cm)

(2)　できる立体は八面体であるが，正八面体ではない。立方体からまわりの立体を取り除くことを考える。

取り除く立体は

(三角錐A-ESR)と同体積の立体2個と，

(四角錐P-ABFS)と同体積の立体2個，そして，

(三角錐P-SFG)と同体積の立体2個である。

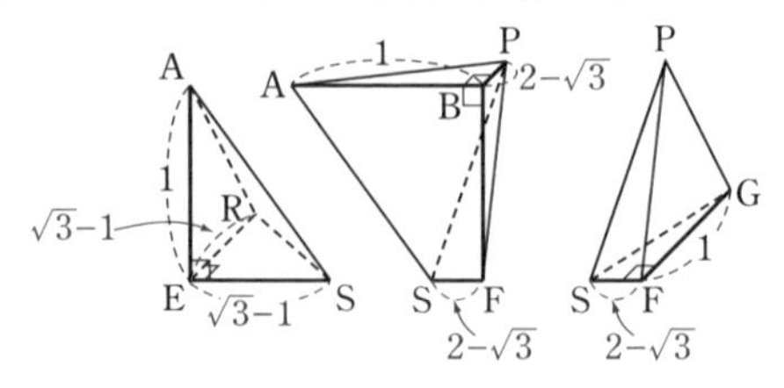

ES＝ER＝CP＝$\sqrt{3}-1$

SF＝BP＝$1-(\sqrt{3}-1)=2-\sqrt{3}$

よって

$1\times1\times1$

$-\frac{1}{3}\times\frac{1}{2}\times(\sqrt{3}-1)^2\times1\times2$

$-\frac{1}{3}\times\frac{1}{2}\times(1+2-\sqrt{3})\times1\times(2-\sqrt{3})\times2$

$-\frac{1}{3}\times\frac{1}{2}\times1\times(2-\sqrt{3})\times1\times2$

$=1-\frac{4-2\sqrt{3}}{3}-\frac{9-5\sqrt{3}}{3}-\frac{2-\sqrt{3}}{3}$

$=\frac{3-4+2\sqrt{3}-9+5\sqrt{3}-2+\sqrt{3}}{3}$

$=\frac{8\sqrt{3}-12}{3}$ (cm^3)

272 (1) **12**

(2) **$\triangle UA'P=2-\sqrt{3}$**

(3) ① **$h^2=4\sqrt{3}-4$**

② **$\frac{V}{h}=4+4\sqrt{3}$**

解説 (1) 正十二角形は円に内接する。円の中心をZとすると

$A'Z=UP=2$

(四角形UA′PZの面積)

$=2\times2\times\frac{1}{2}=2$

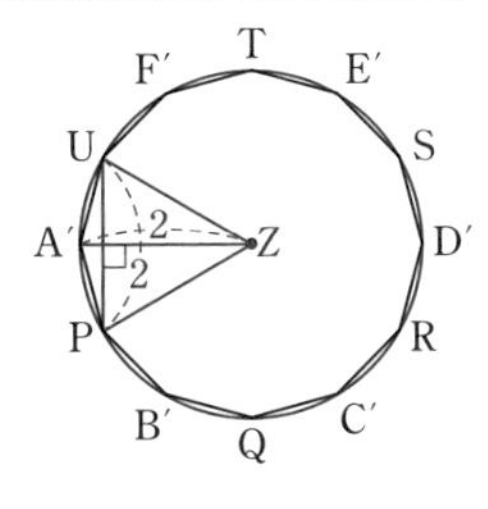

よって (正十二角形の面積)$=2\times6=12$

(2) $\triangle UA'P=$(四角形UA′PZの面積)$-\triangle UPZ$

$=2-\frac{\sqrt{3}}{4}\times2^2=2-\sqrt{3}$

(3) ① ABの中点をM, DEの中点をNとする。

△OABは正三角形であるから $OM=ON=\sqrt{3}$

$PS=4$

等脚台形MPSNを取り出す。

MからPSに垂線MM′をひくと

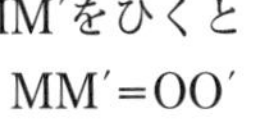

$MM'=OO'$

PM'

$=(4-2\sqrt{3})\div2$

$=2-\sqrt{3}$

△MPM′において, 三平方の定理により

$h^2=(\sqrt{3})^2-(2-\sqrt{3})^2$

$=3-(4-4\sqrt{3}+3)$

$=4\sqrt{3}-4$

②

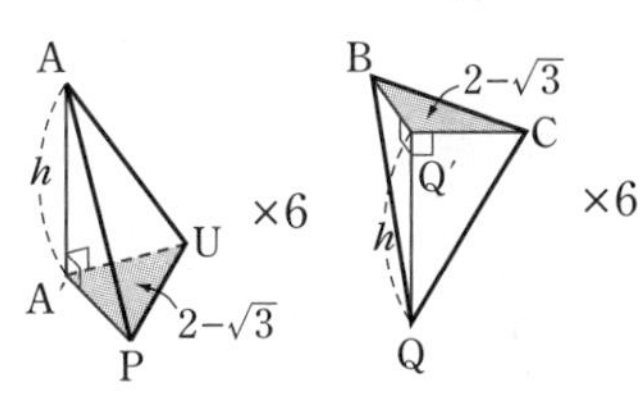

Qから平面ABCDEFに垂線QQ′をひく。

三角錐A-UA′P, 三角錐Q-BQ′C, …をつけ加えていくと, 与えられた立体は, 底面が正十二角形の柱体となる。

(三角錐A-UA′Pの体積)$=W$とすると

$V+12W=12h$

ここで, (2)より $\triangle UA'P=2-\sqrt{3}$

$W=\frac{1}{3}\times(2-\sqrt{3})\times h=\frac{2-\sqrt{3}}{3}h$

よって $V+12\times\frac{2-\sqrt{3}}{3}h=12h$

$V+(8-4\sqrt{3})h=12h$ $V=4h+4\sqrt{3}h$

$V=(4+4\sqrt{3})h$ $\frac{V}{h}=4+4\sqrt{3}$

第1回　模擬テスト

1　(1) $-\frac{3}{2}$　(2) $\frac{9x}{y^6}$

(3) $-\sqrt{2}$　(4) $x(y-3)(y+8)$

解説 (1) $\left\{4-6\times\frac{1}{2}+(-2)^2\right\}\times\frac{1}{2}-2^2$

$=(4-3+4)\times\frac{1}{2}-4$

$=\frac{5}{2}-4$

$=-\frac{3}{2}$

(2) $-3x^3y^2\div\left(-\frac{1}{3}x^2y\right)^3\times\frac{4}{9}x^6y\div(-2xy^3)^2$

$=-3x^3y^2\div\left(-\frac{x^6y^3}{27}\right)\times\frac{4x^6y}{9}\div4x^2y^6$

$=\frac{3x^3y^2\times27\times4x^6y}{x^6y^3\times9\times4x^2y^6}$

$=\frac{9x^9y^3}{x^8y^9}$

$=\frac{9x}{y^6}$

(3) $\frac{(\sqrt{2}+1)(2+\sqrt{2})(4-3\sqrt{2})}{\sqrt{2}}$

$=\frac{(\sqrt{2}+1)(\sqrt{2}+2)(4-3\sqrt{2})}{\sqrt{2}}$

$=\frac{(2+3\sqrt{2}+2)(4-3\sqrt{2})}{\sqrt{2}}$

$=\frac{(4+3\sqrt{2})(4-3\sqrt{2})}{\sqrt{2}}$

$=\frac{16-18}{\sqrt{2}}$

$=-\frac{2}{\sqrt{2}}$

$=-\sqrt{2}$

(4) $x(y+5)^2-5xy-49x$

$=x\{(y+5)^2-5y-49\}$

$=x(y^2+10y+25-5y-49)$

$=x(y^2+5y-24)$

$=x(y-3)(y+8)$

2　(1) $x=4$, $y=-1$

(2) $x=-2$, 6　(3) $\frac{3}{2}$　(4) ア

解説 (1) $\begin{cases} 0.75(x-2)+1.5(y+2)=3 & \cdots① \\ \frac{x}{4}-\frac{y-1}{2}=2 & \cdots② \end{cases}$

①×4より　$3(x-2)+6(y+2)=12$

$3x-6+6y+12=12$　　$3x+6y=6$

$x+2y=2$　…①′

②×4より　$x-2(y-1)=8$

$x-2y+2=8$　　$x-2y=6$　…②′

①′+②′より　$2x=8$　　$x=4$

①′に$x=4$を代入して　$4+2y=2$

$2y=-2$　　$y=-1$

(2) $\frac{(x-2)(x+4)}{4}=\frac{(x-1)(x+6)}{6}$

両辺×12より

$3(x-2)(x+4)=2(x-1)(x+6)$

$3x^2+6x-24=2x^2+10x-12$　　$x^2-4x-12=0$

$(x+2)(x-6)=0$　　$x=-2$, 6

(3) $y=2ax^2$において，xの値が$-a-1$から0まで変化するときの変化の割合は

$\frac{0-2a(-a-1)^2}{0-(-a-1)}=2a(-a-1)=-2a^2-2a$

$y=-5ax+1$において，変化の割合は$-5a$に等しい。

よって　$-2a^2-2a=-5a$　　$2a^2-3a=0$

$a(2a-3)=0$　　$a=0$, $\frac{3}{2}$

$a>0$より　$a=\frac{3}{2}$

(4) データの小さい方から数えて16番目の人は18歳であるから，中央値は　18

最も人数の多いのは17歳であるから，最頻値は17齢

よって　ア

3 (1) $y=\frac{1}{2}x+1$　　(2) $M\left(1,\ \frac{3}{2}\right)$

(3) $\triangle STN=\frac{5\sqrt{5}}{4}$　　(4) $1+\sqrt{10}$

解説 (1)　Pのx座標を$-p\ (p>0)$とすると

$P\left(-p,\ \frac{1}{4}p^2\right)$

$OR+RP=3$で，$OR=\frac{1}{4}p^2$，$RP=p$より

$\frac{1}{4}p^2+p=3$　　$p^2+4p-12=0$

$(p+6)(p-2)=0$

$p=-6,\ 2$　　$p>0$より　$p=2$

よって　$P(-2,\ 1)$，$Q(-2,\ 0)$，$R(0,\ 1)$であるから

直線QRの式は$y=\frac{1}{2}x+1$

(2) $\begin{cases} y=\frac{1}{4}x^2 \\ y=\frac{1}{2}x+1 \end{cases}$ を解いて　$\frac{1}{4}x^2=\frac{1}{2}x+1$

$x^2=2x+4$　　$x^2-2x-4=0$　　$x=1\pm\sqrt{5}$

Tのx座標は$1+\sqrt{5}$，Sのx座標は$1-\sqrt{5}$であるから

$(\text{Mの}x\text{座標})=\frac{1+\sqrt{5}+1-\sqrt{5}}{2}=1$

$y=\frac{1}{2}x+1$に$x=1$を代入して　$y=\frac{3}{2}$

よって　$M\left(1,\ \frac{3}{2}\right)$

(3)　$y=\frac{1}{4}x^2$に$x=1$を代入して　$y=\frac{1}{4}$

よって　$N\left(1,\ \frac{1}{4}\right)$

$\triangle STN=\frac{1}{2}\times\{(\text{Tの}x\text{座標})-(\text{Sの}x\text{座標})\}\times MN$

であるから

$\triangle STN=\frac{1}{2}\times\{(1+\sqrt{5})-(1-\sqrt{5})\}\times\left(\frac{3}{2}-\frac{1}{4}\right)$

$=\frac{1}{2}\times2\sqrt{5}\times\frac{5}{4}=\frac{5\sqrt{5}}{4}$

(4)　直線STに平行で，点Nを通る直線ℓは，傾きが$\frac{1}{2}$で，$N\left(1,\ \frac{1}{4}\right)$を通る。

$y=\frac{1}{2}x+b$とおくと，

$\frac{1}{4}=\frac{1}{2}+b$より　$b=-\frac{1}{4}$

よって，求める直線は　$y=\frac{1}{2}x-\frac{1}{4}$

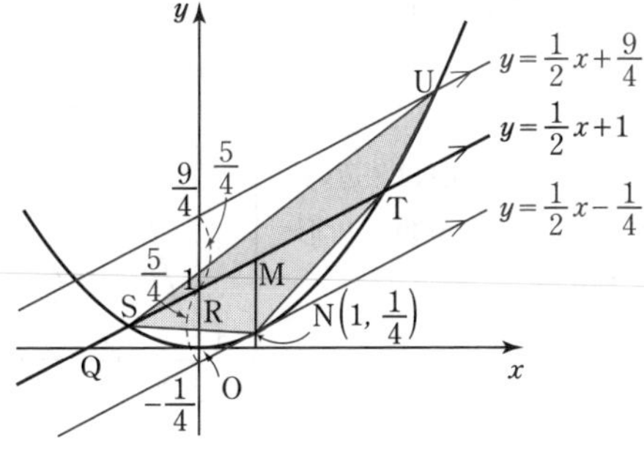

$\begin{cases} y=\frac{1}{4}x^2 \\ y=\frac{1}{2}x-\frac{1}{4} \end{cases}$ を解いて　$\frac{1}{4}x^2=\frac{1}{2}x-\frac{1}{4}$

$x^2-2x+1=0$　　$(x-1)^2=0$　　$x=1$

よって，交点は$N\left(1,\ \frac{1}{4}\right)$のみ。

$\left(y=\frac{1}{2}x-\frac{1}{4}\text{は}y=\frac{1}{4}x^2\text{の接線}\right)$

直線STに関して直線ℓと反対側にℓと対称になるSTに平行な直線をひくと，その直線の切片は

$1+\left(1+\frac{1}{4}\right)=\frac{9}{4}$　　よって　$y=\frac{1}{2}x+\frac{9}{4}$

$\begin{cases} y=\frac{1}{4}x^2 \\ y=\frac{1}{2}x+\frac{9}{4} \end{cases}$ を解いて　$\frac{1}{4}x^2=\frac{1}{2}x+\frac{9}{4}$

$x^2=2x+9$　　$x^2-2x-9=0$　　$x=1\pm\sqrt{10}$

点Uのx座標は正であるから　$x=1+\sqrt{10}$

4 (1) **PD＝4 cm**

(2) **(証明)**

△QBEと△PDAにおいて

正方形の1つの内角であるから

∠QBE＝∠PDA＝90°　…①

∠PAD＝90°－∠CAE

∠AEC＝90°－∠CAE

よって　∠PAD＝∠AEC

対頂角であるから　∠QEB＝∠AEC

よって　∠QEB＝∠PAD　…②

①，②より2組の角がそれぞれ等しいので　△QBE∽△PDA

(3) **PQ＝$3\sqrt{10}$ cm**

解説 (1)　$PD=x$とおくと　$PA=9-x$

よって，三平方の定理により

$x^2+3^2=(9-x)^2$　　$x^2+9=81-18x+x^2$

$18x=72$　　$x=4$

よって　PD＝4cm

(3)　PA＝$9-x$
＝9－4＝5
だから，△PDAは3辺の比が3：4：5の直角三角形である。

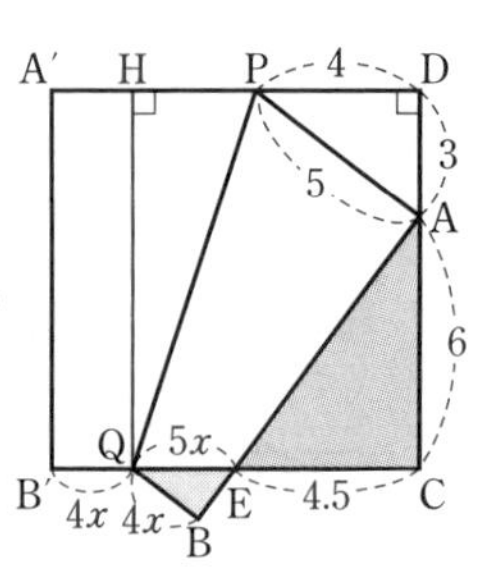

一方　AC＝DC－DA
＝9－3＝6
△PDA∽△ACE（2組の角がそれぞれ等しい）から，
AC：CE＝PD：DA＝4：3より
6：CE＝4：3　　CE＝4.5
B′E＝B′C－EC＝9－4.5＝4.5
また，(2)より，QE：BQ＝PA：DP＝5：4だから
QE＝$5x$cm，B′Q＝BQ＝$4x$cmとおける。
よって　B′E＝$4x+5x=9x=4.5$　　$x=0.5$
QからA′Dに垂線QHをひく。
HA′＝B′Q＝$4x=4\times0.5=2$
PH＝PA′－HA′＝5－2＝3
よって　$PQ=\sqrt{3^2+9^2}=\sqrt{9+81}=\sqrt{90}$
$=3\sqrt{10}$(cm)

5　(1)　$\mathbf{4\sqrt{6}}$　　(2)　$\mathbf{12\sqrt{2}}$
(3)　$\mathbf{\dfrac{3\sqrt{11}}{2}}$

解説　(1)　CDの中点をNとすると，AEとBNの交点は，正三角形BCDの重心である。重心をGとすると
$BG=2\sqrt{3}$
よって　$AG=\sqrt{6^2-(2\sqrt{3})^2}=\sqrt{24}=2\sqrt{6}$
$AE=2AG=4\sqrt{6}$

(2)　$\triangle BCG=\dfrac{1}{3}\triangle BCD$
$=\dfrac{1}{3}\times\dfrac{\sqrt{3}}{4}\times6^2=3\sqrt{3}$
（四面体ABCEの体積）
$=\dfrac{1}{3}\times\triangle BCG\times AE$
$=\dfrac{1}{3}\times3\sqrt{3}\times4\sqrt{6}$
$=4\sqrt{18}$
$=12\sqrt{2}$

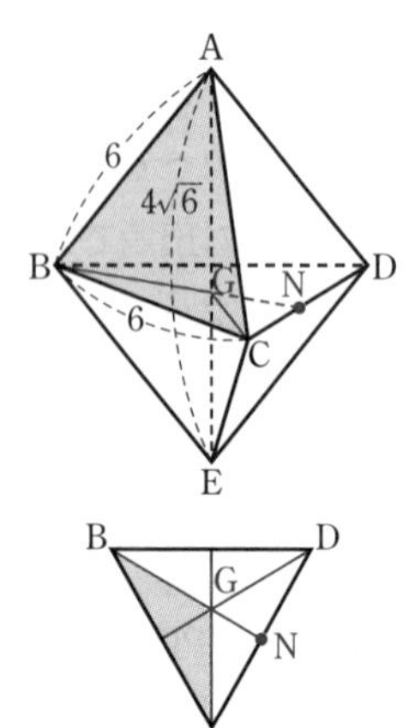

(3)　3点P，Q，Rを通る平面であるので，△PQRはその平面上にある。
PQ＝RQより，
PRの中点をMとすると，QMは平面PQRと平面BCDの交線となる。

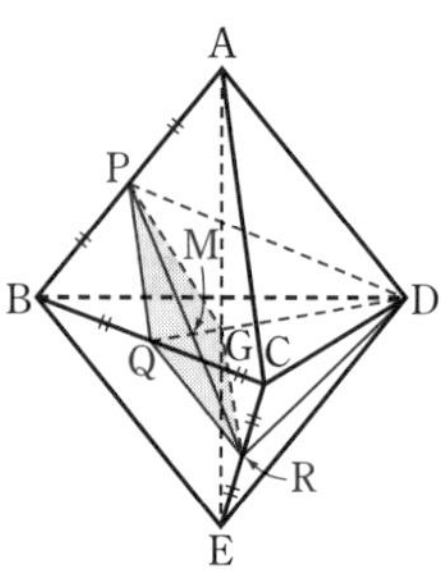

BQ＝CQ，QM⊥BCより，
G，Dは直線QM上にあり，
3点P，Q，Rを通る平面は点G，点Dを含んだ平面である。

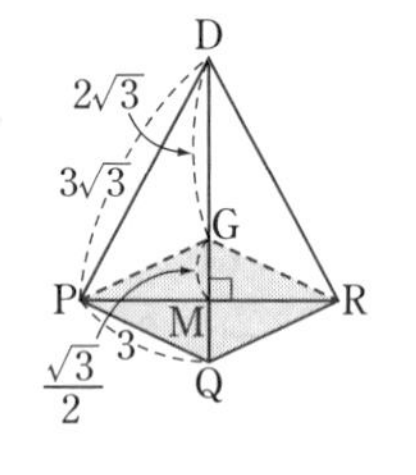

四面体ABCEを3点P，Q，Rを通る平面で切ったときにできる図形は四角形PQRGである。
△ABCで，点PはBAの，点QはBCの中点であるから
$PQ=\dfrac{1}{2}AC$，PQ∥AC
△AECで，点GはEAの，点RはECの中点であるから
$GR=\dfrac{1}{2}AC$，GR∥AC
よって，PQ∥GR，PQ＝GRより，四角形PQRGは平行四辺形である。さらに，PQ＝QRより，四角形PQRGはひし形である。
$GQ=3\sqrt{3}\times\dfrac{1}{3}=\sqrt{3}$
PQ＝3，$QM=\dfrac{1}{2}GQ=\dfrac{\sqrt{3}}{2}$，PM⊥QMであるから
$PM=\sqrt{3^2-\left(\dfrac{\sqrt{3}}{2}\right)^2}=\sqrt{9-\dfrac{3}{4}}$
$=\sqrt{\dfrac{33}{4}}=\dfrac{\sqrt{33}}{2}$
よって　$PR=\sqrt{33}$
（ひし形PQRGの面積）
$=\sqrt{3}\times\sqrt{33}\times\dfrac{1}{2}=\dfrac{\sqrt{3\times3\times11}}{2}=\dfrac{3\sqrt{11}}{2}$

第2回 模擬テスト

1 (1) $\dfrac{\mathbf{209\sqrt{6}-153}}{\mathbf{5}}$

(2) $\mathbf{(2x+1)(2x+3)}$

(3) $\mathbf{x=5,\ -2}$　　(4) $\mathbf{54}$

解説 (1) $\dfrac{\sqrt{27}}{\sqrt{50}}\left(6-\dfrac{2\sqrt{3}}{3\sqrt{2}}\right)-\sqrt{75}\,(\sqrt{12}-4\sqrt{8})$

$=\dfrac{3\sqrt{3}}{5\sqrt{2}}\left(6-\dfrac{2\sqrt{6}}{6}\right)-5\sqrt{3}\,(2\sqrt{3}-8\sqrt{2})$

$=\dfrac{3\sqrt{6}}{10}\left(6-\dfrac{\sqrt{6}}{3}\right)-5\sqrt{3}\,(2\sqrt{3}-8\sqrt{2})$

$=\dfrac{9\sqrt{6}}{5}-\dfrac{6}{10}-30+40\sqrt{6}$

$=\dfrac{9\sqrt{6}}{5}+40\sqrt{6}-\dfrac{3}{5}-30$

$=\dfrac{209\sqrt{6}}{5}-\dfrac{153}{5}$

$=\dfrac{209\sqrt{6}-153}{5}$

(2) $(2x+1)(x+1)+4x(x+2)-(2x-1)(x+2)$

$=(2x+1)(x+1)+(x+2)\{4x-(2x-1)\}$

$=(2x+1)(x+1)+(x+2)(2x+1)$

$=(2x+1)\{(x+1)+(x+2)\}$

$=(2x+1)(2x+3)$

(3) $(3◎x)◎x=23$

$(3x-3-x)◎x=23$

$(2x-3)◎x=23$

$x(2x-3)-(2x-3)-x=23$

$2x^2-3x-2x+3-x=23$

$2x^2-6x-20=0$

$x^2-3x-10=0$

$(x-5)(x+2)=0$

$x=5,\ -2$

(4) $x+y=(\sqrt{14}+\sqrt{13})+(\sqrt{14}-\sqrt{13})=2\sqrt{14}$

$xy=(\sqrt{14}+\sqrt{13})(\sqrt{14}-\sqrt{13})=14-13=1$

$\dfrac{1}{x^2}+\dfrac{1}{y^2}=\dfrac{y^2+x^2}{x^2y^2}=\dfrac{(x+y)^2-2xy}{x^2y^2}$

$=\dfrac{(2\sqrt{14})^2-2\times1}{1^2}=4\times14-2=54$

2 (1)

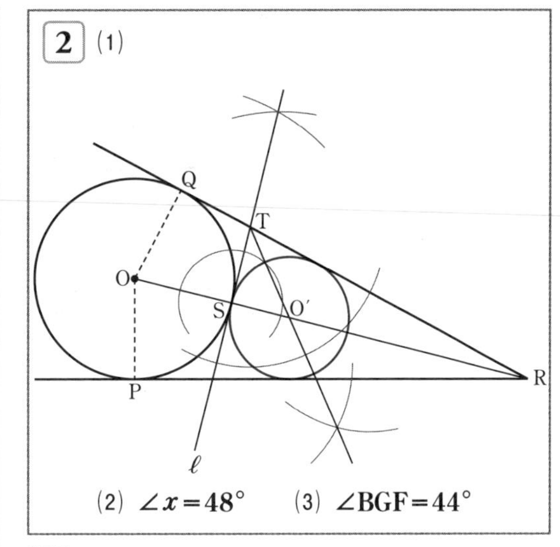

(2) $\mathbf{\angle x=48^\circ}$　　(3) $\mathbf{\angle BGF=44^\circ}$

解説 (1) 線分ORと円Oとの交点をSとすると，作図する円O′はSで円Oと接する。Sを通ってORに垂直な直線ℓをひくと，円O′はℓとQRに接する。ℓとQRの交点をTとすると，作図したい円O′の中心O′は∠STRの二等分線とORの交点であり，円O′の半径はO′Sである。

(2) DE∥BCより，錯角は等しいので

∠DCB＝∠EDC＝21°

$\overset{\frown}{\mathrm{DB}}$に対する円周角であるから

∠DAB＝∠DCB＝21°

$\overset{\frown}{\mathrm{EC}}$に対する円周角であるから

∠EAC＝∠EDC＝21°

∠DAEは半円の弧に対する円周角であるから90°

よって　$\angle x=90^\circ-21^\circ-21^\circ=48^\circ$

(3) 3つの円の中心を結ぶと正三角形となり，A，B，Cはそれぞれ，その正三角形の辺の中点であるから，△ACBは正三角形である。

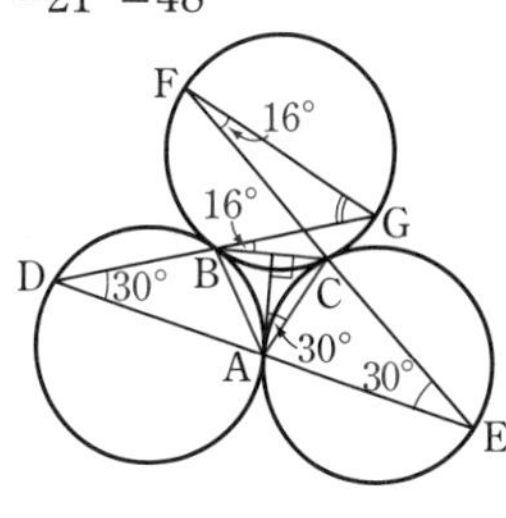

∠BACの二等分線は下の2つの円の共通の接線であるから，接弦定理により　∠AEC＝30°

同様に　∠ADB＝30°

$\overset{\frown}{\mathrm{CG}}$に対する円周角であるから

∠GFC＝∠GBC＝16°

∠GFC＋∠BGF＝∠AEC＋∠ADBより

$16^\circ + \angle BGF = 30^\circ + 30^\circ$

$\angle BGF = 44^\circ$

3　(1) $\boldsymbol{a=\frac{1}{4}}$，$\boldsymbol{b=2}$　　(2) $\boldsymbol{y=\frac{5}{2}x-4}$

(3) $\boldsymbol{-\frac{64}{5}}$，**16**

解説　(1)　放物線$y=ax^2$と2点で交わる直線の式は，そのx座標をそれぞれp，qとすると，$y=a(p+q)x-apq$と表される。

よって，直線ABの式は

$y=a(-4+2)x-a\times(-4)\times2$

$y=-2ax+8a$

$-2a=-\frac{1}{2}$より　$a=\frac{1}{4}$　　$b=8a=2$より　$b=2$

(2)　直線BCの式は$y=\frac{1}{4}\times(2+8)x-\frac{1}{4}\times2\times8$より

$y=\frac{5}{2}x-4$

(3)　直線BCとx軸との交点をSとする。

$y=\frac{5}{2}x-4$に$y=0$を代入して　$x=\frac{8}{5}$

よって　$S\left(\frac{8}{5},\ 0\right)$

ここで，Aを通りBCに平行な直線とx軸の交点をKとすると△ABC＝△KBCとなる。

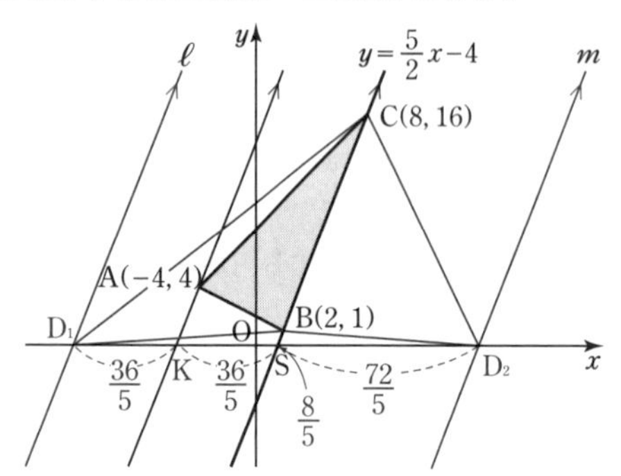

AK∥BCであるから，AKの式を$y=\frac{5}{2}x+k$とおく。

A(−4，4)を通るから　$k=14$

よって　$y=\frac{5}{2}x+14$

この式に$y=0$を代入すると　$x=-\frac{28}{5}$

よって　$K\left(-\frac{28}{5},\ 0\right)$

△DBC＝2△ABC＝2△KBCより，平行線とx軸との交点間の距離で考えて，求める点Dのうち，x座標が負の方をD_1，正の方をD_2とすると，

SとKのx座標の差は　$\frac{8}{5}-\left(-\frac{28}{5}\right)=\frac{36}{5}$

よって

(D_1のx座標)$=-\frac{28}{5}-\frac{36}{5}=-\frac{64}{5}$

(D_2のx座標)$=\frac{8}{5}+\frac{36}{5}\times2=\frac{80}{5}=16$

4　(1)

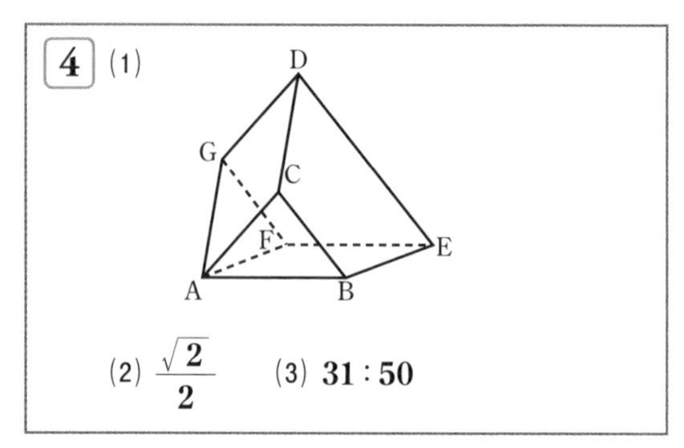

(2) $\boldsymbol{\frac{\sqrt{2}}{2}}$　　(3) **31：50**

解説　(1)　BC∥ED∥FGであることを参考にする。

(2)　この立体は，1辺の長さが2の正四面体から，1辺の長さが1の正四面体を2つ取り除いたものである。

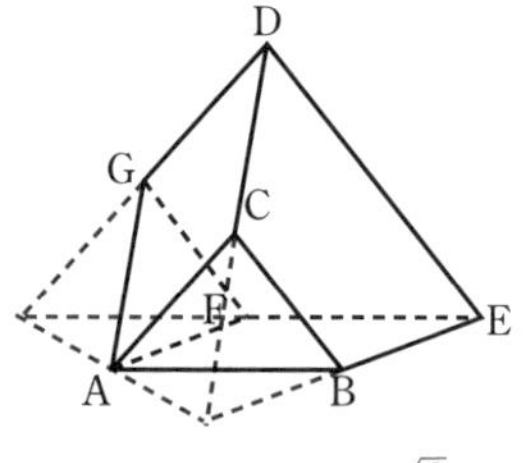

DEの中点をHとし，Dから△GCHに垂線DIをひく。

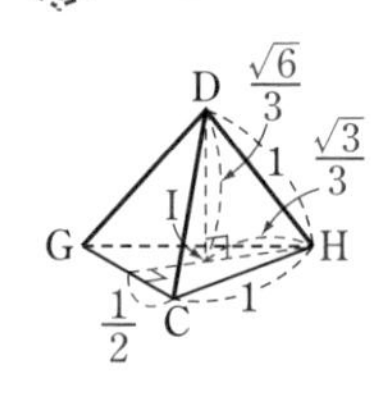

$IH=\frac{\sqrt{3}}{3}$であるから

$DI=\sqrt{1^2-\left(\frac{\sqrt{3}}{3}\right)^2}$

$=\sqrt{\frac{6}{9}}=\frac{\sqrt{6}}{3}$

1辺の長さが1の正四面体の体積をVとすると

$V=\frac{1}{3}\times\frac{\sqrt{3}}{4}\times1^2\times\frac{\sqrt{6}}{3}=\frac{\sqrt{2}}{12}$

1辺の長さが2の正四面体の体積は，相似比が1：2で体積比は$1^3:2^3=1:8$であるから，$8V$となる。よって，求める体積は

$8V-2V=6V=6\times\frac{\sqrt{2}}{12}=\frac{\sqrt{2}}{2}$

(3)　切断面から上側の立体は，1辺が$\frac{4}{3}$の正四面体から1辺が$\frac{1}{3}$の正四面体を2つ取り除いたものである。

それぞれの体積は，$\left(\frac{4}{3}\right)^3V$ と $\left(\frac{1}{3}\right)^3V$ であるから

(上側の立体の体積) $=\left(\frac{4}{3}\right)^3V-\left(\frac{1}{3}\right)^3V\times2$

$=\frac{64-2}{27}V=\frac{62}{27}V$

(下側の立体の体積) $=6V-\frac{62}{27}V=\frac{162-62}{27}V$

$=\frac{100}{27}V$

(上側の立体の体積)：(下側の立体の体積)

$=\frac{62}{27}V:\frac{100}{27}V=31:50$

5 (1) $\frac{3}{2}$ 秒後，2秒後，3秒後

(2) ① $S=\frac{27}{2}\mathrm{cm}^2$　② 2 cm

解説 (1) 次の3つの場合である。

(ⅰ)

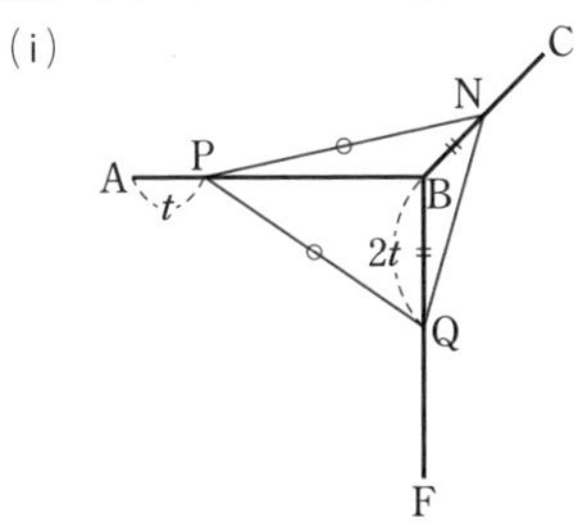

$2t=3$ より　$t=\frac{3}{2}$ (秒後)

(ⅱ)

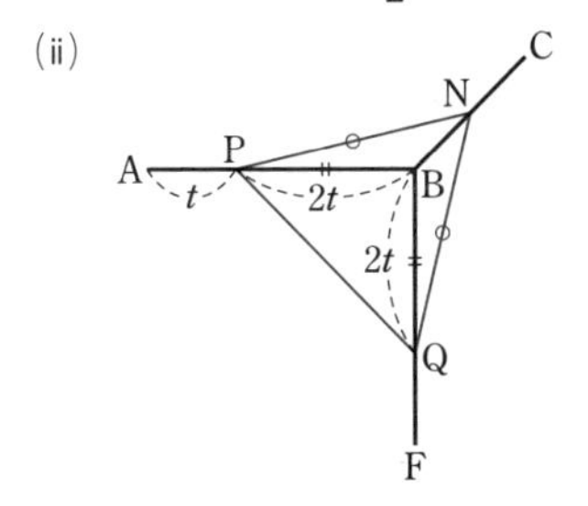

$3t=6$ より　$t=2$ (秒後)

(ⅲ)

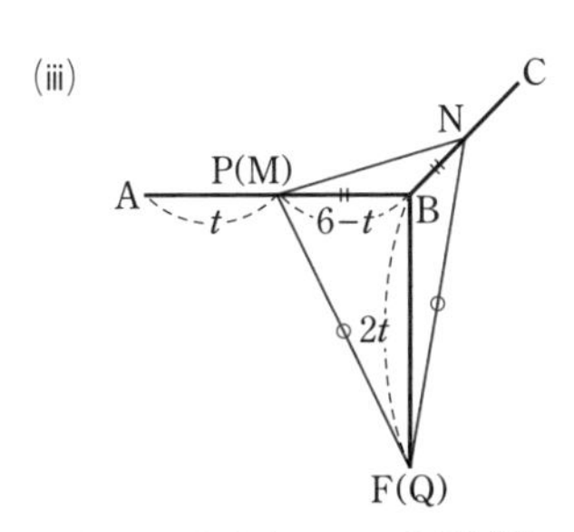

$6-t=3$ より　$t=3$ (秒後)

(2) ①(ⅰ)と(ⅲ)の場合について，頂点BからP，Q，Nの各点までの距離をそれぞれ(BP, BQ, BN)と表すと

(ⅰ) $\left(\frac{9}{2},\ 3,\ 3\right)$　(ⅲ) $(3,\ 6,\ 3)$

であるから，(ⅰ)の場合より(ⅲ)の場合の方が△PNQの面積は大きい。そのため，(ⅱ)と(ⅲ)の場合を比較する。

(ⅱ)の場合

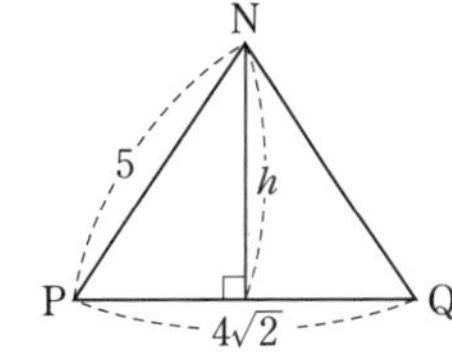

$PQ=4\sqrt{2}$

$NP=NQ=\sqrt{3^2+4^2}$

$=\sqrt{25}=5$

NからPQにひいた垂線の長さを h とすると

$h=\sqrt{5^2-(2\sqrt{2})^2}=\sqrt{25-8}=\sqrt{17}$

よって　$\triangle NPQ=\frac{1}{2}\times4\sqrt{2}\times\sqrt{17}=2\sqrt{34}$

(ⅲ)の場合

$NP=3\sqrt{2}$

$QN=QP=\sqrt{3^2+6^2}$

$=\sqrt{45}=3\sqrt{5}$

QからNPにひいた垂線の長さを h とすると

$h=\sqrt{(3\sqrt{5})^2-\left(\frac{3\sqrt{2}}{2}\right)^2}$

$=\sqrt{45-\frac{18}{4}}=\sqrt{\frac{162}{4}}=\frac{9\sqrt{2}}{2}$

よって　$\triangle QNP=\frac{1}{2}\times3\sqrt{2}\times\frac{9\sqrt{2}}{2}=\frac{27}{2}$

(ⅱ)より

$2\sqrt{34}<2\sqrt{36}=2\times6=12$

(ⅲ)より

$\frac{27}{2}=13.5>12$

よって　$2\sqrt{34}<\frac{27}{2}$

したがって，面積が最大となるのは，(ⅲ)のとき

よって　$S=\frac{27}{2}\ (\mathrm{cm}^2)$

②①の(ⅲ)のとき

(三角錐BPNQの体積)

$=\frac{1}{3}\times\frac{1}{2}\times BN\times BP\times BQ$

$=\frac{1}{3}\times\frac{1}{2}\times3\times3\times6=9$

Bから△PNQにひいた垂線の長さを p とすると

$\frac{1}{3}\times\frac{27}{2}\times p=9$　$p=9\times\frac{6}{27}=2$ (cm)

(別解)

PNとBDの交点をRとする。

①(iii)の場合より

$RB=\frac{1}{2}NP=\frac{3\sqrt{2}}{2}$

$RQ=h=\frac{9\sqrt{2}}{2}$

BからRQにひいた垂線をBIとするとBI＝p

△RIB∽△RBQ（2組の角がそれぞれ等しい）より

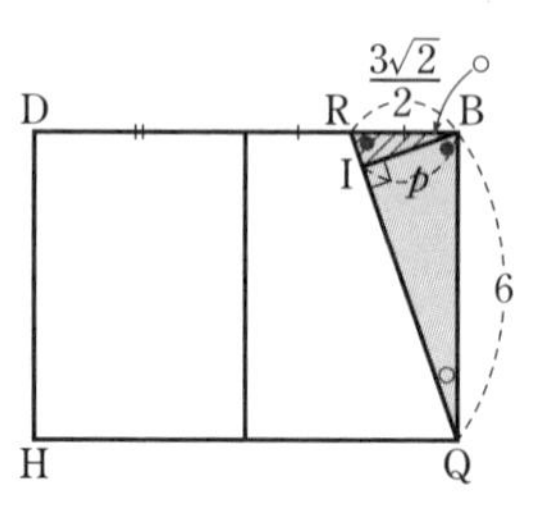

RB：RQ＝BI：QB

$\frac{3\sqrt{2}}{2}:\frac{9\sqrt{2}}{2}=p:6$

$1:3=p:6$　　よって　$p=2$ (cm)

第3回　模擬テスト

1　(1) $a=1,\ b=-3$

(2) $a=4$

(3) **502**

(4) $(a,\ b)=(5,\ 100),\ (20,\ 25)$

解説　(1) $\begin{cases} 2x+y=11 & \cdots① \\ 3ax+by=-6 & \cdots② \end{cases}$

$\begin{cases} bx+2ay=1 & \cdots③ \\ 8x-3y=9 & \cdots④ \end{cases}$

①，④の連立方程式を解く。①×3＋④より

$$\begin{array}{rr} & 6x+3y=33 \\ +) & 8x-3y=9 \\ \hline & 14x \quad =42 \end{array}$$

$x=3$　　よって　$y=5$

$x=3,\ y=5$を②，③に代入して

$\begin{cases} 9a+5b=-6 & \cdots②' \\ 3b+10a=1 & \cdots③' \end{cases}$

②′×3－③′×5より

$$\begin{array}{rr} & 27a+15b=-18 \\ -) & 50a+15b=5 \\ \hline & -23a \quad =-23 \end{array}$$

$a=1$　　よって　$b=-3$

(2)　$x=-1$が$x^2-(2a-3)x+a^2-3a-10=0$の解であるから，代入して

$1+(2a-3)+a^2-3a-10=0$

$a^2-a-12=0$　　$(a-4)(a+3)=0$

よって　$a=4,\ -3$

(i)　$a=4$のとき

$x^2-5x-6=0$より　$(x-6)(x+1)=0$

よって，$x=6,\ -1$となり，もう1つの解6は3の倍数であるから，適する。

(ii)　$a=-3$のとき

$x^2+9x+8=0$より　　$(x+8)(x+1)=0$

よって，$x=-8,\ -1$となり，もう1つの解-8は3の倍数ではないから，不適。

よって　$a=4$

(3)　$\sqrt{2012+n^2}=a$とおく。(題意よりaは正の整数)

$2012+n^2=a^2$　　$a^2-n^2=2012$

$(a+n)(a-n)=2012$

$(a+n)(a-n)=2^2\times503$

503は素数であるから，次の3つの場合が考えられる。

$a+n$	$a-n$	a	n
2012	1	非整数	非整数
1006	2	504	502
503	4	非整数	非整数

よって　$n=502$

(4)　2数a，bの最大公約数を$p\ (p>0)$とすると

$a=pk$，$b=p\ell$　(k，ℓは互いに素な自然数で，$k<\ell$)

aとbの最小公倍数は100であるから

$pk\ell=100$　…①

また，aとbの積が500であるから

$p^2k\ell=500$　…②

①を②に代入して

$p(pk\ell)=500$　　$100p=500$　　よって　$p=5$

①に代入して

$5k\ell=100$　　$k\ell=20$

k，ℓは互いに素で，$k<\ell$より

$(k,\ \ell)=(1,\ 20)$，$(4,\ 5)$

したがって　$(a,\ b)=(5,\ 100)$，$(20,\ 25)$

2　ア…D　イ…B　ウ…A　エ…C

解説　どのデータも度数の合計が21であるから，データを小さい順に並べたとき，小さい方から5番目と6番目の平均が第1四分位数，11番目が第2四分位数，16番目と17番目の平均が第3四分位数である。

3　(1) $\frac{1}{36}$　(2) $\frac{5}{54}$　(3) $\frac{7}{8}$

解説　(1)　さいころを3回投げて出る目の出方は，全部で　$6\times6\times6=216$(通り)

そのうち，(1，1，1)，(2，2，2)，(3，3，3)，…，(6，6，6)の6通りが該当するから

$$\frac{6}{6\times6\times6}=\frac{1}{36}$$

(2)　(1回目，2回目，3回目)として題意を満たすのは，

(1，2，3)，(1，2，4)，(1，2，5)，(1，2，6)，
(1，3，4)，(1，3，5)，(1，3，6)，
(1，4，5)，(1，4，6)，
(1，5，6)，
(2，3，4)，(2，3，5)，(2，3，6)，
(2，4，5)，(2，4，6)，
(2，5，6)，
(3，4，5)，(3，4，6)，
(3，5，6)，
(4，5，6)

の20通りであるから

$$\frac{20}{216}=\frac{5}{54}$$

(3)　1度も2の倍数すなわち偶数が出ないのは，3回連続で奇数が出る場合である。1からその確率をひいて

$$1-\frac{3\times3\times3}{6\times6\times6}=1-\frac{1}{8}=\frac{7}{8}$$

4　(1) $a=30$　(2) $a=60$　(3) $h=\frac{3}{2}b+\frac{35}{4}$

解説　(1)　$5t^2=20$　　$t^2=4$

$t>0$より　$t=2$

よって，弾は2秒で20m落下するから，2秒間で60m進めばよい。

$$a=\frac{60}{2}=30\ (\text{m/秒})$$

(2)　$20-5t^2=35-20t$

$4-t^2=7-4t$

$t^2-4t+3=0$

$(t-1)(t-3)=0$

$t=1,\ 3$

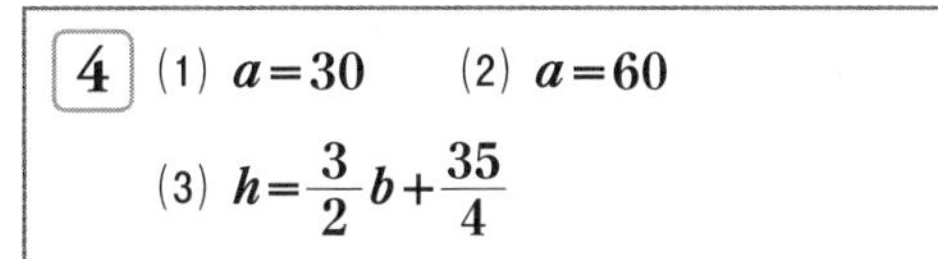

(1)より弾は2秒で地上に着地するから，

$0<t<2$より　$t=1$

よって，60mを1秒で進めばよいので

$$a=\frac{60}{1}=60\ (\text{m/秒})$$

(3)　$40t=60$より

$$t=60\div40=\frac{3}{2}$$

弾は$\frac{3}{2}$秒で的に当たるので

$h-bt=20-5t^2$

$$h=\frac{3}{2}b+20-5\times\frac{9}{4}=\frac{3}{2}b+\frac{35}{4}$$

よって　$h=\frac{3}{2}b+\frac{35}{4}$

5　(1)　$a=\frac{1}{2}$　　(2)　B(4, 8)

(3)　CD=12

解説　(1)　円Aの直径は4であるから　A(2, 2)

$y=ax^2$ のグラフは点Aを通るから

$2=4a$　　$a=\frac{1}{2}$

(2)　Bの x 座標を t とおくと　B(t, $t+4$)

$y=\frac{1}{2}x^2$ のグラフは点Bを通るから

$t+4=\frac{1}{2}t^2$

$t^2-2t-8=0$　　$(t-4)(t+2)=0$　　$t=4,\ -2$

$t>0$ であるから　$t=4$

よって　B(4, 8)

(3)　円A，円Bと y 軸との接点をそれぞれE，Fとする。

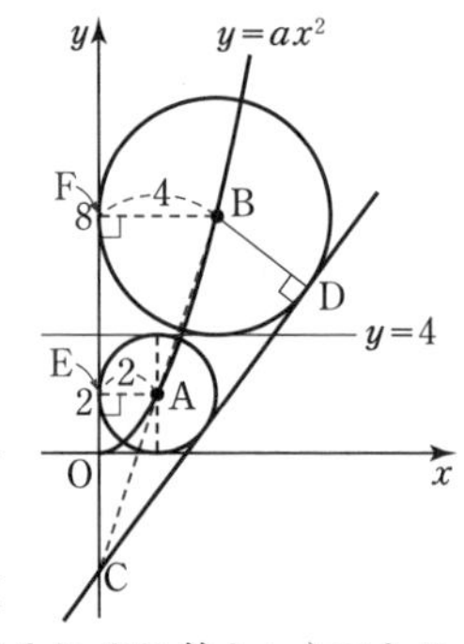

EA//FBであるから

CE：CF＝AE：BF

＝2：4＝1：2

CO＝ℓ とおくと

$(\ell+2):(\ell+8)=1:2$

$2\ell+4=\ell+8$　　$\ell=4$

よって　C(0, −4)

△BCD≡△BCF(直角三角形で斜辺と他の1辺がそれぞれ等しい)であるから

CD＝CF＝8＋4＝12

6　(1)　OR＝3　　(2)　$\frac{1}{3}$倍

(3)　$OH=\frac{6\sqrt{5}}{5}$

解説　(1)　頂点Oから底面ABCDに垂線OIをひく。PQとOIの交点をSとすると

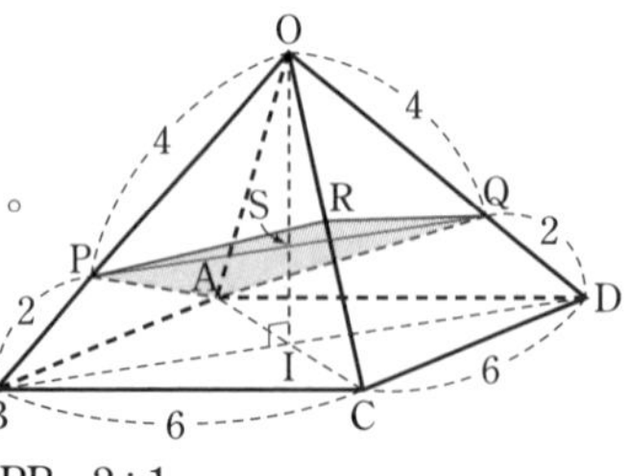

OS：SI＝OP：PB＝2：1

OA＝OC＝6，AC＝$6\sqrt{2}$ であるから，

△OACはOA＝OCの直角二等辺三角形である。

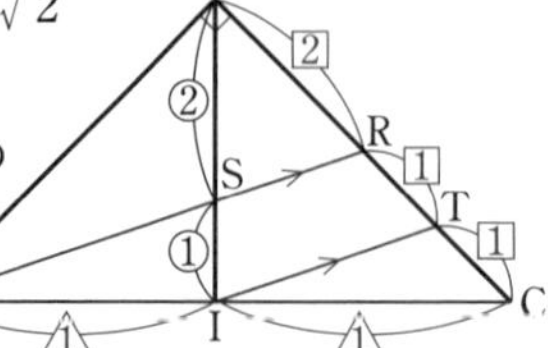

OC上にAR//ITとなる点Tをとる。

OR：RT：TC＝2：1：1

よって，RはOCの中点である。

したがって　OR＝3

(2)　立体O-APRQは平面OACに関して対称な立体である。

立体O-ABCDの体積を V とすると

(三角錐O-APRの体積)

$=\frac{2}{3}\times\frac{1}{2}\times1\times\frac{1}{2}V=\frac{1}{6}V$

よって　(立体O-APRQの体積)

$=\frac{1}{6}V\times2=\frac{1}{3}V$

したがって，$\frac{1}{3}$倍

(3)　対称性から，HはAR上にありOH⊥ARである。

△OARにおいて，

三平方の定理により

$AR=\sqrt{6^2+3^2}$

$=\sqrt{36+9}$

$=\sqrt{45}$

$=3\sqrt{5}$

△OHR∽△AOR(2組の角がそれぞれ等しい)より

OH：AO＝OR：AR

OH：6＝3：$3\sqrt{5}$

$OH=\frac{18}{3\sqrt{5}}=\frac{6}{\sqrt{5}}=\frac{6\sqrt{5}}{5}$